高职高专"十二五"规划教材

硫酸生产技术

主　编　周玉琴
副主编　高志正　汪满清
主　审　王国贤

北　京
冶 金 工 业 出 版 社
2013

内容提要

本书介绍了硫铁矿、硫黄和冶炼烟气制取硫酸的方法、工艺流程、主要设备、工艺条件、操作过程、异常情况分析与处理，此外，还介绍了硫酸生产中的安全技术、环境保护与综合治理、硫酸生产仪表与自动化、工艺流程图的绘制与识读。为适应职业培训与鉴定，全书还选编了与硫酸生产工、冶炼行业烟气制酸工对应的初、中、高级工技能鉴定方面的试题。

本书可作为中、高职学校化工、冶金等专业师生教学用书，还可用于硫酸生产企业、含硫烟气处理企业职工岗前培训教材，硫酸生产工或烟气制酸工初、中、高级工职业技能鉴定培训教材。

图书在版编目(CIP)数据

硫酸生产技术/周玉琴主编．—北京：冶金工业出版社，2013.4

高职高专“十二五”规划教材

ISBN 978-7-5024-6201-7

Ⅰ.①硫…　Ⅱ.①周…　Ⅲ.①硫酸生产—高等职业教育—教材　Ⅳ.①TQ111.16

中国版本图书馆CIP数据核字(2013)第064984号

出 版 人　谭学余

地　　址　北京北河沿大街嵩祝院北巷39号，邮编100009

电　　话　(010)64027926　电子信箱　yjcbs@cnmip.com.cn

责任编辑　宋　良　尚海霞　美术编辑　李　新　版式设计　葛新霞

责任校对　王永欣　责任印制　李玉山

ISBN 978-7-5024-6201-7

冶金工业出版社出版发行；各地新华书店经销；三河市双峰印刷装订有限公司印刷

2013年4月第1版，2013年4月第1次印刷

787mm×1092mm　1/16；20印张；484千字；307页

42.00元

冶金工业出版社投稿电话：(010)64027932　投稿信箱：tougao@cnmip.com.cn

冶金工业出版社发行部　电话：(010)64044283　传真：(010)64027893

冶金书店　地址：北京东四西大街46号(100010)　电话：(010)65289081(兼传真)

(本书如有印装质量问题，本社发行部负责退换)

前言

本书较为系统全面地介绍了以三大主原料硫铁矿、硫黄和含硫冶炼烟气制取工业硫酸的生产方法、工艺、设备、操作、异常分析与处理，以及安全、环保与自动控制等内容，此外还介绍了钢铁企业烧结球团烟气制酸情况。本书除作为高职高专化工、冶金专业的学习教材外，还可用于硫酸生产工或烟气制酸工培训教材，填补了该方面一直以来没有专门教材的空白。

本书具有如下特点：（1）全面系统、适度够用。本书依据国家职业标准《硫酸生产工》、《烟气制酸工》，既吸取了硫酸生产方面工具类书籍全面系统的特点，同时引入培训类教材的适度够用原则，生产方法及原理深入浅出，而生产过程与操作则是系统、全面。（2）注重引入行业先进发展技术。本书注重知识的更新与链接，对硫酸行业出现的先进工艺与技术加以引用和介绍，如对净化、转化、吸收工序，以及环境治理、控制等都做了相应介绍。（3）应对现代硫酸企业控制模式。现代硫酸企业基本上全部采用DCS计算机集中控制系统，现场操作已很少，主要是在控制室内通过计算机进行操作与控制，这样，对于硫酸生产工艺流程图的绘制与识读显得尤其重要。本书第12章着重介绍工艺流程图的绘制与识读，以便学生和硫酸生产操作人员理顺图纸与实物的关系。（4）着眼技能培训与鉴定。本书每章最后附有习题与思考题，帮助读者掌握书中知识要点。全书最后附有初、中、高级制酸工考核试题选，通过强化训练，旨在帮助读者达到相应级别的理论层次与水平。

全书共12章，安徽工业职业技术学院周玉琴高级工程师编写了第1章~第5章、第11章、第12章，以及初、中、高级制酸工考核试题选，并对全书进行统稿；铜陵有色金冠铜业分公司汪满清高级工程师编写了第6章和第7章；铜陵有色金属集团股份有限公司金昌冶炼厂高志正高级工程师编写了第8章~第10章。全书由安徽铜冠有色（池州）公司九华冶炼厂王国贤高级工程师主审。

本书在编写过程中得到安徽工业职业技术学院各级领导、学院培训部及有关企业领导和同事的关心和帮助，也得到了冶金工业出版社的大力支持，在此一并表示感谢！

本书在编写过程中参考了有关文献资料，在此向有关作者表示深切的感谢！

由于编者水平有限，生产经验不足，书中不妥之处在所难免，恳请各位专家及使用本书的工程技术人员、一线工作人员、师生批评指正，以便再版时加以改进。

编 者
2013年1月

目　录

1 概　　述

1.1 硫酸、发烟硫酸性质

1.1.1 物理性质

1.1.1.1 硫酸的浓度

硫酸（H_2SO_4）是一种无色透明油状液体，相对分子质量为98.078。

工业上使用的硫酸是指SO_3和H_2O以一定比例混合的硫酸水溶液，SO_3和H_2O物质的量的比不超过1。发烟硫酸是SO_3的硫酸溶液，SO_3和H_2O物质的量的比大于1。发烟硫酸也是无色油状液体，因其暴露于空气中，逸出的SO_3与空气中的水分结合形成白色酸雾，所以称为发烟硫酸。

硫酸浓度通常以所含H_2SO_4的质量分数表示，发烟硫酸的浓度通常以所含游离SO_3或总SO_3的质量分数表示。不同表达方式的硫酸浓度相互换算关系式为：

酸浓度不超过100%　　$w_{H_2SO_4} = 1.225 w_{SO_3(t)}$　　(1-1)

发烟硫酸　　$w_{H_2SO_4} = 100 + 0.225 w_{SO_3(f)}$　　(1-2)

式中　$w_{H_2SO_4}$——H_2SO_4的质量分数,%；

$w_{SO_3(t)}$——总SO_3的质量分数,%；

$w_{SO_3(f)}$——游离SO_3的质量分数,%。

【例1-1】 已知93%硫酸，求所含SO_3的质量分数，以及SO_3与H_2O物质的量的比。

解： H_2SO_4的质量分数为$w_{H_2SO_4} = 93\%$

总SO_3的质量分数为$w_{SO_3(t)} = w_{H_2SO_4}/1.225 = 93\%/1.225 = 75.92\%$

H_2O的质量分数为$w_{H_2O} = 100\% - 75.92\% = 24.08\%$

SO_3与H_2O物质的量的比$= n_{SO_3}/n_{H_2O} = (75.92/80.062)/(24.08/18.016) = 0.709$

【例1-2】 已知20%发烟硫酸，求所含硫酸的质量分数。

解： 游离SO_3的质量分数为$w_{SO_3(f)} = 20\%$

H_2SO_4的质量分数为$w_{H_2SO_4} = 100\% + 0.225 \times 20\% = 104.5\%$

常见浓度硫酸的组成见表1-1。

一般地，将H_2SO_4的质量分数小于75%的硫酸称为稀硫酸，H_2SO_4的质量分数不小于75%的硫酸称为浓硫酸。

1.1.1.2 硫酸密度

流体的密度是指单位体积流体所具有的质量，其表达式为：

$$\rho = \frac{m}{V} \tag{1-3}$$

式中　ρ——流体的密度，kg/m^3；

m——流体的质量，kg；

V——流体的体积，m^3。

表1-1　常见浓度硫酸的组成

名　称	物质的量的比 n_{SO_3}/n_{H_2O}	H_2SO_4 的质量分数 /%	SO_3 的质量分数/%	
			游离	总和
93%硫酸	0.71	93	—	75.92
98%硫酸	0.9	98	—	80.00
100%硫酸	1	100	—	81.63
20%发烟硫酸	1.31	104.5	20	85.30
65%发烟硫酸	3.29	114.62	65	93.57

流体的密度与温度有关。一般地，流体密度随着温度的上升而下降[1]。对于同一浓度的硫酸水溶液，其密度随着温度的上升而下降。

流体的相对密度是指流体密度与4℃时水的密度之比，用符号 d_4^{20} 表示。其计算式为：

$$d_4^{20} = \frac{\rho}{\rho_{水}} \tag{1-4}$$

式中　ρ——流体的密度，kg/m^3；

$\rho_{水}$——4℃时水的密度，为 $1000kg/m^3$。

从式（1-4）可见，相对密度是个比值，无单位，数值上与单位为 g/cm^3 的密度值相等，但意义不同。如20℃下100%硫酸密度为 $1.8305g/cm^3$ 或 $1830.5kg/m^3$，对应的相对密度是1.8305。

硫酸水溶液的密度随着硫酸含量的增加而增大，98.3%硫酸的密度最大，高于此浓度，密度会递减。如20℃下100%硫酸密度为 $1.8305g/cm^3$，98.3%硫酸密度最大，为 $1.8364g/cm^3$。发烟硫酸的密度也随其中游离 SO_3 的质量分数的增加而增大，游离 SO_3 的质量分数达到61%～65%时密度达到最大值，继续增加游离 SO_3 的质量分数，发烟硫酸密度减小。

不同温度下，不同浓度硫酸的密度详见附录4。

在生产中，应用温度计和相对密度计测出硫酸温度和相对密度以测定硫酸的浓度，这种方法称为相对密度法。它仅限于测量92.5%～93%及104.5%～105%的酸。对于98%硫酸，则通过双倍稀释后再应用相对密度法测量其浓度。

知道了硫酸密度，可用来计算产量。

【例1-3】　某硫酸储罐直径为 ϕ5m，装有40℃硫酸溶液，相对密度计测得结果为1.8110，液位计显示4m，则储罐内硫酸量有多少吨？

解：先由式（1-4）求得溶液的密度，再由式（1-3）求得质量。

[1] 特例是水，水在4℃时密度最大，为 $1000kg/m^3$。

$$\rho = \rho_{水} d_4^{20} = 1000 \times 1.8110 = 1811\text{kg/m}^3$$

$$V = \pi r^2 h = 3.14 \times \left(\frac{5}{2}\right)^2 \times 4 = 78.5\text{m}^3$$

$$m = \rho V = 1811 \times 78.5 = 142163.5\text{kg} = 142.2\text{t}$$

1.1.1.3 结晶温度

浓硫酸中，以93.8%硫酸结晶温度最低，为-34.8℃。高于或低于此浓度，结晶温度都会提高。不同浓度硫酸的结晶温度详见附录5。

值得注意的是，98.5%硫酸的结晶温度为1.8℃，99%硫酸的结晶温度为4.5℃，对于结晶温度较高的产品酸，冬天要注意防冻，以防止浓硫酸结晶，必要时要调整产品浓度。

1.1.1.4 硫酸的沸点

硫酸溶液浓度在98.3%以下时，其沸点随着浓度的升高而增加。浓度在98.3%时，沸点达到最高，为338.8℃。超过该浓度后沸点下降，100%浓度硫酸沸点为279.6℃。发烟硫酸的沸点随着游离SO_3质量分数的增加而下降，当游离三氧化硫质量分数达到100%时，沸点降至44.4℃。

常压下加热稀硫酸，当酸浓度达到98.3%时，液面上气相组成与液相组成一样，即继续加热蒸发，液相组成不再改变，这时的沸点（338.8℃）称为恒沸点。

硫酸的沸点高，表明硫酸具有难挥发性。实验室制氯化氢、硝酸等就是利用难挥发性酸制易挥发性酸。

1.1.1.5 硫酸的饱和蒸气压

在常压和同一温度下，硫酸液面上的蒸气压随着浓度的升高而降低，直到浓度为98.3%，硫酸液面上的蒸气压最低。当硫酸浓度低于98.3%、温度低于120℃时，与溶液平衡的蒸气中实际只有水蒸气，水蒸气分压就是该温度下的总蒸气压。当温度较高时，在浓硫酸液面上，存在水蒸气、H_2SO_4蒸气和SO_3，SO_3是由H_2SO_4离解得到的。

1.1.2 化学性质

浓硫酸具有脱水性和强氧化性，而稀硫酸则不具有脱水性和强氧化性。

1.1.2.1 浓硫酸的化学性质

A 脱水性

浓硫酸具有脱水性且脱水性很强。物质被浓硫酸脱水的过程是化学变化的过程。可被浓硫酸脱水的物质一般为含氢、氧元素的有机物，其中，蔗糖、木屑、纸屑和棉花等物质中的有机物被脱水后生成黑色的炭。

生产操作中，不慎将浓硫酸溅到皮肤上，会有强烈的灼烧感，这正是由于浓硫酸有脱水性。

B 强氧化性

a 与金属反应

常温下，浓硫酸能使铁、铝等金属钝化。这也是为什么常温下浓硫酸储罐可选用普通碳钢的原因。

加热时，浓硫酸可以与除金、铂之外的所有金属反应，生成高价金属硫酸盐，本身一般被还原成 SO_2，反应式为：

$$Cu + 2H_2SO_4(浓) = CuSO_4 + SO_2\uparrow + 2H_2O \tag{1-5}$$

$$2Fe + 6H_2SO_4(浓) = Fe_2(SO_4)_3 + 3SO_2\uparrow + 6H_2O \tag{1-6}$$

b 与非金属反应

热的浓硫酸可将碳、硫、磷等非金属单质氧化到其高价态的氧化物或含氧酸，本身被还原为 SO_2。在这类反应中，浓硫酸只表现出氧化性。该类反应式为：

$$C + 2H_2SO_4(浓) \xlongequal{加热} CO_2\uparrow + 2SO_2\uparrow + 2H_2O \tag{1-7}$$

$$S + 2H_2SO_4(浓) = 3SO_2\uparrow + 2H_2O \tag{1-8}$$

$$2P + 5H_2SO_4(浓) = 2H_3PO_4 + 5SO_2\uparrow + 2H_2O \tag{1-9}$$

c 与其他还原性物质反应

浓硫酸具有强氧化性，实验室制取 H_2S、HBr、HI 等还原性气体时不能选用浓硫酸，只能采用稀硫酸。

$$H_2S + H_2SO_4(浓) = S\downarrow + SO_2\uparrow + 2H_2O \tag{1-10}$$

$$2HBr + H_2SO_4(浓) = Br_2\uparrow + SO_2\uparrow + 2H_2O \tag{1-11}$$

$$2HI + H_2SO_4(浓) = I_2\uparrow + SO_2\uparrow + 2H_2O \tag{1-12}$$

C 稳定性

浓硫酸具有稳定性。

1.1.2.2 稀硫酸的化学性质

稀硫酸是强酸。它具有酸的化学性质：

（1）可与多数金属（比铜活泼）氧化物反应，生成相应的硫酸盐和水；

（2）可与所含酸根离子对应酸酸性比硫酸弱的酸反应；

（3）可与碱反应，生成相应的硫酸盐和水；

（4）可与金属活动性顺序表中排列在氢左面的金属在一定条件下反应，生成相应的硫酸盐和氢气；

（5）加热条件下可催化蛋白质、二糖和多糖的水解。

1.2 硫氧化物性质

1.2.1 二氧化硫性质

1.2.1.1 物理性质

二氧化硫（SO_2）具有强烈刺激性臭味，在常温下是无色气体，相对分子质量为64.063。

二氧化硫极易溶于水，在20℃的温度下，1体积的水溶解40体积的二氧化硫（同时放出34.4kJ/mol热量）。随着温度的升高，二氧化硫在水中的溶解度下降。二氧化硫在硫酸水溶液中的溶解度随着硫酸浓度的提高而下降，当硫酸浓度为85.8%时，溶解度最小，而当浓度高于85.8%时，二氧化硫溶解度逐渐增大。二氧化硫在硫酸和发烟硫酸中的溶解度参见附录6。

二氧化硫气体易液化。纯度为100%的二氧化硫气体在常温（30℃）下加压（绝对压力大于0.46MPa）可全部液化，在常压下用冷冻的方法（温度低于-10℃）也可以将二氧化硫全部转化为液体。工业生产液体二氧化硫，采用很高浓度（大于95%）或很低浓度（小于12%）的二氧化硫气体液化得到。

1.2.1.2　化学性质

二氧化硫在化学反应中可以作为氧化剂，也可以作为还原剂。

（1）作为氧化剂，被还原，起氧化作用。SO_2 和 H_2 的混合物加热，可生成 H_2S 和 H_2O；与 H_2S 作用生成S。其反应式为：

$$SO_2 + 3H_2 \xlongequal[\Delta_r H_m^{\ominus} = +216.9\text{kJ/mol}]{\text{加热}} H_2S + 2H_2O \tag{1-13}$$

$$SO_2 + 2H_2S \xlongequal{\quad} 3S + 2H_2O \tag{1-14}$$

（2）作为还原剂，被氧化，起还原作用。SO_2 在有水分存在时，发生如下反应：

$$2KMnO_4 + 5SO_2 + 2H_2O \xlongequal{\quad} K_2SO_4 + 2MnSO_4 + 2H_2SO_4 \tag{1-15}$$

（3）SO_2 和 O_2 在完全干燥的情况下难以反应，在100℃时也不反应。在催化剂存在下，SO_2 和 O_2 反应生成三氧化硫。这个反应是接触法生产硫酸的基础。

（4）SO_2 水溶液呈酸性，习惯称为亚硫酸（H_2SO_3）水溶液。亚硫酸水溶液能被空气逐渐氧化为硫酸，浓度越低，氧化越快。亚硫酸水溶液一经加热就自行氧化。其反应式为：

$$3H_2SO_3 \xlongequal{\quad} 2H_2SO_4 + H_2O + S \tag{1-16}$$

1.2.2　三氧化硫性质

1.2.2.1　物理性质

常温常压下未聚合的三氧化硫是液态。气态三氧化硫的相对分子质量为80.062。熔点为16.8℃，沸点为44.8℃。气态三氧化硫冷却到沸点以下可液化为无色透明液体。在液相，三氧化硫绝大部分为三聚体，称为 $\gamma-SO_3$。液体三氧化硫只有在27℃以上才稳定。

固态三氧化硫有α、β、γ和δ共4种变体，它们的熔点分别为16.8℃、31.5℃、62.5℃和95℃，它们的蒸气压也不同，可在适当的冷凝条件下把它们分离出来。由于导热性很差，固态三氧化硫熔化进行得很慢，到80～100℃时才完全结束。在这一温度范围，液相的饱和蒸气压力为506.6～1013kPa，而固体物质上面的蒸气压却很低，因此，聚合三氧化硫的熔化必须在压力容器内进行，否则便有可能发生严重事故。

气体三氧化硫在空气中与水蒸气反应，于瞬间产生硫酸液滴悬浮于空气中而形成雾。

三氧化硫的各种聚合体与水的反应不那么强烈，在空气中形成少量烟雾，它们的碳化作用不强。

液体三氧化硫可以以任何比例与液体二氧化硫混合。固体三氧化硫溶解于液体二氧化硫中，不与二氧化硫生成化合物。三氧化硫与硫酸可以以任何比例相混合。

1.2.2.2 化学性质

三氧化硫的化学性质主要是：

（1）氧化性。三氧化硫中，硫以最高氧化态（6价）存在。在高温时，三氧化硫会分解为二氧化硫和氧，因此是一种强氧化剂。

三氧化硫与溴化氢或碘化氢作用时，溴化氢和碘化氢被氧化，生成相应的卤素，三氧化硫被还原成二氧化硫，甚至生成硫化氢。

三氧化硫和氯化氢反应生成氯磺酸：

$$SO_3 + HCl = HSO_3Cl \quad (1-17)$$

三氧化硫和氨反应，生成固态混合物氨基磺酸（用于有机合成工业和制作烟雾剂）：

$$SO_3 + NH_3 = NH_2SO_3H \quad (1-18)$$

三氧化硫还能与硫、磷、碳作用。在温度50～150℃之间，三氧化硫与硫黄作用生成二氧化硫。工业上可用此反应来生产纯的二氧化硫。

（2）对水的亲和力很大，遇水即发生猛烈反应生成硫酸或焦硫酸之类，并放出大量的热。遇潮湿气体时，也会立即形成酸雾。

（3）易溶于浓硫酸中，根据三氧化硫量的不同，发生如下不同反应：

$$SO_3 + H_2SO_4 = H_2S_2O_7 \quad (1-19)$$

$$2SO_3 + H_2SO_4 = H_2S_3O_{10} \quad (1-20)$$

（4）绝对干燥时，三氧化硫与金属不反应，即不起腐蚀作用且不显酸性。

（5）酸碱反应，三氧化硫与碱及碱式盐发生强烈反应，生成盐类。

（6）能与所有有机物质发生反应，反应中有机物被氧化。

（7）可以任何比例与硝酸混合，并生成一定的化合物。与氧化氮类（NO、N_2O_3、NO_2、N_2O_5）作用时，生成加成物。

（8）液体三氧化硫可和任何比例的液体二氧化硫相混合，固体三氧化硫虽易溶于液体二氧化硫中，但并不与其化合。

（9）各种固体三氧化硫变形体，熔点越高，其化学活性越弱。具有最高熔点的变形体，它的特征是具有化学惰性，和水反应活性小，在空气中不易发烟，炭化作用也表现得较弱。

（10）三氧化硫对 H_2SO_4 的电导率有影响。随着三氧化硫浓度的增加，硫酸的电导率几乎是呈直线增加的，但在纯硫酸组成附近，曲线具有极小值；而其冰点曲线此时却具有极大值，形状与电导率曲线完全对称。

1.3 硫酸的规格、质量标准及用途

1.3.1 硫酸的质量标准

工业硫酸分为浓硫酸和发烟硫酸，其规格、质量执行国家标准GB/T 534—2002。工

业硫酸质量指标见表1-2。

表1-2 工业硫酸质量指标

项目	指标					
	浓硫酸			发烟硫酸		
	优等品	一等品	合格品	优等品	一等品	合格品
硫酸（H_2SO_4）的质量分数/%	≥92.5或≥98.0	≥92.5或≥98.0	≥92.5或≥98.0			
游离三氧化硫(SO_3)的质量分数/%				≥20.0或≥25.0	≥20.0或≥25.0	≥20.0或≥25.0
灰分的质量分数/%	≤0.02	≤0.03	≤0.10	≤0.02	≤0.03	≤0.10
铁（Fe）的质量分数/%	≤0.005	≤0.010		≤0.005	≤0.010	≤0.030
砷（As）的质量分数/%	≤0.0001	≤0.005		≤0.0001	≤0.0001	
汞（Hg）的质量分数/%	≤0.001	≤0.01				
铅（Pb）的质量分数/%	≤0.005	≤0.02		≤0.005		
透明度/mm	≥80	≥50				
色度/mL	≤2.0	≤2.0				

1.3.2 硫酸的用途

硫酸是一种十分重要的基本化工原料，其产量与合成氨相当，主要用于无机化学工业的原料，号称“无机化工之母”。

硫酸的最大消费是化肥工业，用以制造磷酸、过磷酸钙和硫酸铵。工业发达国家的化肥工业在硫酸消费构成中约占65%，中国化肥工业在硫酸消费上所占比例也一直保持在50%~60%。

在石油工业中，硫酸用于汽油、润滑油等产品的精炼，并用于烯烃的烷基化反应，以生产高辛烷值汽油。

钢铁工业需用硫酸进行酸洗，以除去钢铁表面的氧化铁皮，这一工序是轧板、冷拔钢管以及镀锌等加工所必需的预处理。

在有色冶金工业中，湿法冶炼过程用硫酸浸取铜矿、铀矿和钡矿；电解法精炼铜、锌、镍、镉等时，需用硫酸配制电解液。

以硫酸为原料可以制取多种无机化工产品，如用于制造洗衣粉的芒硝（俗称元明粉，化学名称为硫酸钠（Na_2SO_4））；水处理中使用的絮凝剂硫酸铝；硫酸与钛铁矿反应可制得重要的白色颜料二氧化钛；用萤石和硫酸可制取氢氟酸，它是现代氟工业的基础，与核工业及航天工业密切关联；在硝化棉、梯恩梯、硝酸甘油、苦味酸等的制造中，硫酸是硝化工序不可缺少的脱水剂。

在化学纤维工业中，硫酸用于配制粘胶纤维的抽丝凝固浴；维纶生产需用硫酸进行缩醛化；锦纶的制造过程中，硫酸可溶解环己酮肟而进行贝克曼转位。

在塑料工业方面，环氧树脂和聚四氟乙烯等的生产需用硫酸。

在染料工业中，硫酸用于制造染料中间体，几乎所有染料的制备都需要使用浓硫酸或发烟硫酸。

1.4　硫酸发展概况

1.4.1　硫酸发展简介

硫酸最早出现于8世纪，是由阿拉伯人干馏绿矾（$FeSO_4 \cdot 7H_2O$）时得到的。1740年，英国人J·沃德（Ward）在玻璃器皿中燃烧硫黄和硝石混合物，并将产生的气体（含二氧化硫、氮氧化合物及氧气混合物）与水反应制成了硫酸，即为硝化法硫酸。1746年，英国人J·罗巴克（Roebuck）利用硝化法建立了世界上第一个硫酸厂，在一座约1.83m见方的铅室内间接生产出硫酸，月产浓度33.4%的硫酸334kg，该厂也称为铅室法硫酸厂。20世纪初出现了全部用塔代替铅室的塔式法硫酸生产，塔式法的设备生产强度为铅室法的6~10倍，成品酸的浓度也提高到75%以上。前苏联对塔式法硫酸生产过程和原理进行了深入研究，成功地以钢铁代替铅材，使建设硫酸厂的投资大大降低，塔的生产强度也提高到每立方米容积每日生产硫酸200~250kg（以100% H_2SO_4 计），20世纪40~50年代，塔式法硫酸的生产在苏联获得较大发展。

硝化法反应式是：

$$SO_2 + N_2O_3 + H_2O = SO_2 + 2NO \tag{1-21}$$

$$2NO + O_2 = 2NO_2 \tag{1-22}$$

$$NO + NO_2 = N_2O_3 \tag{1-23}$$

接触法硫酸是由英国人P·菲利普斯（Philips）于1831年提出的，它是用灼热的铂作催化剂，使二氧化硫在催化剂上催化氧化为三氧化硫，并用水吸收成硫酸。1900年，美国建立起第一个用硫铁矿为原料的接触法硫酸厂，以铂作催化剂。由于铂价格昂贵而且极易中毒，制酸成本高，接触法硫酸发展缓慢。1915年，联邦德国的巴斯夫（BASF）公司开始使用钒催化剂。由于钒催化剂对一些有毒、有害物质具有较高的抵抗力，价格也便宜，因而迅速得到推广，取代了昂贵的铂催化剂和活性低的氧化铁催化剂。从19世纪70年代开始，合成染料生产迅速增加，特别是20世纪初，随着炸药生产的发展，对发烟硫酸的需求日益增长，这促进了接触法硫酸生产的发展。

接触法反应式是：

$$SO_2 + \frac{1}{2}O_2 \xrightleftharpoons{\text{催化剂}} SO_3 \tag{1-24}$$

接触法的产品浓度高，杂质含量低，用途广，还可以生产发烟硫酸和液体三氧化硫，没有氮氧化物对大气的污染，20世纪50年代以来，已成为世界主要的硫酸生产方法。铅室法和塔式法逐步被淘汰。

接触法硫酸发展主要体现在以下几个方面：

（1）SO_2 炉气制取方面。20世纪50年代，联邦德国和美国同时开发出硫铁矿沸腾焙烧技术。沸腾焙烧就是采用流态化技术，让流体（此处为空气）以一定的流速通过一定颗粒度的颗粒床层，使颗粒悬浮起来，以保证固体颗粒与流体充分接触，完成反应。沸腾焙烧技术的优势体现在：

1）操作连续，易于实现自动控制；

2）固体颗粒直径较小，气固相间的传热传质面积大，利于传热和传质；

3）固体颗粒在气流中剧烈运动，使得固体表面边界层受到不断地破坏和更新，促使化学反应速率大大提高。

（2）炉气净化方面。主要体现在净化设备的进步。刚开始，净化设备由简单的重力沉降室和惯性除尘室、旋风除尘器等组成，净化效率低下。随着高压静电除尘、除雾设备的发明，加快了炉气净化技术的发展步伐。

高效旋风除尘器、文氏管、泡沫塔、新型填料塔、星形铅间冷器、板式冷却器、冲击波洗涤器、高密度聚乙烯泵、耐稀酸合金泵等高效耐磨蚀设备的出现，使净化设备的选型范围扩大了，寿命延长了，这促使炉气净化工艺更加合理、完善。

美国杜邦公司开发出动力波洗涤器，美国孟山都环境化学公司把动力波洗涤器应用在气体净化流程中，操作弹性更大，净化效率更高。

（3）二氧化硫转化方面。20 世纪 60 年代初期，联邦德国巴斯夫公司首先采用了“两转两吸”技术。20 世纪 80 年代初期，苏联科学院西北利亚分院研究成功了二氧化硫非稳态氧化法，1982 年实现工业化。目前，转化技术的发展主要表现在二氧化硫高浓度转化技术和高活性催化剂应用方面。二氧化硫浓度在 13% 以上的转化称为高浓度转化技术。采用高浓度转化技术可减小装置投资费用，降低运行成本。德国鲁奇公司开发并申请了技术专利的 LUREC^{TM}高浓度二氧化硫转化新工艺，山东阳谷祥光铜业公司采用该工艺的硫酸装置，已于 2007 年 8 月试生产，同年 12 月正式投产。德国巴斯夫公司、美国孟莫克公司和丹麦托普索公司开发出在 380 ~ 390℃ 下具有高活性的催化剂，这种催化剂是在常规钾－钒催化剂中添加少量铯（Cs），增加其低温活性。大型装置的硫酸生产企业已广泛使用这种铯催化剂。国外的触媒生产商已在开发耐热温度为 700℃ 的耐高温触媒，一旦其投入工业化应用，将对硫酸行业产生深远影响。

（4）三氧化硫吸收方面。三氧化硫吸收技术的发展主要表现在：填料性能的改进，分酸装置的改进使其布酸点增多、喷淋密度增大，冷却器改用管壳式阳极保护，高温吸收三氧化硫，吸收余热利用等。吸收塔高强度、低阻力、小型化，浓酸泵长寿命、高效能化。

1.4.2 硫酸发展趋势

硫酸工业未来发展方向是提高劳动生产率、降低成本、减少污染，主要表现在以下几个方面：

（1）装置大型化。硫酸装置日趋大型化。目前，世界上最大冶炼烟气制酸装置位于澳大利亚昆士兰州芒特艾萨，由鲁奇公司总承包，生产能力为 4200t/d。该装置采用铜熔池炉和转炉烟气为原料，并辅以硫黄焚烧。世界上最大硫黄制酸装置是澳大利亚 Anaconada 公司的装置，生产能力为 4400t/d。国内硫黄装置最大的是江苏张家港双狮精细化工生产能力为 1000kt/a 的硫黄装置，铜陵有色集团铜冠冶化分公司 2 套生产能力为 400kt/a 的硫铁矿制酸装置是国内最大的硫铁矿装置之一。硫酸装置的规模化、集约化可显著降低运行成本和建设投资，产生良好的规模效益。

（2）设备结构和材质的改进。改进设备结构可增强设备生产强度，减小设备尺寸，降低损耗，延长寿命，降低建设投资和运行费用。其中，新材质的应用为设备性能的提高、结构的改进和新技术应用提供了保证。

（3）节能与废热利用。提高原料气中二氧化硫浓度，利用HRS系统回收低温位热能，采用环状催化剂、大开孔率填料支撑结构、新型填料等技术。

（4）生产的计算机管理。普遍采用计算机集散控制系统（DCS）和计算机管理系统，确保装置运行稳定和达到最优操作状态。

（5）减少污染物排放，保护环境。使用高活性含铯催化剂和“3+2”五段催化床层，既能降低成本，又能使尾气达到严格的排放标准。

1.5　硫酸生产工艺

生产硫酸的原料是能够产生二氧化硫的含硫物质，一般有硫黄、硫铁矿、冶炼烟气、硫酸盐等。在不同的国家，由于所含硫资源的不同，生产硫酸原料路线有很大的差异，且所使用原料的比例随硫资源的供给情况而有所调整。相对而言，硫黄资源较丰富，制酸过程简单，经济效益好，从世界范围来看，硫黄制酸产量最大。据统计，2008年年底我国硫酸总产量达72Mt，其中，硫黄制酸产量约为32Mt，硫铁矿制酸产量约22Mt，冶炼烟气制酸产量约18Mt。但是，随着国际硫黄价格上涨，硫酸需求量增大，铁资源变得很紧张，硫铁矿制酸中的硫酸渣制铁球团作为炼铁原料，因此，在我国硫铁矿制酸仍然成为主导制酸原料。

1.5.1　硫铁矿制酸

首先对硫铁矿进行预处理，块状硫铁矿要粉碎加工成粉矿。硫精砂要进行干燥。若矿的品种较多，入炉前还要按杂质含量要求进行掺配。

硫铁矿制酸主要工序为：硫铁矿焙烧、炉气净化、二氧化硫转化及三氧化硫吸收。二氧化硫的炉气制取是采用沸腾焙烧，应用余热锅炉回收高温位热能，设置旋风除尘器、电除尘器，经除尘后的炉气进入湿法净化工序，通过洗涤设备除去炉气中大部分杂质，电除雾去除酸雾。炉气中的水分在干燥塔内脱水干燥后由主风机抽送至转化工序，将二氧化硫转化为三氧化硫进入吸收系统，经吸收塔吸收三氧化硫气体得到98%硫酸或发烟硫酸，出塔气体进入尾气处理工序处理后放空。

某公司200kt/a硫铁矿制酸工艺流程如图1-1所示。

1.5.2　硫黄制酸

根据硫黄原料的品质来确定制酸工艺流程。若硫黄中含有砷、硒等杂质并危及触媒中毒时，则必须设置净化设备，如铁管过滤器、石墨管过滤器、硅藻土沉淀层过滤器、金属丝网过滤器、焦炭过滤器、气体过滤器（过滤介质为废触媒、火砖屑）等。一般来说，纯净的硫黄仅需要4个工序即可完成制酸全过程，即熔硫、焚硫、转化与吸收。

某公司100kt/a硫黄制酸工艺流程如图1-2所示。

1.5.3　冶炼烟气制酸

有色金属硫化矿在冶炼过程中产生的炉气中含二氧化硫2%～20%（体积分数），二氧化硫体积分数的高低由所采用的熔炼炉和熔炼方法所决定。钢铁企业二氧化硫排放总量

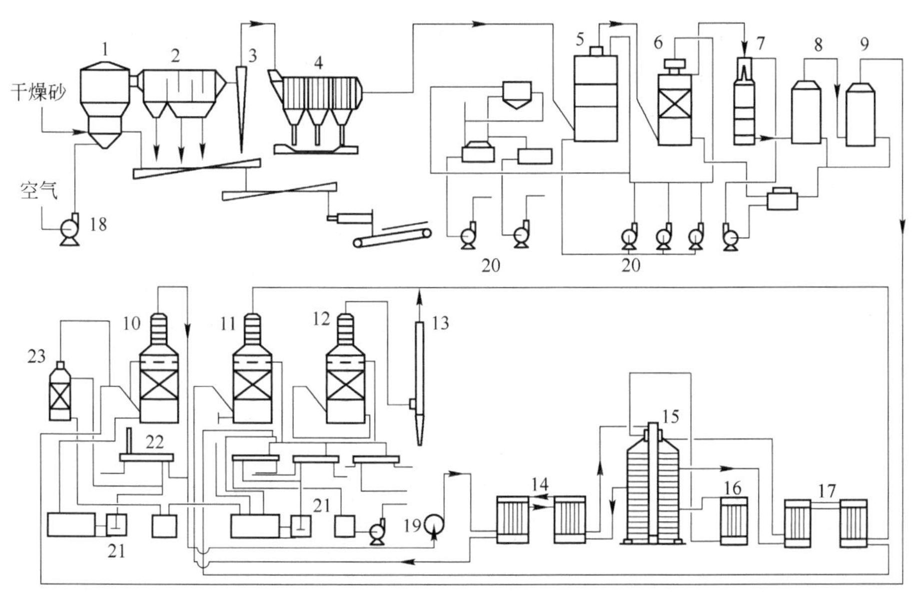

图 1－1 某公司 200kt/a 硫铁矿制酸工艺流程

1—沸腾炉；2—废热锅炉；3—旋风除尘器；4—电除尘器；5—冷却塔；6—洗涤塔；7—间冷器；8—一级电除雾器；9—二级电除雾器；10—干燥塔；11—第一吸收塔；12—第二吸收塔；13—烟囱；14—第Ⅲ换热器；15—转化器；16—第Ⅱ换热器；17—第Ⅳ换热器；18—空气鼓风机；19—二氧化硫鼓风机；20—稀酸泵；21—浓酸泵；22—阳极保护冷却器；23—成品吹出塔

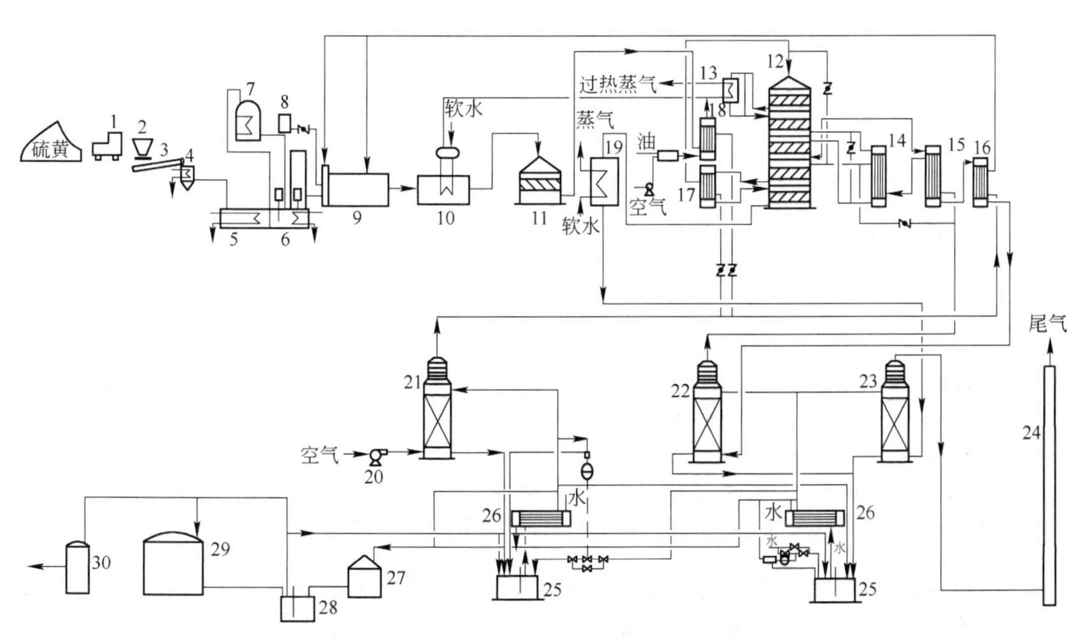

图 1－2 某公司 100kt/a 硫黄制酸工艺流程

1—装载机；2—料斗；3—振动喂料机；4—快速熔硫槽；5—沉清槽；6—精硫槽；7—液硫桶；8—液化气桶；9—焚硫炉；10—第一废热锅炉；11—过滤器；12—转化器；13—过热器；14—第Ⅱ换热器；15—第Ⅲ换热器；16—三氧化硫冷却器；17—第Ⅳ换热器；18—预热器；19—热管锅炉（第二）；20—鼓风机；21—干燥塔；22—第一吸收塔；23—最终吸收塔；24—烟囱；25—循环槽；26—管壳式冷却器；27—成品计量桶；28—地下槽；29—成品酸库；30—装车计量桶

的70%以上来自烧结机产生的烟气，质量浓度变化范围在400~5000mg/m³（标态）之间。根据冶炼烟气中二氧化硫体积分数的不同可采取不同的处理工艺：

（1）当二氧化硫的体积分数小于2.5%时，一般需采用烟气脱硫（FGD）的方法进行处理；当二氧化硫的体积分数大于1.5%时，宜采用回收法；二氧化硫的体积分数小于1.5%时，一般采用石灰（石）-石膏中和法。

钢铁企业烧结烟气中二氧化硫含量不高，通常采用烟气脱硫（FGD）的方法进行处理，也有采用吸收剂或吸附剂进行吸收或吸附操作，富集二氧化硫进行制酸。如太原钢铁（集团）有限公司炼铁厂450m² 烧结机和660m² 烧结机烟气脱硫引进日本住友金属活性炭吸附脱硫脱硝工艺。烧结机机头废气经电除尘器除尘后送入脱硫塔，脱硫后的洁净烟气从烟囱排空。活性炭吸附下来的二氧化硫在解吸再生塔内解吸成为富集二氧化硫烟气（称为SRG烟气）。SRG烟气中二氧化硫的体积分数在20%以上（干基），并含有大量氨、氟、氯、汞等有害杂质，它进入常规烟气制酸装置，采用动力波净化、“两转两吸”工艺流程可制取98%硫酸。其制酸工艺流程如图1-3所示。

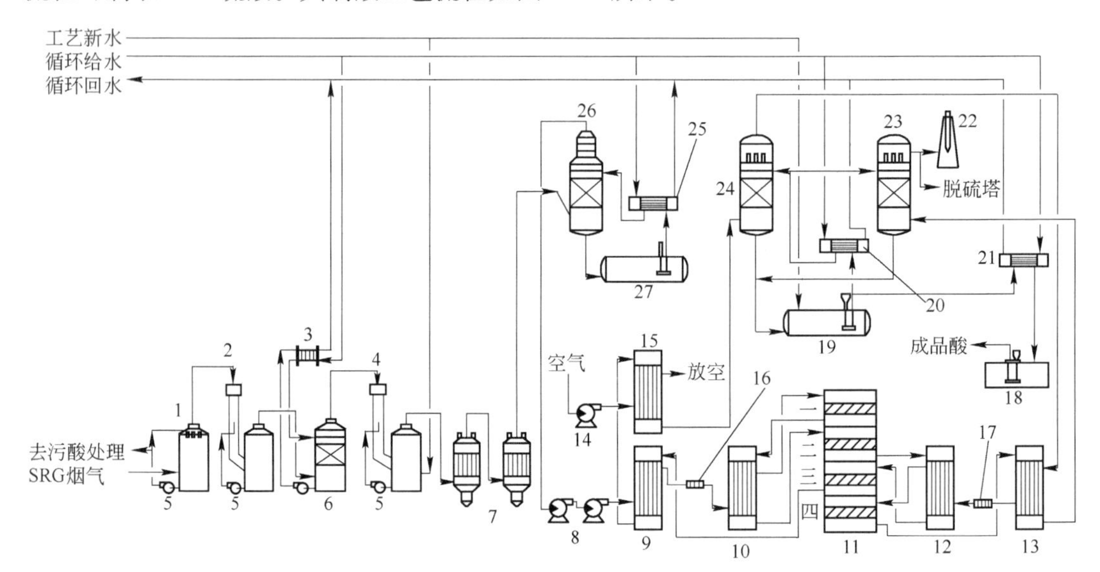

图1-3 太原钢铁（集团）有限公司炼铁厂SRG烟气制酸工艺流程

1—喷淋塔；2—一级泡沫柱洗涤器；3—稀酸冷却器；4—二级泡沫柱洗涤器；5—循环泵；6—气体冷却塔；7—电除雾器；8—二氧化硫鼓风机；9—第Ⅲ换热器；10—第Ⅰ换热器；11—转化器；12—第Ⅱ换热器；13—第Ⅳ换热器；14—三氧化硫冷却风机；15—三氧化硫冷却器；16—1号升温电炉；17—2号升温电炉；18—成品酸循环槽；19—吸收酸循环槽；20—吸收酸冷却器；21—成品酸冷却器；22—烟囱；23—第二吸收塔；24—第一吸收塔；25—干燥酸冷却器；26—干燥塔；27—干燥酸循环槽

攀钢集团公司烧结系统烟气脱硫采用的是离子液循环吸收脱硫技术，吸收液进入解吸塔解析出纯度很高的二氧化硫气体，无需净化，经配气后采用“一转一吸”工艺流程制酸，制酸尾气返回烧结烟气脱硫装置入口进行再吸收，净化气达标排放。

铜陵有色金属（集团）公司铜冠冶化分公司1200kt/a硫酸渣制铁球团装置，球团烟气量达3.3×10^5m³（标态），采用加拿大Cansolv有机胺吸收，利用硫铁矿制酸装置富裕的蒸汽进行解吸，得到较为纯净的二氧化硫气体，返回硫铁矿制酸系统制酸。

（2）当二氧化硫的体积分数为2.5%~3.5%时，二氧化硫烟气可直接用于制硫酸。

目前主要有两种工艺：一种是低浓度二氧化硫非稳态转化工艺，国内已有9套这种装置在运行中，存在的问题主要是调节阀质量不过关、催化剂损耗大、转化率仅为80%～90%，尾气不能直接达标排放，需另加烟气脱硫（FGD）装置对制酸尾气进行处理；另一种是托普索公司的WSA湿法制酸工艺，从株洲冶炼厂铅烟气制酸装置的运行情况看，烟气需配气到含二氧化硫3.5%～4.0%（体积分数）才能稳定运行，该工艺的投资大，也曾出现过熔盐系统泄漏、预热器玻璃管破碎、冷凝器玻璃管破碎等故障，因此，大范围推广有一定难度。

（3）当二氧化硫的体积分数为3.5%～5.0%时，采用"一转一吸"制酸工艺需要加尾气吸收装置。

（4）当二氧化硫的体积分数大于5.0%时，可采用常规的"两转两吸"制酸工艺。冶炼烟气首先进行湿法净化，除去砷、硒、氟、铅等，经干燥后进入转化系统和吸收系统，"两转两吸"后尾气进入尾气处理装置。

（5）近年来，有色冶金采用富氧熔炼，产生高浓度[1]的二氧化硫的气体，如金隆铜业、贵溪冶炼厂进转化器烟气中二氧化硫的体积分数高达12.5%，山东祥光铜业有限公司制酸装置进转化器二氧化硫的体积分数高达16%，它们采用了高浓度二氧化硫转化技术。

某公司闪速炉铜冶炼烟气制酸工艺流程如图1－4所示。

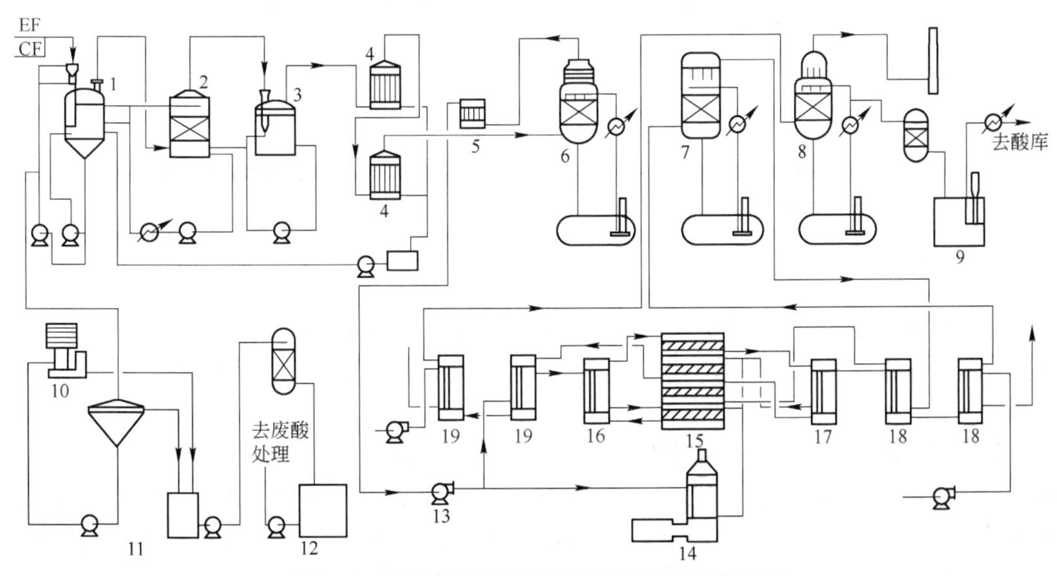

图1－4 某公司闪速炉铜冶炼烟气制酸工艺流程

1—一级动力波；2—气体冷却塔；3—二级动力波；4—电除雾器；5—纤维除雾器；6—干燥器；7—第一吸收塔；8—第二吸收塔；9—成品酸中间槽；10—铅压滤器；11—圆锥沉降槽；12—废酸储槽；13—主二氧化硫风机；14—开工炉；15—转化器；16～19—第Ⅰ～Ⅳ换热器；EF—铜系统的闪速炉；CF—铜系统的转炉

1.5.4 硫酸盐制酸

有代表性的硫酸盐制酸是硫酸钙（石膏或磷石膏）制酸。我国现有8套石膏和磷石

[1] 制酸行业中习惯用浓度，其实涉及气体时，浓度即为体积分数，本书中沿用行业内习惯用法。

膏制酸装置，如山东峰城磷肥厂、鲁北化工集团、四川什邡化工总厂、银山化工厂、鲁西化工集团等有这种制酸装置。其主要原料为石膏（磷石膏）、焦炭、黏土、砂子、硫铁矿渣等。这些原料分别经颚式破碎机粗破、双辊破碎机（或反击式破碎机）细破，干燥脱水后转入各自原料储斗中。按一定比例将不同原料加入球磨机中，将磨细的混合物料转入回转窑内与高温燃煤烟气逆向接触，经预热，在900～1200℃下，按式（1－25）反应进行还原分解，生成二氧化硫、二氧化碳与氧化钙。进一步在1200～1450℃高温下煅烧，进行矿化反应生成水泥熟料。产生的烟气中二氧化硫的体积分数可达7%～9%，从窑头排出并转入制酸系统。制酸流程与硫铁矿制酸过程基本相同，仅是窑气中的氧浓度低，转化时需加入适量的空气。

$$2CaSO_4 + C = 2CaO + 2SO_2 + CO_2 \quad (1-25)$$

从回转窑尾排出的水泥熟料，掺入适量的物料经球磨机磨细后，即成为425号以上的水泥。石膏制酸每生产硫酸1t同时产出水泥1.5t。其生产成本是比较低的，具体工艺流程如图1－5所示。

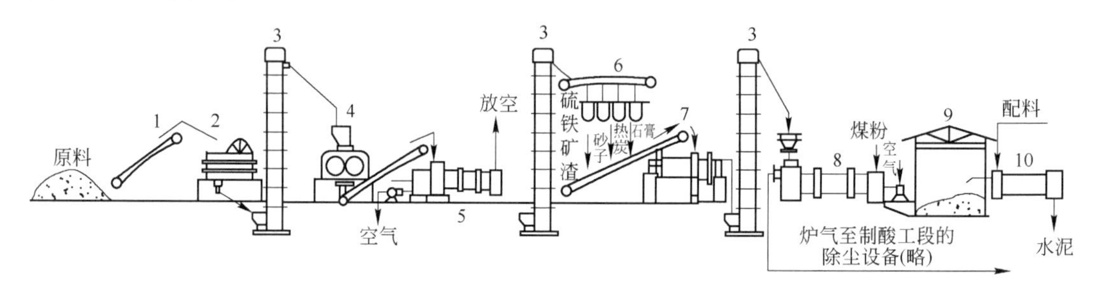

图1－5　石膏制二氧化硫和水泥的工艺流程

1—运输机；2—颚式破碎机；3—斗式提升机；4—双辊破碎机；5—回转干燥器；6—原料储斗；7，10—球磨机；8—回转窑；9—熟料仓库

1.5.5　其他物料制酸

含硫废液主要来源于化肥厂、煤气厂脱硫工序产生的含硫黄、硫代硫酸铵、硫化氢等的废液。以此废液为原料制酸，不仅能充分利用硫资源，而且也能解决含硫废液的污染问题。

含硫废液制酸，首先是焚烧含硫废液。焚烧后产生的炉气含二氧化硫约5%（体积分数），将此低浓度二氧化硫气体引入余热锅炉，出余热锅炉气体依次进入洗净塔、空塔、间冷器、电除雾器除杂质后，再经干燥送入四段转化器，转化后的气体进入吸收塔，采用98.3%～98.5%浓硫酸吸收，成品酸中的NO_2^-用氨基磺酸脱硝。

此外，还有硫化氢制酸、废硫酸再生等，具体参见《硫酸工作手册》。

习题与思考题

1－1　常见的硫酸规格有哪些，常见的发烟硫酸规格有哪些？

1－2　硫酸的凝固点随温度进行怎样的变化，对硫酸生产有着怎样的影响？

1－3　浓硫酸的化学性质有哪些？

1-4　二氧化硫在硫酸水溶液中的溶解度是怎样进行变化的?
1-5　为什么三氧化硫的熔化必须在压力容器内进行?
1-6　硫酸工业生产方法有哪些?
1-7　为什么说硫酸是“无机化工之母”?
1-8　接触法硫酸发展趋势是什么?
1-9　工业硫酸的质量指标有哪些?
1-10　硫酸的工业生产路线主要有哪些?

2 硫铁矿制取炉气

2.1 硫铁矿预处理

2.1.1 硫铁矿的来源

硫铁矿是硫元素在地壳中存在的主要形态之一，是硫化铁矿物的总称，其主要形态为黄铁矿（FeS_2），颜色因纯度和所含杂质的不同而异，有灰色、褐绿色、浅黄色等，纯度高者为闪光的金黄色，还有一种矿石近似黄铁矿，具有强磁性，被称为磁黄铁矿或磁硫铁矿（Fe_nS_{n+1}）。

纯二硫化铁中硫的质量分数为53.45%，铁的质量分数为46.55%。纯磁黄铁矿中硫的质量分数为39%～40%，铁的质量分数为60%～61%。自然界开采出的硫铁矿中一般硫的质量分数为30%～48%，有的含硫很少，其质量分数不足20%。矿石中除黄铁矿或磁黄铁矿外，其余成分主要是脉石，此外，还有少量氟矿物以及钙、镁的碳酸盐和硫酸盐等，有时还含有微量银和金。矿石的品位按硫的质量分数来划分。

硫铁矿按其来源不同分为普通硫铁矿（也称为原硫铁矿）、浮选硫铁矿和尾砂、含煤硫铁矿3种：

（1）普通硫铁矿。普通硫铁矿是直接或在开采硫化铜矿时取得的，主要成分为FeS_2，另外还含有铜、铅、锌、锰、钙、砷、硒等杂质。因其一般呈块状，所以又称为块矿。

（2）浮选硫铁矿和尾砂。含硫较低的硫铁矿需进行浮选加以富集，使原料中硫的质量分数达到预定要求，浮选所得矿料称为浮选硫铁矿。

有的硫铁矿与有色金属（如铜、铅、锌等）硫化矿共生，在采出有色金属矿后对两者进行浮选分离。富集有色金属部分称为精矿或精砂（例如铜精砂、锌精砂），它是冶炼有色金属的原料；另一部分为硫铁矿与废石的混合物，称为尾砂。尾砂再经浮选，把废石分出，其精矿称为硫精砂。当尾砂中硫的质量分数为30%～45%时，一般不必经过二次浮选，可直接用做制酸原料。

浮选硫铁矿和尾砂具有水分高和易燃的特点。

（3）含煤硫铁矿。含煤硫铁矿也称为黑矿，块状，与煤共生。采煤时一并采出然后分离。矿石中硫的质量分数一般为30%～40%，其中，煤含量有的高达18%以上。

2.1.2 硫铁矿的处理

硫铁矿和含煤硫铁矿在进入焙烧炉前应破碎并筛分，使之达到工艺要求。浮选硫铁和尾砂呈粉状，因含水分较多，在储存和运输中会结块，进入焙烧炉前应干燥。工厂所用矿石常由多个矿山供应，品位、杂质成分不一，为保证装置正常运行，常采取多种矿石搭配使用的办法，即配矿。

2.1.2.1 硫铁矿的破碎

进沸腾焙烧炉的原料，其粒度大小不仅影响硫的烧出率，而且还影响炉子操作，块状矿石破碎后所要求达到的粒度应根据使用的焙烧炉炉型及操作工艺而定。所以对粒度大小和分布都有要求，一般粒度不得超过3mm（有的定为4mm）。硫铁矿的破碎通常经过粗碎与细碎两道工序。粗碎使用颚式破碎机、反击式破碎机（或圆锥破碎机），将不大于200mm的矿石碎至25mm以下。细碎使用反击式破碎机，也有的使用球磨机或电磨，使矿石粒度达到3mm（或4mm）以下。

有些工厂使用球磨机粉碎矿石，可将较大的块矿一次破碎到3.5mm以下，不必设置筛分工序。

浮选硫铁矿（或尾砂、硫精砂）粒度细，但由于水含量较高易结块，一般使用鼠笼式破碎机打散结块原料。

2.1.2.2 筛分

矿石破碎后，其中只有一部分达到粒度要求，因此在破碎过程中要进行筛分，通过振动筛进行筛分，筛下为合格部分，送至成品矿储仓或焙烧炉矿斗，筛上部分重新返回破碎。

2.1.2.3 配矿

硫铁矿产地不同，其组成有较大差别。为使焙烧炉操作易于控制、炉气成分均一，矿料品位需要维持不变或变化很小，因此需要进行配矿。配矿不仅可充分合理利用资源，且对稳定生产、降低有害杂质，以及提高硫的烧出率都有很大的作用。

配矿的原则是：

（1）贫矿与富矿搭配，以使混合矿中硫或铁的质量分数稳定。

（2）含煤硫铁矿与普通硫铁矿搭配，使混合矿中碳的质量分数小于1%。

（3）高砷矿与低砷矿搭配。

配矿的方法：通常采用铲车或行车对不同成分矿料按比例抓取翻混。

2.1.2.4 脱水

块矿一般水含量（质量分数）在5%以下，尾砂水含量低的也在8%以上，高的可达15%～18%，沸腾焙烧炉进料要求水含量在10%以内，水量过多，不仅会造成原料输送困难，而且结成的团矿入炉后会破坏炉子的正常操作。因此，干法加料应对过湿的矿料进行干燥，通常采用自然干燥，大型工厂采用专门设备（如滚筒烘干机）烘干。

2.2 硫铁矿制取炉气原理与方法

2.2.1 硫铁矿焙烧反应

硫铁矿的焙烧，主要是矿石中的二硫化铁与空气中的氧反应，生成二氧化硫炉气。一般认为，焙烧反应分两步进行。

第一步：硫铁矿在高温下受热分解为硫化亚铁和硫。

$$2FeS_2 = 2FeS + S_2,\ \Delta H^{\ominus}_{298} = 295.68\text{kJ/mol} \tag{2-1}$$

此反应在400℃以上即可进行，500℃时则较为显著，随着温度升高，反应急剧加速。

第二步：硫蒸气的燃烧和硫化亚铁的氧化反应。分解得到的硫蒸气与氧反应，瞬间即生成二氧化硫。

$$S_2 + 2O_2 = 2SO_2,\ \Delta H^{\ominus}_{298} = 724.07\text{kJ/mol} \tag{2-2}$$

硫铁矿分解出硫后，剩下的硫化亚铁逐渐变成多孔性物质，继续焙烧，当空气过剩量大时，最后生成红棕色的固态物质三氧化二铁。

$$4FeS + 7O_2 = 2Fe_2O_3 + 4SO_2,\ \Delta H^{\ominus}_{298} = -2453.30\text{kJ/mol} \tag{2-3}$$

当空气过剩量小时，则生成四氧化三铁，固态物质呈黑色，其反应式为：

$$3FeS + 5O_2 = Fe_3O_4 + 3SO_2,\ \Delta H^{\ominus}_{298} = -1723.79\text{kJ/mol} \tag{2-4}$$

综合式（2-1）~式（2-3），硫铁矿焙烧的总反应式为：

$$4FeS_2 + 11O_2 = 2Fe_2O_3 + 8SO_2,\ \Delta H^{\ominus}_{298} = -3310.08\text{kJ} \tag{2-5}$$

综合式（2-1）、式（2-2）、式（2-4）三个反应式，则总反应式为：

$$3FeS_2 + 8O_2 = Fe_3O_4 + 6SO_2,\ \Delta H^{\ominus}_{298} = -2366.28\text{kJ} \tag{2-6}$$

上述反应中，硫与氧反应生成的二氧化硫、过量氧及氮、水蒸气等气体统称为炉气；铁与氧生成的氧化物及其他固态物质统称为烧渣。矿石中含有的铅、砷、硒、氟等，在焙烧过程中会生成 PbO、As_2O_3、HF、SeO_2，它们呈气态随炉气进入制酸系统，变成有害杂质。

2.2.2　沸腾焙烧

硫铁矿的焙烧过程是在沸腾焙烧炉内进行的，硫铁矿的沸腾焙烧，就是应用固体流态化技术来完成焙烧反应。流体通过一定粒度的颗粒床层，随着流体流速的不同，床层会呈现固定床、流化床（沸腾床）及流体输送3种状态。当床层气流速度低于临界速度时，呈现固定床状态；当床层气流速度高于吹出速度时，颗粒全部被吹出，呈现流体输送状态。对沸腾焙烧来讲，必须保持气流速度在临界速度与吹出速度之间。

硫铁矿焙烧时，要保持正常沸腾取决于硫铁矿颗粒平均直径大小、矿料的物理性能及与之相适应的气流速度。

生产中，在决定沸腾焙烧的操作速度时，既要保证最大颗粒能够流态化，又要力图能使最小颗粒不致被气流所带走，这只有在高于大颗粒的临界速度且低于最小颗粒的吹出速度时才有可能。即首先要保证大颗粒能够流态化，在确定的操作气速超过最小颗粒的吹出速度时，被带出沸腾层的最小颗粒还应在炉内空间保持一定的停留时间，以达到规定的烧出率（硫铁矿中所含硫分在焙烧过程被烧出来的百分率）。

2.2.3　焙烧影响因素

根据资料，硫化亚铁的焙烧反应（式（2-3）或式（2-4））是整个焙烧过程的控制步骤。影响硫化亚铁焙烧速率的因素有温度、矿料粒度和氧的浓度等。

温度对硫铁矿焙烧过程起决定作用。提高温度有利于增大硫铁矿的分解速率，同时硫化亚铁焙烧速率也有所增大，所以硫铁矿的焙烧是在较高温度下进行的。但是温度不能过高，因为温度过高会造成焙烧物料的熔结，影响正常操作。在沸腾焙烧炉中，一般控制温度在900℃左右。

由于硫铁矿的焙烧属于气固相不可逆反应，因此，焙烧速率在很大程度上取决于气固两相间接触表面的大小，而接触表面的大小又取决于矿料粒度的大小。矿料粒度越小，单位质量矿料的气固相接触表面积越大，氧气越容易扩散到矿料颗粒内部，而二氧化硫也越容易从内部向外扩散，从而焙烧速率加快。

氧的浓度（体积分数）对硫铁矿的焙烧速率也有很大影响。增大氧的浓度，可使气固两相间的扩散推动力增大，从而加速反应。工业上一般用空气中的氧来焙烧，它能满足要求。

2.2.4 矿尘的清除

焙烧工段的主要作用是制出合格的二氧化硫炉气，并清除炉气中的矿尘。悬浮于炉气中的微粒粒径分布很广，应分级逐段地进行分离，先大后小，先易后难。气体中固体颗粒的去除方法是重力沉降、离心沉降、碰撞分离和静电除尘。

2.2.4.1 重力沉降

重力沉降可去除的颗粒直径在100μm以上。

当流体处于层流区运动时，雷诺数为：

$$Re=\frac{d_s u\rho}{\mu},\ 10^{-4}<Re<1$$

固体颗粒的沉降速度为：

$$u_t=\frac{d_s^2 g(\rho_s-\rho)}{18\mu} \tag{2-7}$$

式中 d_s——球形颗粒直径，m；

g——重力加速度，取9.81m/s²；

ρ_s，ρ——分别为颗粒、气体的密度，kg/m³；

u——气体速度，m/s；

μ——气体的黏度，Pa·s。

2.2.4.2 离心沉降

与重力沉降相比，离心沉降由于颗粒做旋转运动，所获得的离心力要比重力大得多。处于层流区沉降时，离心沉降速度为：

$$u_t=\frac{d_s^2(\rho_s-\rho)u^2}{18\mu R} \tag{2-8}$$

式中 u——含尘气体进口气速，m/s，一般为20m/s左右；

R——颗粒旋转半径，m。

从式（2-7）和式（2-8）可以看出，离心沉降与重力沉降相比，同等沉降速度下，离心分离的颗粒直径可以很细小，对于粒径在5~75μm的颗粒可获得满意的除尘效率。

从沉降速度表达式（2-7）和式（2-8）还可以看出，颗粒的密度与直径越大，沉降速度越大。值得注意的是：沉降速度与流体的黏度成反比关系，温度上升，气体黏度增大。因此，分离气体中的固体颗粒，温度下降有利于分离操作进行。

2.2.4.3　碰撞分离

对于0.5～5μm的小粒子，可使气体连同小粒子绕过障碍物（固体纤维），使之碰撞并黏附在障碍物上。袋滤器（或称为布袋除尘器）就是利用含尘气体穿过做成袋状而骨架支撑起来的滤布以滤去气体中尘粒的设备。

2.2.4.4　静电除尘

静电除尘是利用高压电场使气体发生电离，含尘气体中的粉尘带电，带电尘粒被带相反电荷的电极吸附，将尘粒从气体中分离出来。静电除尘器能有效捕集0.1μm甚至更小的尘粒。

2.3　沸腾焙烧工艺流程与工艺条件

2.3.1　沸腾焙烧工艺流程

沸腾焙烧工段的主要作用是制出合格的二氧化硫炉气，并清除炉气中的矿尘。由于沸腾焙烧过程中产生大量的热量，沸腾焙烧炉出口的炉气温度在800℃以上。为有效利用焙烧过程中所产生的热量，同时也为高效清除矿尘，生产上设置了余热锅炉、旋风除尘器、电除尘器及排渣装置。整个沸腾焙烧的工艺流程如图2－1所示。

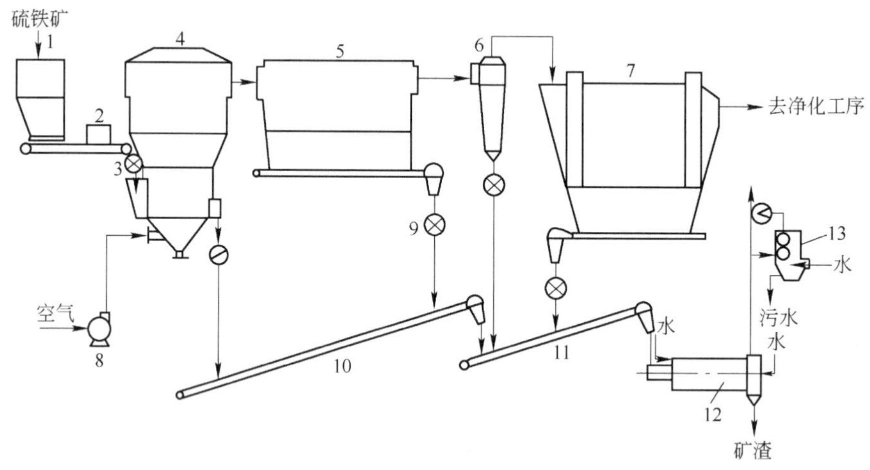

图2－1　沸腾焙烧的工艺流程

1—矿储斗；2—皮带秤；3—星形加料器；4—沸腾炉；5—废热锅炉；6—旋风除尘器；7—电除尘器；8—空气鼓风机；9—星形排灰阀；10，11—埋刮板输送机；12—增湿冷却滚筒；13—蒸汽洗涤器

来自原料库的硫铁矿（粒径小于3mm或4mm）由皮带输送机送至矿储斗1，经皮带秤计量后由星形加料器加入沸腾焙烧炉。若沸腾炉炉膛截面较大，为使矿料分布到炉中心区域，常采用抛料机抛料替代星形加料器。空气由空气鼓风机（又称为炉底风机）从沸腾炉底部鼓入，经气体分布板（俗称风帽）与矿料接触，使矿粒悬浮起来，以确保气固充分接触发生反应，产生二氧化硫炉气；高温炉气由沸腾炉上部的出气口出去进入余热锅炉，炉气经余热锅炉吸收热量后温度降至360℃左右，进旋风除尘器除去大部分矿尘，最

后通过电除尘器进一步除去剩余细小矿尘后进入净化工序。

沸腾焙烧炉焙烧产生的炉渣，若铁的质量分数高于56%，可用于制成球团送入钢铁厂作为炼钢原料。由于这些炉渣温度较高，为避免烫伤和方便输送，沸腾焙烧炉底部溢出的炉渣，以及余热锅炉、旋风除尘器和电除尘器收集下来的细小矿渣，由埋刮板输送机送至增湿冷却滚筒增湿降温后送至铁球团车间或堆场。

电除尘器收集下来的粉尘颗粒较细，温度较低，可采用仓式泵气流远程输送，如安徽铜陵铜冠冶化分公司采用气流输送，设备少，占地面积小，粉尘完全封闭，现场环境干净。

2.3.2 沸腾焙烧工艺条件

为获得稳定的一定体积分数的二氧化硫炉气，并得到高的硫烧出率，操作时必须控制好炉温、炉底压力及投矿量。一般炉温控制在850～950℃，炉底压力（表压）为13～18kPa，制得炉气中二氧化硫的体积分数为12%～14%，三项指标相互关联，其中，炉温控制对稳定生产更为关键。

2.3.2.1 炉温控制

生产中，影响沸腾炉焙烧温度的主要因素有投矿量、矿料中硫含量和水分含量，以及风量。其中，原料中硫含量及投矿量对炉温影响最显著，这是因为炉内热量来自于硫分的燃烧反应。单位时间入炉硫量的增加或减少对炉温的影响分别有升高和降低两种可能，这要视炉内空气的过剩程度而定。风量对炉温也有较大影响，如何影响也要视炉内的空气过剩程度而定。矿料中水分增加可较明显地使炉温下降，因此，平时要保持水分含量稳定，以避免炉温受此影响。

2.3.2.2 炉底压力

炉底压力波动会直接影响进入炉内的空气量，炉温随之会产生波动。炉底压力主要由分布器（俗称风帽）和沸腾层的阻力组成。分布器阻力一般变化不大，所以炉底压力变化主要反映了沸腾层阻力的大小和床层高低的情况。炉底压力增减表明了沸腾层内炉料多少。调节炉底压力可采用调节风量、投矿量和底流排渣量等措施。

2.3.2.3 二氧化硫的体积分数

二氧化硫的体积分数决定炉气量。二氧化硫的体积分数越高，炉气量越小，炉气净化负荷越小，但二氧化硫的体积分数提高受焙烧过程限制。用空气焙烧时，理论上二氧化硫的体积分数最高可达16.2%，但由于过剩空气太小，会产生升华硫进入后续工段，造成设备管道堵塞等问题，硫烧出率也不高，因此，实际二氧化硫的体积分数一般不超过13.5%。

2.3.2.4 硫烧出率

沸腾炉的硫烧出率较高，烧渣中有效硫的质量分数较低，约为0.1%～0.5%。其值的大小由渣和矿尘的烧出率两部分构成，主要受矿粒度、反应速度、炉料炉尘停留时间影响。温度高、反应快，有利于硫烧出率的提高；沸腾层高度、气流速度决定渣和尘的停留时间，停留时间长，硫烧出率高，但床层阻力大，沸腾层的高度一般维持在 1 ~ 1.5m 范围内。

2.3.3　沸腾焙烧工艺

由于焙烧操作条件不同，焙烧分为下列几种工艺。

2.3.3.1　常规焙烧

常规焙烧（又称为氧化焙烧），是指在氧量较充分的情况下，烧渣的主要成分为 Fe_2O_3、部分呈 Fe_3O_4 的一种焙烧法。主要工艺条件为：炉床温度 800 ~ 850℃，炉顶温度 900 ~ 950℃，炉气中二氧化硫的体积分数为 13% ~ 13.5%，炉底压力 13 ~ 15kPa，空气过剩系数约 1.1。

2.3.3.2　磁性焙烧

磁性焙烧，是指焙烧时控制焙烧炉内呈弱氧化性气氛，使烧渣中的铁氧化物主要呈磁性的 Fe_3O_4。所得烧渣可通过磁选取得高品位铁精砂（铁的质量分数可高于 55%）。磁性焙烧技术为大力利用烧渣开辟道路，还可使炉气中二氧化硫的体积分数提高、三氧化硫的体积分数降低。

生产中，投矿量与空气量相互制约，应严格控制，如氧量过多，烧渣会失去磁性；氧量不足，又会使炉气中带有大量硫蒸气，影响正常生产。目前，由于使用自控系统，可实现精确控制。磁性焙烧的工艺条件为：炉温 900 ~ 950℃（温度高于常规焙烧），炉气中氧的体积分数为 0.4% ~ 0.5%，空气过剩系数 1.02。磁选后铁精矿品位 $w(\mathrm{Fe}) > 55\%$。

2.3.3.3　硫酸化焙烧

硫铁矿中往往含有钴、铜、镍等有色金属，为回收这些有色金属，在焙烧时使其转化为硫酸盐，同时控制铁不生成硫酸盐而保持氧化物状态。形成的烧渣经浸取，使有色金属硫酸盐溶解，然后进行湿法冶金后续处理。

硫酸化焙烧中，主要控制焙烧温度和气相组成。与常规焙烧相比，硫酸化焙烧要求炉气中有较高的体积分数的三氧化硫，空气过剩系数一般采用 1.5 ~ 1.8。这样炉气中二氧化硫的体积分数比常规焙烧低得多。炉温一般控制在 640 ~ 720℃。如温度过高，可使生成的硫酸盐分解；炉温过低，金属硫化物的焙烧反应进行不完全。

2.4　主要设备

2.4.1　沸腾焙烧炉

在沸腾焙烧炉内，硫铁矿的沸腾焙烧应用了固体流态化技术，空气从炉底通入，经过气体分布板进入加料段，在此段，气体的流速达到一定值时，使进入的硫铁矿颗粒悬浮（或称沸腾）起来，极大地增大了气固接触表面积，使硫铁矿分解反应得以充分进行，固体颗粒的这种悬浮状态又称为流态化。这种状态的维持与气速、颗粒粒径有关。一定的颗粒粒径下，气速低了颗粒浮不起来，气速大了颗粒将被吹走；一定的气速下，颗粒直径越小，越有利于流态化。

沸腾焙烧炉如图 2－2 所示。沸腾炉炉体一般为钢壳内衬保温砖再衬耐火砖结构。为防止外漏炉气产生冷凝酸腐蚀炉体，钢壳外面设有保温层。由下往上，炉内空间分为 3 部分：风室、沸腾层和上部燃烧层。炉子下部的风室设有空气进口管。风室上部为气体分布板，分布板上装有许多侧向或顶部开孔的风帽，风帽间铺耐火泥。空气由鼓风机送入空气室，经风帽向炉膛内均匀喷出。炉膛中部为向上扩大截头圆锥形，上部燃烧层空间的截面积较沸腾层截面积大。

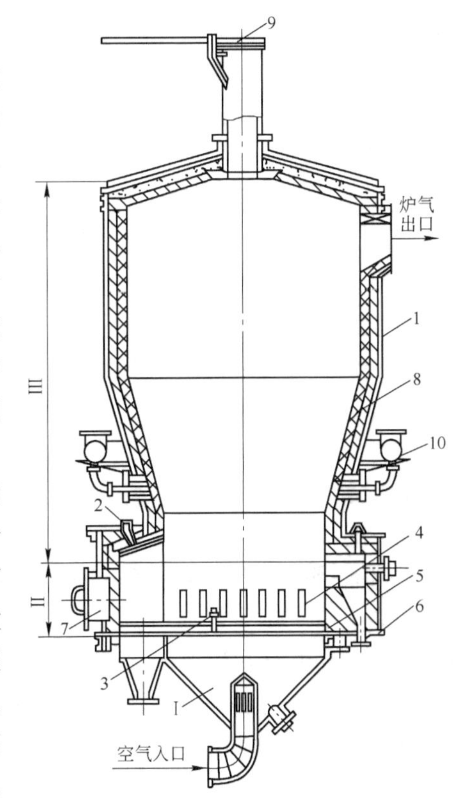

图 2－2 沸腾焙烧炉

1—炉壳；2—加料口；3—风帽；4—冷却器；5—空气分布板；6—卸渣口；7—人孔；8—耐热材料；9—放空阀；10—二次空气进口；Ⅰ—风室；Ⅱ—沸腾层；Ⅲ—上部燃烧空间

加料口设在炉身下段，过去加料处从炉体向外突出，称为加料前室。有的大型炉子设有多个加料前室。设有前室使炉子结构复杂，对炉内矿料的混合和脱硫作用不太明显，多数沸腾炉不设前室。在加料口对面设有矿渣溢流口。此外，还设有炉气出口、二次空气进口、点火口等接管。顶部设有安全口。焙烧过程中，为避免温度过高炉料熔结，需从沸腾层移走焙烧释放的多余热量。小型炉通常采用在炉壁周围安装水箱，对于沸腾焙烧炉后没有余热锅炉的装置，则采取冷却管束插入沸腾层移热，以产生蒸汽。

由于异径扩大型沸腾炉的沸腾层和上部燃烧空间尺寸不一致，因此沸腾层和上部燃烧层气速不同，沸腾层气速高，可焙烧较大颗粒的矿料，矿料的粒度最大可达 6mm，而细小的颗粒被气流带到扩大段后，因气速下降有部分又返回沸腾层，不致造成过多矿尘进入炉气，而且沸腾层的平均粒度也不因沸腾层气速大而增加很多。这种炉型对原料品种和原料粒度的适应性强，烧渣硫的质量分数低，不易结疤。扩大型炉的扩大角一般为 15°～20°。国内大多数厂家都采用这种炉型。

2.4.2 余热锅炉

利用余热锅炉既可用来回收余热生产蒸汽，同时也可完成降温除尘的特定工艺作用。用于制酸的余热锅炉与普通工业锅炉的结构相近，也是由汽包、炉管和联管 3 个基本部分组成，只是炉管作为受热元件，所处的环境与普通工业锅炉不同。进入余热锅炉的炉气中含硫，它们对炉管有直接和间接的腐蚀作用；炉气中含大量的炉尘，沸腾炉出口炉气尘含量一般在 250～350g/m^3，原料粒度多在 100μm 左右，形状多以棱形为主，因此，矿尘对管件的磨损很严重。

炉气中硫腐蚀主要为三氧化硫对管件的腐蚀。炉气中硫酸蒸气的露点约为 190～230℃。一旦受热面管壁温度低于气体露点，硫酸蒸气将凝成液体硫酸而腐蚀管壁金属。

要防止低温腐蚀主要是通过降低炉气露点温度或提高管壁温度这两种途径。降低炉气中水蒸气的体积分数，尤其是提高焙烧炉出口二氧化硫的体积分数，严格控制焙烧炉气中氧的体积分数以抑制三氧化硫的生成，可以达到降低露点的目的。例如，用磁性焙烧方式生成的炉气按其三氧化硫的体积分数小于0.06%，水蒸气含量5%～9%计，露点降低为160～190℃。为了提高管壁温度，可采用提高锅炉的操作压力，即相应提高蒸气受热面管内介质的温度，从而使壁温高于炉气露点。经验表明，维持汽包操作压力不低于2.45MPa（对应的饱和温度为225℃），基本上可以使蒸发受热面免受低温腐蚀。

防止炉尘对管件的磨损应从以下几方面着手：

（1）炉气速度应适当，速度越快，传热系数越大，矿尘对受热面的磨损程度也越大，因此，气速不宜过大，一般横向气速为3～6m/s，纵向气速为5～7m/s。

（2）炉气进管区前设置惯性除尘室，除去大颗粒尘。

（3）炉气流向与管束布置要合理，经验表明，紊乱流动的炉气比稳定流动的炉气对受热面的磨损速度要快得多，炉气纵向冲刷受热管束，矿尘对受热面的磨损快于炉气横向冲刷。然而，炉气横向冲刷受热面的传热系数较纵向冲刷的大得多。目前我国多采用纵向式，即多采用“W”形烟道，此时炉气流速较高，可提高传热系数，但进口锅炉多采用横向冲刷，其寿命和效率也是令人满意的。

（4）加厚受热管壁并选用优质钢材，可以延长受热管寿命，不过这是一种消极措施，应与其他措施配合使用。

中国的沸腾炉用的余热锅炉水汽循环方式有自然循环、强制循环和混合循环（即炉气受热管部分用强制循环，沸腾炉内用自然循环，受热管分别置于沸腾炉和炉气烟道内）。自然循环和强制循环各有优缺点。强制循环受热管的传热效果好，传热面积小，结构紧凑，水在各受热管内分配较均匀，不会发生汽阻现象，但相对自然循环而言，强制循环要花费的动力多，结构复杂，运转和保养的问题多。混合循环比全强制循环省电，也不发生汽阻现象，并在锅炉的开炉、停炉及突然断电的情况下，对过热器的保护和安全起到缓冲作用，因此现在多采用混合循环。中国新建的现代化大型硫铁矿制酸装量都采用水平通道式余热锅炉（结构见图2-3）。在国外，自然循环和强制循环都有采用，但以强制型为多，采用水平通道、炉气横向冲刷受热面较多。具有代表性的锅炉型号是鲁奇型余热锅炉。

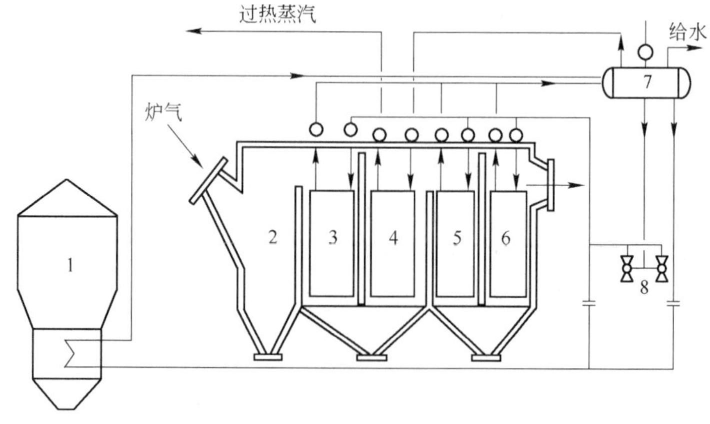

图2-3　水平通道式余热锅炉

1—沸腾炉；2—除尘室；3，5，6—Ⅰ，Ⅱ，Ⅲ蒸发区；4—高低温过热区；7—汽包；8—循环泵

2.4.3 旋风除尘器

气体进入后形成一个向下做螺旋运动的外旋流，其中固体颗粒密度较大，所受离心力也大，被甩向外围且与器壁碰撞后失去动能滑落至锥底，由排灰口排出；外旋流到达器底后在与旋涡中心的压力差作用下沿中心折回，并形成自下而上的内旋流，净化后的气体由中央排气管排出。

旋风除尘器有标准型、扩散型、渐开线型、直筒型等多种形式。其除尘原理是利用离心力将尘与炉气分离。除尘器的工艺操作参数主要有进风口风速和压降。一般来说，气流速度在 16 ~ 28m/s 时，阻力约在 0.6 ~ 1.2kPa，除尘效率在80%以上。

旋风除尘器结构简单、操作可靠、造价低廉、管理方便，旋风分离器（见图 2 - 4）用于分离粒径为 5 ~ 200μm 的尘粒较为合适。旋风除尘器有时由两个或多个并联组合在一起，有时用两级串联，以提高除尘效率。

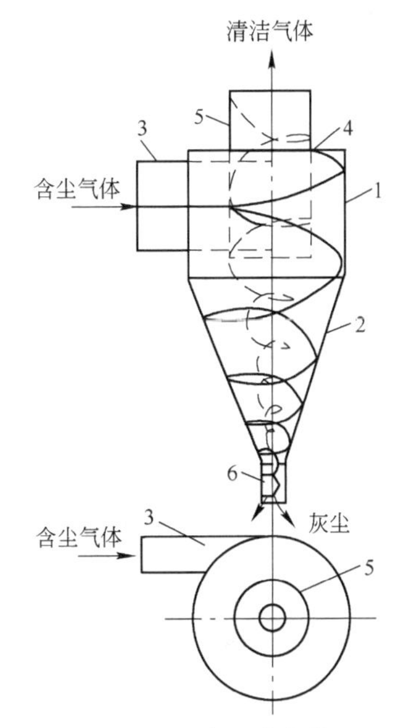

图 2 - 4　旋风分离器

1—外壳；2—锥形底；3—气体入口管；4—盖；5—气体出口管；6—除尘管

2.4.4 电除尘器

2.4.4.1 电除尘器的除尘原理

电除尘器内有正负两种极性的电极，在正负电极间施加高压直流电压，其中正极与电源的阳极相连并一同接地，称为沉降极；负极与阴极相连，称为电晕极。两极间的距离一般为150mm，在两极间通以50 ~ 60kV 的高压直流电时，形成不均匀的高压电场，电晕极上电场强度特别大，气体中原本存在少量的带电荷气体分子（带正电的称为正离子，带负电的称为负离子）和自由电子等带电体，便沿着电场线向与其荷电符号相异的电极移动。电场强度越高，则离子和电子获得的加速度越大，以至在它们的行程中与中性气体分子发生碰撞时，从气体分子中打出一个或若干个外层电子。这些中性分子即转变为正离子和自由电子。与此同时，这些新生的带电体在电场的作用下也发生运动，从而迅速地引发越来越多的气体离子化。这种现象称为“雪崩效应”。随着气体的大量电离，便发生电晕放电。电晕放电是不完全的放电，它只发生在放电电极的周围，其特征是围绕放电电极周围发生浅紫蓝色的光晕。因此，放电电极又称为电晕电极。

待净化的含尘气体在正负电极之间通过时，在放电电极周围气体电离产生的正离子被吸引回到放电电极而进行电性中和；而自由电子则在向收尘（沉淀）电极方向移动过程中与气体分子结合形成负离子，同时，气体中的尘粒子被运动着的负离子轰击而荷电。荷电的尘向收尘（沉降）电极方向移动，最终到达电极表面，进行电性中和后被捕集下来。

2.4.4.2 电除尘器结构

电除尘器主要包括电晕极、沉降极、气体分布板、振打装置、壳体、排尘装置和供电装置等，如图 2－5 所示。

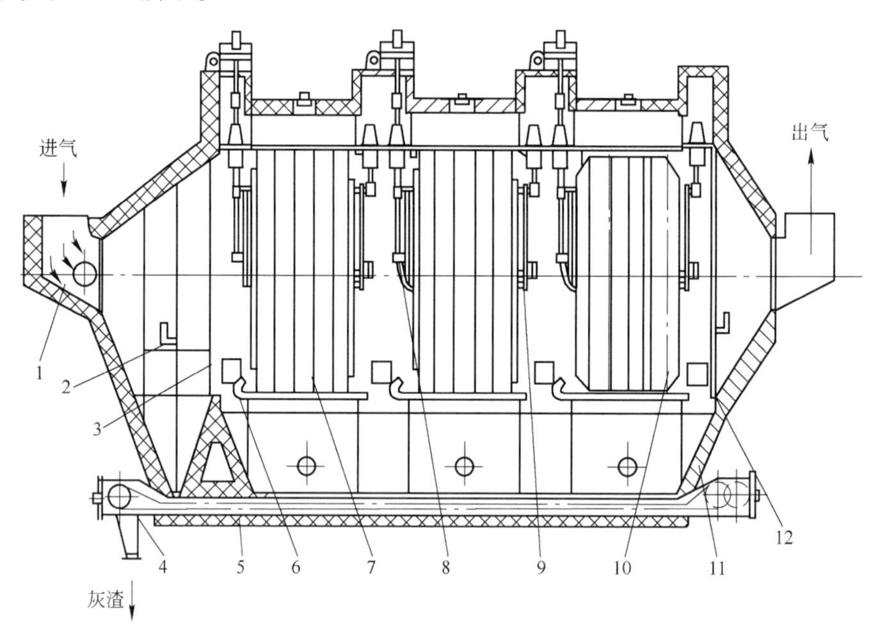

图 2－5　电除尘器

1—导向板；2—分布板振打机构；3—分布板；4—埋刮板排灰装置；5—保温层；6—收尘电极振打机构；7—收尘极板；8，9—放电电极振打机构；10—放电电极；11—壳体；12—出口分布板

电晕极的形式很多，主要从有利于电晕放电和避免沉降极上灰尘再飞扬这两个方面考虑，有芒刺电极和螺旋电极等形式。电晕线每根长度为 3～6m，材料可以用与不锈钢线和锌铬系电阻丝相当的两类材料线。

沉降极的结构形式有极式和管式（又称为针管式）。板式沉降极有很多种类，如平极形、网形、Z 形、C 形、CS 形、波形、槽形、袋形、鱼鳞形等。

电除尘器的正极沉降极、负极电晕极的结构形状及连续（或脉冲）放电的稳定性对除尘效率影响很大。为了达到较高的除尘效率，可采用多个电场串联方式（一般为 3 个电场）。

气体分布器有百叶窗式的栅板分布器、花板式分布器和格栅型分布器等。其中，以花板式分布器使用最广泛。分布板一般做 2 层，多者 3～4 层，层数多，气体分布均匀，但动力消耗大。

振打装置有电动、气动电磁锤和电磁振动器等。电动式振打装置是最常有的方式。放电电极的振打在垂直方向进行，收尘电极的振打多为侧向振打。

电除尘器要求输入稳定的高压负直流电。所以，供电系统主要包括变压（把普通 220V 或 380V 电压升压到 50～70kV）、整流（把交流电变成直流电）及控制装置。整流形式目前主要采用硅整流器。硅整流器效率高，具有耐高温、反向击穿电压高、电流密度高、反向电流小到可忽略不计、耐振可达 0.1N 以上的优点，同时气密性好，尺寸小，完全耐气体介质，是一种非常理想的整流器。

2.4.4.3　电除尘的特点

电除尘器除尘效率高，一般均在 99% 以上，最高可达 99.9%，可使尘含量降到

0.2g/m³以下，除去尘粒粒度在0.01～100μm之间，设备适应性好，阻力小。

电除尘器的操作条件为：气体温度300～350℃；气体流速0.5～1.0m/s（有的更高）；电压50～60kV；气体停留时间5～6s；进口气体尘含量不超过50g/m³（国外有的为不超过250g/m³）。

2.5 主要设备的操作

2.5.1 沸腾炉的操作

2.5.1.1 沸腾炉开车

A 开车前的准备和检查

沸腾炉开车前的准备和检查工作有：

（1）开车前沸腾炉已烤炉完毕，炉膛要清理干净，余热锅炉的煮炉工作业已结束。

（2）检查风帽是否完好，风帽孔眼是否畅通，风室内有无杂物和积灰，冷却盘管是否完好。

（3）测试风帽阻力，并做好测试记录。

（4）准备好点火矿料500t（根据各厂具体情况而定）。

（5）运转设备良好处于备用状态，电气已确认绝缘正常。

（6）油槽有2/3以上的柴油。

（7）准备好点火工具棉纱，油烧嘴已调试正常，关闭排渣口。

（8）联系仪表工，启动所有仪表。

（9）铺底料。人工铺底料200mm左右高度，再开炉底风机铺底料，同时做冷沸腾试验。根据风帽及冷沸腾试验阻力，决定铺底料高度，一般固定层高度达600mm。

（10）与锅炉工联系，做好开车准备。

B 花板风帽阻力测试

花板风帽阻力测试主要程序是：

（1）在炉铺灰前进行，并经过检查，确定所有风帽孔畅通。

（2）打开空气鼓风机进口蝶阀，打开出口调节阀，打开沸腾炉人门。

（3）将风机液力耦合器调节勺柄调至最低，按操作方法正确点动风机，确认电机转向正确，启动电机，电机运行平稳后，缓慢调节液力耦合器输出转速，分段控制转速，记下此时风机的电流、炉底风室内压力、输入风量，最后将空气流量增大到最大许可值，绘制风量、炉底压力及炉底风机负荷关系图。

（4）降低空气鼓风机液力耦合器输出转速，停下风机，停下电机，关闭进出口阀门，恢复原有状态。

C 冷沸腾试验

冷沸腾试验主要程序是：

（1）人工铺底料200mm左右。

（2）封闭好下部所有人孔，关闭排渣口，启动空气鼓风机，并启动给料机，将开车用矿料投入焙烧炉。

（3）分段增加电流，即增加风量，手动调节液力耦合器勺柄，使炉底压力达约18kPa（1800mmH_2O）后，即可停风，观察料面是否平整，若平整即可转入正常开车，若不平整，查明原因，若平整度严重影响沸腾状况，必须扒出底料，检查风帽孔，待处理正常后，方可转入开车。

D　沸腾炉开车

沸腾炉开车主要程序是：

（1）开启炉底风机或专用升温风机提供点火用空气，用棉纱作明火或用点火器点燃油烧嘴，根据升温幅度，合理控制烧嘴油量，调节好风油比，使火眼既不发黄也不发亮，废气排放烟囱不冒黑烟。

（2）开启开炉风机，适当调节风机进口蝶阀开度，使炉内成微负压。

（3）调节油量，控制升温速度，当上层温度达500℃后，可开风对沸腾炉大幅度翻动5～10s，以提高底层温度，转入微沸腾升温操作，如底层温度上升速度非常接近，采取微沸腾升温，如底层温度点上升不一致，应大幅度翻动底料一次或数次，直到底层温度上升一致。

（4）底层各点温度上升到600℃以上时，联系制酸系统各工序准备通气。焙烧与制酸系统的通气通道连通后，可关闭开炉风机进口蝶阀。待二氧化硫风机抽气后，可投料提温提压。油枪和烧嘴应根据炉温情况逐个熄灭。

2.5.1.2　沸腾炉停车

A　紧急停车（热备用）

紧急停车（热备用）时的操作要领是：

（1）与主控室联系，并报告班长和值班长。

（2）停止加料，停炉底风机，制酸系统处于热保温状态。

（3）等待开车通知。

B　短期停车（热备用）

短期停车（热备用）时的操作要领是：

（1）接到主控室值班长指令后，关闭排渣口，适当提高底压0.5～1kPa（50～100mmH_2O）。

（2）联系相关岗位人员，做好停车准备。

（3）通知转化岗位，减小二氧化硫风机抽气量，焙烧炉停止投矿，待沸腾层温度上涨后开始下降时，即可停下炉底风机，等待开车通知。

C　长期停车

长期停车时的操作要领是：

（1）根据调度通知，做好停车准备。

（2）停止加矿，根据埋刮板电机电流和增湿滚筒情况，适当加大排渣量，调整风机风量，控制炉温下降速度，降下炉内温度。

（3）停空气鼓风机，打开焙烧炉出口人孔盖和炉门，自然降温，用风力或人工将炉内矿灰或杂物清理干净。

2.5.1.3 正常操作要领

正常操作要领是：

（1）正常操作应掌握好风量与矿量的动态平衡关系，做到入炉原料三稳定，即含硫、含水、粒度稳定，操作控制便可稳定准确。

（2）正常操作中，1号加料计量皮带变频调节器转数固定（即加料稳定），2号加料计量皮带变频调节器根据氧表数值自动调节转数（即加料自调）。

（3）参照灰渣的颜色，炉况的水分、粒度，通过氧表定值来控制二氧化硫浓度稳定正常。

（4）参照灰渣的粒度、数量和颜色的变化来了解炉内氧硫的比例关系（风、矿比差异）。

（5）一次风、二次风的量必须根据沸腾层粒度大小、灰渣颜色来调节，一次风量应不小于总风量的80%。

（6）为了保证炉内进气量稳定，焙烧操作工应经常检查有无漏气和堵塞，做到有漏必堵，有堵必通。

2.5.2 余热锅炉的操作

2.5.2.1 原始开车（或长期停车后开车）前的检查工作

A 锅炉机组检修后的检查与试验

锅炉机组检修后的检查与试验工作主要有：

（1）安装或检修后的锅炉机组必须确认工作已全部结束，经有关单位初步验收后，按要求进行水压试验，如需烘炉煮炉，需在锅炉启动前进行。

（2）检查锅炉内部及烟道。

（3）检查传动设备。

（4）检查汽水管道。

（5）检查各阀门。

（6）检查电器仪表。

（7）其他检查。

（8）上述检查完毕后，应将检查结果记录在案，如果发现问题，应通知维修人员予以清除。

B 水压试验

水压试验主要注意事项及程序是：

（1）新安装锅炉或锅炉承压部件经过检修，需进行水压试验，实验时应有专业技术人员和检修人员在现场。

（2）水压试验应在承压部件检修完毕，汽包、联箱的孔门封闭严密，汽水管道及其阀门附件连接完好，堵板拆除后进行。

（3）打开汽包放空阀、主蒸汽放空阀，主蒸汽阀应关闭，用给水旁路阀控制给水量为2～4t/h，缓慢均匀向汽包内进水，进水温度控制在80℃以上为佳。

（4）当汽包水位计液位上升至正常控制中心线时，即停止进水，观察水位有无变化。若有明显变化时，应查明原因予以清除。

（5）继续上水，当水位计液位达最高水位时，打开汽包放空阀，开启热水循环泵，运转1h后可停泵，也可不停泵继续缓慢进水，直至汽包放空阀连续均匀排出水约5min后关闭放空阀。

（6）开始升压，利用给水旁路阀控制升压速度，每分钟升压不得超过0.2MPa；当升压至1.0MPa时停止升压，关闭水位计的进出口阀继续升压，由专业人员、维修人员和锅炉工一起检查，并做好检查记录。

（7）升压至规定压力时（5.1MPa，若进行超压试验时，安全阀盲死（插入盲板将安全阀隔开））停止上水，关闭给水旁路阀，通知有关人员进行全面检查，6min内压力没有明显下降即水压试验为合格，当检查和试验完毕后，可泄压。

（8）开启排污阀缓慢降压，降压速度一般不超过0.5MPa/min，压力降至零时，开启液位计的截止阀、放空阀及过热器疏水阀，将汽包内水位排放至正常操作液位线。如法兰、阀门及仪表接头、焊接处泄漏，应将漏水全部排完，经处理后，重新按以上步骤进行试压，直至合格。

（9）如需进行超压试验，则当汽包压力升至工作压力时，暂停升压，检查承压部件有无漏水等异常现象，若情况正常，继续升压至7.65MPa，保持5min后降至工作压力进行检查。

（10）锅炉遇有下列情况之一时，应进行超水压试验：每运行6年进行一次；锅炉承压部件大修或更换时；运行时对设备有怀疑时（有泄漏可能）。

（11）水压试验结束后，应将检查结果及检查中所发现的问题做好记录。

2.5.2.2　启动前的检查及准备

启动前的检查及准备工作主要有：

（1）检查所有阀门应处于规定位置。

1）蒸汽系统：主汽管电动阀经开关试验后开启1/2、1/3，主蒸汽阀应全开；

2）给水系统：给水旁路阀应开启，减温器进水调节阀旁路阀关闭；

3）压力表截止阀、液位计根部阀应全开，流量计一次阀开启；

4）汽包放空阀应微开，过热器放空阀应全开，余热发电区放空阀应全开；

5）各排污阀应关闭，主蒸汽疏水阀开启1/3（视情况开关）；

6）安全阀处于工作状态。

（2）检查锅炉锅管振打系统工作是否正常，确认锅炉内无杂物、无人后，所有人孔门、检查门应关闭严密。

（3）确认锅炉排灰装置转动良好。

（4）确认常闭阀门处于关闭位置。

（5）确认常开阀门处于开启位置。

2.5.2.3　锅炉机组的启动

锅炉机组的启动程序主要是：

（1）开启给水泵，通过给水旁路阀门缓慢给锅炉汽包进水至汽包高水位操作线，启动热水循环泵，全开进出口阀门（1 台运行，1 台备用）。电动循环泵的操作按照《电动循环泵操作规程》来进行，确保安装在泵吸入管路上的网孔过滤器清理干净并重新装入。锅炉给水，打开循环水泵冷却水阀，汽包给水要持续到汽包循环水位不再下降为止。

（2）沸腾炉点火升温后，锅炉机组开始升温升压，在整个升温升压过程中，升温应缓慢进行（渐增温度最大为50℃/h），避免出现热应力现象，以过热器放空阀的开度来调节升压速度（以汽包压力为准），升压速度按规定进行。

（3）升压过程中要严密监视水位、循环水量、汽压、气温、炉温的变化，蒸汽压力达到 1.5MPa 时，所有的控制阀都应该切换到自动运行状态。给水控制阀旁通管线上的阀门应该关闭，给水控制阀的自动调节阀门应该打开。

（4）生成的过热蒸汽（温度过热约 50℃）温度稳定在 400℃ 以上，汽包压力达 2.8MPa 以上时，逐步关闭控制阀，过热器出口的蒸汽压就会调整到约 3.6MPa，沸腾炉出口温度达 700℃左右时，通过主控联系，逐渐开启主汽门进行蒸汽管线吹扫，根据现场指令确定是否放空或利用它来加热其他设备，或送至汽轮机冲转，视情况逐步关闭放空阀。需要时，使用表面减温器调节过热蒸汽温度。

（5）启动后约 4h，通知分析工分析炉水水质，并根据分析结果对除氧器加药和对锅炉进行排污。至少每 8h 取一次水样并加以分析，根据分析获取的数值来确定排污量和投药量。

（6）当开车基本正常后即对安全阀进行整定（记录启动压力、回座压力），整定是要防止过热蒸汽超温，并保持炉压和水位在正常工作状况。

2.5.2.4 正常操作要领

正常操作要领是：

（1）调整各项指标在规定范围内，经常注意汽包水位及给水调节器的准确性，注意给水与蒸汽流量是否相符，给水变化量应平稳，避免猛增猛减。运行中不允许接近最高和最低水位。均衡进水，维护正常水位。

（2）汽包水位计要按期冲洗，保持良好状态，指示的刻度应在正常水位处，只允许有轻微波动，水位计每班要求冲洗，冲洗时间不要太长。

（3）检查振打装置、刮板机和卸灰旋转阀，保持机械设备运转正常，排灰畅通。

（4）认真观察各测温点参数变化，及时发现异常情况。所有压力表应定期检查其运行是否正常，关闭压力表开关阀后，指示应迅速回到零位，开启时，指针应迅速跳至工作压力。应注意，压力表的刻度上应标有最高允许工作压力的红色标记。

（5）根据炉水水质分析，决定连续排污阀开度及定期排污的频率和阀门开度，锅炉排污率不小于1%，必须监视并调整各项操作参数确保水质指标在规定数值之内，使炉水和蒸汽品质合格。

（6）检查锅炉循环泵运行情况，保持正常的循环水量，备用泵良好，处于热备用可以自动切换状态，定时盘车。

（7）每班冲洗液位计 1 次，并校对各液位计数据。

(8) 认真检查各处有无漏水、漏气、漏灰情况。

(9) 每周手动起跳安全阀1次。

(10) 每班轮流开各排污阀1次，每次1min。

(11) 检查主梁框架和膨胀节膨胀情况，发现异常情况应及时汇报。

(12) 维持正常的炉气出口温度。

2.5.2.5　停车操作要领

A　长期停车

长期停车的操作要领是：

(1) 接到通知后，做好停车准备，密切与焙烧岗位配合，与主控室、汽轮机岗联系，沸腾炉停炉前，关闭连续排污阀和各取样阀，经允许后，关闭至余热发电系统的主蒸汽阀，蒸汽则通过消声器放空。

(2) 锅炉停炉后，以放空阀的开度来控制压降速度不超过0.3MPa/h和温降速度。与纯水岗位联系停止加药，待过热蒸汽温度低于400℃时，表面冷却器三向阀全关。

(3) 用旁路阀间断给水，保持汽包正常水位。

(4) 锅炉汽包压力降为零后，加强炉水置换，轮流开各排污阀，当水质与给水水质相同时，停止置换。炉膛温度和冷却盘管温度降至100℃以下时停循环泵。

(5) 停车后，振打排灰运行8h，灰排完后停止。

B　短期停车

短期停车（或称热备用停车）的操作要领是：

(1) 接到热备用停车通知后，与各有关岗位联系准备，汽轮机允许后，开始执行停车步骤，条件具备后关主蒸汽阀，停止供汽。

(2) 停加药泵，关取样阀、排污阀，保温保压，沸腾炉停炉后，尽量维持汽包压力，三向阀及放空阀视情况微开，以保护过热器。

(3) 用给水旁路间断给水维持液位，循环水泵继续运行。

(4) 振打排灰系统不停止，随时准备开车。

C　紧急停车

紧急停车的操作要领是：

(1) 接到紧急停炉通知后，或因锅炉车身故障必须紧急停炉时，操作工应有明确分工，密切配合沸腾炉工，迅速准确地完成停炉操作。

(2) 立即和发电车间联系，注意汽压变化，当汽压下降后，逐步停止发电，通过调节放空阀排汽，保护过热器。

(3) 间断进水，监视汽包水位。

(4) 关闭取样阀、排污阀，停用表面减温器。

(5) 当汽包压力降至零时，反复对锅炉内进行置换，当循环水温降至100℃以下时，停循环泵，并把炉水放掉。

(6) 如因抢修急需停炉降温，可用脱盐水加强炉水置换，其水温一般在40～60℃，但降温时间最少不低于4h。

D 停（断）电后的处理

停（断）电后处理的主要程序是：

（1）在汽轮机未停止前，主蒸汽阀不得关闭，继续供汽。放空阀关闭（待停后微开一点），锅炉停止排污，关死给水阀、各疏水阀、取样阀等进行保压。

（2）与汽轮机岗位联系，允许后关主蒸汽阀，尽量保压、保液位。待恢复送电后，汽包叫水能叫出水后，两人配合及时向汽包缓慢补水，并观察压力变化。柴油发电机组应立即（50s 内）启动，给循环水泵供电，启动循环水泵。

E 正常停炉注意事项

正常停炉时的注意事项主要有：

（1）停车后 8h 内不得打开人孔、清灰孔，以防炉温冷却太快。

（2）如要放掉炉水，则先打开汽包放空阀。

（3）如炉水不需放掉，则加入氢氧化钠保养，碱度控制在 15 ~ 25mg/L。

2.5.3 电除尘器的操作

2.5.3.1 开车前的检查及准备工作

开车前的检查及准备工作主要有：

（1）检查、清理电场内的杂物，检查阴、阳极的间距。

（2）传动机构加满润滑油，检查所有传动机构运转方向，不得反转，启动所有振打机构、排灰阀等，检查运转情况，检查振打位置是否适中。

（3）检查电除尘器是否已按规定可靠接地。检查各加热器是否完好，通气前 8h 开电加热器，加热顶部和侧部绝缘箱。

（4）检查电源电压是否正常，最后空载送电检查（绝缘电阻≥100MΩ），1 号、2 号、3 号电场电压不小于 65kV，电流约 300mA。

（5）确认电除尘器各检查门、人孔均已封闭，所有的人已离开电除尘器。检查系统烟道、风门开启情况。

（6）检查所有传动机械是否符合要求。

（7）电场进行试送电时，应记录好静态和动态空载时的电压、电流值，绘制伏安特性曲线。

2.5.3.2 开车及送电

开车及送电时的主要程序是：

（1）沸腾炉点火升温，并严防其烟气进入电除尘器内，以免污染极板、极线和绝缘部分。

（2）启动星形卸灰阀等排灰机构，检查人孔、法兰连接、排灰等处是否漏气。

（3）启动所有振打装置。阴极振打、分布板振打、1 号电场阳极振打设置为连续运行，2 号、3 号电场的阳极振打则设置为定时振打。

（4）操作高压隔离开关，使电场阴、阳极开路。

（5）用炉气预热电除尘器到烟气露点（220 ~ 230℃）以上，即各电场温度不小于

270℃，绝缘电阻不小于 50MΩ 后方可送电。

（6）启动高压电源向电场送电，整定火花率到 10 次/min。

（7）观察并记录各电场工作电压、工作电流。

2.5.3.3　运行

运行时的主要工作有：

（1）检查高压控制柜电流、电压值，每隔 1h 做 1 次记录（异常情况应每隔 10 ~ 20min 记录 1 次）。

（2）检查各指示灯及报警装置功能是否正常，看有无故障。

（3）检查记录烟气温度、压力、流量等工艺参数。

（4）检查各电加热系统是否正常（检查工作电流）。

（5）检查出灰系统是否畅通，灰斗料位是否正常。

2.5.3.4　停车操作要领

A　短期停车

短期停车的操作要领是：

（1）切断高压电源，将高压输出端可靠接地。

（2）操作高压隔离开关，使阴、阳极短路。

（3）振打和排灰装置应继续工作 0.5 ~ 1h，确认收尘器内灰尘排尽后，方可停止。

（4）切断电加热器电源。

B　长期停车

长期停车的操作要领是：

（1）切断高压电源，将高压输出端可靠接地。

（2）打开人孔门，使其自然通风。

2.6　异常情况分析与处理

2.6.1　沸腾炉异常情况分析与处理

沸腾炉异常现象、原因分析及处理方法见表 2 – 1。

表 2 – 1　沸腾炉异常现象、原因分析及处理方法

序号	异常现象	原因分析	处理方法
1	沸腾炉及后续设备突然正压冒大烟	（1）二氧化硫主风机突然跳闸或抽气量突然大幅减小；净化负压过大，安全水封“被抽”，净化设备大量漏气； （2）管道、设备被矿灰突然堵塞或电收尘前管道阀门损坏等； （3）余热锅炉或沸腾炉内冷却管束（水箱）爆管等； （4）沸腾炉炉顶或炉壁塌灰	（1）立即停车处理； （2）停炉并通知其他岗位一起进行检查，处理； （3）检查沸腾炉或余热锅炉是否爆管，并立即停车处理； （4）只冒一阵大烟，过后恢复正常，则是塌灰所致，视情况处理

续表 2－1

序号	异常现象	原因分析	处理方法
2	炉底压力突然下降或持续下降	（1）仪表指示错误或采样管堵塞； （2）风室人孔门、管道清渣口漏气等； （3）排渣量突然增大或漏渣等； （4）投矿量减小过多、断矿，或炉底风量超过正常的风料比，料层变薄； （5）入炉矿料粒度突然变细，炉底压力会突然较快下降； （6）风帽顶被突然磨穿较多，或风帽脱落突然较多，气体走短路； （7）炉子产生高温结疤； （8）主风机抽气量加大，系统负压增加，使炉底压力逐渐下降	（1）检查仪表是否正常，采样管有无堵塞； （2）检查风室、管道是否存在漏气现象； （3）检查排渣量是否过大或存在漏渣等，若有则及时消除； （4）增大投矿量或适当减小炉底风量； （5）了解原料粒度的变化情况，若原料变细是短期的，可不做处理；若原料细度变化是长期的，一般需减小炉底风量、增大二次风量，并根据二氧化硫浓度相应调节投矿量； （6）停车检查，风帽个别损坏可继续开车，定期清理风室内漏渣； （7）炉温降低 30～50℃ 后停车检查，若发现炉内有凹坑和堆积现象，这说明有高温局部烧结，若结疤面较小，不影响进料和排渣，可继续开车，反之，要降温停炉进行打疤； （8）将炉顶负压维持在 －0.2kPa（$-20mmH_2O$）左右
3	炉内塌灰引起炉底压力突然大波动，下料口向外喷火	（1）原料粒度较细或过细的料所占比例大，细粒度原料被炉气带到炉子上部燃烧，炉子上部温度偏高使细料烧结，在炉侧壁及炉顶形成“结灰”； （2）原料中含铅、汞、硒等低熔点物质较高，在炉顶、炉壁、斜坡等处形成大面积的“结灰”； （3）炉子负荷过重，沸腾炉底风开得大，二次风也开得大，炉子上部温度偏高	若塌灰严重，炉底风机无法运行，停炉处理。若塌灰不严重： （1）检查原料的粒度和成分情况，对入炉矿进行调整，使其符合工艺要求； （2）针对原料中含低熔点物质情况制定合适的操作工艺指标； （3）降低炉子上部温度和炉子负荷
4	沸腾层的各点温度突然上升较大	（1）入炉矿硫含量、碳含量增加或水含量下降等； （2）投矿量增大； （3）炉子渣色较黑的情况下炉底风量增加，或投矿量减小，甚至矿料中断； （4）冷却水箱（管束）断水	（1）控制原料质量，保证原料含硫、含水、粒度稳定； （2）调整投矿量和炉底风量来控制炉温； （3）适当减矿、减风，或改投湿矿； （4）检查炉子冷却水或锅炉水，不能中断供水
5	沸腾炉扩大段及炉出口温度上升较大	（1）矿粒度变细或含细粉矿增多； （2）炉顶负压增大； （3）炉底风量增大，炉气带尘量增加； （4）二次风控制比例失当，一次风开得过大； （5）测温仪表故障	（1）改变投矿粒度和湿度； （2）调整抽气量或炉底鼓风量，使负压保持在合适范围内； （3）降低炉子鼓风量，调节一次、二次风比例； （4）调节二次风量在合适范围内； （5）联系仪表工，校正仪表

续表 2 – 1

序号	异常现象	原因分析	处理方法
6	沸腾层炉温突然下降较大	(1) 炉内冷却水箱（管束）漏水； (2) 炉内结疤或下料口大量堆积； (3) 入炉矿的品位降低或者水分增加； (4) 投矿量减小或炉底风量减小； (5) 排灰渣色较红时，断矿或炉底风量加大	(1) 关死漏水水箱（管束）的进出口阀门并处理； (2) 检查炉内是否有结疤或冷灰现象并及时处理； (3) 检查原料品位、水分、粒度的变化并做相应调整； (4) 适当增加风量和投矿量； (5) 检查灰渣颜色及排渣情况，调整风量、投矿量和排渣量
7	炉子扩大段和炉气出口温度下降	(1) 炉子负荷低，二次风未开； (2) 原料中粗颗粒增多，细颗粒减少； (3) 二次风开得过小； (4) 炉底风量过小； (5) 主风机抽气量下降，炉气出口温度下降； (6) 仪表故障	(1) 联系转化等岗位，适当提高沸腾炉负荷； (2) 原料粒度增加时可适当提高炉底风量，当粒度差距较大时，应适量减小炉底风量； (3) 开大二次风量； (4) 调整一、二次风量比例，使之达到合适范围； (5) 控制炉顶负压在 –0.2kPa（–20mmH_2O）左右； (6) 联系仪表工修理仪表
8	积冷灰（沉渣）炉底温度波动	(1) 原料粒级分布不合理，过细和过粗矿料所占比例大； (2) 沸腾层操作气速与炉料平均粒度不匹配，大颗粒沉积； (3) 排渣呈大红色，炉温较低时，是炉底风量偏大所致	(1) 改投粒度较平均的细矿，待沉渣消除后投入所需粒径矿料； (2) 保障原料粒级分布合理，使平均粒度与操作气速相配； (3) 排红渣时适合增加投矿量，待渣色变深炉温上涨，物料流态化较好时适当加大风量
9	鼓风机故障	(1) 轴瓦温度高； (2) 机身振动严重； (3) 油压低	(1) 检查冷却水情况，调整水压； (2) 联系维修工检修； (3) 检查油路系统

2.6.2 余热锅炉异常情况分析与处理

余热锅炉异常现象、原因分析及处理方法见表 2 – 2。

表 2 – 2 余热锅炉异常现象、原因分析及处理方法

序号	异常现象	原因分析	处理方法
1	锅炉满水，严重时蒸汽管内产生水冲击，法兰处冒汽	(1) 汽包水位计超过规定的水位线； (2) 过热器温度下降，蒸汽含量增加； (3) 给水流量不正常地大于蒸汽流量	(1) 冲洗高读水位计，对照低读水位计，检查水位计的正确性，同时关小给水阀； (2) 经上述处理后水位上升，则关闭给水阀，并观察水位变化情况，当水位有所下降时，逐步开启给水阀； (3) 水位计液位达到 80%，应及时停止进水，开启过热器疏水阀和定期排污阀，同时冲洗水位计，注意观察水位的变化，至恢复正常

续表2－2

序号	异常现象	原因分析	处理方法
2	锅炉缺水	（1）汽包水位低于规定的最低水位； （2）过热蒸汽温度上升； （3）给水流量不正常地小于蒸汽流量	（1）当汽压、水压正常，汽包水位低于正常水位时，冲洗高读水位计，对照低读水位计检查其正确性，开大给水阀； （2）水位继续下降到最低水位，应及时降低锅炉负荷；关闭所有的放水阀，检查各阀门的严密性，继续开大给水阀； （3）水位继续下降，经叫水法处理，水仍未能在水位计中出现，应立即按紧急停车程序停车。叫水法步骤为： 1）开启水位计放水阀，关闭气阀； 2）慢慢地关闭放水阀，注意炉水是否在水位计中出现
3	汽包水位计失灵	（1）水位计气阀漏气，水阀漏水； （2）水位不波动； （3）两个汽包液位计指示不一样	（1）如两只现场水位计损坏一只，立即关闭坏者检修； （2）如不见水位波动，则冲洗水位计直至波动； （3）汽包两个水位计全部损坏，低读水位计指标又不准确可靠，锅炉按热备用停车，参考低读水位计表间断给水；若汽包两个水位计全部损坏，低读水位计指示准确，可关闭两个水位计修理，锅炉仍正常运行
4	汽水共沸	（1）汽包水位计发生急剧波动，看不清水位； （2）过热蒸汽温度急剧下降； （3）饱和蒸汽盐含量急剧增加； （4）严重时，蒸汽管内发生冲击，法兰处向外冒汽，引起循环量波动	（1）降低锅炉负荷，减少投矿量； （2）开启过热器集箱疏水阀疏水和主蒸汽疏水阀疏水； （3）停止加药，全开连续排污阀，必要时打开定期排污，同时加大进水，监视水位； （4）通知分析工取样，分析排污后的水质情况
5	蒸发排管损坏	（1）炉内有水管爆破的声响及蒸汽声，有蒸汽和水喷出； （2）水位计水位迅速降低； （3）循环泵流量和给水流量异常	（1）立即停矿、停风，按紧急停炉处理； （2）通知电厂并联系转化开启副线，二氧化硫风机停，烟气从尾气后放空； （3）关闭取样阀、加药总阀、连续排污阀； （4）关闭过热器出口主蒸汽阀，开启过热器阀或疏水阀； （5）监视汽包水位，加强汽包上水，在沸腾炉层温度降到250℃、锅炉压力降至大气压时，开循环泵，关闭给水总阀，按全部停炉进行处理； （6）当沸腾炉的温度普遍降至300℃以下时，加大鼓风量，将剩余的矿渣吹尽
6	过热汽超温	（1）减温器开度不够； （2）过热区受热面过大； （3）余热锅炉进口炉气温度增高或沸腾炉负荷增大	（1）增大减温器开度； （2）如过热汽长期超温，停车时可适当盲死一些过热管，减小换热面积； （3）调低沸腾炉负荷及降低炉气温度

续表 2－2

序号	异常现象	原因分析	处理方法
7	过热管损坏	（1）过热器管附近有声并有蒸汽喷出； （2）蒸汽流量不正常地小于给水量； （3）过热蒸汽温度变化较大，汽包与过热压力有变化； （4）灰斗下灰时，刮灰机处有水蒸气冒出，产生正压； （5）炉气出口温度降低	（1）过热器损坏不严重，上报通知焙烧停矿停风，关闭炉底风机出口阀，通知转化打开转化副线阀； （2）通知电厂，关闭过热器出口主蒸汽阀，打开过热器开车阀，放空降压； （3）过热器损坏严重时，按紧急停炉处理
8	跳闸	全部停电或空气风机、二氧化硫风机跳闸	按热备用停炉处理

2.6.3　电除尘器异常情况分析与处理

电除尘器异常现象、原因分析及处理方法见表 2－3。

表 2－3　电除尘器异常现象、原因分析及处理方法

序号	异常现象	原因分析	处理方法
1	电压正常，二次电流达不到指标	（1）极线肥大，极板积灰太多； （2）进口含尘太高； （3）气速过大； （4）控制装置不良； （5）框架找正不好（热变形等）； （6）气温偏低	（1）增加振打力，清理极线、极板； （2）检查旋风除尘效率； （3）调整生产负荷； （4）检修； （5）重新按要求检修，找正； （6）调整工艺
2	一次电压低，二次电流偏大并波动	（1）绝缘子污染积灰； （2）电极变形或偏移； （3）阴极掉刺、电场有异物	（1）清理、擦洗绝缘子； （2）调理电极； （3）清理阴极
3	一次电压低，二次电流偏大，指针不摆动	（1）灰斗积灰，电晕极框架短路； （2）电场内两异极间杂物短路； （3）石灰管或绝缘管击穿； （4）切断开关接地； （5）高压电缆或电缆头对地击穿短路	（1）改造灰斗或加振动器； （2）清理电场并检查振打装置； （3）更换石灰管或绝缘管，并检查电加热器； （4）将切断开关接至工作位置； （5）更换电缆
4	电压达最大值，电流为零	（1）切断开关开路； （2）硅整流器的接地线断	（1）将切断开关接至工作位置； （2）将接地线重新接好
5	空载送电正常，通气后送不上电	（1）电除尘器进口负压过大； （2）极间距变形； （3）电晕极支撑石英管内部积灰或石英管断裂	（1）调整工艺； （2）调整极间距； （3）改造结构、消除积灰、固定石英管（加卡子）

续表 2－3

序号	异常现象	原因分析	处理方法
6	几个电场电流、电压表都波动	（1）电场漏气； （2）电除尘前余热锅炉漏水； （3）电晕极框架摇动	（1）堵漏； （2）检修余热锅炉； （3）查明原因，对症处理
7	分布板、电晕线及框架上积灰严重	（1）振打力不够； （2）振动力分布不均； （3）振打损坏； （4）硫酸盐在高温时附着； （5）烟气中含水分过高； （6）除尘器投入运行，温度过低； （7）除尘器漏气严重	（1）加大振打力； （2）分析原因，改善振打力分布状况； （3）修复振打； （4）改善操作，控制炉气中氧含量； （5）调整工艺； （6）改善操作，提高温度； （7）堵漏
8	除尘器出口尘含量超过指标要求	（1）负荷过重，超过设计能力； （2）进口含尘高； （3）送电电流、电压偏低； （4）电除尘器漏气严重； （5）二次飞扬严重	（1）调整生产负荷； （2）检查旋风除尘效率； （3）提高送电指标； （4）堵漏； （5）调整振打周期

习题与思考题

2－1　如何进行硫铁矿的预处理？

2－2　硫铁矿的焙烧反应式是怎样的，哪一步是控制步骤？

2－3　提高焙烧反应速率的措施有哪些？

2－4　如何确定焙烧工艺条件？

2－5　硫铁矿制酸中去除炉气中矿尘的设备有哪些，各设备的工作原理是什么？

2－6　沸腾焙烧炉的正常操作要点有哪些？

2－7　余热锅炉的正常操作要点有哪些？

2－8　沸腾焙烧炉的异常情况主要有哪些？

2－9　余热锅炉的异常情况主要有哪些？

2－10　电除尘器的异常情况主要有哪些？

3 硫黄制取炉气

3.1 硫黄预处理

3.1.1 硫黄的特性

硫黄分天然硫黄和从其他含硫物质中制取的硫黄。天然硫黄的分子，一般有4种，以32个原子硫组成的分子最多，约占95.1%，其余^{33}S占0.74%，^{34}S占4.2%，^{36}S占0.016%。硫黄分子多为八原子组成，即S_8，结构特征多为环状。

硫在空气中有升华现象，且随温度升高升华速度加快。硫具有较强的化学活泼性，于空气中常温下即可发生较轻微的氧化现象，产生二氧化硫。

硫的燃点为246~266℃，当硫黄粉尘在空气中的含量不低于$35g/m^3$时，接触到火源能引起爆炸。最小引燃能量为15MJ，最大爆炸压力为273.6kPa。

液体硫黄具有独特的黏度特性，即当温度为120~158℃时，液硫的黏度最小，其流动性能最好，所以液硫的输送温度应控制在130~150℃。

液硫的凝固点约为114.5℃，熔点约为118.9℃，低于此温度，液硫不流动或凝固。而且液硫在上述温度下导热系数很低，仅为0.136~0.14W/(m·K)。液硫的沸点约为444.6℃。

硫几乎不溶于水，但少量溶于汽油、溴化乙烯、甲苯、丙酮等有机溶剂及二硫化碳中。

3.1.2 硫黄的预处理

3.1.2.1 固体硫黄的熔化

硫黄熔化多采用湿式熔化法。根据硫黄的性质，熔化过程大体分以下5个阶段进行。

第一阶段：常温下的固体硫黄为正交晶形，第一阶段的加热将其从常温提高到95.4℃。

第二阶段：继续加热，硫黄温度不再升高，正交晶形开始转变为单斜晶形，晶形转变过程是吸热过程。

经全部正交晶转变结束后，熔硫过程转入第三阶段：对已转变为单斜晶的硫黄继续加热，把硫黄温度从95.4℃提高到118.9℃。

第四阶段：处于118.9℃的单斜晶硫开始熔化，此时外加热主要消耗在熔化吸热方面，硫黄温度则不变。

第五阶段：为保持稳定的液化状态，为液硫精制、输送与储存创造条件，对已熔化的硫黄继续加热，通常将液硫温度控制在135~150℃。

固体硫黄由胶带输送机送入快速熔硫槽内熔化，采用带搅拌器和蒸汽加热盘管加热的快速熔硫槽，将固体硫黄熔融液化。该设备中的搅拌器对液体硫黄进行搅拌加速其流动，一方面提高了不断加入的固体硫黄熔融的速度，减少了设备的容积；另一方面提高了加热盘管的给热系数和设备的热效率；另外，结构紧凑、合理，清理也十分方便，较不设搅拌器的熔硫设备效率高。

3.1.2.2 硫黄精制

由于硫原料与制硫工艺及硫黄储运的方式不同，常常使一些杂质混入硫黄之中。一般把常见的杂质分成两类。一类为可溶性杂质，如有机烃类物质及砷、硒、锑等。商业上把硫黄中含有的烃类化合物折算成以碳表示，凡碳的质量分数小于0.08%的硫称为“亮硫”；碳的质量分数为0.4%～0.9%的硫称为“黑硫”。由于杂质是可溶性的，为硫的精制带来一定难度。另一类为不可溶性杂质，如泥土、砂石、灰渣、硫铁矿、磷矿及其他不溶性杂质，一般而言，从硫黄中除去这些杂质是比较容易的。

硫黄中混入各类杂质后，将使以硫黄为原料的各种产品质量下降。对于制造硫酸而言，烃类将在焚硫中转化为二氧化碳和水，对制酸过程无危害。若烃类含量较高（1%～3%），危及气体正常氧硫比值时，使二氧化硫转化率降低，则应考虑予以除去。

因此，根据固体硫黄的杂质含量和特征，在焚硫前必须予以精制。硫黄精制方法一般有如下5种：

（1）沉降法。将待精制的熔融液硫引入沉淀池或沉淀槽中，令其自然沉降24～72h，一些密度较大的杂质便沉降在沉淀池底部。将漂浮杂质从液硫表面除去，液硫用泵打出，定期将槽底沉降杂质清理出槽。沉降法的特点是工艺设备简单，但沉降设备占地面积较大，且对细小的固体粒子难以除净。该法只适用于一般硫不溶物的初步精制。根据生产经验，沉降池的面积强度约为0.6～1.2$m^2/(t \cdot d)$，池高一般为1.2～1.7m。

（2）过滤法。将液硫及助滤剂（适量）用泵送入加压过滤机内。加压过滤机（也可用真空过滤）由水蒸气夹套保温，它由筒体和筒体内的滤叶组成。滤叶由1Cr18Ni9Ti不锈钢丝布制成，当液硫通过滤叶时，不能通过滤布的杂质被拦截在滤叶上，当积蓄的杂质有一定厚度成为滤饼时停止进液硫，将滤叶上的滤饼清除后，再恢复进液硫继续过滤。该法适用于除去如灰尘等粒度较小、尘含量较大的固体粒子，如黑硫中的细尘精制等。

此外，还有采用素瓷管（全称素烧陶瓷管）、碳素管及钛管作为滤层的过滤器。可除去如磷矿粉尘、细漂砂、硫酸钙等较细小的固体粒子。这类过滤器工作效率较高，可将液硫中的尘含量降低到0.006%～0.005%。操作这类过滤器，需加入适量的助滤剂，如硅藻土，以便在过滤器的滤网表面形成有效的过滤层，维持其过滤速度。过滤操作的工作温度为145～150℃，滤层用过一段时间后效率下降，可用蒸气反冲的办法将滤层中积蓄的杂质除去，并恢复使用。

（3）活性黏土吸附法。这是一种用来除去粗硫烃类化合物较为普遍的方法。该法是应用活性黏土对硫中的烃有优先吸附的特性，把硫中溶解的烃类有机化合物除去，从而实现对粗硫的精制。若粗硫中含有未溶解的烃类物质，则不宜直接采用此法精制，应首先采用其他方法（如沉降法）除去后再采用本法脱除粗硫中的烃。

（4）硫酸法。将适量的93%～99%的工业硫酸加入到待精制的液硫中去（如黑硫），温度控制在 125～135℃，通过搅拌使浓硫酸与烃类化合物发生磺化反应，然后用 125～135℃的热水萃取出已磺化的烃类杂质，从而实现硫黄的精制。

（5）高温氧化法。将液硫加热到 315℃，使液硫中的碳氢化合物中的氢同硫反应生成硫化氢溢出。而碳氢化合物中的碳与硫反应生成硫碳配合物溶解于液硫中。所得含硫碳配合物的液硫即为精制硫。可见，此法生产产品精度不高，但用于制酸已无影响。

3.1.3　硫黄储运

硫黄属于第二类危险品，硫黄着火多数由于静电，因此液体硫黄的储槽与焚硫炉之间需保持一定的距离。胶带运输机输送固体硫黄，其速度不应过大，以防输送过程中摩擦着火。硫黄储存与输送设备、管道都需要考虑防止静电。

液体硫黄的输送一般分为管道和液硫槽车两种方式，目前国内短距离多为管道输送。

所有液硫设备、管线及其阀门、管件皆需进行保温，以防液硫凝固并保持其流动性。快速熔硫槽、过滤槽、助滤槽、中间槽、液硫储罐、精硫槽内均设有蒸汽加热盘管，快速熔硫槽用 0.6MPa（绝对压力）蒸汽间接加热使硫黄熔化，其他设备用 0.5MPa（绝对压力）蒸汽使硫黄保持熔融状态，并使液硫的温度控制在 135～145℃。其他设备如液硫过滤器、液硫泵和液硫输送管道、管件、阀门等都采用蒸汽夹套保温，用 0.4～0.5MPa（绝对压力）的饱和蒸汽作为保温介质。不能加热的部位应保持最短，不应超过管径的 3 倍。直径小于 25mm 的管子不允许用于输送液硫，以防堵塞。液硫水平管线的坡降应大于 0.4%（即 4/1000），以保证停止作业时所有管线中的液硫能全部排泄干净。

3.2　硫黄焚烧制气

3.2.1　硫黄焚烧反应

硫黄燃烧实际上是经过复杂的反应，为表达方便，硫黄燃烧反应通常用下式表示：

$$S + O_2 = SO_2 \qquad (3-1)$$

硫黄燃烧气体中有三氧化硫，其量约相当于三氧化硫的 1%～5%。在 1200℃以上高温区域，三氧化硫生成的主要原因是由于二氧化硫和氧原子结合。

随着燃烧火焰温度升高，生成氮氧化物增多，而分子态氧和一氧化氮存在平衡关系，温度越高，一氧化氮的体积分数也越高。但是，硫黄喷嘴和重油烧嘴比较起来，氮氧化物的生成量则少得多。当用高纯度硫黄作原料时，这种氮氧化物量较少，对产品影响不大，而当以含烃硫黄为原料时，氮氧化物的量则与烃含量成比例地增高，成品中的 NO_3^- 量也随之增高。

3.2.2　硫黄焚烧影响因素

在有适量空气量的前提下，影响硫黄矿焙烧完全的主要因素是焙烧温度，其次是焙烧时间和粒度等。

焙烧温度和二氧化硫的体积分数的关系如图 3－1 所示。从图 3－1 中可以看出，随着焙烧温度的上升，二氧化硫的体积分数随之增加，当焙烧温度为 1500℃时，二氧化硫的体积分数达到18%。

焙烧温度和残硫的关系如图3－2所示。从图3－2中可以看出，焙烧温度越高，矿渣中残硫的质量分数越低。

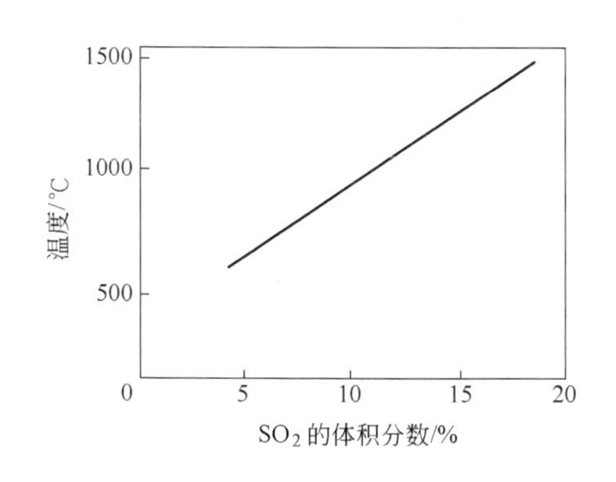

图3－1 焙烧温度和二氧化硫的体积分数的关系

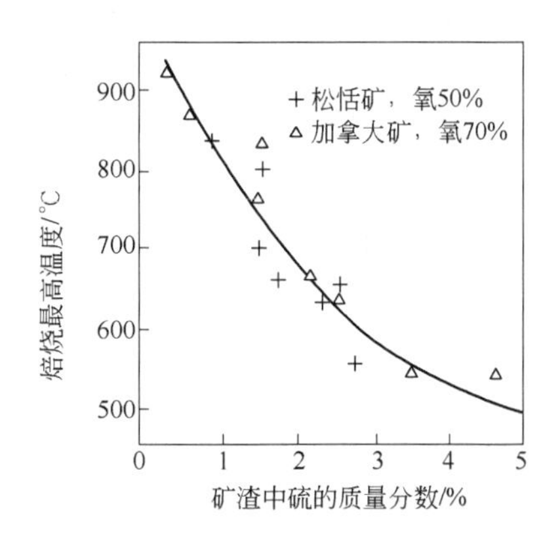

图3－2 焙烧温度和残硫的关系

焙烧时间和残硫的关系如图3－3所示。由图3－3可以看出，随着焙烧时间的延长，矿渣中残硫的质量分数越来越低，但当残硫的质量分数达到一定值时，将不再随着时间改变。

矿渣粒度和残硫的关系如图3－4所示。由图3－4可以看出，矿渣粒度大时，对应矿渣残硫的质量分数高。如矿渣粒度为5mm，矿渣残硫的质量分数为2%；矿渣粒度为16.5mm，矿渣残硫的质量分数为4%。

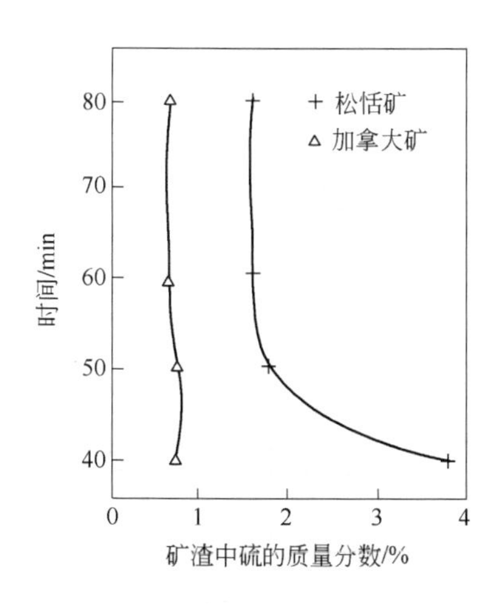

图3－3 焙烧时间和残硫的关系

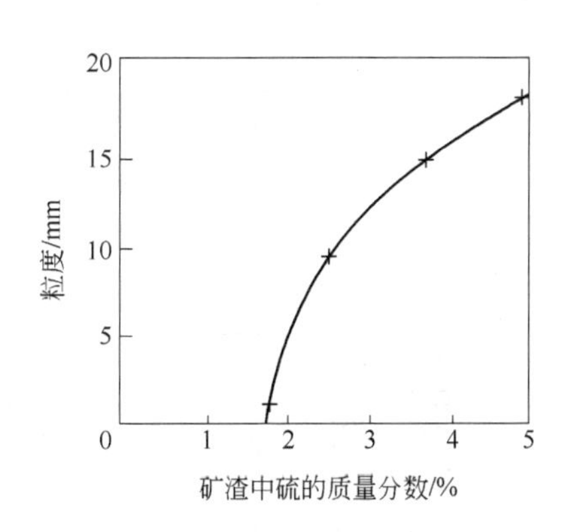

图3－4 矿渣粒度和残硫的关系

焚硫炉内硫黄的燃烧过程是液硫喷枪出口的雾化蒸发过程。硫黄蒸气与空气混合，在高温下达到硫黄的燃点时，气流中氧与硫蒸气燃烧反应，生成二氧化硫后进行扩散，伴随反应放出热量，由热气流和热辐射给雾状液硫传热，因而使液硫继续蒸发。液硫在四周气膜中的燃烧反应速度与其蒸发速度为控制因素，反应速度随空气流速的增加而增加。因而改善雾化质量、增大液硫蒸发表面、增加空气流的湍动、提高空气的温度有利于液硫的蒸发，强化液硫的燃烧和改善焚硫操作。

3.3　硫黄制气工艺流程

硫黄制酸工艺流程是根据原料的品质来确定的，若硫黄中含有砷、硒等杂质并使触媒中毒时，则必须设置净化设备，如钛管过滤器、石墨管过滤器、硅藻土沉淀层过滤器、金属丝网过滤器、焦炭过滤器、气体过滤器等。

硫黄制酸所用原料一般较为纯净，装置工艺部分由6个工段组成：原料工段、熔硫工段、焚硫转化工段、干吸工段、尾吸工段、成品工段。制气阶段即为原料输送、熔硫及焚硫。

袋装硫黄由汽车运输到厂区固体硫黄袋装库。袋装硫黄经过人工拆包，散状硫黄经地下储斗送入胶带输送机，由胶带输送机输送到熔硫槽中。胶带输送机处设置电磁除铁器，将混入散状硫黄中的金属除去。

固体硫黄在快速熔硫槽内熔化后，液硫自溢流口自流至过滤槽，由过滤泵送入液硫过滤器内过滤后流入液硫中间槽。液硫过滤之前，往助滤槽内的液硫中加入适量的硅藻土，由助滤泵打入液硫过滤器内，使得在过滤器的滤网表面形成有效的过滤层。精制后的液硫进入液硫中间槽内，由液硫输送泵送至液硫储罐储存。液硫自液硫储罐自流至精硫槽内，经精硫泵送至焚硫转化工段焚硫炉内燃烧。

液硫由精硫泵加压分别经两个喷枪喷入焚硫炉，硫黄燃烧所需的空气经空气过滤器过滤、干燥塔干燥、由空气鼓风机加压后送入焚硫炉。干燥塔内用98%硫酸干燥空气，使出塔空气中的水分控制在0.1g/m^3（标态）以内。干燥空气在焚硫炉内与硫黄混合燃烧生成二氧化硫的体积分数为10.5%、温度约1020℃的炉气进入余热锅炉进行热量回收利用，出口炉气温度约为420℃，进入转化器进行转化。

硫黄制取炉气工艺流程如图3－5所示。

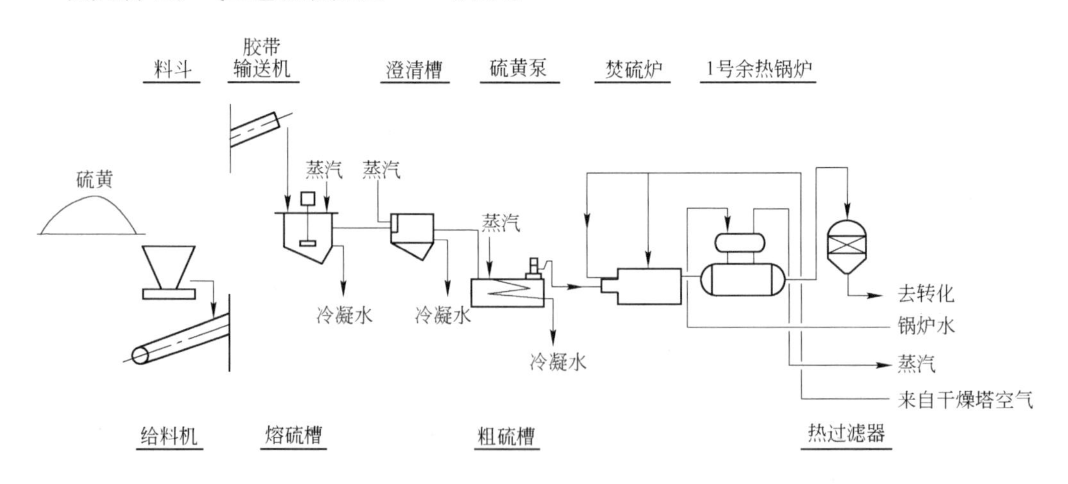

图3－5　硫黄制取炉气工艺流程

工艺指标为：

（1）液硫温度135～145℃；

（2）固硫熔化用蒸汽压力为0.6MPa（绝对压力），液硫保温蒸汽压力为0.4～

0.5MPa（绝对压力）;

（3）焚硫炉中部温度1000～1050℃;

（4）焚硫炉出口温度不高于1025℃;

（5）焚硫炉出口二氧化硫的体积分数9%～10.5%;

（6）干燥空气水分含量小于0.1g/m³（标态）;

（7）锅炉进口炉气温度不高于1025℃;

（8）锅炉汽包压力3.40～3.82MPa。

3.4 焚硫炉及其操作

3.4.1 焚硫炉

3.4.1.1 焚硫炉的构造

由于硫黄燃烧速度快，所以炉子构造简单，现在一般多用卧式喷雾焚硫炉。具有代表性的焚硫炉结构如图3-6所示。喷雾焚硫炉的构造是在钢制圆筒内部衬绝热砖和耐火砖。为使硫黄和空气的接触良好，在2～3个地方用耐火砖砌半圆形的挡墙。硫黄喷雾的要求是：形成易于汽化的微粒，喷雾角要大，且能均匀分散。现在喷嘴的喷头性能有所提高，在能力方面从小容量到大容量的都有，可选择与装置容量相当的喷头。对于负荷变动幅度大的装置，设置两个以上喷嘴。可根据操作需要调节喷嘴的个数，使装置能经常保持最佳的喷雾状态。而对于以负压操作的容易停下来的装置，可以更换喷嘴的喷头来调节。喷枪的喷嘴和喷头部分都采用316L或相当的材质。为了防止炉内高温引起的损坏和防止因受热而引起的硫黄黏度上升，喷枪应有蒸汽夹套，此蒸汽量用阀门调节。考虑到会有短时间停车时而不能用蒸汽冷却的情况，一般还配备水冷却配管以延长喷枪寿命。

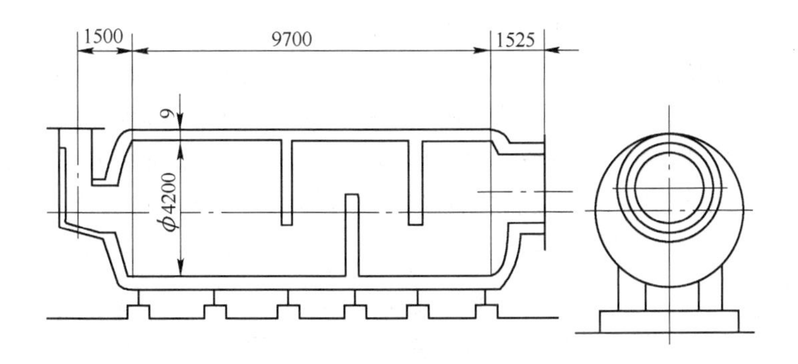

图3-6 三井—孟山都型焚硫炉（硫酸生产能力为500t/d）

在炉子内部靠近喷嘴的部分，尽管被喷雾的硫黄很快汽化，但炉气中仍混有未完全燃烧的硫黄。这种气体渗入到砖和钢壳之间，往往会出现从人孔或焊接不好的地方泄漏气体和流出硫黄的现象。假如钢壳内壁温度高达400℃以上，这种高温下的硫黄就会与铁反应生成硫化铁，这就是壳体腐蚀的原因。因此，在决定炉内耐火物的厚度时应当充分加以注意，对于保温的使用也同样要注意这个问题。

3.4.1.2　焚硫炉生产能力

同其他工业燃烧炉一样，焚硫炉生产能力的弹性比较大，一般可变动 1 ~ 2.5 倍。表示生产能力多采用每日、每立方米容积可焚烧多少吨硫黄量来表示。根据实际生产统计，一般 $1m^3$ 容积的雾化焚硫炉，每日可焚烧 1t 左右的硫黄，即可生产 3t 左右的硫酸。小型炉子生产能力偏小，大型炉子生产能力偏大。它主要取决于雾化状况和炉内气速。

雾化焚硫炉的生产能力一般可用下式进行计算：

$$Q = \frac{24KV}{1000q} \tag{3-2}$$

式中　K——焚硫炉单位容积发热量，一般为 116.3 ~ 232.6kW/(m^3 · h)；

V——焚硫炉容积，m^3；

q——燃烧 1kg 硫黄的热效应，纯净硫黄为 2.57kW/kg；

Q——雾化焚硫炉能力，t/(d · m^3)。

3.4.2　焚硫炉的操作

3.4.2.1　焚硫炉开车

焚硫炉开车一般包括焚硫炉本体、锅炉、过滤器和转化器等装置的预热，使焚硫炉温度达到硫黄可以自燃，转化器温度达到一、二、四段触媒层能起反应的温度为止。开车时一般用柴油作为预热燃料。

在炉内安装柴油喷嘴时，为使炉内耐火物不发生剥落，要缓慢地升高炉温。在达到一定温度之后，对有气体过滤器的，应把气体通到气体过滤器，使出口温度上升到 500℃左右。然后，柴油喷嘴停止喷油，送入干燥空气，空气在炉子和气体过滤器中被加热后进入转化器，再从转化器出口排至大气。当炉子、气体过滤器温度下降到一定的温度，停止送入干燥空气，并再一次点燃柴油喷嘴，预热气体过滤器以前的设备。这种操作反复进行，使最后一层催化剂温度超过 200℃，而对于新装入的催化剂则升温到 110℃以上为止。然后把柴油喷嘴的燃烧气体通过废热锅炉调节到约 550℃，直接送到转化器。在催化层温度达到规定温度之后，取出柴油喷嘴，换上硫黄喷嘴开始开车。如果预热用的柴油含硫的话，则在催化剂温度提高后会发生白烟而引起公害问题。预热升温曲线如图 3-7 所示。

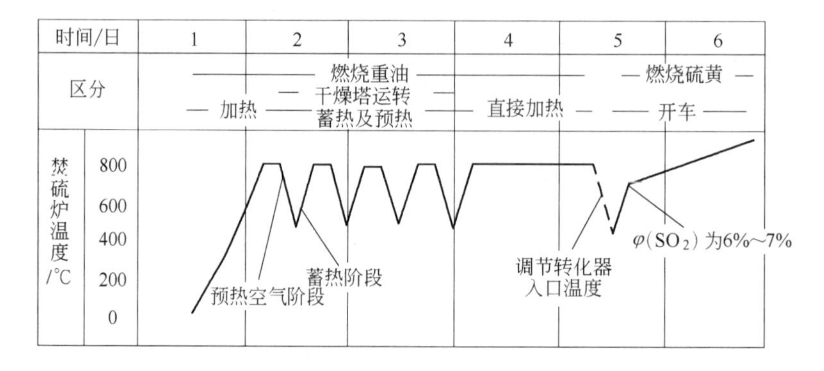

图 3-7　预热升温曲线

3.4.2.2　正常操作调节

焚硫炉的操作调节一般来讲比较简单，主要是根据炉温和二氧化硫的体积分数的要求来调节喷硫量，这样即可达到稳定二氧化硫的目的。炉温和二氧化硫的体积分数呈直线关系，因此在不产生升华硫的情况下，是可以根据炉温变化来调节的，通常焚硫炉的操作温度在700~1150℃。若从硫黄燃烧这点出发，二氧化硫的体积分数可达18%，但焚硫炉操作温度高达1500℃，这对炉内耐火砖就提出了更高的要求，因一般耐火砖以1200℃左右为极限。如使用一般耐火砖，由于炉子结构和砖砌挡墙前后温差的关系，挡墙会逐渐倾斜倒塌，炉衬会裂缝和“丢头”。另外，为使转化系统获得较高的转化率，也不宜控制较高的二氧化硫的体积分数。所以，炉温一般控制在950℃以下，以确保进转化器的二氧化硫的体积分数控制在11.5%以内。

炉温、空气量、喷硫量进行自动调节。操作人员只需进行巡回检查和处理一些临时发生的问题，碰到的问题较多是断电、断水或其他岗位发生问题时需进行停车和开车操作。

3.4.2.3　焚硫炉停车

焚硫炉停车分短期停车和长期停车两种。

短期停车，一般只需将鼓风机、输硫泵停下，关死有关阀门。若保温的蒸汽也要停止供应，则需将输硫泵、输硫管线、喷嘴等用空气吹扫干净后再停下。临时断电停车，一般只需将鼓风机、输硫泵的进出口阀门和喷嘴的调节阀门关死。

长期停车，操作的关键是考虑保护设备，要控制温度均匀下降，当炉温降到150℃左右时，可停下鼓风机、打开人孔门让其自然降温。长期停车的操作，开始阶段是减负荷，停止喷硫后控制进炉的空气量，根据焚硫炉和转化器温度的下降情况来调节空气量。停止喷硫后，要用空气吹扫干净输硫泵和输硫管线，一般向炉内吹扫让硫烧掉。降温完毕，停下鼓风机、仪表等，关死各有关阀门。

操作中应强调安全作业。根据防火规定，熔融硫黄被确定为第二类危险品的易燃液体，操作时严禁烟火。操作时液体温度高达130~140℃，接触到皮肤会烫伤。因此，必须保护面部并应穿长袖上衣、长裤子、戴防护手套等不使皮肤外露。假如熔硫接触了皮肤，应用足够的水冷却以减轻症状，在确认没有受伤之前决不可把凝固了的硫黄剥下来。当接触到大量硫黄时，在采取上述方法处置之后，应用干净的布覆盖并请医生治疗。

在储槽、熔硫槽等槽内进行作业时，开始前，应充分进行换气，同时对置换出来的气体进行检查，在确认安全之后才能动手。动手时应当十分谨慎。在储槽的排气口等气体排出的地方作业，应当戴上防硫化氢的防毒面具，并且应当在上风位置进行作业。

储槽、熔硫槽一旦着火，虽然不至于立即酿成严重的火灾，但如果靠从排气口冒出二氧化硫气体来发现火灾，那就迟了。所以在储槽的空间安装带指示和报警的温度计，在温度有不正常的升高时可以发出报警，以便及早发现火灾。

3.5　异常情况分析与处理

硫黄制取炉气异常现象、原因分析及处理方法见表3-1。

表 3－1　硫黄制取炉气异常现象、原因分析及处理方法

序号	异常现象	原 因 分 析	处 理 方 法
1	固体硫黄燃烧冒烟，或在破碎时冒烟，严重时会喷火焰	（1）硫黄堆积时间长了，粉状硫黄会在堆的中下部自燃，或仓库、堆场通风不良，或露天堆场在日晒、打雷下雨后多处冒烟； （2）破碎时，因摩擦、碰击等有明火产生，使硫黄粉燃烧	（1）硫黄堆冒烟，一般是用 ϕ18mm 长度合适的钢管接上水，对着冒烟处插下去，使其烟消失为止； （2）加拌一些矿渣或尾砂破碎
2	硫黄粉尘（硫蒸气）爆炸	（1）粉状硫黄在装卸车、倒堆、运输时飞扬，累积达到爆炸极限，瞬间有明火爆炸； （2）硫黄蒸气抽排状况不好，硫蒸气在空间中累积达到爆炸极限，瞬间有明火爆炸； （3）摩擦、静电、电器动作、工作点火等产生明火	（1）装卸、倒堆、运输要尽量防止粉状硫黄飞扬； （2）仓库、熔硫厂房保持良好通风，不得关闭自然通风口或强制通风设备； （3）硫黄区域为禁火区，电器和照明设备采用防爆设施，动火要办理动火证
3	熔硫槽、液体储桶等顶部出气口周围有刺激性气味、大量青烟或火苗	（1）硫黄蒸气、硫化氢与顶盖钢板生成可燃性配合物，易堆积在出气口，到一定时候即自燃； （2）有明火引起液硫蒸气等着火； （3）熔硫槽内液硫温度过高，蒸汽盘管露出液面上，引起液硫蒸气、硫化氢等着火	（1）熔硫槽等出气口小面积着火，立即用灭火器进行灭火；大面积着火时，打开灭火蒸汽阀，用灭火蒸汽灭火，并用灭火器材协助灭火工作； （2）熔硫槽、精硫槽、液硫储桶等顶盖内和出气孔内沿喷 0.1～0.3mm 左右厚的铝一层，隔断硫蒸气、硫化氢等气体与钢板接触，可有效地防止熔硫槽、液硫储槽等顶部出气口着火； （3）在生产情况下，对熔硫厂房及熔硫槽等应加强防火措施：在火灾易发生场所应备有灭火消防器材；应保证消防蒸汽管线畅通备用；在生产操作上应严格控制液硫温度及液位；在熔硫槽等上部进行电焊作业时，一定要取得动火证，并做好足够的防火措施才能工作
4	熔硫槽、澄清槽等液位异常	（1）仪表故障或液位计周围有液硫凝固，无法显示正确液位； （2）短时间内熔硫量过多，液硫液位过高或漫槽； （3）因设备故障或液硫液位降低，低于液硫泵吸入口，泵抽不上磺来	（1）检查实际液位与显示液位有误差，联系仪表人员，若液硫凝固，开大蒸汽阀门，熔化凝固的硫黄或人工疏通液位计周围硫黄； （2）若实际液位较高或发生漫槽事故，应立即停止上磺，组织人员处理事故； （3）实际液位过低，液硫泵抽不上磺来，应立即停车，加快化磺，待液位正常后开车
5	熔硫槽、澄清槽等表面有黑色漂浮物，或黑色结疤状固体物	（1）固体硫黄中含杂质较多，熔硫时随硫黄带入槽内； （2）操作时加入的石灰量和硅藻土较多	（1）控制采购质量，硫黄存放在干净通风的地方； （2）加入适量的石灰和硅藻土，改进液硫过滤或增加沉降静置时间； （3）打开清渣孔进行人工捞渣

续表 3-1

序号	异常现象	原因分析	处理方法
6	液硫中有气泡	(1) 蒸汽管或夹套漏汽; (2) 硫黄水分含量高	(1) 找出泄漏部位补焊; (2) 晒硫黄
7	喷枪喷不出硫来燃烧导致停车	(1) 蒸汽压力不足,导致液硫温度低于指标范围; (2) 液硫伴热管蒸汽压力不足,液硫黏度大,流动不畅	(1) 全开液硫泵回流阀门,让液硫打循环; (2) 调整各槽内液硫温度尽快到指标范围内,并检查泵出口伴热管蒸汽压力,调整到正常压力范围内,液硫温度达到操作指标范围内,按正常开车程序准备开车喷硫
8	液硫中水、可溶有机物、硫酸含量增高引起二吸塔冒烟	(1) 固体硫黄酸度大,在焚硫炉中分解出水或熔硫时中和酸用的石灰或纯碱添加量不足或加入方法不对; (2) 固体硫黄中水含量超标大于0.5%,有的高达2%左右,液硫中水分带入焚硫炉; (3) 溶在液硫中的有机物未去除,进入焚硫炉分解出水	(1) 严格控制硫黄中石灰和硅藻土的添加量,防止液硫呈酸性; (2) 对固体硫黄进行酸度、水分、有机物的分析,防止超标; (3) 过滤机中硅藻土铺设要得当,以便有效去除有机物
9	液硫过滤机效率下降,引起二吸塔冒烟	(1) 硅藻土的铺设量不均匀或铺设量不够,液硫中有机物含量大; (2) 过滤层脱落或液硫的酸度控制不当,腐蚀滤网且有洞; (3) 助滤剂颗粒太大,质量不合格	(1) 增设硅藻土铺设量,初始要达到3mm以上的厚度(宜用流量大、压头低的泵进行铺设); (2) 液硫中加石灰或碱中和液硫酸度,解决滤网缺陷; (3) 预涂硅藻土液的配置约为:每平方米滤网加1~2kg硅藻土和0.5~1kg的CaO充分搅拌均匀。石灰要求$w(CaO)>90\%$,硅藻土要求:$w(SiO_2)>90\%$,$w(Fe_2O_3)<2.5\%$,$w(Al_2O_3)<3.5\%$,焙烧失重<5.0%,堆密度<0.4g/cm^3
10	系统开车初始和以后尾气冒烟都较大	(1) 固体硫黄中的水含量超过0.5%,且存放固体硫黄的库房通风条件不好; (2) 固体硫黄中酸含量较高,熔化精制过程中没有及时加石灰或碱中和液硫中的酸度; (3) 固体硫黄中有机物含量较高,精制过程中没有滤出,随液硫进入系统燃烧; (4) 硫黄熔化精制过程时间短,液硫中的水分没有得到充分的蒸发,水分随液硫一起进入焚硫炉; (5) 喷枪或液硫管中夹套保温蒸汽漏入熔硫中	(1) 严格控制所购进固体硫黄的水分含量,并注意硫黄库内的通风,在有废热源条件下,尽可能将固体硫黄精制成液硫,储液硫而少储或不储固体硫黄; (2) 熔硫过程中要边化硫边加石灰或纯碱、边加硅藻土; (3) 提高液硫过滤机过滤的效率,提高液硫质量; (4) 保证液硫有足够的沉降精制的时间,一般不得少于120h,使液硫中所含的水分能充分地蒸发排出; (5) 停车检查: 1) 由于喷枪泄漏引起则更换备用喷枪后即可开车生产; 2) 若无备用喷枪,对发生泄漏的喷枪进行检查,用水压试漏,查出漏点进行补焊,补焊完成后,再次进行水压试漏,合格后进行安装; 3) 若为液硫输出夹套管泄漏引起的,停车后拆下夹套管两边法兰,清理干净硫黄,用空压机或水泵来进行打压查漏,对发生泄漏的管段进行补焊或更换,检修完毕后再做一次压力试验,合格后进行安装

习题与思考题

3－1 硫黄制酸装置一般由哪些工艺组成?

3－2 硫黄预处理及焚烧制取炉气过程中为什么要采取伴热和保温?

3－3 如何得到精制硫黄?

3－4 硫黄制取二氧化硫炉气的过程有哪些?

3－5 硫黄焚烧的影响因素有哪些?

3－6 为什么会产生硫黄粉尘（硫蒸气）爆炸?

3－7 怎样进行焚硫炉的正常操作与调节?

3－8 焚硫炉产生升华硫如何处理?

3－9 熔硫槽液位突然升高如何处理?

3－10 硫黄制酸系统开车初始和以后尾气冒烟都较大的原因有哪些?

4 含硫冶炼烟气

对冶炼炉、窑产生的含污染物质的气体，通称为烟气；烟气中有利用价值的物料被净化回收后排放的气体，称为尾气。例如，冶炼厂含硫烟气通常称为二氧化硫烟气，二氧化硫的体积分数在2%以上的烟气，经过净化回收制成硫酸后排放的气体，称为二氧化硫尾气。

从矿石中提取金属及金属化合物的生产过程称为提取冶金，简称为冶金。金属矿石的主要成分是金属的氧化物及硫化物（少数卤化物）。钢铁冶金主要处理的是氧化铁矿，冶炼环节主要产生含一氧化碳、二氧化碳、氮气的烟气或荒煤气，但烧结和焦化过程也产生二氧化硫、氮氧化物烟气。有色金属冶金主要处理的是硫化矿，冶炼环节主要产生含二氧化硫、氮氧化物、氟、氯、铅、锌、汞等一种或多种成分的烟气。

4.1 冶金概述

4.1.1 金属的分类

按照冶金工业的分类，金属分为黑色金属和有色金属两大类，黑色金属是指铁、铬、锰，其他金属则称为有色金属。有色金属又分为重金属、轻金属、贵金属、半金属和稀有金属5类：

（1）有色轻金属，指密度小于4500kg/m^{3}的有色金属，有铝、镁、钙等及其合金；

（2）有色重金属，指密度大于4500kg/m^{3}的有色金属，有铜、镍、铅、锌、锡、锑、钴、铋、镉、汞等及其合金；

（3）贵金属，指矿源少、开采和提取比较困难、价格比一般金属贵的金属，如金、银和铂族元素及其合金；

（4）半金属，指物理化学性质介于金属与非金属之间的硅、硒、碲、砷、硼等，也有人将硼、碳、砹、钋划入半金属，所有半金属元素都呈现金属光泽；

（5）稀有金属，指在自然界中含量很少、分布稀散或难以提取的金属，稀有金属又分为钛、铍、锂、铯等稀有轻金属；钨、钼、铌、钽、锆、钒等稀有高熔点金属；镓、铟、铊、锗等稀有分散金属；钪、钇和镧系元素等稀土金属；镭、锕系元素等稀有放散性金属。

4.1.2 冶金方法

冶金过程按提取金属工艺过程的不同可分为火法冶金和湿法冶金。

火法冶金是在高温下从冶金原料中提取或精炼金属的冶炼工艺，是物理化学原理在高温化学反应中的应用。在火法冶金过程中，天然矿石或人工精矿中的部分或全部矿物在高温下经过一系列物理化学变化，生成另一种形态的化合物或单质，分别富集在气体、液体或固体产物中，达到所要提取的金属与脉石及其他杂质分离的目的。

湿法冶金是利用浸出剂将矿石、焙砂的组分或其他物料中的有价金属溶解在溶液中或以新的固相析出，进行金属分离、富集和提取的冶金工艺，它是水溶液化学及电化学原理的应用。由于这种冶金过程大都是在水溶液中进行，因此称为湿法冶金。湿法冶金温度不高，一般低于100℃。现代湿法冶金中的高温高压过程温度也不过200℃左右，极个别情况温度高达300℃。

冶金过程以火法为主，因为大多数的金属主要是通过高温冶金反应取得，即使某些采用湿法的有色金属提取中也仍然要经过某些火法冶炼过程作为原料的初步处理，如锌精砂的焙烧。这是因为火法冶金生产率高，流程短，设备简单及投资少，但火法冶金不利于处理成分结构复杂的复合矿或贫矿。

冶炼烟气主要产生于火法冶金的生产过程。

火法冶金一般包括3大过程：（1）原料准备；（2）熔炼吹炼；（3）精炼。其中进行的化学反应有热分解、还原、氧化、硫化、卤化等。过程中的产物除金属或金属化合物之外，还有炉渣、烟气和烟尘（包括荒煤气）。烟气由高温的粉尘、烟雾及气体组成，通过对烟气处理和烟尘综合利用来回收其中的热量、有价组分以及把对环境有害的气体转化为有用产品。

4.1.2.1　原料准备

原料准备一般包括采矿、选矿、原料储存、配料、混合、干燥、制粒（造球）、制团、焙烧、煅烧、烧结（造块）、焦化等工序。有些火法工艺并不要求制粒（制团）或焙烧，精矿可以直接冶炼。焦化虽然是化工过程，但它是钢铁冶金的重要组成部分。

4.1.2.2　熔炼

熔炼是指炉料在高温熔炼炉内发生一定的物理、化学变化，产出粗金属或金属富集物和炉渣的冶金过程。炉料除精矿、焙砂、烧结矿、球团矿、块矿等外，有时还需添加为使炉料易于熔融的熔剂（如石灰、萤石、石英等），以及为进行某种反应而加入的还原剂（如焦炭、煤粉、天然气、石油等）。此外，为提供必要的温度，往往需加入燃料燃烧，并送入空气、富氧空气或纯氧气。粗金属或金属富集物由于与熔融炉渣互溶度很小和密度的差异而分层得以分离，它们尚需进一步吹炼或用其他方法处理才能得到金属。

熔炼按反应过程可分为还原熔炼和氧化熔炼。

A　还原熔炼

还原熔炼是金属氧化物料（焙砂、烧结矿、球团矿）在高温熔炼炉还原气氛下被还原成熔体金属的熔炼方法。还原熔炼采用碳质还原剂，如煤、焦炭；金属热还原则采用硅、铝等还原剂。碳质还原剂往往也是燃料。在高温条件下，碳质还原剂与金属氧化物发生的主要反应有：

$$MeO + C \longrightarrow Me + CO \tag{4-1}$$

$$MeO + CO \longrightarrow Me + CO_2 \tag{4-2}$$

$$CO_2 + C \longrightarrow 2CO \tag{4-3}$$

高炉炼铁，鼓风炉熔炼铅，反射炉熔炼锡、铋和锑，锌冶金及镁的热还原等均属于还原熔炼过程。

B 氧化熔炼

氧化熔炼是以氧化反应为主的熔炼过程，如硫化铜、镍矿物原料（包括硫化矿和氧化矿）的造锍[1]熔炼，锍的吹炼，硫化锑精矿鼓风炉熔炼，炼钢过程等。炼钢实际上是将高炉铁水中的杂质元素（碳、硅、磷、硫等）氧化去除的过程，因此也可看做是熔池吹炼的氧化精炼过程。

熔炼过程中发生的主要反应是：

$$MeS_{(s,l)} + O_2 \longrightarrow Me_{(l)} + SO_2 \tag{4-4}$$

$$MeS_{(s,l)} + 1.5O_2 \longrightarrow Me_{(s,l,g)} + SO_2 \tag{4-5}$$

$$[Me'S] + (MeO) \longrightarrow [MeS] + [Me'O] \tag{4-6}$$

$$[Me'] + (FeO) \longrightarrow [Fe] + [Me'O] \tag{4-7}$$

式中，Me，Me′分别代表主金属和杂质；[ ] 代表主金属熔体；( ) 代表熔渣；下标中（s，l，g）表示金属、金属硫化物及金属氧化物存在的状态，“s”表示固态，“l”表示液态，“g”表示气态。

4.1.2.3 精炼

精炼是粗金属去除杂质的提纯过程。对于高熔点金属，精炼还具有致密化作用。精炼分化学精炼和物理精炼两大类。

A 化学精炼

利用杂质和主金属的某些化学性质不同而实现其分离的过程，称为化学精炼。化学精炼可分为氧化精炼、硫化精炼、氯化精炼、碱性精炼等类型。

a 氧化精炼

利用氧化剂将粗金属中的杂质氧化造渣或氧化挥发除去的精炼方法，称为氧化精炼。铜的火法精炼、氧气转炉炼钢等均属氧化精炼。

b 硫化精炼

加入硫或硫化物以除去粗金属中杂质的火法精炼方法，称为硫化精炼。反应的必要条件是主金属硫化物在给定条件下的离解压大于杂质硫化物的离解压。粗铅、粗锡和粗锑加硫除铜、铁是硫化精炼的典型例子。

c 氯化精炼

氯化精炼是通入氯气或加入氯化物使杂质形成氯化物而与主金属分离的火法精炼方法。该方法的前提条件是氯对杂质的亲和力大于主金属，而生成的氯化物不溶或少溶于主金属。氯化精炼在粗铅除锌，粗铝除钠、钙、氢，粗铋除锌，粗锡除铅等方面都有广泛应用。例如，粗铅氯化精炼时往铅液中通入氯气，使锌形成 $ZnCl_2$ 进入浮渣而与铅分离，铅液中其他杂质，如砷、锑、锡也形成氯化物挥发而与铅分离。

d 碱性精炼

在粗金属熔体中加入碱，使杂质氧化与碱结合成渣而被除去的火法精炼方法，称为碱

---

[1] 铜、镍、钴等金属火法冶金过程中，产生主金属硫化物和铁的硫化物共熔体，称为锍。如铜的熔炼过程产生的锍，又称为冰铜（$Cu_2S \cdot FeS$）。

性精炼。碱性精炼的实质是在精炼过程中用氧或其他氧化剂（如 $NaNO_3$）使杂质氧化，然后与加入的碱金属或碱土金属化合物熔剂反应，生成更为稳定的盐（渣），从而加速反应的进行，并使反应进行更加完全。碱性精炼用于粗铜除镍，粗铅除砷、锑、锡，粗锑除砷等过程。

B 物理精炼

利用主体金属和杂质元素的物理性质不同，将杂质分离并脱除的精炼方法，称为物理精炼。如精馏精炼、真空精炼、熔析精炼等。

a 精馏精炼

利用物质沸点的不同，交替进行多次蒸发和冷凝除去杂质的火法精炼方法，称为精馏精炼。

精馏精炼适用于相互溶解或部分溶解的金属液体，不适用于两种具有恒定沸点的金属熔体。在有色金属冶金中，精馏成功地用于粗锌的精炼。

b 真空精炼

在低于或远低于常压的条件下脱除粗金属中杂质的火法精炼方法，称为真空精炼。真空精炼除能防止金属与空气中氧、氮反应和避免气体杂质的污染外，更重要的是对许多精炼过程（特别是脱气）还能创造有利于金属和杂质分离的热力学和动力学条件。真空精炼主要包括真空蒸馏（升华）和真空脱气。

真空蒸馏（升华）是在真空条件下利用各种物质在同一温度下蒸气压和蒸发速度不同，控制适当的温度使某种物质选择性挥发和冷凝来获得纯物质的方法。这种方法主要用来提纯某些沸点较低的金属，如汞、锌、硒、碲、钙等。

真空脱气是在真空条件下脱除气体杂质，包括通过化学反应而使某些杂质以气体形态脱除。真空脱气过程的作用主要是降低气体杂质在金属中的溶解度。炼钢过程中也广泛采用真空精炼手段进行脱气。

c 熔析（凝析）精炼

利用杂质或其化合物在主金属中的溶解度随温度变化的性质，通过改变精炼温度将其脱除的火法精炼方法，称为熔析（凝析）精炼。

4.2 火法冶金工艺简介

4.2.1 金属硫化矿的冶金工艺

4.2.1.1 铜冶炼工艺

炼铜以火法熔炼为主，火法炼铜占铜生产量的 90%，主要是处理硫化矿。火法炼铜出现最早，工艺成熟，应用普遍，生产规模大，可以综合回收自然资源。缺点是建设投资和生产费用大，能源消耗高，难以处理低品位氧化矿、复杂难选矿等含铜原料。

火法炼铜时，都是将铜精矿熔炼成冰铜，然后将冰铜吹炼成粗铜。采用这种方法的优点是得到的粗铜比较纯，炉渣中损失的铜比较少，热能消耗少，而铜的生产率和回收率比较高。

A 熔炼工艺

熔炼工艺分为传统工艺和现代强化熔炼工艺。

传统工艺包括：鼓风炉、电炉、反射炉、白银炉等。由于污染、能耗高、产能少、成本高、自动化程度低等原因，目前已基本被淘汰。

强化熔炼工艺包括悬浮熔炼工艺和熔池熔炼工艺。悬浮熔炼工艺以奥托昆普闪速熔炼为主，该工艺炼铜量约占世界矿产铜量的50%。熔池熔炼有艾萨熔炼、奥斯麦特熔炼、诺兰达熔炼等，其中以艾萨熔炼和奥斯麦特熔炼发展最快。

闪速熔炼工艺是根据自热熔炼的原理，在熔炼中充分利用精矿氧化反应产生的热量，减少燃料消耗。采用常温富氧空气熔炼，富氧的体积分数高达40%～95%。闪速炉的精矿装入量不断提高，冰铜品位达到了60%以上，又由于炉料的水分很低，因此很多闪速炉实现了完全自热熔炼，即正常作业时完全不需要燃料，仅在停料保温时烧少量燃料。

闪速熔炼工艺具有如下优点：

（1）闪速熔炼技术已成为公认的成熟炼铜技术，工艺及设备成熟可靠，自动化程度高，应用该技术不存在任何工艺技术上的风险，而且新厂投产后能够很快达到设计生产能力。

（2）闪速熔炼烟气量小，烟气中二氧化硫的体积分数高（可以达到40%以上），而且流量稳定，有利于缓和气体流量和体积分数的变化。工艺所需要的锅炉、收尘、风机等设备的能力很小，特别是制酸设备的能力大大降低，不但大大地节省了投资和工厂的运行成本，也有利于烟气制酸的生产操作，硫到硫酸产品的回收率达95.5%以上，总硫利用率甚至达到99%以上，可以完全消除污染问题对工厂造成的困扰。

（3）能充分地利用精矿中铁、硫的氧化反应热，热效率高，能源消耗低。

（4）工艺灵活，可以使用天然气、重油、粉煤、焦粉等多种燃料，送风氧气的体积分数范围大，为21%～95%（体积分数），冰铜品位可以灵活地调整，甚至可以直接生产粗铜，可以进行精矿的自热熔炼。

（5）炉子的寿命可以达到10年以上。

（6）单炉的生产能力很灵活，最小为12kt/a，最大已达到400kt/a以上的生产能力。

（7）由于富氧的应用及精矿喷嘴、工艺控制等技术的整体发展，闪速熔炼炉对原料的适应性发生了根本性的变化，它已完全适应处理各种品质的铜精矿，而且可以稳定地操作运行。

B 吹炼工艺

冰铜吹炼主要有P－S转炉吹炼工艺和连续吹炼工艺。

P－S转炉吹炼工艺可以采用低浓度的富氧吹炼（氧气的体积分数为21%～27%），它通过侧部风眼送风，完全靠自热而不需要任何燃料；进料、放渣、加冷料、出铜等作业周期性地进行，作业波动大；造渣为$2FeO \cdot SiO_2$碱性炉渣。

连续吹炼工艺有三菱吹炼、闪速吹炼等，吹炼过程连续进行，一般造$FeO-Fe_2O_3-CaO$渣（铁酸钙）。

与P－S转炉的间断作业相比，闪速吹炼具有如下优点：

（1）闪速吹炼炉连续作业，还将熔炼和吹炼生产在时间和空间上完全分开，互不关联，不但提高了设备的作业率，而且大大减少了二氧化硫对环境的污染，还可以大幅度地提高生产能力。闪速吹炼没有熔体在熔炼炉和吹炼炉之间的输送，没有周期性的开风、停风、进料、出渣作业，几乎消除了二氧化硫的逸散。

（2）烟气量、二氧化硫的体积分数稳定。送风氧气的体积分数高（50%以上），烟气中二氧化硫的体积分数高（30% ~40%），因而烟气量很小，制酸作业稳定，需要的制酸设备能力比 P－S 转炉小得多。

（3）单炉产量高，可达年产铜 300kt 以上，甚至可能达到年产 1000kt 铜。

（4）环境污染小，二氧化硫、粉尘、氮氧化物等的排放量远低于目前世界上最严格的环境标准，若干年内使铜冶炼厂完全摆脱环境污染带来的压力。

（5）能够适应未来铜原料市场的变化和冶炼技术的发展，进行高品位精矿甚至一般品位精矿的闪速炉一步直接炼铜，生产和增产的灵活性很大。

（6）基于成熟的闪速熔炼技术，实质上是精矿的闪速熔炼过程在另一台闪速炉中的继续，即进一步将冰铜中的铁和硫全部氧化脱除，产出粗铜。工艺流程及炉子结构与闪速熔炼极为相似，只是尺寸较小。闪速熔炼与吹炼工艺流程如图 4－1 所示。

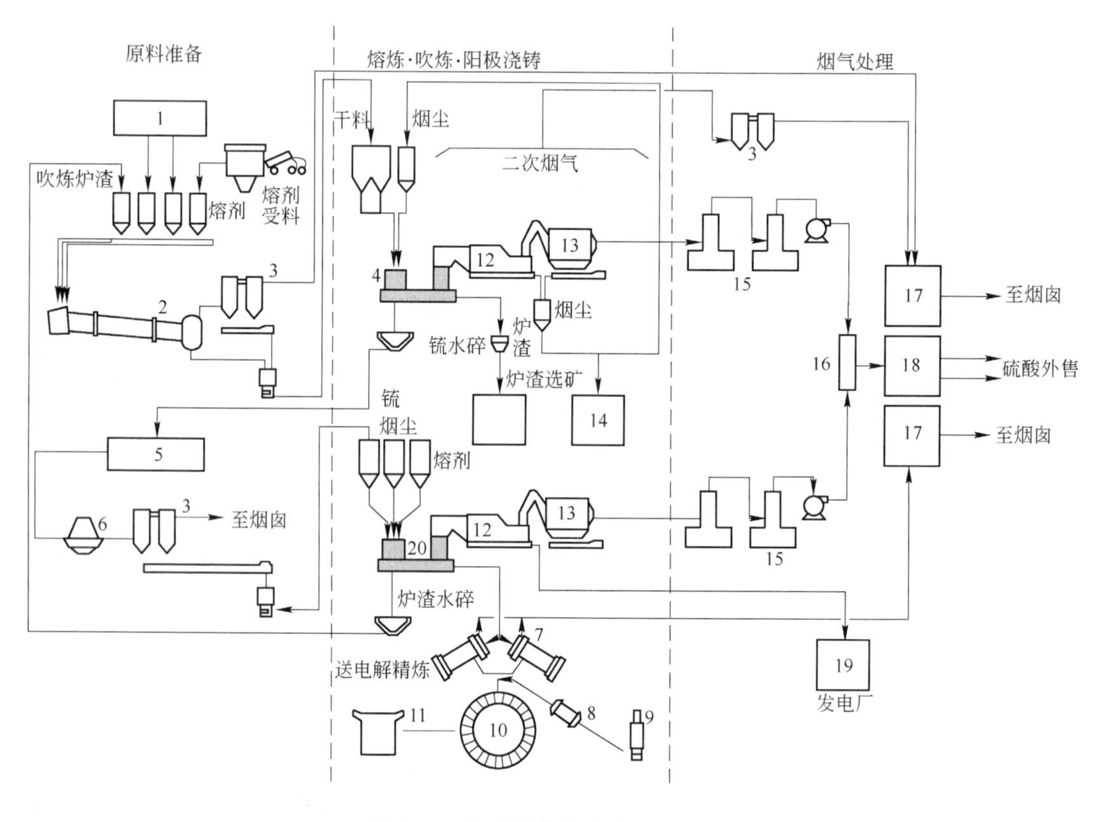

图 4－1　闪速熔炼与吹炼工艺流程

1—铜精矿仓；2—干燥窑；3—布袋收尘器；4—闪速熔炼炉；5—冷锍储仓；6—锍粉碎机；7—阳极精炼炉；8—保温炉；9—竖炉；10—阳极浇铸圆盘；11—铜阳极板；12—余热锅炉；13—电除尘器；14—湿法车间；15—湿法除尘器；16—湿式电除尘器；17—气体除尘器；18—硫酸厂；19—发电厂；20—闪速吹炼炉

C　火法精炼工艺

火法精炼工艺包括反射炉精炼、回转式阳极炉精炼、倾动炉精炼。

反射炉是传统的火法精炼设备，结构简单，操作容易，可以处理冷料，能力、燃料操作等适应性强，但是难以实现机械化和自动化，手工操作的劳动强度大，劳动条件差，车间环境恶劣，消耗高，生产能力低。

回转式精炼炉的圆筒形炉体360°回转，筒体上有1个炉口（进料、放渣）、1个出铜口、2~4个氧化还原口。它结构简单，机械化、自动化程度高，生产能力大，消耗燃料少，生产效率高，车间环境好。因此，多数冶炼厂采用该工艺。但回转式精炼炉不能处理冷料，因此二次冶炼厂不能采用该工艺处理外购粗铜。

倾动炉为反射炉与回转式精炼炉的结合，炉膛似反射炉，但可以±30°转动，既可以处理冷料，又具有回转式精炼炉的优点，但是结构复杂。

D　电解精炼工艺

电解精炼有传统的始极片工艺和新的不锈钢永久阴极工艺（PC工艺）两种。

传统始极片工艺是由种板电解槽生产薄铜片——始极片，将始极片加工成阴极装入电解槽，阳极铜溶解后在始极片上沉积成为阴极铜。

PC工艺是用不锈钢板作为阴极，阳极铜溶解后在不锈钢板上沉积成阴极铜，用剥片机组将阴极铜剥下，不锈钢板再重复使用。PC工艺的特点是自动化程度高，劳动生产率高，电流密度高，生产效率高，电流效率高，电耗低，阴极铜质量好，但是一次性投资费用大。目前，铜电解工艺的发展趋势是PC工艺。

4.2.1.2　硫化镍矿的火法冶炼

地壳中平均含镍0.008%（质量分数）。镍矿床分为硫化矿和氧化矿两大类，硫化矿约占13%，氧化矿约占87%。硫化矿的火法冶炼占硫化矿提镍的86%，其处理方法是预先焙烧和熔炼制取冰镍或铜冰镍，然后吹炼，类似于火法炼铜的工艺。

炉料的准备包括干燥、焙烧脱硫和造块，以保证满足熔炼要求和获得高品位的冰镍。我国分别采用回转窑焙烧同时制粒或回转窑干燥—碾压制团—竖炉干燥两种方法。熔炼过程可以在鼓风炉、反射炉、电炉和闪速炉中进行。熔炼产物为铜冰镍，采用普通空气转炉吹炼铜冰镍时，得不到金属镍，只能得到高铜冰镍，然后用磨浮分离和硫酸选择性浸出方法进行处理。回转窑焙烧同时制粒法产出二次镍精矿、二次铜精矿和铜镍合金，回转窑干燥—碾压制团—竖炉干燥法产出可供电积提镍的含镍浸出液和含铜浸出渣。二次镍精矿可熔铸成阳极，以纯镍为阴极，进行电解可以制取金属镍。图4-2所示为硫化镍精矿火法炼镍工艺流程。

采用氧气顶吹转炉时，由于氧气吹炼反应速度快，热效应大，能够达到1500℃高温，所以可以在吹炼的第二阶段得到金属镍。

我国镍熔炼过程大多采用电炉熔炼。金川集团有限公司于20世纪90年代建设的炼镍闪速炉工艺是目前世界上最先进的工艺之一。与电炉炼镍工艺相比较，闪速炉工艺具有节能降耗、减少二氧化硫污染等清洁工艺的特征。

加拿大INCO公司所有原矿为硫化镍矿，采用闪速炉富氧炼镍工艺，冶炼过程进行在线控制，装备自动化程度高。其工艺过程是镍精矿在闪速炉经富氧熔炼、转炉吹炼获得高冰镍，经磨浮分离铜、镍。分离的铜硫化物经阳极炉熔炼生产阳极铜，经电解获得电解铜。分离的镍经熔炼生产低冰镍进行销售或进一步电解精炼。其工艺流程如图4-3所示。

闪速炉熔炼烟气中二氧化硫的体积分数为60%，制备液体二氧化硫和硫酸两种产品，冶炼二氧化硫烟气制液体二氧化硫供应给造纸厂。制硫酸采用“两转两吸”制酸工艺，硫酸有93% H_2SO_4、98% H_2SO_4和104%发烟H_2SO_4三种产品。

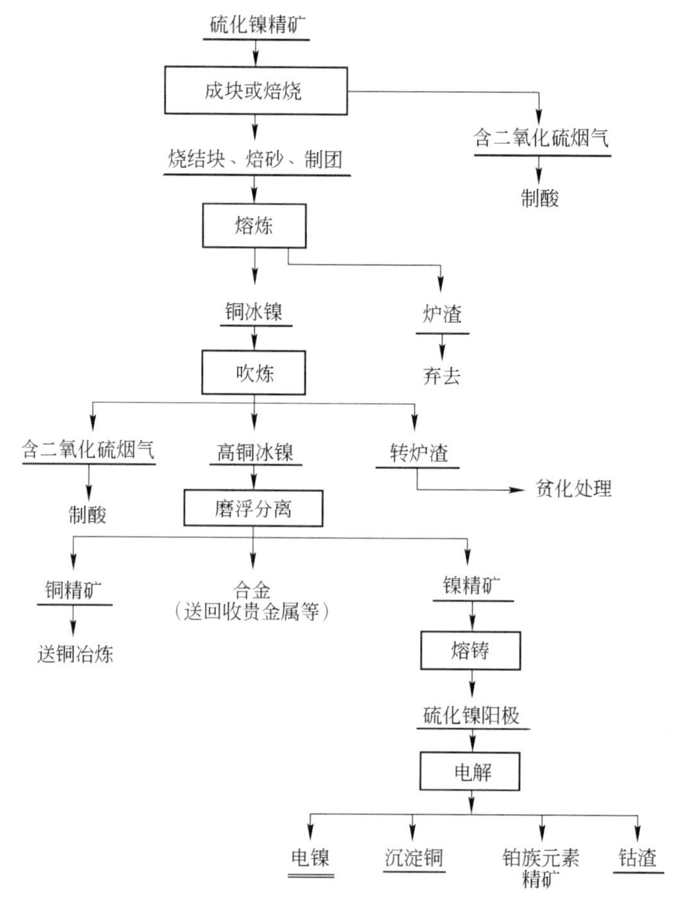

图 4-2　硫化镍精矿火法炼镍工艺流程

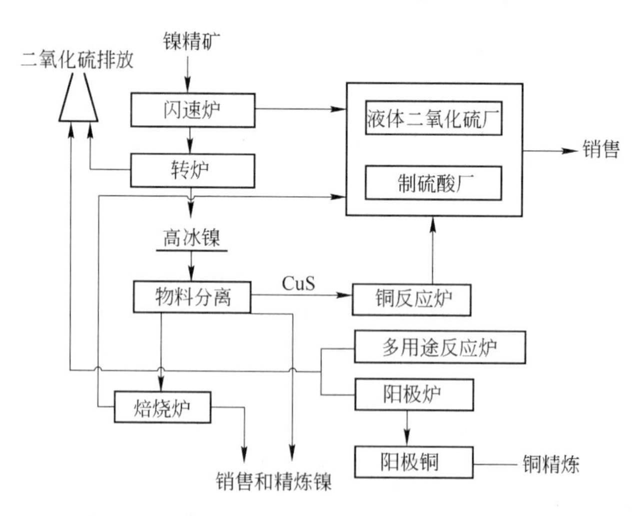

图 4-3　加拿大 INCO 公司炼镍原则工艺流程

4.2.1.3　铅的冶炼

铅在地壳中的平均质量分数为 0.0016%，铅矿主要有硫化矿和氧化矿，其中硫化矿分布最广。铅矿石一般含铅不高，必须进行选矿富集，得到适合冶炼要求的铅精矿。现代铅的生产方法多为火法，湿法用得较少。

火法炼铅一般包括原料准备（配料、制粒、烧结焙烧）、还原熔炼制取粗铅、粗铅精炼三大工序。烟气制酸、烟尘综合回收以及从阳极泥回收金银等贵金属也是火法炼铅工艺的重要组成部分。

在我国已工业应用的火法炼铅方法有 3 种：

（1）铅精矿烧结焙烧—鼓风炉还原熔炼，工艺流程如图 4－4 所示。

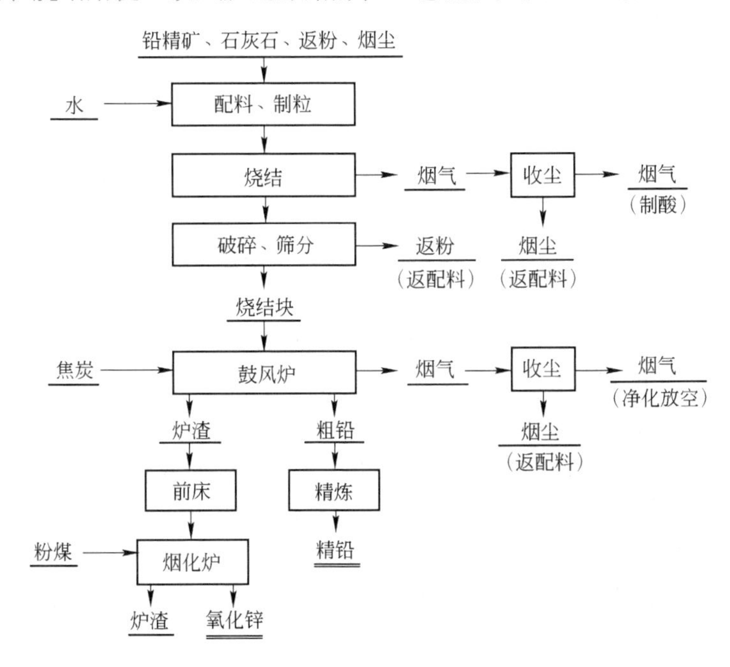

图 4－4　铅精矿烧结焙烧—鼓风炉还原熔炼炼铅工艺流程

（2）铅锌混合精矿烧结焙烧—密闭鼓风炉还原熔炼。

（3）QSL 法，即氧气底吹直接炼铅法，该法是在 P. E. Queneau 和 R. Schuhman JR 发明的连续炼铜 QS 法基础上，与德国 Lurgi 公司进一步开发出的一种炼铅新工艺，工艺流程如图 4－5 所示。

方法（1）工艺成熟、操作简单、生产能力大、对原料适应性强、铅回收率高；缺点是能耗高、对环境有污染。方法（2）可以熔炼混合精矿，同时产出金属铅和锌，生产能力大；不足之处也是能耗高、有污染。方法（3）不需要繁琐的烧结焙烧作业，流程简单；粉尘污染少，烟气中二氧化硫的体积分数高，有利于制硫酸；能充分利用原料的反应热，不用优质焦炭，生产费用低；此法冶金控制要求严格、产品铅的回收率较低。此外，我国开发了水口山炼铅法，该法流程简短、熔炼强度大、烟气中二氧化硫的体积分数高（$>10\%$）、燃料率低、环保效果好。

铅鼓风炉还原熔炼过程是使铅烧结块中的含铅化合物还原成金属铅，并将金银等贵金属富集在铅中，使铁氧化物从高价变为低价，再与其他脉石成分造渣而与铅分离。熔炼产出的粗铅纯度在 96%～99%（质量分数）范围，其余 1%～4%（质量分数）为贵金属（金、银）和硒、碲等稀有金属及铜、镍、锑和铋等杂质。粗铅中的贵金属的价值有时要

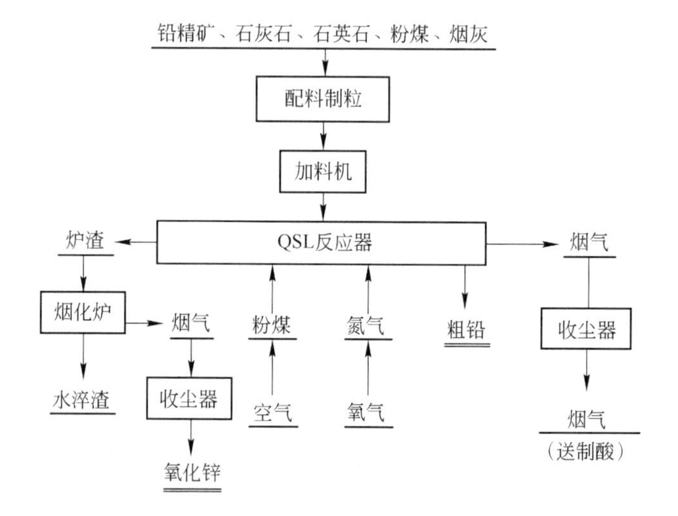

图 4－5　QSL 法炼铅工艺流程

超过铅的价值，必须提取出来；而杂质成分对铅的展性和抗蚀性产生有害影响，必须除去，因此，要对粗铅进行精炼。

粗铅精炼有火法精炼和电解精炼两种。中国和日本的炼铅厂一般采用电解精炼，其他国家大多采用火法精炼。火法精炼工艺与设备简单，建厂费用较低，能耗低，生产周期短；其缺点是过程繁杂，中间产物品种多，均需单独处理，金属回收率较低。电解精炼生产率高，金属回收率高，易于机械化和自动化，可一次产出高纯度精铅；但建设投资大，生产周期较长。火法精炼通常由熔析和加硫除铜—氧化精炼除砷、锑、锡—加锌提银—氧化或真空除锌—加钙镁除铋等工序组成。

4.2.1.4　锌冶炼工艺

自然界的主要含锌矿物是硫化矿和氧化矿，硫化矿储量远大于氧化矿，是炼锌的主要矿物原料。硫化锌矿多为共生矿，如铅锌矿、铜锌矿、铜铅锌矿。这些矿石中除含铜、铅、锌外，还含有金、银、镉、铋、砷、锑等有价金属。冶炼厂的炼锌原料主要是硫化锌矿经浮选而得到的锌精矿，其次是含铅锌的混合精矿。

锌提取冶金分为火法炼锌和湿法炼锌两类。火法炼锌历史较久，工艺成熟，但能耗较高，而且需要价格较贵的冶金焦；而湿法炼锌能耗相对较低，生产易于机械化和自动化，自 20 世纪 70 年代以来，湿法炼锌逐渐取代了火法炼锌，生产能力不断扩大。目前，湿法炼锌总产量已占世界锌总产量的 80%。

火法炼锌技术又分为竖罐炼锌、密闭鼓风炉炼铅锌、电炉炼锌和横罐炼锌。前两种方法是我国现行的主要炼锌方法，而电炉炼锌仅为中小炼锌厂采用，横罐炼锌工艺已经淘汰。

竖罐炼锌是在高于锌沸点的温度下，于竖井式蒸馏罐内，用碳作还原剂还原氧化锌矿物的球团，反应所产生锌蒸气经冷凝成液体金属锌。我国葫芦岛锌厂是中国唯一和世界仅存的两家竖罐炼锌厂之一。竖罐炼锌的生产工艺由硫化锌精矿氧化焙烧、焙砂制团和竖罐蒸馏三部分组成，其工艺流程如图4－6所示。

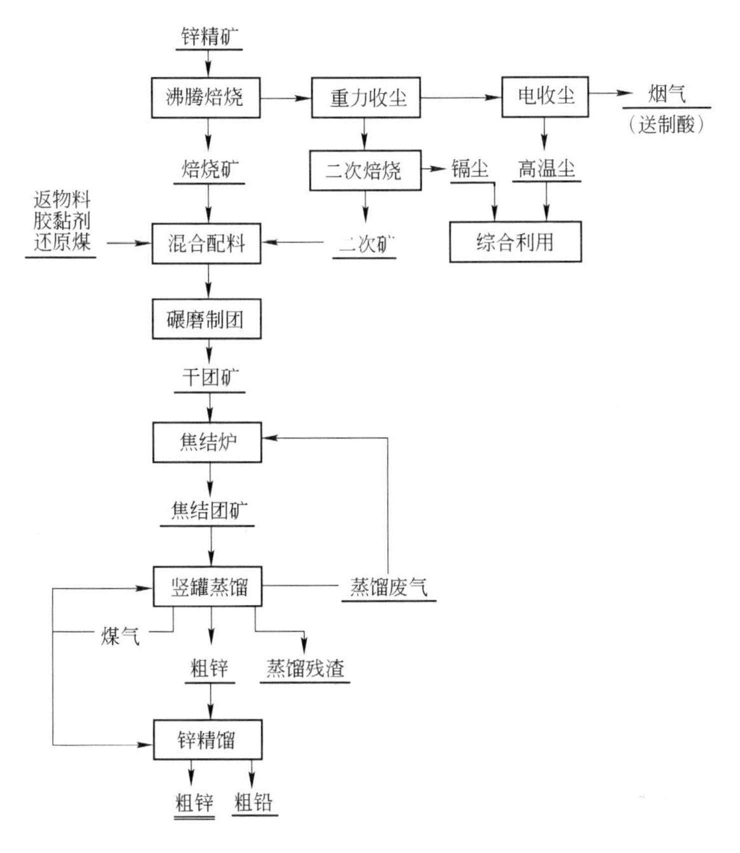

图4－6 竖罐炼锌工艺流程

密闭鼓风炉炼铅锌主要包括含铅锌物料烧结焙烧、密闭鼓风炉还原挥发熔炼和铅雨冷凝器冷凝三部分。用碳质还原剂从铅锌精矿烧结块中还原出锌和铅，锌蒸气在铅雨冷凝器中冷凝成锌，铅与炉渣进入炉缸，经电热前床使渣与铅分离。此方法是英国帝国熔炼公司（Imperial Smelting Carp，Let.）研究成功的，简称ISP。该工艺对原料适应性强，既可以处理原生硫化铅锌精矿，也可以熔炼次生含铅锌物料，能源消耗也比竖罐炼锌法低，其工艺流程如图4－7所示。

4.2.2 钢铁冶金工艺

现代钢铁联合企业是一个庞大而复杂的综合生产部门，包括采矿、选矿、烧结（球团）、焦化、炼铁、炼钢和各种轧钢等过程。高炉—铁水预处理—转炉顶底复合吹炼—炉外精炼—连铸连轧，已成为大型现代化钢铁企业钢铁生产的普遍模式。图4－8所示为钢铁联合企业钢铁生产工艺流程。

钢铁冶金多采用火法过程，一般分为3个工序：

（1）炼铁。从铁矿石或铁精矿粉中提取粗金属，主要是用焦炭作燃料及还原剂，在高炉内的还原条件下，矿石被还原得到粗金属——生铁，生铁中碳的质量分数为4%～5%，另外，生铁中还含有硅、锰、硫、磷等杂质元素，脉石成分与石灰形成高炉渣。炼

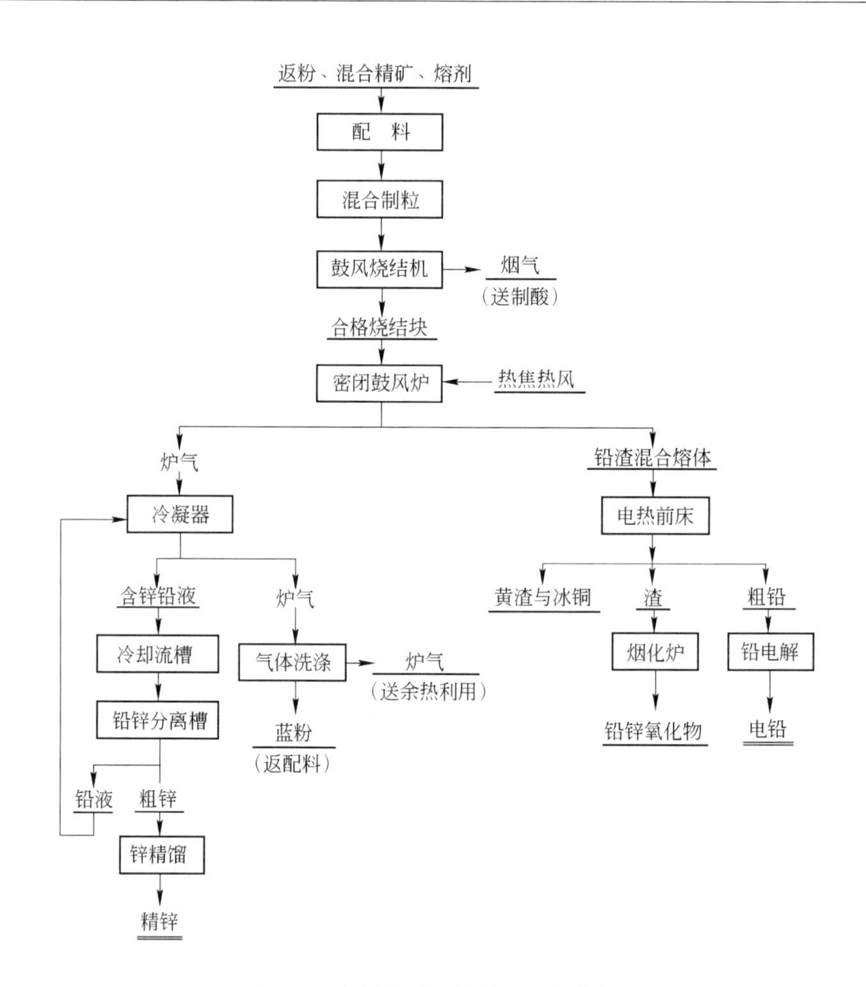

图 4－7　密闭鼓风炉炼铅锌工艺流程

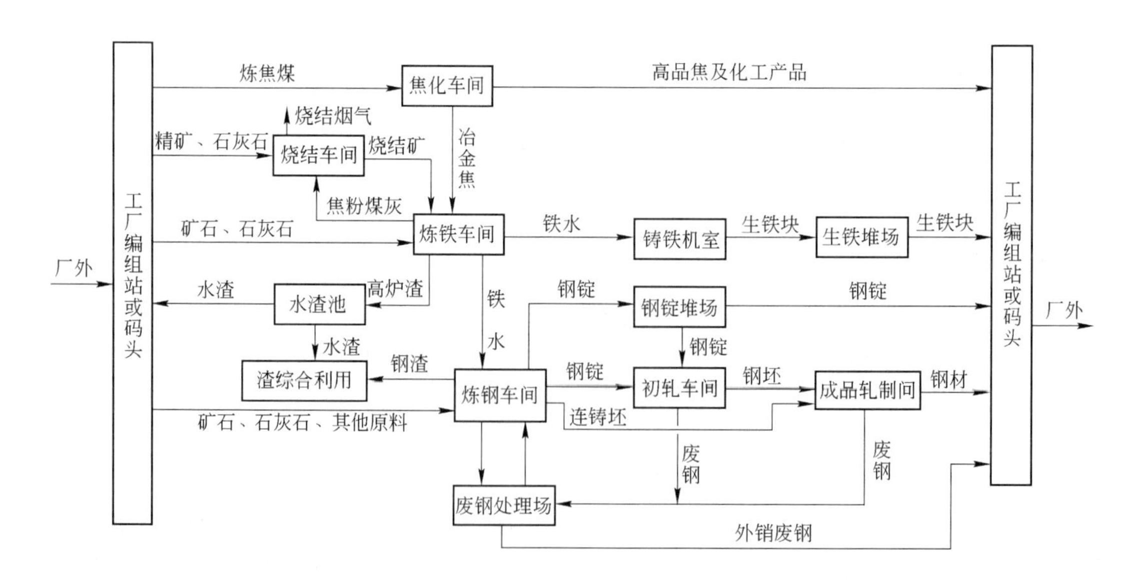

图 4－8　钢铁生产工艺流程

铁原料和燃料准备包括配料、混合、烧结、球团、焦化等工序，炼铁为还原熔炼过程，炼铁的主要设备是高炉。

（2）炼钢。将生铁中过多的元素（C、Si、Mn）及杂质（S、P）通过氧化作用及熔渣参与的化学反应去除，达到无害于钢种性能的限度，同时还要除去由氧化作用引入钢液中的氧（脱氧），并调整钢液的成分，然后把成分合格的钢液浇铸成钢锭或钢坯，以便于轧制成材。炼钢为氧化熔炼或一次精炼过程。目前主要的炼钢方法是转炉炼钢和电炉炼钢，转炉钢占总钢产量的比例已经超过80%。

（3）二次精炼（炉外精炼）。为了提高一次炼钢方法的生产率及钢液的质量（进一步降低杂质和气体的含量），而将炼钢过程的某些精炼工序转移到炉外盛钢桶或特殊反应炉（RH、LF、AOD、VOD、CAS等）中继续完成或深度完成的冶炼过程，即为二次精炼（炉外精炼）。

钢铁冶金主要处理的是氧化铁矿，冶炼环节主要产生含CO、CO_2、N_2的烟气或荒煤气，烧结和球团过程产生SO_2烟气。

4.3 含硫冶炼烟气制酸

4.3.1 有色金属冶炼烟气特点

有色金属冶炼烟气的特点主要是：

（1）气量和气浓波动较大。制酸工艺要求气量稳定和气体浓度适中，但是，传统冶炼工艺所产烟气很难满足这些要求。特别是普遍采用的转炉烟气，不仅出现周期性的气量和气浓变化，而且还因频繁地进行加料、排渣和出料而导致停止送风的间断现象。如某烟气制酸企业排气量为143400m^3/h（标态），峰值排气量达到277300m^3/h（标态），这给制酸系统带来一定的困难。

（2）二氧化硫的体积分数低。除了锌精矿或铜精矿采用沸腾炉氧化焙烧和铜精矿闪速熔炼，烟气的体积分数可达10%～13%，锌精矿沸腾炉硫酸化焙烧的体积分数可达8%～9%，其余冶炼烟气的气浓均较低，虽转炉烟气二氧化硫的体积分数在造铜期可达21%，但是由于加料、排渣所造成的间断和烟罩的大量漏风，也不能将它们列为高浓度的烟气之列。铅锌烧结机烟气的体积分数为4%～6.5%；密闭鼓风炉（铜）烟气的体积分数为3%～5%。其次，鼓风炉、电炉、反射炉等烟气的体积分数更低。某些冶炼工序或设备的烟气中二氧化硫的体积分数见表4-1。

表4-1 某些冶炼工序或设备的烟气中二氧化硫的体积分数

冶炼工序或设备	烟气中二氧化硫的体积分数
敞开式鼓风炉炼铜	二氧化硫的体积分数低，环境十分恶劣，烟气无法制酸
反射炉炼铜	0.5%～1.0%，难以回收利用，污染环境严重，烟尘率达2%
电炉炼铜	二氧化硫的体积分数低，应用日渐萎缩
密闭鼓风炉熔炼	>3.5%，炉子漏风少，烟气二氧化硫的体积分数显著提高，可以经济地生产硫酸，消除烟气污染，但能耗高，原料中硫利用率低以及环境污染问题仍未彻底解决
白银炼铜法	3.0%（双室炉）和3.0%～4.0%（单室炉）

续表 4－1

冶炼工序或设备	烟气中二氧化硫的体积分数
奥托昆普闪速炉	8%～11%，烟尘率7%，烟气二氧化硫的体积分数高，有利于生产硫酸，机械自动化水平高，生产能力大，可实现清洁生产，缺点是设备庞大，原料准备复杂，烟尘率高，炉渣含铜高，需进行贫化处理
大冶冶炼厂诺兰达炉	19%
铅精矿烧结焙烧	3.0%～4.5%
水口山炼铅法	＞10%
氧化焙烧锌精矿（沸腾焙烧炉）	10%以上
金川公司硫化镍电炉熔炼	7%左右

（3）冶炼烟气的成分较复杂。在冶炼烟气中，不仅含有二氧化硫和三氧化硫，而且还有较硫铁矿制酸烟气更多的粒度更细的金属氧化物粉尘。这些粉尘有的是以蒸气状态挥发出来，当温度降低后，就冷凝成为极细颗粒。例如，铅、锌、锑、铋、镉、硒、碲、铊、砷等杂质。要除去这些杂质，需要采取较复杂的净化方法。除此之外，还有氟化氢、一氧化碳、二氧化碳等气态杂质以及大量的水蒸气，这都给制酸带来一定的困难。因此，对炉气净化工序要求较高。

4.3.2　有色金属冶炼烟气制酸发展概况

我国冶炼烟气制酸最早的一套装置于1941年建于葫芦岛锌厂，是引进德国鲁奇公司的制硫酸技术，用于回收多膛炉产出的二氧化硫气体，设计规模为15kt/a，1945年5月建成，同年6月正式投产，8月停产，直到1953年才恢复生产。

1960年，白银有色金属公司投产了我国建国后第一套冶炼烟气制酸装置，经过50多年的发展，我国冶炼烟气制酸技术取得了长足的进步，其大致可分为3个发展阶段。

1960～1984年为第一阶段，参照前苏联相关技术资料及建厂模式，通过摸索积累了丰富的设计和生产操作经验，但总体而言技术进展缓慢，特别是由于相关设备和材料制造业落后，大部分关键设备不过关，装置的装备水平不高，制酸装置规模偏小，单系列产能超过100kt/a的装置很少。制酸装置运转率和转化率低，影响全厂的作业率，尾气中二氧化硫严重超标，硫回收率仅为50%～70%。

1985～1995年为第二阶段，为配套90kt/a闪速炉铜冶炼装置建设，江铜集团贵溪冶炼厂成功引进了日本住友金属株式会社350kt/a制酸装置的技术和设备。通过消化、吸收该装置技术，国内制酸装置的设计技术水平及观念上了新台阶，制酸装置大型化设计及设备制造能力也得到同步发展，后来的许多大型冶炼烟气制酸装置，如株洲冶炼集团锌冶炼Ⅱ系统硫酸系统、韶关冶炼厂二期硫酸系统、西北铅锌冶炼厂制酸系统、大冶有色金属公司诺兰达炉烟气制酸系统、金川集团镍烟气硫酸系统、云南铜业Ⅲ系列硫酸系统均是在贵溪冶炼厂一期硫酸装置技术的基础上由国内企业自行设计建造的。这段时期国内相关的设备制造企业也加大了对大型关键设备的研制开发工作，并取得了突破性进展，如超高分子量塑料泵、稀硫酸合金泵、浓硫酸泵、阳极保护浓硫酸冷却器、FRP电除雾器、大型FRP材质设备、大型石墨及铅间冷器等设备的制造技术基本过关。硫酸生产的各项技术指标明显改善，如铜冶炼行业的全硫回收率最高可达95%以上。

1996年至今为第三阶段，我国冶炼烟气制酸技术又上了一个新的台阶。这主要得益于我国一些大型铜冶炼企业如贵溪冶炼厂、金隆铜业有限公司、大冶有色金属公司、中条山有色金属集团有限公司等成功引进了美国孟山都公司（现为孟莫克公司）、加拿大凯密迪公司的技术和设备，这些技术和设备的引进不但提高了制酸装置的装备水平，更主要的是带来了新的设计理念，集中体现在制酸装置能力得到大幅度强化、流程配置更简化。这段时期除大型风机、催化剂等少数产品外，国内企业制造的设备、材料均已日趋成熟，使得我国大型冶炼烟气制酸装置的装备水平与国际先进水平的差距进一步缩小。随着冶炼工艺和制酸技术的进步，大型铜冶炼企业全硫回收率最高达到97%以上。

4.3.3　钢铁烧结烟气特点

钢铁行业二氧化硫主要来自于烧结球团烟气，烧结球团烟气中的二氧化硫占钢铁企业二氧化硫排放总量的70%以上，个别企业达到90%左右（不含燃煤自备电厂产生的二氧化硫）。据统计，2008年全国重点统计的钢铁企业二氧化硫排放量约1.1Mt，其中烧结二氧化硫排放量约0.8Mt。

钢铁行业烧结烟气成分复杂，波动性较大，特点为：

（1）烟气量大，1t烧结矿产生烟气为4000～6000m^3；

（2）二氧化硫质量浓度变化大，波动范围在400～5000mg/m^3（标态）之间；

（3）温度变化大，一般为80～180℃；

（4）流量变化大，变化幅度高达40%以上；

（5）水分含量大且不稳定，一般为10%～13%（体积分数）；

（6）氧含量高，一般为15%～18%（体积分数）；

（7）含有多种污染成分，除含有二氧化硫、粉尘外，还含有重金属、二噁英类、氮氧化物等。

这些特点都在一定程度上增加了钢铁烧结烟气二氧化硫治理的难度。

4.3.4　低浓度二氧化硫烟气制酸

二氧化硫的体积分数在2%以下，不能满足接触法硫酸生产，称为低浓度二氧化硫烟气。钢铁烧结烟气中二氧化硫的体积分数很低（二氧化硫的质量浓度最高为5000mg/m^3（标态），体积分数约为0.18%），属于低浓度二氧化硫烟气。对于低浓度二氧化硫烟气，常采用烟气脱硫（FGD）方式进行处理。如宝钢3号495m^2烧结机脱硫装置采用宝钢研究院为主研发的气喷旋冲烧结烟气脱硫技术，处理烟气量$1.3\times10^6m^3/h$（标态）。攀钢集团西昌新钢业有限公司烧结烟气脱硫治理项目采用湿式石灰-石膏法脱硫工艺，利用企业自身炼钢厂废水（含大量氢氧化钙）作为脱硫液对炼铁烧结尾气进行洗涤脱硫，烧结尾气中二氧化硫去除率可达90%左右。烟气脱硫装置脱硫效率较高，脱硫成本低廉，但脱硫的结果产生石膏渣，大量石膏渣的堆弃造成环境的二次污染。

为避免产生固体废物造成二次污染，同时回收利用硫资源，可对烧结烟气进行处理，制取液体二氧化硫或硫酸。

对于低浓度二氧化硫烟气制酸一般有两种思路：一是设法提高烟气中二氧化硫的体积

分数，采用常规法制酸；二是直接采用低浓度二氧化硫烟气制酸。

4.3.4.1　低浓度二氧化硫烟气常规法制酸

低浓度二氧化硫烟气采用常规法制酸必须满足两个条件：一是烟气必须连续；二是烟气在达到转化器之前必须保证二氧化硫的体积分数在4%以上。为此，可通过加强冶炼设备密闭性、对低浓度二氧化硫烟气进行返烟操作、富氧冶炼、焚硫配气、吸收或吸附二氧化硫等措施来提高烟气中二氧化硫的浓度。常用的方法有焚硫配气法、吸收或吸附法富集二氧化硫配气法。

A　焚硫配气法

焚硫配气法是通过焚硫炉焚烧硫黄得到部分烟气，以提高烟气中二氧化硫的体积分数，然后与另一部分烟气混合后，达到制酸工艺要求，进入常规制酸工艺系统。该工艺的主要优点是工艺简单，易操作，投资较少，但由于元素硫是硫化矿中硫的最佳回收产品，如果通过烧硫黄配气制酸，成本较高。

B　吸收或吸附富集二氧化硫配气法

活性炭吸附法属干法烟气脱硫技术，以传统的微孔吸附原理为理论基础。该法的脱硫原理是：在脱硫塔内，活性炭通过物理吸附和化学吸附将烟气中的二氧化硫吸附分离出来；在活性炭作用下，二氧化硫与烟气中的水、氧气发生化学反应生成吸附态硫酸。吸附饱和后的活性炭送入解吸再生塔，通过加热解吸再生，释放出富含二氧化硫的气体。如太原钢铁（集团）有限公司炼铁厂450m^2和660m^2烧结机烟气的脱硫装置就采用了日本住友金属的活性炭吸附脱硫脱硝工艺。由于活性炭的吸附特性，烧结烟气中二氧化硫及其他有害杂质几乎全部富集到二氧化硫烟气（称SRG烟气）中。

SRG烟气有以下特点：

（1）流量小，温度高。450m^2、660m^2烧结机SRG烟气流量（干基）分别在1225m^3/h和2100m^3/h左右；SRG烟气平均温度约400℃，最高温度约450℃。

（2）烟气中二氧化硫的体积分数高。450m^2、660m^2烧结机SRG烟气中二氧化硫的体积分数最高分别为29.0%和23.7%（干基）。

（3）烟气水含量高。450m^2、660m^2烧结机SRG烟气最高水含量分别为37.7%和33.2%。

（4）烟气中CO的体积分数平均高于0.5%。

（5）烟气中氨、氟、氯、汞等有害组分含量高，含$NH_3 \geqslant 3.1\%$、含$HF \geqslant 0.1\%$、含$HCl \geqslant 1.6\%$、含Hg达51mg/m^3。

（6）烟气中尘含量高，尘的质量浓度平均在2g/m^3左右，烟尘主要成分为活性炭，占到总尘量的65%～85%。

SRG烟气采用动力波净化流程进行烟气净化，干吸工序采用了常规的“两转两吸”、泵后冷却流程，转化工序采用“3+1”Ⅲ、Ⅰ-Ⅳ、Ⅱ二次转化换热流程。

攀钢集团公司烧结系统烟气脱硫采用的是离子液循环吸收脱硫技术，吸收剂是以有机阳离子、无机阴离子为主，添加少量活化剂、抗氧化剂组成的水溶液。该吸收剂对二氧化硫气体具有良好的吸收和解吸能力，在低温下吸收二氧化硫，高温下将吸收剂中二氧化硫再生出来，从再生塔解析出来的二氧化硫经冷却、分离后纯度达到99%以上，经配气后采用“一转一吸”工艺流程制酸，制酸尾气再返回烟气脱硫装置入口。

铜陵有色集团公司铜冠冶化分公司现有2套400kt/a硫铁矿制酸装置、1套1200kt/a硫酸渣制铁球团装置，球团烟气采用有机胺盐吸收，即Cansolv法脱硫。Cansolv法为加拿大联合碳化物公司20世纪80年代发明的一种用两步法从烟气中捕获二氧化硫的新技术，该技术已广泛应用于冶炼厂、发电厂及炼油厂等低浓度二氧化硫的回收利用，使排放烟气中的二氧化硫的体积分数小于0.01%，从而达到既利用又治理的目的。Cansolv法采用可加热再生的有机胺盐作为吸收剂，该吸收剂不挥发，对热和氧化性均稳定，使用安全。有机胺盐溶液从吸收塔塔顶喷下，与烟道气中的二氧化硫反应，形成的富液进入再生塔，利用硫铁矿制酸装置富裕蒸汽进行解吸，释放出二氧化硫送入硫酸系统制酸。

无论是采用活性炭吸附，还是采用离子液吸收，或采用有机胺盐等方法吸收，利用热载体（通常用加热蒸汽）对吸附剂或吸收剂进行解吸，蒸汽的消耗量比较大，虽然得到的二氧化硫的体积分数比较高，但烟气中氧含量较小，需配入空气达到常规制酸所需的氧硫比，使制酸成本增大。

4.3.4.2 低浓度烟气二氧化硫直接制酸

低浓度烟气二氧化硫直接制酸工艺目前主要有非稳态法和托普索WSA工艺。

A 非稳态法

为解决低浓度二氧化硫转化过程的自热平衡问题，前苏联科学院新西伯利亚分院催化剂研究所20世纪70年代中期开发了非稳定态转化技术。该工艺在前苏联、保加利亚及日本等国已投入工业应用。1992年，我国沈阳冶炼厂引进了该项技术，经过一年多的运行，已基本达到设计能力，当二氧化硫的体积分数大于1%时，转化系统可以自热平衡。1990年，华东理工大学与上海吴泾化工总厂合作，在上海吴泾化工总厂建设了二氧化硫非定态转化中间试验装置，能力为1500t/a。

非稳态法是利用转化器触媒蓄热，周期性改变送气方向，使触媒两端交替放热与蓄热，从而实现低浓度二氧化硫烟气制酸的自热平衡。其突出的特点是无中间换热器，流程简单，同时，由于触媒是在封闭状态下蓄热、放热，因而热损失小。但由于触媒冷热交换频繁、受损快、转化率低，国内仅有几家铅厂采用非稳态工艺，转化率也仅仅在85%~90%之间，尾气仍然不能达标，必须另外增加尾气处理设施。如采用石灰法尾气处理装置，每年要用去大量的石灰和产出大量的石膏渣，造成石膏渣大量堆存并产生二次污染，增加经营费用。

1994年，上海吴泾化工总厂设计院为河南济源豫光金铅集团有限公司设计了一套非定态转化装置，用于处理铅烧结机烟气。但在实际生产中出现气体换向阀漏气、催化剂因频繁的周期性温度变化使活性衰减过快、气体流向转换时残留气体使尾气浓度周期升高等问题，难以达到稳定的生产指标，所以该项技术目前认为还很难发展。但美国孟山都公司称已开发出不漏气的换向阀，并开发出适合非定态流程专用触媒；利用空气清扫技术成功地解决了换向时设备、管道残留二氧化硫的问题，并可工业化。

B 托普索WSA工艺

托普索WSA工艺是20世纪80年代中期丹麦TOPSOE公司开发的一种将净化后的烟气不进行任何干燥而生产浓硫酸的湿气体催化制酸（WSA）新工艺。该工艺的最大优点是，无论烟气中二氧化硫的体积分数高或低都能生产出96%以上浓度的硫酸，不会产生任何废物或废水，不使用任何化学吸附剂，二氧化硫的转化率可达99.3% ~99.5%，尾气能达到环保排放标准，而且可将反应热、水合热以及部分硫酸冷凝热在系统内充分利用。当二氧化硫的体积分数达到2.8%时，系统能自热平衡，体积分数再高时还能产生蒸气。但该工艺对烟气净化的质量要求较高，常规净化设备不能满足要求，需采用动力波或可调文丘里气体净化装置；WSA工艺系统转化器、内部换热器采用熔盐作为冷却介质；净化工段湿气的换热器采用内衬聚四氟乙烯玻璃管；WPS管壳式冷凝器采用特殊的耐热、耐酸玻璃；另外，因WSA工艺采用湿式转化，对触媒要求非常严格。托普索WSA工艺对设备要求高，投资相对较大。

WSA工艺广泛应用于电厂烟气、冶炼烟气、硫化氢排放气以及流化床催化裂化（FCC）排放气的脱硫处理。目前已投入运行的WSA装置有法国Noyelles - Godault Metaleurop铅烧结机烟气脱硫、智利圣地亚哥Molymet钼冶炼厂烟气脱硫等，全球装置总数已超过27套。中国株洲冶炼厂铅烧结机烟气治理也利用了WSA制酸技术，在2001年建成投产。

习题与思考题

4-1　什么是烟气，什么是尾气？

4-2　什么是黑色金属，什么是有色金属？

4-3　什么是冶金，什么是火法冶金，什么是湿法冶金？

4-4　哪些金属的冶炼过程产生二氧化硫烟气？

4-5　冶炼烟气的特点有哪些？

4-6　为什么冶炼烟气的气量和气浓波动较大？

4-7　为什么冶炼烟气的成分较复杂？

4-8　钢铁烧结烟气的特点有哪些？

4-9　钢铁烧结烟气如何进行制酸？

4-10　低浓度二氧化硫烟气制取硫酸的工艺有哪些？

5 炉气净化技术

5.1 净化目的与净化指标

硫黄制取的炉气比较洁净，不需要净化就可直接进入转化系统。

硫铁矿制取的炉气或冶炼炉出来的炉气，依次经过余热锅炉、旋风除尘器、电除尘器进行除尘，这些设备都配置在焙烧工序或冶炼炉附近。

因此，炉气净化工艺通常是指自电除尘器之后采用湿法净化的工艺。

5.1.1 炉气净化的目的

硫铁矿制取的炉气或者从冶炼炉出来的炉气含有矿尘、三氧化二砷（As_2O_3）、氟化物、二氧化硒（SeO_2）、三氧化硫（SO_3）、水蒸气（H_2O）等，这些杂质不仅会堵塞、腐蚀设备和管道，还会造成转化催化剂中毒，使尾气排放超标，产品质量不合格。因此，必须对炉气进行净化，使气体达到规定的净化指标。炉气中主要有害杂质及其危害性如下。

5.1.1.1 *矿尘*

经过一系列除尘设备，电除尘器出口炉气中的尘的质量浓度一般在200mg/m^3（标态）以内。这样含量的矿尘会堵塞管道设备，严重者会使生产根本无法进行；其次，它会覆盖催化剂表面，使其活性表面减少。矿尘中部分Fe_2O_3被硫酸化，变为碱式硫酸铁（组成接近于$2Fe_2(SO_4)_3$；Fe_2O_3），其质量增加到2倍，体积增大到2.67倍，在催化剂内外表面形成一层妨碍SO_3通过的覆盖层，使催化剂活性降低，气体压降增加。气流阻力增大到一定程度时，就要停车筛分催化剂。另外，矿尘进入成品酸使酸中杂质含量增高，颜色变红或变黑，影响成品酸质量。

5.1.1.2 *砷*

二氧化硫转化为三氧化硫的催化剂为钒催化剂（活性组分为V_2O_5），进入转化系统的气体中如含有三氧化二砷，则钒催化剂能吸附三氧化二砷（As_2O_3）使其氧化成五氧化二砷（As_2O_5），As_2O_5堆积在催化剂的表面上，覆盖活性表面，增加反应组分的扩散阻力，使活性下降，这种中毒现象主要发生在550℃以下的范围。操作温度在550℃以上时，As_2O_5与活性组分五氧化二钒（V_2O_5）会起反应，生成挥发性物质$V_2O_5 \cdot As_2O_5$，把V_2O_5带走。温度越高，As_2O_5含量越高，则带走的V_2O_5越多。挥发物随后在第二、第三段催化剂层凝结下来，在催化剂表面结一层黑壳，并使催化剂结块，使活性降低，阻力升高。

5.1.1.3　氟

氟在气体中以氟化氢（HF）、四氟化硅（SiF_4）的形态存在，随气体中湿含量不同，对钒催化剂的毒害差异较大。HF、SiF_4的毒害体现在如下的可逆反应式中：

$$4HF(g) + SiO_2(s) \rightleftharpoons SiF_4(g)\uparrow + 2H_2O(g) \qquad (5-1)$$

这是一个可逆反应，HF 对钒催化剂的毒害主要是发生式（5－1）的正向反应，它破坏催化剂的载体（主要是 SiO_2），轻则使催化剂粉化、减重，严重时催化剂会失去 SiO_2，颜色变黑并呈多孔结构，催化剂活性下降，熔点降低。同时还可能发生 HF 与催化剂V_2O_5的反应，生成 VF_5（沸点为 111.2℃），使 V_2O_5挥发损失，降低催化剂活性。

四氟化硅（SiF_4）对钒催化剂的毒害主要是发生式（5－1）的逆向反应，即四氟化硅的水解反应。气体中水蒸气含量越高、温度越高，越有利于水解反应进行，分解出水合二氧化硅，使催化剂表面形成灰白色的 SiO_2硬壳，严重时使催化剂黏结成块，使活性严重下降，阻力显著增加。

5.1.1.4　水分

在实际生产中必须严格控制水分，这是因为：

（1）水分会稀释进入转化系统的酸沫和酸雾，会稀释沉积在设备和管道表面的酸，造成腐蚀。

（2）水分含量增高，会使转化后三氧化硫气体的露点温度升高，在低于三氧化硫气体露点温度的设备内，都会有硫酸冷凝出来，温度高和浓度不定（接近 100% 或含有游离 SO_3）的硫酸对设备有强烈的腐蚀作用。

以上两点形成的腐蚀物，对触媒有严重的损坏作用。

（3）三氧化硫会与水蒸气结合成硫酸蒸气，在换热降温过程中以及在吸收塔的下部有可能生成酸雾。酸雾不易被捕集，绝大部分随尾气排出，排气筒便会逸出白烟，不但使硫的损失增大，更重要的是污染环境。

5.1.2　炉气净化指标

原料气在净化工序需要净化到什么程度，净化气中允许的杂质最高含量是多少，需要有一个控制的指标。从杂质的危害来看，炉气净化的程度越高越好，但净化的程度越高，净化流程越复杂，对净化设备要求越高，投资费用和运行费用越高。

目前，我国硫酸企业执行的净化指标（质量浓度）为（指标的监测点是在主鼓风机出口处）：尘≤$1mg/m^3$（标态）；水分≤$100mg/m^3$（标态）；酸雾≤$5mg/m^3$（标态）；砷≤$1mg/m^3$（标态）；氟≤$0.5mg/m^3$（标态）。

5.1.2.1　尘指标

进入转化系统气体含尘指标与催化剂床层阻力增长速度有关。尘的指标纯属经验。要使转化器阻力增加缓慢，除了排除使催化剂粉化、结块等的因素外，若保证进转化系统气体尘的质量浓度不超过 $1mg/m^3$（标态），那么催化剂过筛周期可超过 1 年。

5.1.2.2　酸雾指标

制定酸雾指标是为了控制转化系统钢制设备不受腐蚀。酸雾指标为 $5mg/m^3$（标态）以内，采用两级电除雾器能达到此标准。实践证明，除雾达到酸雾质量浓度不超过 $30mg/m^3$（标态），且水分质量浓度小于 $0.1g/m^3$（标态）时，就可以保证转化设备不被腐蚀。但酸雾含量达到这个标准并不意味着尘、砷等含量也能符合要求。因为酸雾与这些固体微粒杂质在不同系统中可能以不同的比例存在。因此，对含砷高的以及可能存在金属氧化物烟雾的炉气净化，采用两级电除雾器的意义不是为了除雾，而是在于除去亚微米级的尘和 As_2O_3粒子。因为酸雾的测定每班进行一次，而尘、砷的测定是一个星期才测一次，如果酸雾质量浓度达到小于 $5mg/m^3$（标态），一般能说明尘、砷的控制指标也能达到正常。

5.1.2.3　水分指标

制定水分指标也是为了控制转化系统钢制设备不受腐蚀。原料气中水分含量低，对保证钢铁设备不被腐蚀具有决定性意义。

我国硫酸界突出强调降低水分，放宽酸雾指标，因为低水分、高酸雾同高水分、低酸雾操作比较，在能同样避免转化工序设备腐蚀的要求下，前者更容易实现。国外对水分的指标控制很严格，一般水分质量浓度要求控制在小于 $0.08g/m^3$（标态），甚至要达到 $0.05g/m^3$（标态）以内。

5.1.2.4　砷、氟指标

控制砷的净化指标，是为了控制催化剂的活性不至于降低太快。生产实践表明：把砷的质量浓度控制在 $1mg/m^3$（标态）以下，长期运行中未发现催化剂中毒现象。

控制氟的指标是为了保证催化剂不致产生结块和活性下降。

引起催化剂中毒的氟化物通常是 SiF_4而不是 HF。由于在干燥气体中 HF 的毒性相对较低，氟的毒害不取决于气体的总氟含量，而取决于其中所含的 SiF_4量以及气体中的水分含量。净化气中 SiF_4与 HF 同时存在，把它全作为 SiF_4考虑，则氟的指标（以 F 计）控制在不超过 $0.5mg/m^3$（标态）时是适当的。

5.2　净化原理与方法

去除气体中有害杂质的方法有干法和湿法两种。干法是利用固体吸附剂吸附有害组分；湿法是对炉气进行降温洗涤，湿法净化不可避免地存在炉气由高温开始降温，然后再升温这一过程（俗称“热病”）。干法净化如能实现对高温炉气进行有效吸附除去有害成分，净化后的气体就可直接进入转化工序。但由于技术和经济原因，目前硫酸炉气净化仍采用传统的湿法净化。

5.2.1　砷、硒、氟的清除

炉气中砷、硒高温下呈气态，通过降温冷凝成固相，可被洗涤液吸收去除。

在洗涤过程中，炉气温度下降，所含的砷、硒的氧化物在低温下冷凝成固相，其中只有一部分在洗涤中被吸收，多数以微粒悬浮在气相中。炉气中砷、硒的氧化物的饱和蒸气质量浓度与温度的对应关系见表5－1。

表5－1　标准状态下不同温度时炉气中As_2O_3和SeO_2的饱和蒸气质量浓度

温度/℃	As_2O_3质量浓度 /g·m^{-3}	SeO_2质量浓度 /g·m^{-3}	温度/℃	As_2O_3质量浓度 /g·m^{-3}	SeO_2质量浓度 /g·m^{-3}
50	1.6×10^{-5}	4.4×10^{-5}	150	0.28	0.53
70	3.1×10^{-4}	8.8×10^{-4}	200	7.9	13
100	4.2×10^{-3}	1.0×10^{-3}	250	124	175
125	3.7×10^{-2}	8.2×10^{-2}			

由表5－1中数据可知，气相中As_2O_3和SeO_2的饱和蒸气质量浓度随温度降低而急剧下降。当温度降至50℃时，气体中砷、硒的氧化物蒸气质量浓度远低于规定指标。在此温度下，气相中的HF及少量的SiF_4也被洗涤液吸收至规定指标以下。

5.2.2　矿尘的清除

洗涤液在洗涤去除砷、硒、氟化合物的同时，也会将矿尘洗去。

5.2.3　酸雾的形成与清除

在炉气被洗涤降温时，炉气温度会从300℃以上骤降至65℃左右，这时炉气中三氧化硫与水蒸气发生反应形成硫酸蒸气。由于炉气骤然冷却、增湿，硫酸蒸气很快达到过饱和，且来不及在器壁上冷凝，绝大多数转变为酸雾，这些酸雾部分是自身凝聚，部分以悬浮微粒为中心冷凝。酸雾形成后，由于雾粒多且小，表面积极大，很容易吸收并溶解气相中气态的砷、硒氧化物。因此，在形成酸雾的过程中，不论砷、硒氧化物为气态还是固态，最终大部分溶解到酸雾中。

由此可见，炉气净化的关键是去除酸雾，因为在清除酸雾的同时，能够清除被酸雾所吸附的砷、硒氧化物，以及微尘。

电除雾器的除雾效率与酸雾微粒直径成正比，为提高电除雾效率，需要增大酸雾粒径，一般采用逐级冷却炉气、逐级降低洗涤酸浓度的方法。

5.2.3.1　逐级降低炉气温度

逐级冷却炉气，可使酸雾也被冷却，气体中的水分在酸雾表面冷凝从而使酸雾粒径增大。进入净化工序的二氧化硫炉气含有大量矿尘和杂质，温度在300℃附近，气体经过第一洗涤塔时，洗涤液与炉气直接逆流接触进行传质与传热，洗液中的水吸收炉气热量使得炉气温度降低，而吸收了热量的水则汽化为水蒸气进入气相，由于水蒸气含有汽化潜热，所以炉气总热量不变，这个过程称为绝热过程。绝热降温法不仅大幅度降低了炉气温度，也使炉气湿度大幅提高。这种情况下，对第一洗涤塔出来的炉气进行降温操作，就会使水蒸气得以在酸雾表面充分冷凝，从而增大酸雾粒径。

5.2.3.2　逐级降低洗涤酸浓度

逐级降低洗涤酸浓度，使气体中水蒸气含量增加，酸雾吸收水分而增大粒径。洗涤酸洗涤过程也是吸收过程，根据亨利定律（吸收定律）：

$$p_A^* = Ex_A \tag{5-2}$$

式中　p_A^*——混合气体中溶质的平衡分压，kN/m^2 或 kPa；

x_A——溶质在液相中的摩尔分数；

E——亨利系数，kN/m^2 或 kPa。

由式（5－2）可以看出，随着洗涤酸浓度的降低，x_A 减小，p_A * 降低，由于总压不变，气体中水蒸气含量增加。

5.2.4　水分的去除（炉气的干燥）

水分在炉气中以气态存在，采用吸收方式进行清除。浓硫酸具有强烈的吸水性，常用于气体干燥。炉气的干燥就是将气体与浓硫酸接触来实现的。在同一温度下，硫酸的浓度越高，其液面上的水蒸气的平衡分压越小。仅从水蒸气含量考虑，硫酸越浓越好，当硫酸浓度达到98.3%时，液面上几乎没有水蒸气。但是，硫酸含量高于94%，硫酸液面上的 H_2SO_4蒸气、SO_3蒸气增多，易与炉气中水分生成酸雾，而且 H_2SO_4含量越高，温度越高，生成的酸雾越多。

因此，干燥酸以93%～95% H_2SO_4较合适，而且它具有结晶温度较低的优点，可以避免冬季低温下因结晶带来操作和储运上的麻烦。

降低温度有利于吸收的进行，但吸收酸温度过低，二氧化硫损失增加，增加循环酸过程中的冷却系统负荷。实际生产中，在酸冷却器冷却面积一定时，干燥塔进酸温度取决于冷却水温度及循环酸冷却效率。通常进塔酸温度控制在40～50℃。

5.3　净化工艺流程

湿法净化流程分水洗和酸洗两类。

由于水洗净化流程中洗涤设备的洗涤液是一次通过的，不进行自身循环，或者洗涤设备部分地进行自身循环，但排放量过大，不仅造成水资源浪费，而且环境污染严重，因此，水洗流程已经被淘汰。

典型的酸洗流程有：稀酸洗涤、普通酸洗、绝热增湿酸洗（绝热蒸发酸洗）等。

5.3.1　稀酸洗涤流程

该流程是由水洗流程改为封闭酸洗流程。来自旋风除尘器的炉气温度约350℃左右，尘的质量浓度为$25g/m^3$以下，它直接进入皮博迪塔的中部空间，与喷洒下来的酸液和从筛板泄漏下来的酸液逆流相遇，炉气被增湿降温，并洗除大部分矿尘（此空间又称为增湿洗涤段）。炉气经增湿洗涤段后，进入上部冷却洗涤，穿过筛板孔眼，撞击孔眼上方挡板。一般连续通过3块筛板后，炉气温度被降到40℃以下，矿尘等杂质基本被洗涤干净，然后进入电除雾器除去酸雾（除雾后气体中酸雾的质量浓度一般可达$0.02g/m^3$以下），再经干燥塔除去炉气中的水分。稀酸洗涤流程如图5－1所示。

稀酸（酸浓度为5%左右）是分两路上塔的：一路是冷却洗涤段的酸液，由塔上部溢流堰导入，顺次流过两块泡沫冲击筛板，由第三块淋降冲击板的孔眼泄漏入中部空间；另一路是增湿洗涤段的酸液，由塔上部的喷嘴喷洒在塔的整个空间，然后和冷却洗涤段筛板

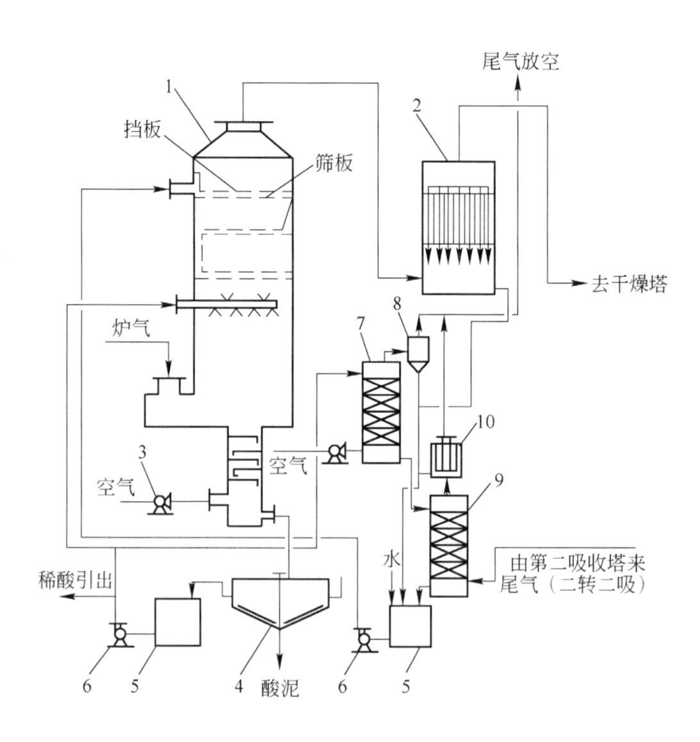

图5－1　稀酸洗涤流程

1—皮博迪洗涤塔；2—电除雾器；3—空气鼓风机；4—浓密机；5—循环酸槽；
6—循环酸泵；7—空冷塔；8—复挡除沫器；9—尾冷塔；10—纤维除雾器

漏下来的酸液一道，与从塔中部进入的高温炉气以及从底部脱吸塔来的气体逆流相遇，由于酸液中的水分蒸发使炉气增湿冷却。酸液落入塔底后，流入底部的脱吸段（即脱吸塔），经下部吹入的空气脱除二氧化硫后流入浓密机。为加速酸泥的凝聚沉降，在浓密机内一般需加入助凝剂（常用的助凝剂有聚丙烯酰胺等）。分离出来的酸泥自浓密机底部排出，清酸液自浓密机的上侧流入循环槽。

循环槽的稀酸由泵打出，分两路：一路打至塔中部空间直接使用；一路打至空气冷却塔（简称空冷塔），经聚丙烯斜交错波纹填料层，与从塔下部鼓进来的空气相遇，主要靠气液间的热传导和对流的作用，使酸温从50℃降到35℃左右。再流入尾冷塔（用吸收塔尾气或“两转两吸”流程第二吸收塔的尾气来冷却酸液的塔，简称尾冷塔），仍经聚丙烯填料层，与从塔下部进来的硫酸吸收塔的尾气逆流相遇，靠酸液表面水蒸气的蒸发（因尾气是充分干燥的气体，温度虽高，但其水蒸气分压远远低于与酸液温度相应的饱和水蒸气分压），即借气液间的扩散和对流作用使酸温进一步降低到30℃左右。经冷却后的酸液流入循环槽，由酸泵送至皮博迪塔的上部，导入第一块冲击筛板，循环使用。整个系统的补充水一般均在此循环槽内加入。自系统引出的稀酸用于磷肥生产，或用石灰中和处理。

稀酸洗涤流程的特点是：

（1）能处理尘含量高的炉气，且具有很高的除尘效率，可不设电除尘器。

（2）皮博迪塔是三塔合一（洗涤塔、冷却塔、脱吸塔），结构紧凑，省去了大量的输送气、液的管道，耗用材料少，占地面积小，因而投资少。

（3）稀酸温度高，二氧化硫脱吸效率好。

（4）因三塔合一，系统阻力降很低。

（5）循环稀酸的冷却采用了空气和尾气相结合的直接接触冷却，流程简单，投资少。由于来自吸收的尾气是经过充分干燥的气体，其湿球温度非常低，当循环稀酸与尾气逆流接触时，酸液中的水会汽化为水蒸气进入气相，导致酸液温度下降。由于尾气数量较小，不足以移走稀酸所要除去的全部热量，因此，实际上常与空气结合使用，空气冷却放在第一级，尾气冷却放在第二级。

（6）副产稀酸量较少，便于综合处理。

（7）制造安装要求高，维修较困难。

稀酸洗涤流程国内使用较少，日本采用较多。

5.3.2　普通酸洗流程

普通酸洗流程典型的是三塔两电酸洗流程。三塔两电酸洗流程如图5－2所示。

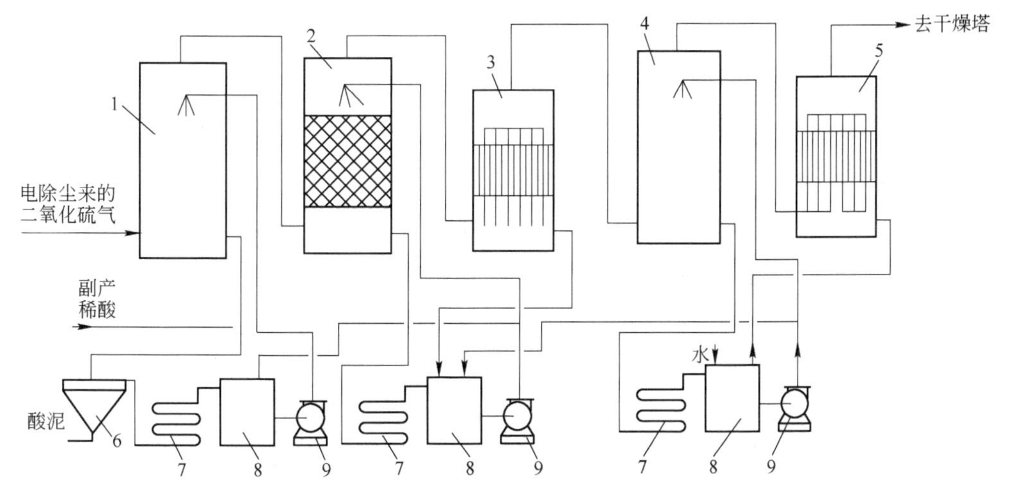

图5－2　三塔两电酸洗流程

1—第一洗涤塔；2—第二洗涤塔；3—第一级电除雾器；4—增湿塔；5—第二级电除雾器；6—沉淀槽；7—冷却器；8—循环槽；9—循环酸泵

首先，来自电除尘器温度约为300～320℃的炉气进入第一洗涤塔（空塔结构），用浓度为60%～65%的硫酸喷淋洗涤。在第一洗涤塔中，炉气被冷却到65～75℃；喷淋酸中部分水蒸发为水蒸气进入炉气；炉气中的三氧化硫和水蒸气结合成硫酸蒸气，并随温度降低大部分冷凝成酸雾进入炉气；炉气中的矿尘和金属氧化物大部分被洗涤到酸液中，少部分随炉气带出；炉气中的三氧化二砷等杂质小部分溶解在酸液中，大部分冷凝成固体微粒成为酸雾的凝聚核心，氟化氢则部分溶解在酸中。

然后气体进入第二洗涤塔（填料塔），用浓度为20%～30%的硫酸洗涤，炉气进一步被冷却到40℃以下，炉气中矿尘、金属氧化物进一步被洗涤除去，气体中残余的砷、氟和硒等杂质部分溶解于酸液中。气体中水蒸气在酸雾粒子表面冷凝而使酸雾颗粒增大。

接着炉气进入第一级电除雾器，90%以上的酸雾被除去，残存的极少量矿尘将几乎被完全除净。出第一级电除雾器炉气进入增湿塔（空塔），用浓度低于5%的稀酸喷淋，炉气进一步被冷却，炉气中部分水蒸气在酸雾表面冷凝而使酸雾颗粒增大。出增湿塔的炉气经第二级电除雾器使酸雾质量浓度降低到0.005g/m^{3}以下，进入干燥塔。

各塔均设有冷却器和循环系统，各循环槽之间从浓度低的部位逐步向浓度高的部位连续不断地串入一定数量的酸。水由增湿塔循环槽处加入，由第一洗涤塔循环酸泵出口不断地引出浓度为70%左右的硫酸。

普通酸洗流程的特点是：

（1）各塔均设有冷却器，炉气每经过一次洗涤塔都进行了降温和热量移除。

（2）副产的稀硫酸浓度较高，易于进一步处理。

（3）第一洗涤塔内洗涤液含大量矿尘，虽经过沉淀槽沉降，上层清液中仍含有固体颗粒，酸冷却器污垢系数大，传热系数低，换热效率低。若炉气中砷含量较多时，酸冷却器会析出As_2O_3结晶堵塞换热管。

（4）塔内液体以自然流动方式进入冷却器，流体流速低，冷却器传热系数低，换热效率低。另外，塔支撑位置高，土建费用大。

普通酸洗流程已很少被采用。

5.3.3　绝热增湿酸洗流程

绝热增湿酸洗流程如图5－3所示。

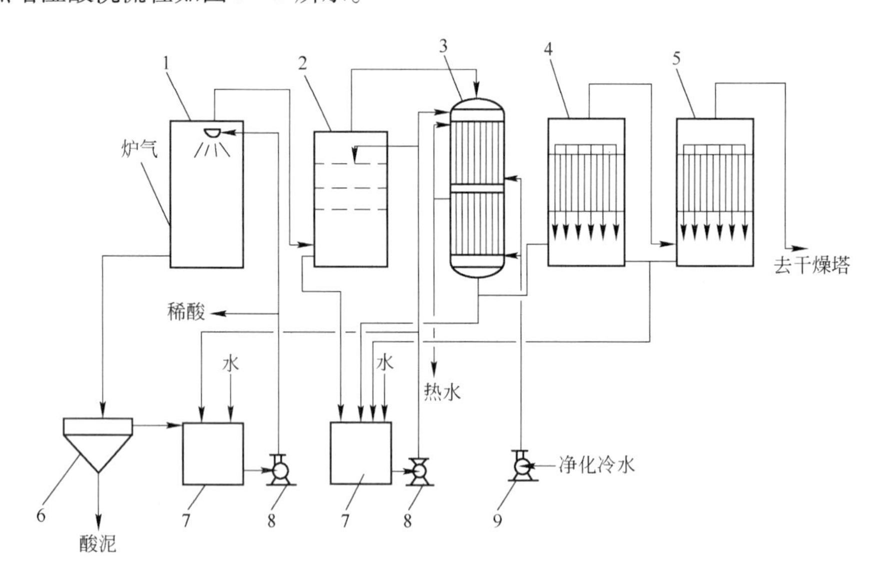

图5－3　绝热增湿酸洗流程

1—第一洗涤塔；2—第二洗涤塔；3—间接冷凝器；4，5—第一、第二级电除雾器；6—沉淀槽；7—循环槽；8—循环酸泵；9—水泵

绝热增湿酸洗流程与普通酸洗流程不同之处在于：

（1）洗涤塔循环系统不设酸冷却器，采用绝热蒸发降低炉气温度。高温炉气与循环酸直接接触，循环酸中部分水吸收炉气热量汽化为水蒸气进入炉气，炉气温度下降，湿度增加，炉气显热转变为潜热，构成绝热冷却过程。因循环酸温度较高，砷化物的溶解度大，且因不设循环酸冷却器，所以对净化含砷和含尘高的炉气有较好的适应性。

（2）炉气经第二洗涤塔进一步增湿降温。由于第二洗涤塔与冷凝器的循环酸合为一台泵送出，第二洗涤塔虽无酸冷却器，但在冷凝器内，部分酸液受到冷却，所以第二洗涤塔的循环酸液温度低于第一洗涤塔，使气相中水蒸气达到饱和。

（3）采用间接冷凝器（简称间冷器）除去炉气所带入的全部热量。在间接冷凝器中，炉气中水蒸气冷凝，属冷凝给热，传热系数较大；另外，炉气在间接冷凝器内进一步降温，水蒸气不仅在器壁冷凝，同时也在酸雾表面冷凝，使雾滴增大。

（4）第一洗涤塔循环酸浓度为10% ~20%，第二洗涤塔循环酸浓度为5%左右，洗涤酸浓度降低，洗涤效率提高，酸雾颗粒直径利于增大，除雾效果提高。

为降低系统造价和提高效率，有的流程将第一洗涤塔改为内喷文氏管或冲击洗涤器。

动力波洗涤净化也是绝热增湿。动力波三级洗涤器净化流程如图5－4所示。温度(300±50)℃的含尘炉气首先自上而下进入一级动力波洗涤器逆喷管中，与洗涤液相撞击，动量达到平衡生成的气液混合物形成稳定的“驻波”，“驻波”浮在气流中，像一团漂着的泡沫，人们把泡沫所占据的空间称为泡沫区。泡沫区为一强烈的湍动区域，其液体表面积很大且不断更新，当气体经过该区域时，便发生颗粒捕集、气体吸收和气体急冷、水蒸气饱和增湿等过程。炉气经一级动力波洗涤器温度下降至60~70℃，进入气体冷却塔，与被冷却的浓度更稀的洗涤酸逆流接触，炉气中的水蒸气冷凝，在使炉气温度降低的同时，除尘并去除砷、硒、氟和酸雾等杂质。从气体冷却塔出来的炉气温度降至40℃左右，进入二级动力波洗涤器，进一步除氟和其他杂质，气体温度进一步降低，酸雾颗粒直径进一步增大后进入两级电除雾器，在高压电场的作用下，烟气中的酸雾质量浓度降至不超过5mg/m^3（标态），烟气中夹带的少量尘、砷等杂质也进一步被清除，净化后的烟气送往干燥塔。

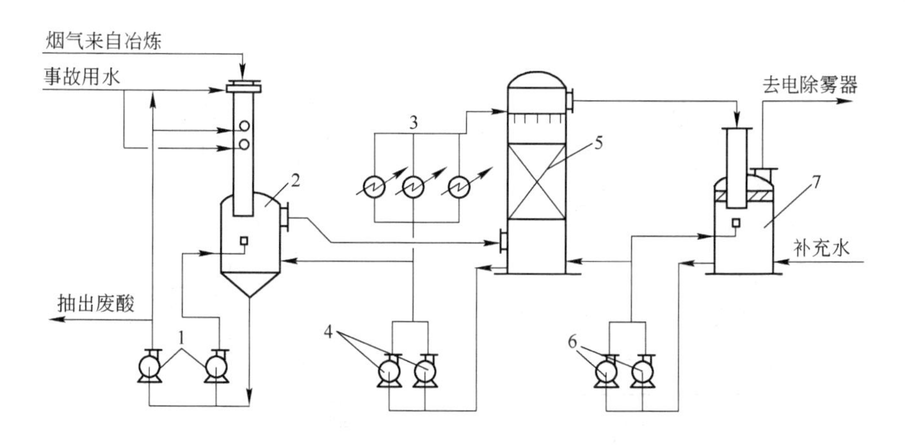

图5－4 动力波三级洗涤器净化流程

1，6—一级和二级动力波洗涤器泵；2，7—一级和二级动力波洗涤器；
3—板式冷却器；4—气体冷却塔泵；5—气体冷却塔

动力波洗涤器的主要优点是：

（1）没有雾化喷头及活动件，喷头不易堵塞，能耐尘含量高的工况，所以运行可靠、维修费用少，逆喷型洗涤器通常可以替代文氏管或空塔。

（2）多级“动力波”洗涤器组成的净化装置不仅降温和除尘、砷、硒、氟的效率高，而且除雾效率也高于传统气体净化系统，还可减小电除雾器尺寸。

（3）系统阻力小，具有更好的操作弹性，调节比可达2∶1，尤其适用于气量波动大的冶炼烟气制酸装置。

5.4　净化主要设备

净化工序是由洗涤设备、除雾设备和除热设备组成。典型的设备有动力波洗涤器、稀酸冷却器、电除雾器。

5.4.1　动力波洗涤器

动力波洗涤器（Dyna Wave Scrubber）是美国杜邦公司开发的一系列设备。1987 年，孟山都环境化学公司获得使用此技术的许可。此技术用于硫酸装置的气体净化时，据称与传统净化工艺设备比较，投资可节省 30% 以上。中国金隆铜业有限公司引进动力波洗涤技术，应用于 375kt/a 的铜冶炼烟气制酸装置的净化工序，1997 年 4 月投入生产。

动力波洗涤器主要有逆喷型和泡沫塔型两类，即逆喷洗涤器和泡沫塔。逆喷洗涤器由整体聚酯玻璃钢制造，如图 5 – 5 所示。气体自上而下进逆喷管，喷射液向上喷射。为保护动力波逆喷管不受高温炉气破坏，在逆喷管上面设置一溢流堰，稀酸从溢流堰流出并在逆喷管内壁形成一层液膜来以确保逆喷管安全。还有事故水管与高位槽和应急喷头连接，酸泵一旦出故障，自动启动事故应急系统以保护玻璃钢不致受损。稀酸喷头是大孔径非雾化喷头。一台额定能力为 75000m^3/h 的逆喷洗涤器，喷嘴直径达 50mm 或 50mm 以上，喷嘴材质为聚四氟乙烯。喷头内有 4 个带同向倾角的导向孔，稀酸通过导向孔后成为一个旋流而从一个大孔喷嘴喷出。液压不需很高，一般为 0.2 ~ 0.3MPa，这时，喷嘴出口液体速度为 20m/s 左右。

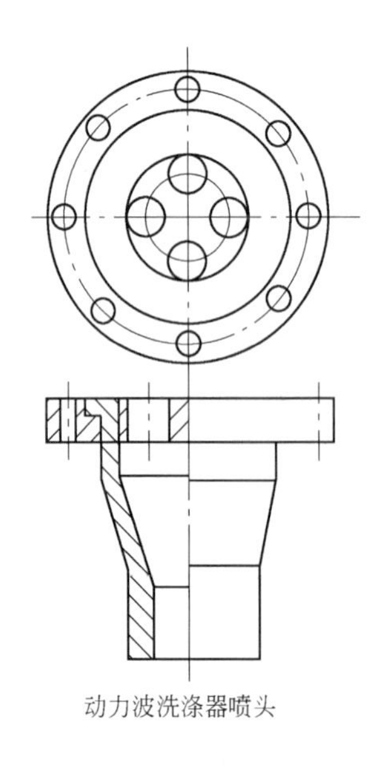

动力波洗涤器喷头

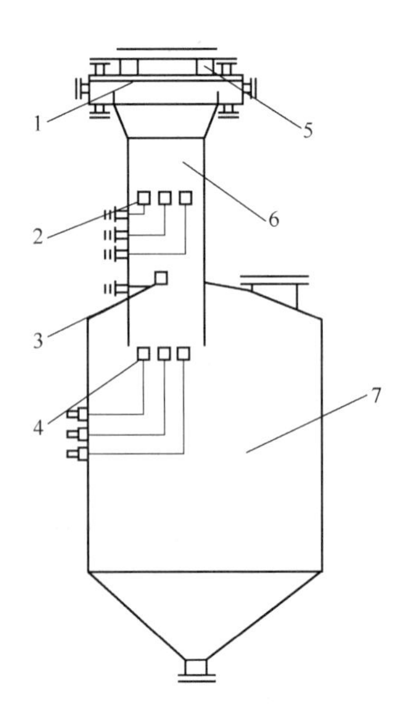

图 5 – 5　逆喷型洗涤器

1—溢流槽；2，4——段、二段喷嘴；3—应急水喷嘴；5—过渡管；6—逆喷管；7—气液分离器

气体自上而下进动力波洗涤器逆喷管，洗涤液向上喷射，在喷嘴之上形成一个泡沫区，在泡沫区的上游只有气体，没有液体；在泡沫区内气体为分散相；在泡沫区下游，液体为分散相。泡沫区液体表面更新很快，能有效地捕集气体中颗粒和进行气体的急冷、气体的吸收等过程。要形成泡沫区，关键是要具有适当的液气比和适当的气体流速。

5.4.2 稀酸冷却器

20 世纪 80 年代初开始出现用板式换热器来冷却稀酸。在此之前，净化工序的稀酸冷却基本上都是采用不透性石墨管壳式换热器。由于不透性石墨管容易破裂，维修工作量大，而且价格也较高，已被板式换热器完全取代。

板式换热器是由许多波纹形的传热板片按一定的间隔，通过橡胶垫片压紧组成的可拆卸的换热设备。板片组装时，两组交替排列，板与板之间用黏结剂把橡胶密封板条固定好，其作用是防止流体泄漏并使两板之间形成狭窄的网形流道，换热板片压成各种波纹形，以增加换热板片面积和刚性，并能使流体在低流速下形成湍流，以达到强化传热的效果。板上的 4 个角孔形成了流体的分配管和泄集管，两种换热介质分别流入各自流道，形成逆流或并流，通过每个板片进行热量的交换。

板式换热器的优点有：

（1）体积小，占地面积少；

（2）传热效率高；

（3）组装灵活；

（4）金属消耗量低；

（5）热损失小；

（6）拆卸、清洗、检修方便。

板式换热器缺点是密封周边较长，容易泄漏，使用温度只能低于 150℃，承受压差较小，处理量较小，一旦发现板片结垢必须拆开清洗。图 5－6 所示为板式换热器的工作原理。

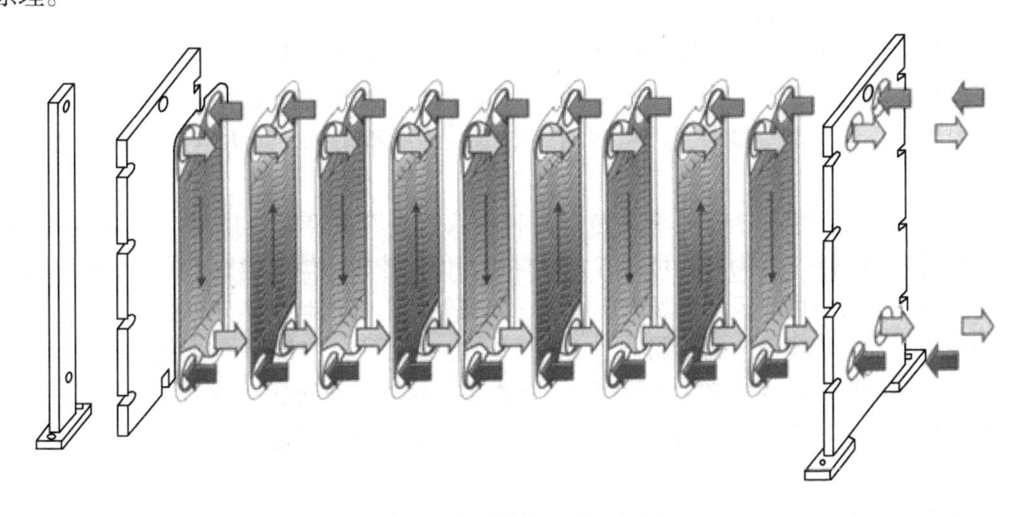

图 5－6 板式换热器的工作原理

5.4.3　电除雾器

5.4.3.1　形式

除雾器是一种立式塔状设备。根据沉淀管无外包围的壳体这一外形特征，分室内型和室外型；根据沉淀极的形状又可分为板型和管型。板型电除雾器多为平板式或同心圆式，管型电除雾器则多为蜂窝式或圆管式。

电除雾器由壳体、电晕极、沉淀极（又称为阳极）、上下气室、高压直流供电系统等几个主要部分构成，如图5－7所示。

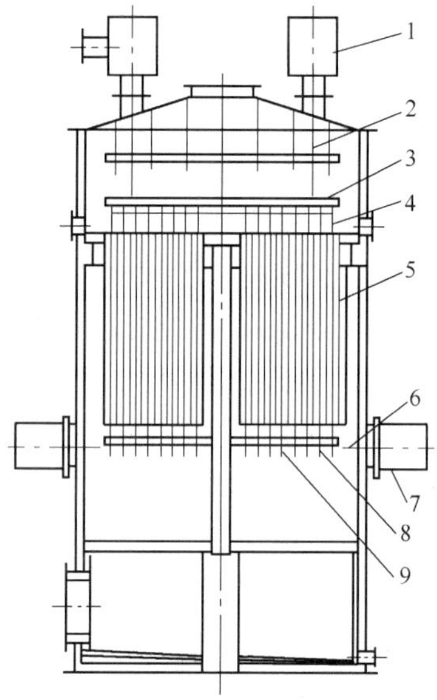

电除雾器阳极管板目前主要有塑料制、铅制和导电玻璃钢制3种。由于塑料制电除雾器是靠液膜导电，有效沉淀面积改变较大，运行的电压和电流偏低，除雾效果不如铅制和导电玻璃钢制。

玻璃钢电除雾器是以合成树脂为黏合剂，以玻璃纤维及其制品为增强材料，以碳纤维制品为导电材料而制成的电除雾器。导电玻璃钢制电除雾具有导电性好、质量小、耐腐蚀、阻燃性好、性能稳定、效率高等优点，选用导电玻璃钢材料作为电除雾的主体材料已成主流。

图5－7　电除雾器
1—支撑绝缘箱；2—吊杆；3—上定位架；4—放电电极；5—沉淀电极；6—拉杆；7—张紧绝缘箱；8—压盘；9—铅重锤

5.4.3.2　构造

A　电晕极和阳极管（或板）

电晕极和阳极管构成电场回路。电晕极是产生电晕放电的电极，它由大梁、小梁、电晕线、花架和下部拉紧装置等组成。

电晕线一般是镀锌铁丝、镍铬钢丝外包铅的六角形线与高效极线，悬吊在阳极管的中心。电晕线上端固定在小梁上，小梁固定在大梁上，下端固定在花架上。为了保证垂直度，电晕线下端连下部拉紧装置。电源通过电缆从绝缘箱引入，经大梁、小梁和电晕线相通。

阳极管（沉淀极管）有圆形和六角形两种。六角形管呈蜂窝状排列，结构紧凑，大部分管的管壁都是相邻共用的，可节省大量材料，但制造较麻烦，检修不便。目前，圆形管用得较多。阳极管的直径和电场电压有关，阳极管的下部设有气体分布板。

阳极管有铅制、硬聚乙烯塑料制（普通PVC是疏水性，不易形成连续性水膜，所以现在多用经处理后的亲水性PVC导电管），现在多用导电玻璃钢制。

阳极板过去一般都用铅板制作，现在基本用导电玻璃钢来制造。

B　上气室和下气室

除雾器顶盖和上花板之间称为上气室，外形多为圆柱状，顶盖的中心设气体出口接管，两侧各设人孔一个，专供维护清理之用。

下气室位于花板和器底之间，外壳结构同上气室。器底有平底和斜面底两种，斜面底有利于冲洗时排放污水。在气室内设气体分布板，气体进口接管设在下气室的下部。底部设有污酸排出管，污酸排出管接入液封桶。设置液封桶的目的是既可排出污酸，又不会使系统漏入空气。

C 绝缘箱

绝缘箱的作用是保证器壳同高压直流电保持绝缘。根据规模，每台电雾器设 2 ~ 4 个绝缘箱。高压电是通过绝缘瓷瓶和壳体保持绝缘的。因此，除设置加热器外，还用油封、气封或砂封来隔绝或减少炉气与瓷瓶的接触。

（1）油封：壳内设内外罩筒，把瓷瓶罩起来，在内外罩筒之间加入一定量变压器油，这样就把瓷瓶和炉气隔开了，从而保持了瓷瓶的清洁。油封的缺点是：当系统负压超过规定指标时，能把油抽到电除雾器里去，有时油被放电火花点着，会发生起火事故。

（2）气封：在绝缘箱至电除雾器本体的连接管上，装 ϕ8mm 气孔喷嘴数个，在正常运行时，由于系统是在负压下操作，空气由气孔吸入并喷向中心，空气流封住了炉气向瓷瓶的扩散，从面保护了瓷瓶的绝缘性能。被抽进的空气应经过滤、硅胶干燥和蒸气管加热。

（3）砂封：用黄沙填充套筒和壳体之间的环隙，用以防止炉气侵入绝缘箱。

D 供电

电除雾器要求输入稳定的高压负直流电。所以，供电系统主要包括变压（把普通 220V 或 380V 电压升压到 50 ~ 70kV）、整流（把交流电变成直流电）及控制装置。整流形式目前主要使用的是高压硅整流器。硅整流器效率高，耐高温，反向击穿电压高，电流密度高，反向电流小到可忽略不计，同时气密性好，尺寸小，完全耐气体介质，是一种非常理想的整流器。

硅整流器的整流形式有各种方式，从整流效率和对除尘器内部的火花放电的适应性等方面考虑，现在用得最多的是单相全波整流器。

目前国内生产的硅整流设备，一般结构都是由高压整流变压器、电抗器和自动控制柜三部分组成。其中，高压整流变压器又由变压器、硅堆、电容器等组成，装于同一油箱内。该箱还设有高低压出线套管、储油柜、空气过滤器、放油阀和保护电抗器等。此外，变压器留有三个抽头，以供不同的电场选用。自动控制柜内装有可控硅电压自动调节器一部，变压器一次侧交流调压用的可控硅元件箱一只，还装有过电流保护装置、过电压避雷装置和有关测量报警系统等。加装稳流、稳压追加调节器，能够提高除雾效率。

5.5 净化生产操作

5.5.1 原始开车

5.5.1.1 开车前的准备和检查

开车前的准备和检查工作有：

（1）泵和电机是否已安装完毕，安全罩是否已罩上，且经试车合格。

（2）检查所有设备、管线是否安装完毕，管线是否畅通无阻。

（3）各塔、槽、器的温度计、压力表、流量计和液位计是否已安装完毕。

（4）各槽、塔、器应封的人孔是否已封好。

（5）检查安全液封是否装有足够的工艺水。

（6）所有阀门是否加过润滑油，开、关是否灵活，阀门的开关是否正确。

（7）通知电工检查各电气设备的绝缘是否良好，通知仪表工检查所有仪表是否正确、可用。

（8）导电玻璃钢电除雾开车前检查与准备。

（9）检查循环水上管线水压是否正常。

（10）检查紧急修理用具是否准备齐全。

（11）检查安全设施、安全用具是否准备完全。

（12）通知各有关单位的有关人员为开车做好充分准备。

5.5.1.2　原始开车操作

这里的原始开车包括长时间停车后开车。

A　循环泵的开车

循环泵开车的操作程序主要是：

（1）向塔底循环槽加水，全开循环泵进口阀，注意冷却塔塔底液位的变化。

（2）待塔底循环槽的液位达到液位计 2/3 时，操作工与主控室联系开泵，确认要运行泵的编号。将备用泵进出口阀全关，运行泵出口阀全关，压力计阀开。

（3）确认泵已具备开泵条件；确认现场操作盘“停止”灯亮；将循环槽排污阀关、出口串酸手动阀关；泵轴冷却水开，并调节至合适水量；现场手动盘车若干转，确认运转灵活。

（4）确认即将投入运行的两台板式冷却器进出口阀全开，并处于畅通状态，备用板式冷却器酸侧、水侧进出口阀全关。

（5）现场启动开泵按钮。

（6）缓慢将泵出口阀打开，并调至工艺值。确认循环管线、塔器及设备无泄漏情况，检查塔顶的分酸装置的布酸情况。

（7）各项工艺参数调节正常后，自动调节系统投入运行（液位调节阀投入自动状态，连锁投入运行）。

B　动力波洗涤器的开车

动力波洗涤器开车的操作程序主要是：

（1）向塔底稀酸循环槽加水，全开循环泵进口阀，注意动力波塔底液位的变化。

（2）待塔底循环槽的液位达到液位计 2/3 时，操作工与主控室联系开泵，确认要运行泵的编号。将备用泵进出口阀全关，运行泵出口阀全关，压力计阀开。

（3）确认泵已摇绝缘，具备开泵条件；确认现场操作盘“停止”灯亮；将循环槽排污阀泵、出口串酸手动阀关；泵轴冷却水开，并调节至合适水量；现场手动盘车若干转，确认运转灵活。

（4）将各喷嘴进口阀开 1/3。

（5）现场启动开泵按钮。

（6）调节泵出口阀和喷嘴进口阀，使循环量达到所需值或使动力波喷嘴进口压力达到设计值。确认循环管线、塔器及设备的泄漏情况，并把塔液位控制在液位计刻度的1/2～2/3。循环正常后，应检查动力波段喷嘴的液柱高度，注意动力波喷嘴压力的变化。

（7）液位调节阀进入自动调节状态，连锁控制投入运行，并调节CN过滤器的回流等相关阀门，使各项工艺参数正常。

（8）动力波运转操作完毕。

C 导电玻璃钢电除雾的开车

参见第5.5.4节。

D 稀酸排放系统的开车

稀酸排放系统开车的操作程序主要是：

（1）待上清液槽至高液位。

（2）按上清液泵的启动程序启动一台上清液输送泵；将上清液送至高位槽。

（3）调节高位槽出口的相关阀门，使流向溢流堰的流量达到设定值，并检查溢流堰的液幕分布情况。

（4）各项参数正常时，液位调节阀进入自动调节状态。

（5）系统通气后打开脱吸塔的进气阀，并将脱吸气量调至设计值。

（6）经脱吸塔脱去二氧化硫后的稀酸送至废酸处理系统处理。

（7）根据CN过滤器或沉降槽的滤渣情况，按CN过滤器或沉降槽底流泵的操作程序适时开启该泵，将底流送至污水处理系统进行处理。

E 开车初期的操作

开车初期的操作程序主要是：

（1）系统通气后，根据工艺条件的需要进行适当调节。

（2）净化工序串酸方向为：电除雾排放槽和气体冷却塔中的稀酸串入动力波循环槽，然后通过液位控制串向CN过滤器或沉降槽。

（3）工艺水在气体冷却塔塔底循环槽由加水阀加入，另在电雾排放槽加入部分工艺水控制槽液位。

（4）各阀门开度根据工艺操作指标进行调节。

5.5.1.3 短期停车后开车

短期停车后开车的操作程序主要是：

（1）联系电雾送电。

（2）逐步开串酸阀、加水阀。

5.5.2 停车

5.5.2.1 临时停车

临时停车的操作程序主要是：

（1）停止加水和串酸，动力波和气体冷却塔稀酸循环泵照常循环。

（2）联系电雾，按电除雾器停车程序停电。

5.5.2.2　计划检修及长期停车

计划检修及长期停车的操作程序主要是：

（1）逐渐关小气体冷却塔的加水阀，加大向外串酸量，使动力波和气体冷却塔塔底循环槽的液位达到低位，然后，依次停下动力波、气体冷却塔循环泵和CN过滤器的上清液泵。

（2）打开各塔、槽底管线上排污阀，排尽积水。

（3）如进行维修，可打开有关设备上部人孔、下部管线上排污阀，用软管引水冲洗干净，把积水排尽后进行。

（4）必要时，组织人力，用人工冲洗塔器；如有必要，可把填料卸出清洗。

（5）电除雾停送电后，开电除雾冲洗泵。

5.5.2.3　停泵操作（卧式泵）

停泵操作程序主要是：

（1）关小泵出口阀。

（2）停下电机，关死泵出口阀。

（3）在紧急停车时，也可先停电机，再关死出口阀及进口阀。

5.5.2.4　倒泵操作（卧式泵）

倒泵操作程序主要是：

（1）按开泵操作启动备用泵。

（2）逐渐关小停用泵的出口阀，减小电流，与此同时，逐渐开大备用泵的出口阀。

（3）当停用泵的出口阀关小时，停泵操作停止泵运转。

（4）调节备用泵出口阀，使压力或电流达到正常指标。

5.5.2.5　紧急停车

紧急停车的操作程序主要是：

（1）首先按下各稀酸循环泵、CN过滤器上清液泵停止按钮，关闭泵进出口阀。

（2）停止串酸，关闭各串酸阀。

（3）停止加水，关闭各加水阀。

（4）若不能在短时间内恢复生产，在有时间有必要的情况下，对系统进行清洗、检修。

5.5.3　正常操作要领

正常操作要领主要是：

（1）随时按照工艺指标，注意气体温度变化，要绝对避免高位槽断水，避免烧坏动力波逆喷管和其他玻璃钢设备、管道。

（2）密切注意各设备的进出口气体压力，发现异常就要逐段检查各设备进出口气体压力，找出问题及时处理。

（3）密切注意动力波各喷嘴及溢流堰的进口压力，发现异常要立即检查，找出问题及时处理。

（4）按工艺指标，正确调节串酸、加水阀，控制各塔、器循环槽的液位在正常范围内。

（5）注意观察电除雾出口管气体透明度，及时发现问题，及时处理。

（6）要密切注意稀酸板式换热器酸侧、水侧进出口压力和水侧出口电导率的变化，一旦有异常，要及时检查并处理。

5.5.4 导电玻璃钢电除雾器操作

电除雾器投入运行前的检查、确认程序是：

（1）确认电除雾器内部无人、无杂物、无遗忘的工具等，电场内部正常。

（2）移动接地棒拆除，电除雾器各人孔关闭。

（3）检查确认各部绝缘电阻，且符合（1）、（2）的规定。

（4）各控制盘、操作盘电源接通投入使用。

（5）高压隔离开关切换至“接通”位置。

（6）电除雾器进、出口阀门全开。

（7）绝缘箱电加热器必须提前24h送电，且在110～150℃之间运行。

（8）循环水泵运转，清洗水压调整到0.2～0.28MPa之间。

（9）安全水封注满水。

电除雾器投入运行的程序主要是：

（1）确认各人孔关闭，安全水封注满水，高压隔离开关接通。

（2）确认各控制盘、操作盘电源接通投入使用。

（3）将高压整流机控制盘、电加热控制盘、喷淋控制盘的选择开关切换至“现场”一侧。

（4）电加热器已经运行。

（5）循环水泵运转，打开间断喷淋和连续喷淋水阀，进行电场内部喷淋清洗。

（6）关闭间断喷淋水阀，电场内部清洗完毕。只有通入烟气方可停止连续喷淋。

（7）按下电除雾器送电按钮，将电压调到30kV左右。

（8）接受烟气，观察电除雾器电压、电流的变化，并逐步将电压调至额定值。

（9）调整各台电除雾器进口阀门的开度，使每台电除雾器的处理风量均等。

（10）电除雾器投入运行操作完毕。

与铅制电除雾器不同，导电玻璃钢电除雾器不带气空试时间不能超过30min，若不带气空试时间过长，电场内氧气在高压电作用下会生成臭氧，对导电玻璃钢电除雾器的沉降极（蜂窝形，材质为导电玻璃钢）将造成烧损。

导电玻璃钢电除雾器的联网运行程序主要是：

（1）确认各人孔关闭，安全水封注满水，高压隔离开关接通。

（2）确认各控制盘、操作盘电源接通投入使用。

（3）将高压整流机控制盘、电加热控制盘、喷淋控制盘的选择开关切换至“自动控制”一侧。

（4）将电除雾器的进、出口阀的选择开关切换至“自动控制”一侧，并确认各指示灯正常。

（5）由远程控制盘运转电加热器。

（6）由远程控制盘运转循环水泵打开连续和间断喷淋水阀，进行电场内部喷淋清洗。

（7）由远程控制盘关闭间断喷淋水阀，电场内部清洗完毕。

（8）按下电除雾器送电按钮，将电压调到30kV左右。

（9）接受烟气，观察电除雾器电压、电流的变化，并逐步将电压调至额定值。

（10）调整各台电除雾器进口阀门的开度，使每台电除雾器的处理风量均等。

（11）电除雾器的联网运行操作完毕。

电除雾器的空载送电时间严禁超过30min。

电除雾器清洗操作步骤主要是：

（1）电除雾器的清洗周期一般为：一级1～5天清洗一次，二级5～20天清洗一次。具体周期应根据工艺条件、烟气性质及电场的清洁程度由运转实践确定。

（2）通知相关人员清洗电除雾器。

（3）对于多通道电除雾器的情况可分列进行。首先对需要清洗的电除雾器关闭其出口阀，然后进行清洗。一列清洗完毕，打开出口阀，通气生产，送电正常后再清洗另一列电除雾器。

（4）单列电除雾器最好能停通烟气清洗。如果不能停通烟气清洗时，可清洗一台电除雾器而另一台确保生产顺利进行，此时应降低处理气量。当第一台清洗完毕、通气、送电正常后，再清洗另一台电除雾器。

（5）循环水泵运转，由远程控制盘打开间断喷淋水阀，进行电场内部冲洗15min。

（6）由远程控制盘关闭间断喷淋水阀，并停止循环水泵。

（7）按下电除雾器送电按钮，将电压调到30kV左右。

（8）被清洗电除雾器出口阀全开，观察电除雾器电压、电流的变化，并逐步将电压调至额定值。

（9）通知相关人员电除雾器清洗完毕。

电除雾器的停车操作步骤主要是：

（1）接到电除雾器的停车命令后，通知相关人员做好停车准备。

（2）确认工艺烟气已停止后，关闭电除雾器进口阀门。

（3）按下电除雾器停止送电按钮，电除雾器停止运行。

（4）将高压隔离开关切换至“断开”位置。

（5）若需进入电场内进行检查或检修，必须运转循环水泵，打开间断喷淋水阀冲洗10min。

（6）若需长期停车，清扫风机、电加热器停止运行。

（7）在相应的操作盘上挂上“停车”或“严禁送电”标示牌。

电除雾器日常巡检内容主要有：

（1）电除雾器的外观。

（2）电场内有无不正常的放电。

（3）连续喷淋、间断喷淋管道及阀门有无泄漏。

（4）安全水封水位是否正常。

（5）清扫风机的润滑、轴承温度、振动、声音是否正常。

（6）电加热器的温度或热风清扫的温度、风量是否正常。

（7）各电除雾器的运行电压、电流值是否均等。

（8）电除雾器是否按时清洗。

（9）每班必须对以上内容进行一次认真的巡检，并做好相应的记录。

电除雾器的正常停车必须按正常的停车程序进行，不得使用紧急停车按钮（SIS），因为紧急停车是在高压的情况下突然断电，对设备和电网的冲击较大，应尽可能不用。

（1）启动紧急停车按钮的条件是：

1）发生人身或可能发生人身触电等事故。

2）发生设备或可能发生重大设备事故。

3）发生工艺或可能发生工艺事故。

4）不紧急停车可能产生严重不良后果。

（2）按下“紧急停车”按钮，高压电在瞬间降为“0”，电除雾器停止运行。

（3）通知相关人员电除雾器已紧急停车。

（4）紧急停车后，按正常的停车操作程序进行：切断电源开关—断开高压隔离开关—接地—清扫风机、电加热器停止运行—在相应的操作盘上挂上“严禁送电”标示牌。

（5）组织人员处理故障。

（6）故障处理完毕后，如电除雾器需再投入运行时，将各控制盘、操作盘电源重新恢复后，按电除雾器联网运行操作程序进行操作。

5.6 净化异常情况分析及处理

净化操作异常现象、原因分析及处理方法见表5－2。导电玻璃钢电除尘器异常现象，原因分析及处理方法见表5－3。

表5－2 净化操作异常现象、原因分析及处理方法

序号	异常现象	原因分析	处理方法
1	洗涤塔或冷却器进口压力下降，出口压力上涨	（1）设备被升华硫、砷、氟、灰尘堵塞：弹性硫易黏结在设备高速处；氟易腐蚀瓷质和玻璃填料堵塞设备；砷在稀酸中成固体小粒堵塞设备； （2）二氧化硫风机与空气风机不匹配； （3）上液量过大或回液管线堵塞，造成设备积液； （4）压力表显示不准确，采样管有漏气或堵塞	（1）若堵塞引起设备除尘、降温效率下降，则停车处理； （2）调整二氧化硫风机风量或焙烧负荷； （3）减小抽气量或减小循环泵上液量，降下设备出口负压后再疏通回液管线； （4）检查采样管，使检测和显示处于正常状态； （5）联系仪表工处理

续表 5－2

序号	异常现象	原因分析	处理方法
2	一级动力波洗涤器出口温度升高	（1）循环泵上液量小或断液； （2）系统负荷大，气体带入热量多； （3）沸腾炉水箱（管束）、锅炉管爆管等； （4）设备喷嘴堵塞或泄漏，分液装置损坏，分液不均； （5）测温元件故障	（1）检查循环泵是否正常； （2）适当提高上液量，增加串液量和排污量； （3）通知沸腾炉和余热锅炉岗位检查沸腾炉冷却水箱（管束）、锅炉管是否有泄漏现象； （4）停车检查塔、器内喷头或分液情况； （5）联系仪表工处理
3	气体冷却塔出口温度升高	（1）入口气温过高； （2）入塔喷淋酸量低； （3）分酸装置存在问题，分酸效果不好； （4）填料被堵塞，气液接触不良； （5）换热器冷却水压低、水温高； （6）板式换热器堵塞或换热器结垢，换热效率低，致使入塔酸温偏高	（1）检查且设法降低洗涤塔出口气体温度； （2）检查泵的运行是否正常以及是否有泄漏并处理； （3）停车检查处理分酸装置； （4）计划停车，清理填料； （5）联系循环水降低水温、提高水压； （6）清洗板式换热器
4	洗涤器或冷却塔循环稀酸浓度偏离控制范围	（1）净化岗位排污量过大或过小； （2）洗涤器或冷却塔串酸量过大或过小； （3）沸腾炉操作不稳定，炉气中三氧化硫含量偏低或偏高，或炉气中尘含量不稳定	（1）定期检测循环酸中尘含量、酸浓、砷、氟等的含量，依此确定净化排污量、串酸量； （2）调整循环酸的串入量或串出量以及加水量； （3）联系净化岗位，使进入净化工序的炉气成分尽量稳定或减小波动
5	干燥塔进口气温偏高	（1）气体冷却塔出口气体温度偏高所致； （2）净化工序炉气进气水含量偏高； （3）炎热夏季干燥塔进口补入空气量导致气温偏高	（1）按气体冷却塔出口气体温度升高时处理； （2）联系沸腾炉和锅炉岗位检查并处理漏水，沸腾炉岗位检查入炉矿的水分是否增高，检查沸腾炉采用降温的喷水量是否太大等； （3）在炎热夏季干燥塔进口气温容易偏高，在确认净化工序各设备、水冷却设备正常工作时，可适当向系统加大补水量并加大排污量，或适当减小系统负荷，组织生产
6	稀酸中尘含量增大	（1）电除尘除尘效果差； （2）CN 过滤器过滤效果差； （3）泥浆泵运转不正常； （4）净化置换量小	（1）检查电除尘除尘差的原因并处理； （2）检查原因，提高过滤效率； （3）设法使泥浆泵运转正常； （4）调整置换量

表5-3 导电玻璃钢电除雾器异常现象、原因分析及处理方法

序号	异常现象	原因分析	处理方法
1	有电流、无电压（电流很大）	电场短路，极线断、脱落等	检查、更换极线
2	电流达到70mA（或更高一些）时波动，但无电压	（1）高压整流机组电容烧坏； （2）高压隔离开关没断开	（1）更换高压整流机组电容； （2）断开高压隔离开关
3	电压能达到设定值，但无电流	（1）高压整流机组的保护电阻烧坏； （2）高压整流机组与阴极框架电路不通	（1）更换高压整流机组保护电阻； （2）检查高压整流机组与阴极框架电路
4	电压能达到设定值，但电流偏小	（1）电场负荷过大； （2）极线、极板结垢严重； （3）阳极管接地线断开或脱落； （4）高压整流机组保护电阻老化	（1）关小电除雾器入口阀，减少风量； （2）清洗除垢； （3）接好阳极管接地线； （4）更换高压整流机组保护电阻
5	电压达不到设定值并波动	（1）电场内极间距偏小； （2）瓷瓶等处绝缘不够； （3）重锤框架摆动不稳定	（1）检查电场内极间距并处理； （2）增加贯穿瓷瓶箱的清扫风量或擦净瓷瓶； （3）固定重锤框架
6	电压20kV左右（稳定），但无电流	（1）电场内极间距偏小（30mm左右）； （2）瓷瓶箱内有破布等杂物； （3）控制盘内的电路板损坏； （4）控制盘内的电压调整电路板的电压定位器调节不当	（1）检查并处理电场； （2）清除瓷瓶箱内破布等杂物； （3）更换控制盘内的电路板； （4）调整电压调整电路板的电压定位器
7	电压20kV，电流100mA左右	高压整流机组插线板上的电阻烧坏	更换高压整流机组插线板上的电阻
8	电压、电流都偏低，但稳定、不跳闸（电压50～60kV，电流20mA左右）	（1）吊杆瓷瓶或贯穿瓷瓶绝缘不够； （2）重锤框架不够稳定，通烟气后框架有所偏移	（1）增加贯穿瓷瓶箱的清扫风量或擦净瓷瓶； （2）固定重锤框架
9	电压、电流正常，但有时突然放电	（1）高压整流机组插线板上电阻烧坏； （2）极线重锤脱落，极线在电场内摆动； （3）电场内FRP树脂、纤维脱落飘动造成极间距偏小	（1）更换插线板电阻； （2）固定极线重锤； （3）清理电场
10	电除雾器出口冒白烟	（1）电除雾器的电压、电流偏低，没有达到设定值； （2）进入电场内阳线管的烟气不均匀，部分阳极管的烟气量过大，极线摆动； （3）电场的负荷过大	（1）调整电除雾器电流、电压至设定值； （2）调整电除雾器入口烟气分布板，使各阳极管的进气量均等； （3）关小电除雾器入口阀，减少风量

续表 5 - 3

序号	异常现象	原因分析	处理方法
11	电除雾器送电时电压、电流无反应	（1）安全门没有关闭到位； （2）电除雾器“送电准备完了”灯没亮； （3）电除雾器控制盘各电源开关没合闸	（1）安全门关闭到位； （2）调整电除雾器盘后继电器，确认“送电准备完了”灯亮； （3）电除雾器控制盘各电源开关合闸

习题与思考题

5 - 1　二氧化硫炉气净化的目的和意义是什么？
5 - 2　炉气净化指标有哪些？
5 - 3　二氧化硫炉气中有害物质是如何被去除的？
5 - 4　生产中如何提高除雾效率？
5 - 5　绝热增湿酸洗流程的原理是什么？
5 - 6　动力波净化流程有什么特点，为什么冶炼烟气净化采用此流程？
5 - 7　净化工序的主要设备有哪些，各设备的工作原理是什么？
5 - 8　如何进行循环泵的倒泵操作？
5 - 9　导致洗涤塔或冷却器进口压力下降、出口压力上涨的原因有哪些？
5 - 10　气体冷却塔循环稀酸浓度偏离控制范围的原因有哪些？
5 - 11　为什么一般情况下不得使用紧急停车按钮，哪些情况下需进行电除雾器的紧急停车操作？
5 - 12　导电玻璃钢电除雾器的异常情况主要有哪些？

6 二氧化硫转化技术

6.1 转化基本原理

6.1.1 二氧化硫气体的转化反应和转化率

二氧化硫气体的催化氧化过程，工业上习惯称为二氧化硫气体的转化。二氧化硫转化为三氧化硫的化学反应方程式为：

$$SO_2 + \frac{1}{2}O_2 =\!=\!= SO_3 + Q \tag{6-1}$$

二氧化硫与氧气反应生成三氧化硫的反应是可逆、放热、物质的量减少的反应，也是需要催化剂的反应，反应所用催化剂俗称为触媒。二氧化硫与氧气反应生成三氧化硫的同时（正反应），三氧化硫也有一部分分解为二氧化硫和氧化（逆反应）。

由化学反应平衡移动理论推断，温度的降低和压力的增大都有利于氧化反应趋向完全。

二氧化硫氧化反应开始时，由于反应物中二氧化硫和氧气的体积分数很高，没有三氧化硫，所以正反应速度很快，随着反应的进行，二氧化硫和氧气的体积分数减少，正反应逐渐变慢，而随着三氧化硫的体积分数的增加，逆反应速度逐渐加快，最后达到正反应速度与逆反应速度相等。此时，化学反应达到平衡状态，各个组分的体积分数便是平衡浓度，这时，二氧化硫的转化率便是平衡转化率。

化学反应达到平衡就是在一定的条件下达到了反应的极限，平衡转化率是在该条件下可能达到的最大转化率。平衡转化率越高，则实际可能达到的转化率也越高。

二氧化硫转化成三氧化硫的物质的量占起始二氧化硫的物质的量的百分数一般用 x 表示，即二氧化硫的转化率 x 为：

$$x = \frac{n_{SO_2}}{n_{SO_2}^0} \times 100\% \tag{6-2}$$

式中 n_{SO_2}——二氧化硫转化成三氧化硫的物质的量；

$n_{SO_2}^0$——起始二氧化硫的物质的量。

在同一体系中，任一瞬时均有 $n_{SO_2}^0 = n_{SO_2} + n_{SO_3}$，所以：

$$x \frac{n_{SO_3}}{n_{SO_2} + n_{SO_3}} = \frac{p_{SO_3}}{p_{SO_2} + p_{SO_3}} \tag{6-3}$$

式中 p_{SO_2}，p_{SO_3}——分别为混合烟气中二氧化硫、三氧化硫组分的瞬时分压。

生产中，在工程准确性的允许程度范围内，为计算方便，按式（6-4）计算转化率 x：

$$x = \frac{a - c}{a\left(1 - \frac{1.5c}{100}\right)} \times 100 \tag{6-4}$$

式中　a——进转化器的烟气中二氧化硫的体积分数，%；

c——出转化器的烟气中二氧化硫的体积分数，%。

平衡转化率 x_T 计算式为：

$$x_T = \frac{k}{k + \sqrt{\frac{100 - 0.5ax_T}{p(b - 0.5ax_T)}}} \tag{6-5}$$

式中　b——进转化器的烟气中氧气的体积分数，%；

k——反应平衡常数：

$$k = \frac{(p_{SO_3})_T}{(p_{SO_2})_T (p_{O_2})_T^{0.5}} \tag{6-6}$$

6.1.2　反应温度、压力和起始成分对二氧化硫转化反应的影响

6.1.2.1　温度对平衡转化率的影响

放热的化学反应，降低温度会使平衡转化率提高。因此，二氧化硫转化反应的平衡转化率随反应温度的降低而提高，但在同一反应温度下，进转化烟气中二氧化硫的体积分数越高，平衡转化率越低。

所以，从平衡转化率与温度的关系来看，为了获得较高的转化率，反应温度应该尽可能控制低些。因此，在二氧化硫转化反应过程中，一定要移走一部分反应热，但在生产中总是维持一定的反应温度，主要原因为：

（1）随着反应温度的降低，平衡转化率虽然可以提高，但反应速度（即一定量的触媒在一定时间内能转化的二氧化硫量）却下降很快。因为反应速度与温度成正比关系，即反应速度随温度升高而加快，而且增快的倍数相当大。因此，在单位时间内，对于确定的转化器和一定数量的触媒，提高反应温度可使二氧化硫的转化数量大大增加，从而大幅提高转化设备的生产能力。

（2）二氧化硫转化过程中所采用的起始温度一般都控制在触媒的起燃温度之上。触媒的起燃温度是指当温度降低至某一限度时，触媒便不能继续起催化作用的最低限度的温度。因此，触媒的起燃温度越低越好。国产触媒的起燃温度一般在420℃左右，随着触媒使用时间的延长，触媒活性降低，其起燃温度会升高。

从上述可知，如果只考虑反应速度，则反应温度越高越好，如果只考虑转化率，则反应温度越低越好。因此，在选择转化温度指标时，不但要考虑有较高的转化率，同时还要考虑有较高的反应速度。在反应的初期，二氧化硫和氧的体积分数高、三氧化硫的体积分数低，距离平衡状态较远，应使气体在较高的温度下转化，使得具有较大的反应速度；反应的后期，气体成分的体积分数关系正好相反，距离平衡状态较近，应使气体在较低的温度下转化，以获得最高的转化率。这一过程中温度的调节，由配置在转化系统中的各个换热器或加入冷炉气、冷空气来达到。

6.1.2.2　压力对平衡转化率的影响

从反应式（6－1）可知，二氧化硫转化反应是体积缩小的反应，因此，在其他条件

不变时，平衡转化率随压力的升高而增大。但压力对平衡转化率的影响不明显。平衡转化率与温度、压力的关系见表6－1。

表6－1 平衡转化率与温度、压力的关系 （%）

温度/℃	绝对压力/MPa					
	0.1	0.5	1.0	2.5	5.0	10.0
400	99.20	99.60	99.70	99.87	99.88	99.90
450	97.50	98.20	99.20	99.50	99.60	99.70
500	93.50	96.50	97.80	98.60	99.00	99.30
550	85.60	92.90	94.90	96.70	97.70	98.30
600	73.70	85.80	89.50	93.30	95.00	96.40

6.1.2.3 气体起始成分对平衡转化率的影响

二氧化硫转化反应过程中，在不同的温度、压力，不同的进转化烟气浓度条件下，二氧化硫的平衡转化率不同。平衡转化率与炉气起始组成、温度的关系见表6－2。

表6－2 平衡转化率与炉气起始组成、温度的关系

温度/℃	$a=7\%$，$b=11\%$	$a=7.5\%$，$b=10.5\%$	$a=8\%$，$b=9\%$	$a=9\%$，$b=8.1$	$a=10\%$，$b=6\%$
400	0.992	0.991	0.990	0.988	0.984
450	0.975	0.973	0.969	0.964	0.952
500	0.934	0.931	0.921	0.910	0.886
550	0.855	0.849	0.833	0.815	0.779

注：表中a为烟气中二氧化硫的体积分数；b为烟气中氧气的体积分数。

从表6－2中可以看出，在一定的温度和压力下，进转化烟气中氧的体积分数越高、二氧化硫的体积分数越低，平衡转化率越高。如果在反应过程中把生成的三氧化硫除去，逆反应速度就会大大降低，反应就朝着有利于二氧化硫转化的正反应进行，能进一步提高二氧化硫的转化率，这是“两转两吸”流程的理论依据。

“两转两吸”工艺，就是把一次转化生成的三氧化硫吸收掉，提高二次进转化器的原始气体成分中氧硫的体积分数比，从而提高平衡转化率，实际上也就提高了总转化率（又称为最终转化率）。

6.2 转化用触媒

6.2.1 触媒种类和发展情况

二氧化硫转化用触媒，工业生产中主要有以下几种：

（1）铂触媒。早期的硫酸生产中，几乎全部采用铂触媒。铂触媒在300～400℃时具有很高的催化活性，但铂触媒易被砷、硒、锑等毒害，且铂价格昂贵，因此，铂触媒逐渐被其他触媒所代替。

（2）铁触媒。铁触媒的活性组分为Fe_2O_3，在640℃以上的高温才有活性，低于

640℃时，Fe_2O_3 转变为没有活性的硫酸盐。即使在640℃以上的高温下操作，其活性也比铂触媒和钒触媒低得多，转化率最高只能达到60%，因此在生产中未能广泛采用。

（3）钒触媒。目前，二氧化硫转化大量采用钒触媒。钒触媒具有较强的抗毒害性，价格便宜。

6.2.2　钒触媒的化学组成、特征和性能

钒触媒中的五氧化二钒（V_2O_5）是具有催化活性的主体成分，一般把 V_2O_5 称为“活性剂”，其含量降低，则触媒活性下降，寿命缩短，但含量过高时，触媒活性并无显著提高。单独的 V_2O_5 的活性很低，几乎不起催化作用，在加入一定量的碱金属盐后，催化活性就显著增加，所以称碱金属盐为“助催化剂”。在生产中，碱金属加入到一定量时，能使触媒中五氧化二钒以液态的硫代钒酸盐或其分解产物的形式存在，并在温度降低时不致使五氧化二钒单独析出。钾、钠、银、铁等的化合物都可作助催化剂，一般常采用钾的硫酸盐（K_2SO_4）作助催化剂。触媒中除含有 V_2O_5、K_2SO_4 两种成分外，还有大量的二氧化硅（SiO_2），它的作用主要是作为载体，工业上一般采用硅藻土作载体。载体的作用在于形成触媒颗粒的内部结构，增加触媒孔数、扩大内表面，使反应气体与触媒中活性组分充分接触，从而提高转化效率。采用硅藻土作载体，主要是因为其质地疏松，单位容积的面积较大，且不因温度高低而变化，不与混合气体起化学作用等。

V_2O_5、K_2SO_4、SiO_2这三个组分的配合是达到高度催化活性的重要条件。没有钾或钠的化合物存在时，向 V_2O_5中添加 SiO_2，不仅不能提高活性，反而会使活性降低。在钒触媒中加入钾或钠的化合物，也只有在 SiO_2存在时，才会显示出强烈的活化作用。

钒触媒的化学组成（质量分数）一般为 V_2O_5 6% ~8%、K_2O 9% ~13%、Na_2O 1% ~5%、SiO_2 50% ~70%，还含有少量的 Fe_2O_3、Al_2O_3、CaO、MgO 及水分等。

钒触媒一般制成圆柱状、环状和菊花状。

钒触媒是载液相催化剂，起催化作用的是熔融态的碱金属硫代钒酸盐，即熔点约为430℃的低共熔混合物。

我国生产的钒触媒的主要型号有 S101、S102、S105、S107 和 S108 等。

S101 型触媒是我国大量使用的中温触媒，操作温度为 425 ~600℃，转化器各触媒层均可使用；S102 型触媒也是中温触媒，催化活性、操作温度与 S101 型相同，一般制成环形，主要特点是有较大的内表面利用率和较小的气流阻力，缺点是机械强度较差，易粉碎；S105、S107 和 S108 型都是低温触媒，起燃温度在 380 ~390℃。低温触媒一般用在转化器的一段上部和最后一段，以提高总转化率、减少换热面积，并可以提高进转化器的烟气中二氧化硫的体积分数，从而提高设备的生产能力。

目前，硫酸行业使用较多的国外进口的中温钒触媒，主要是美国孟莫克公司生产的 XLP -220 型、XLP -110 型，丹麦托普索公司生产的 VK38 型、VK48 型和德国巴斯夫公司生产的 04 -110 型、04 -111 型。

国外进口的低温钒触媒主要是添加了铯金属的催化剂，主要有美国孟莫克公司生产的 XCs -120 型和 SCX -2000 型，丹麦托普索有限公司生产的 VK58，德国巴斯夫公司生产的 04 -115 型。铯触媒的起燃温度为380℃左右。

需要强调的是，任何触媒，不管其组成及性质如何，都不能改变反应的平衡状态，也

不能改变混合气体的平衡组成，该组成只取决于温度和压力。触媒只能加速二氧化硫转化成二氧化硫的反应，促使这个反应能最大限度地接近平衡状态。

6.2.3 触媒的表面积

触媒的表面积包括触媒颗粒的外表面积和触媒内部微孔道的壁面（又称为毛细管管壁），触媒微孔管壁面积远远大于触媒外表面积，即外表面积实际上可忽略不计。触媒的比表面积是指每克触媒的内表面积，它与触媒的孔隙率和堆密度有关。

触媒的孔隙率是指触媒内部的微孔体积占一颗触媒体积的百分数。

触媒的堆密度是指 $1m^3$ 触媒的质量。触媒所占 $1m^3$ 体积包括触媒之间的孔隙。

因此，触媒的比表面一般随触媒的孔隙率的增大而增大，随触媒的堆密度的减小而增大。如果是环形触媒，则可能随触媒的堆密度的增加而增大。

触媒的催化作用主要是反应分子进入微孔内部，在内表面上进行。触媒的微孔径越小，内表面就越大，气体分子在触媒表面上反应的机会就越多，反应就越快。所以，一般来说，比表面越大，触媒的活性越高。但微孔越小，在微孔深处的反应分子就越少，这样微孔深处的壁面就不能充分利用，因此，尽管内表面积大，内表面利用率却可能降低。反之，微孔直径大，反应分子扩散进去就容易，内表面积的利用率就高，但内表面的总面积却较小。

为提高触媒内表面利用率，把触媒做成空心的环形，使微孔缩短，气体分子可以从环形的两面进入微孔而向里扩散，提高触媒内表面利用率，这是生产环形触媒或菊花形触媒的主要原因。

6.2.4 触媒的起燃温度和耐热温度

触媒的起燃温度，是指当温度降低至某一限度时，触媒便不能继续起催化作用的最低限度的温度，或者说，二氧化硫气体在进入催化剂床层后，能迅速把床层温度上升到使转化器进入正常操作状态的最低温度。实际生产中，通常取进气温度稍高于起燃温度。在一定气体成分和一定气体流速的条件下，触媒温度升高的快慢与在一定时间内反应放出的热量多少有关，也就是与反应速度有关。起燃温度是催化剂低温活性的标志。起燃温度高，说明要在较高温度下才能具有一定的反应速度，触媒活性就较差。起燃温度低，说明在较低温度下，触媒已具有一定的反应速度，反映出该触媒活性较好。

起燃温度低，主要有以下优点：

（1）起燃温度低，气体进入触媒层前预热的温度较低，从而节省换热面积，缩短开车升温的时间。

（2）起燃温度低，可以使反应的末尾阶段能在较低温度下进行，有利于提高反应的平衡转化率，从而提高实际的总转化率（又称为最终转化率）。

（3）起燃温度低，可以提高触媒利用率（即触媒用量少，而酸产量高）。

触媒的耐热温度，指触媒活性温度的上限温度。超过这一温度或长期在这一温度下使用，催化剂将烧坏或迅速老化，失去活性。高温下催化剂失活是不可逆过程，一旦活性下降就再也无法恢复。耐热温度越高的催化剂，生产中适应温度变化的幅度越宽，越适于高浓度二氧化硫的转化，对工业生产有利。

高温下，钒催化剂活性下降，一般有三种解释：一种解释是 V_2O_5 和 K_2SO_4 形成了比较稳定、无催化活性的氧钒基－矾酸盐；另一种解释是催化剂中的钾和二氧化硅结合，随着活性物质中钾含量的减少，V_2O_5 从熔融物中析出，造成催化剂活性下降；第三种解释是在600℃下，V_2O_5 和载体 SiO_2 之间会慢慢发生固相反应，使部分 V_2O_5 变成了没有活性的硅酸盐。

低起燃温度、高耐热温度、宽操作温度区域已成为催化剂发展的追求目标。国外已开发出长期稳定生产在640℃左右的耐热催化剂，以适应有色金属高浓度富氧冶炼的工业化生产，满足高二氧化硫浓度的转化，减少装置投资费用，降低运行费用。

工业生产中，一般将低温触媒放在转化器的第一段或第一段上部，以降低生产中起始反应温度，在转化器的最后一段放置低温触媒，为的是降低反应温度，提高平衡转化率。

6.2.5　气体中的杂质对钒触媒的影响

进入转化器的烟气中，含有某些降低触媒活性的物质，在工业生产中，主要有害杂质是矿尘、三氧化二砷、氟、水分等4种，其影响分述如下。

6.2.5.1　*矿尘*

矿尘主要成分是脉石和三氧化二铁。矿尘进入转化器后被截留，一部分直接遮蔽触媒表面，使触媒活性降低，增加进入触媒微孔的阻力和触媒层阻力；另一部分则与硫酸蒸气结合生成硫酸盐，在触媒表面结皮或把触媒黏结成块，最后导致气体分布不匀。一旦触媒层阻力过大，二氧化硫风机抽气量就会下降，产量会降低，直到阻力大到不能生产而被迫停车筛分或更换触媒。

筛分触媒时，由于磨损产生的大部分粉尘被除去，这时触媒活性成分的渗出物也被除去，因此活性降低、寿命缩短。

6.2.5.2　*三氧化二砷*

进入转化器二氧化硫烟气中如含有三氧化二砷，会使触媒的活性快速下降（俗称砷中毒）。触媒砷中毒的情况有两种：

（1）砷化合物覆盖在触媒表面，堵塞毛细管，使触媒活性下降。三氧化二砷进入转化器被触媒吸附，并氧化成五氧化二砷，反应式为：

$$As_2O_3 + O_2 \longrightarrow As_2O_5 \qquad (6-7)$$

五氧化二砷堆积在触媒表面，使二氧化硫气体不能到达触媒的活性表面，导致转化率下降、阻力增加。这种中毒现象主要发生在550℃以下的温度范围内。在低于550℃时，积聚在触媒表面的砷化合物的量会达到一定的饱和值，此时继续通入含三氧化二砷的气体，触媒活性一般不再下降，并随着温度的增高使覆盖在触媒表面上的砷化合物的量有所降低，触媒活性有所增加。所以在生产中，随着运行时间的延长，视转化率下降情况而将各段进口温度适当提高一点。

（2）砷化合物与触媒的活性组分五氧化二钒起反应，生成砷钒化合物 $V_2O_5 \cdot As_2O_5$ 随气流逸出，逐渐使触媒的五氧化二钒减少而丧失活性，并使触媒失钒而变为白色疏松状，其反应式为：

$$As_2O_3 + O_2 + V_2O_5 \longrightarrow V_2O_5 \cdot As_2O_5 \qquad (6-8)$$

在550℃以上时，$V_2O_5 \cdot As_2O_5$迅速挥发。在进气中含有同样多的三氧化二砷的条件下，操作温度越高，触媒中的五氧化二钒挥发得越快。挥发物随后在后续段触媒上凝结，在触媒表面结一层黑壳，使触媒结块，活性降低，触媒层阻力升高。

6.2.5.3　氟

进转化烟气中氟主要以氟化氢形态存在，与水蒸气和二氧化硅共存时会发生下列反应：

$$4HF + SiO_2 = SiF_4 + 2H_2O \qquad (6-9)$$

从反应式（6-9）可见，气体中氟有两种形态，即氟化氢和四氟化硅（气），因此，氟化物对触媒的影响要从以下两方面考虑：

（1）氟化氢。氟化氢能破坏触媒的二氧化硅载体，生成四氟化硅，使触媒粉化，活性下降，阻力上升。

（2）四氟化硅。进气中如含有四氟化硅，再加上氟化氢与二氧化硅作用生成的四氟化硅，在水蒸气存在下，四氟化硅在转化器内发生下列反应：

$$SiF_4 + 2H_2O \longrightarrow 4HF + SiO_2 \qquad (6-10)$$

反应生成的二氧化硅会覆盖在触媒表面，使触媒活性降低，转化率下降，阻力上升。

氟对触媒的影响显著，所以，我国硫酸生产中一般规定进转化烟气中氟的质量浓度不超过1mg/m^3（标态）（进口触媒一般要求不超过0.25mg/m^3（标态）），这有利于触媒的长期使用。

6.2.5.4　水分

水分在转化器内全部成为硫酸蒸气。一般来说，当温度高于硫酸蒸气冷凝温度（即露点温度）时，水蒸气对钒触媒不起毒害作用。然而，如果操作不当，在低于冷凝温度时，由于硫酸蒸气在触媒表面上冷凝，会使触媒遭到破坏。冷凝温度的界限随着水分含量的提高而显著增高，所以要严格控制进气中的水分。

生产中最后一段触媒层温度提不起来，长期没有反应，触媒严重粉化，触媒层阻力增长较快，通常都是硫酸蒸气冷凝所造成的。当再次把触媒层温度提上去时，冷凝下来的酸蒸发，但剩下的硫酸盐黏附在触媒颗粒表面形成硬壳，使触媒的活性和机械强度都降低。

6.2.6　触媒用量的确定

转化器各段触媒用量的确定有两种方法，即经验分配法和计算法。计算法是以触媒的物理化学数据为依据，根据二氧化硫氧化成三氧化硫的工业过程的数学模型，在给定的进转化烟气条件和总转化率要求下，计算出触媒用量。计算法不但可以科学地确定触媒用量，而且可以更科学地指导人们寻求最适宜的操作条件。使用进口触媒时，触媒生产商依据用户提供的条件，计算对应条件下的触媒装填方案和对应的生产操作参数，用户可直接根据计算数据进行触媒装填和生产操作的控制。

我国由于多年来未能较完善地建立起二氧化硫氧化成三氧化硫的工业过程的数学模型，国产触媒与进口触媒的物理化学数据不同，因此，硫酸装置在使用国产触媒、计算装填量时，一般采用经验分配法。即根据经验总结的每天生产 1t 100% H_2SO_4 需要多少升触媒来确定触媒总用量，再根据经验分配比例对各段进行装填。

“两转两吸”制酸工艺各段触媒层触媒常用的经验分配比例见表 6－3。

表 6－3　转化器内各段触媒层触媒常用的经验分配比例

触媒层	第一层	第二层	第三层	第四层
分配比例/%	18～22	18～22	21～25	27～30

6.2.7　触媒的合理使用和维护原则

触媒的合理使用和正确维护，是获得高转化率和延长触媒使用寿命的关键。我国许多硫酸企业在进转化烟气中二氧化硫的体积分数为 11% 左右的条件下，转化率一直稳定在 99.8% 以上，触媒可用 5～10 年。如净化指标不合格，操作维护不当，以及触媒本身质量不稳定，触媒活性很快下降、阻力升高到不能开车的地步，以至触媒完全损坏。

使用一定时间后的旧触媒，从外表形状到活性一般都不如新触媒，新触媒的钒化合物分布均匀，含量较高，而旧触媒的钒化合物的分布不均匀，从深处到外表的钒含量逐渐减低且总含量低。新触媒的铁离子含量均匀，而旧触媒表面铁离子含量高。旧触媒在低温下的活性较新触媒差，如在 430℃ 或 430℃ 以下时，多数旧触媒的转化率比较低。活性降低的触媒，需要采用提高温度的办法来提高反应速度，这称为低温活性衰退。

触媒使用寿命除受中毒和高温、低温热衰退的影响外，还受触媒填装位置的影响。如装在转化器一层的触媒，处在高温区并容易受到气体的污染，使用相对较短的时间就需要更换或过筛补充，而其他层触媒的使用寿命却较长。此外，不能用在第三、第四、第五段的旧触媒，一般还可以用在第一段和它前一段的位置。

触媒使用和维护原则为：

（1）中温触媒可装填在转化器的任何一层，生产中一般在第一层触媒的上部和最后一层装填低温触媒，以降低进转化器的烟气温度和提高总转化率。

（2）用过的旧触媒经过筛分，钒含量大于 6%，颜色正常，都可再用，一般是从哪一层出来的仍装回该层，且只允许把曾经在低温段使用的触媒装填进高温段继续使用，不可相反。

（3）大修期间筛换触媒的顺序：如四层的转化器应先筛分第四层触媒，逐段向上推移。在不需整层触媒报废情况下，为考虑工作方便，触媒的补充和替换方法一般是：第一步是把第四层的触媒取出，筛分后包装起来待用；第二步是取出第三层的触媒，筛分后装入第三层，不足的用第四层的触媒补充；第三步是取出第二层的触媒，筛分后装入原段，不足的用第四层的触媒补充；第四步是取出第一层的触媒，筛分后装入第一层，如不足的量占一层触媒总量 30% 以下，则全部用新触媒补充，如不足量大于 30%，则需先补充一些筛过的第四层的触媒，然后再在上面铺上 15%～20% 的新触媒；第五步是把剩下的第四层的旧触媒仍装回转化器的第四层，不足的量用新触媒补充。补充新触媒时，新旧触媒要分开装填，新触媒应装在旧触媒的上面。转化器第一层和最后一层如装填的是低温触媒，则低温触媒在筛分后仍装回原所在层，或将最后一层的低温触媒补入第一层，不足的量用新触媒补充。

不管是新触媒还是旧触媒，其中都含有微量的游离硫酸（新触媒由于用二氧化硫预饱和而残留下三氧化硫生成的游离酸）和大量的碱金属硫酸盐，因此很容易从空气中吸收水分，降低其机械强度和活性，严重时肉眼可看到颜色变绿和粉化。所以在筛分和填装触媒时，要抓紧时间速战速决，转化器人孔门要盖好，不要在阴雨天和湿潮的地方筛分触媒。

（4）转化器在停车 2 天以上或长期停车前，要用高于 400℃ 的干燥热空气返吹，把触媒微孔中的二氧化硫、三氧化硫尽可能吹出，返吹时间通常在 6h 以上，在最末段出口的吹出气体中的二氧化硫和三氧化硫的体积分数之和小于 0.03% 时结束热空气返吹。

（5）触媒在制造过程中虽已经过二氧化硫预饱和，用于工业生产上不会因氧化钾和三氧化硫作用生成硫酸钾而产生大量的中和热，但是在转化开车时，当温度达到 400℃、通入二氧化硫气体时，触媒层温度总是要突跃一下，这主要是由于二氧化硫和氧气在触媒表面被吸附时，放出大量吸附热和生成一部分焦硫酸盐的反应热。因此，在开车升温中，刚通入二氧化硫气体时，要注意二氧化硫的体积分数应低一些、气量要小一些，以免发生热量过大而使触媒层超温，烧坏触媒。

（6）正常生产中，调节气量、温度、体积分数不要操作过急，动作过大，因为触媒容积较大，从一个良好的工况转入到另一个良好的工况需要相当长的时间，调节时要耐心、准确。许多单位把一段进口温度控制在每小时波动幅度不超过 ±1℃，一段出口温度不超过 620℃。触媒的第一层和末层的温度指标一般不到万不得已时不轻易调整（操作温度越高，触媒活性衰退越快）。

（7）严格控制净化指标。生产中除保证指标合格外，要格外注意净化系统的电除雾和各泵跳闸，尤其是干燥塔循环泵，一旦发生跳闸，必须立即停车。

6.3 转化工艺操作条件

转化工艺操作条件主要有三点：一是转化反应的操作温度；二是转化器进气的体积分数；三是转化器的通气量。这三个条件通称为转化操作的“三要素”。

6.3.1 转化反应的操作温度

6.3.1.1 转化反应的绝热温升

二氧化硫气体在触媒里反应放出的热量既没有移走，也没有热损失（无热损的理想状态时），而是全部用于加热触媒和反应气体本身，这一般称为绝热反应过程。绝热操作过程中，温度与转化率的关系可由触媒床层的热量衡算式计算。若二氧化硫气体混合物进入触媒层时的温度为 t_0，二氧化硫的转化率为 x_0，触媒层某一截面处温度为 t，转化率为 x，假设反应在 t_0 开始，反应热使气体混合物的温度由 t_0 升至 t，则由热量衡算式可推导出绝热操作线方程为：

$$t = t_0 + \lambda(x_T - x_0) \tag{6-11}$$

式中 t——出触媒层气体温度，℃；

t_0——进触媒层气体温度，℃；

x_T——出触媒层的转化率，%；

x_0——进触媒层的转化率，%；

λ——绝热系数（在绝热反应过程下，由开始的气体组成而决定的系数），相当于转化率从 0 增加到 100% 时气体温度升高的度数。

$$\lambda = 10.2\frac{a}{C_V} \quad (6-12)$$

式中　a——二氧化硫的初始体积分数，%；

C_V——气体混合物在 500℃ 与转化率 $x_r = 0.5$ 时气体的平均热容量，$J/(m^3 \cdot K)$。

平均温度为 500℃、转化率为 50% 时，计算得出二氧化硫的体积分数与 λ 值的关系见表 6－4。

表 6－4　二氧化硫的体积分数与 λ 值的关系

二氧化硫的体积分数/%	5	6	7	8	9	10	11	12	13
λ	145	173	200	226	252	278	303	328	506

把 λ 值代入式（6－11），即可计算出在一定的二氧化硫的体积分数和一定的转化率下绝热反应过程中的温度升高值。知道了这个绝热温升值，可以帮助判断转化率和温度的数值是否正确。

6.3.1.2　转化反应的最佳温度

选择转化操作的温度应符合以下 3 个要求：

（1）要保证获得较高的转化率；

（2）要保证在较快的反应速度下进行转化反应，以尽量减少触媒用量，或在一定量的触媒下能获得最大的生产能力；

（3）要保证转化温度控制在触媒的活性温度范围之内，即转化反应温度控制在触媒的起燃温度之上、耐热温度之下。在这个温度范围内，生产中存在最佳温度问题。

根据化学平衡理论可知，平衡转化率与反应速度对温度的关系是矛盾的。所以必须根据既要有较高的转化率又要有较快的反应速度的“两全其美”的原则，来选择一个最佳操作温度。

原始组成一定的气体，温度、转化率和反应速度之间的变化规律如图 6－1 所示。

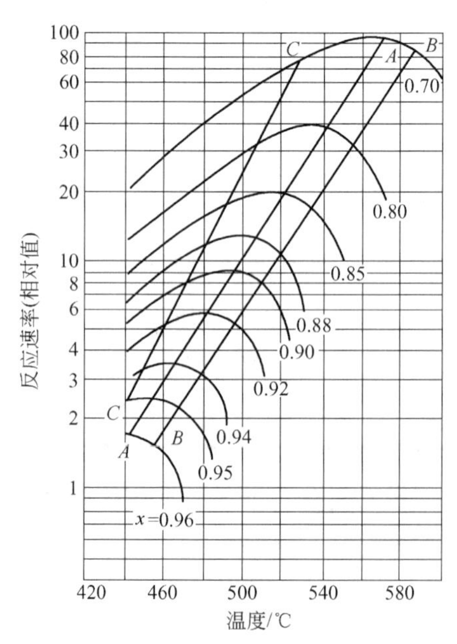

图 6－1　反应速率与温度的关系

对一定组成的气体，在一定的触媒上反应，每一种转化率都有一个使反应速率较快的温度条件，对应的温度称为最佳温度，或称为最适宜温度。由图 6－1 可知，一定组成的原料气、一定的触媒，转化率 x 不同，最佳温度也不同，随着转化率 x 的增加，最佳温度逐渐下降。将图中最佳

温度连成曲线 AA，称为最佳温度曲线，两旁的曲线 BB、CC 为反应速率相当于最大速率 90% 时的曲线。

最佳温度随进气成分、触媒量和转化率的不同而改变。如果把在某种触媒和在某一进气成分下的转化率与温度的关系绘成图线，即可看出平衡转化率与温度、转化率与最佳温度以及平衡转化率与转化率（实际转化率）的关系，有利于建立正确的操作控制的数值概念，获得好的经济效果。

在进气成分（体积分数）为 SO_2 7%、O_2 11%、N_2 82% 时，在某种触媒下的温度与转化率的关系如图 6－2 所示。

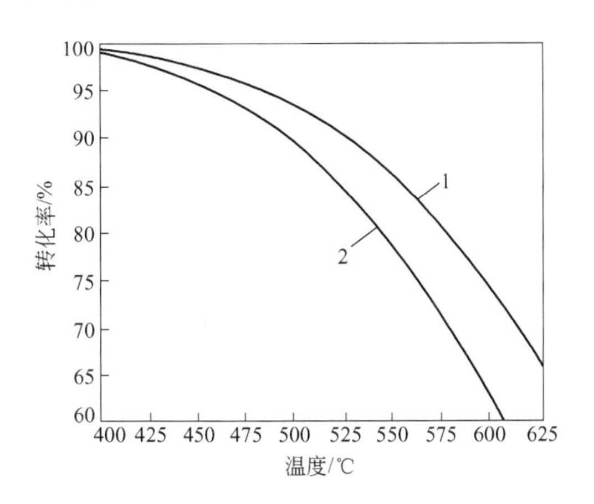

图 6－2 平衡时的温度和最适宜温度与转化率的关系

1—平衡温度曲线；2—最佳温度曲线

从图 6－2 中可以看出，最佳温度线处在平衡温度线的下方。在相同条件下，温度越低，平衡转化率和实际转化率的差数越小；温度越高，则差数越大。这主要是因为高温下的反应速度较低温时快，靠近平衡时反应速度变慢直到平衡时等于零。根据这一规律，生产中控制转化反应的初期（前几层）在较高的温度下进行，使得有较快的反应速度，后期（后面的一层或二层）在较低的温度下进行，以达到较高的转化率。这样便做到了既有较快的反应速度，又有较高的转化率，也就是在一定触媒量下，得到较大的生产能力。

降低转化反应温度一般有两种方法：一种方法是在反应的同时就移走热量，称为恒温操作过程。即把触媒和降温用的冷气置于管的两侧，在触媒层反应生成的热量由另一边的冷气带走。这一方法理论上较理想，但实际上很难做到使移走的热量达到要求，而且设备结构复杂。所以这种形式的转化器在硫酸工业史中只试验了一个阶段，没有推广就淘汰了。目前，随着高浓度二氧化硫转化工艺的开发和工业生产，德国拜耳公司又投入准等温操作工艺和转化器的开发。另一种方法，就是现在普遍采用的转化工艺，即先进行一段触媒层的反应，然后进行降温，再反应、再降温的方法。一般把此种方法称为中间换热法、中间换热式或绝热操作过程。即首先把进气加热到反应的起燃温度，再通入一段触媒层让其反应升高温度，然后进入换热器降温。这样连续几段下去，随着反应热减少，后面几段的温度范围越降越小，最后达到较高的转化率。这种工艺从每一段的局部来看是升温，但从整个反应过程来看，则是按着最适宜温度的要求而逐步把反应温度降下来的，因而虽然不是完全按着最佳温度在进行，但却是按接近最佳温度的变化要求来进行的。此过程的设备结构要比恒温条件下操作过程的设备结构简单得多，所以绝热条件下的操作过程得到了普遍的应用。这是转化反应过程为什么要进行多段反应、分段降温的原因。

绝热操作过程中的换热降温方式有两种：一种是利用换热器进行冷、热气体的加热和冷却（或称升温和降温），配置成的转化系列称为“中间间接换热式”；另一种是在两段反应之间直接掺入冷的进气或冷的干燥空气，达到降温的目的，以此配置成的转化系列称为“中间冷激式”。

为进一步阐述在一定触媒和一定进气浓度下的温度和转化率的关系，可按图 6－3 进行说明。

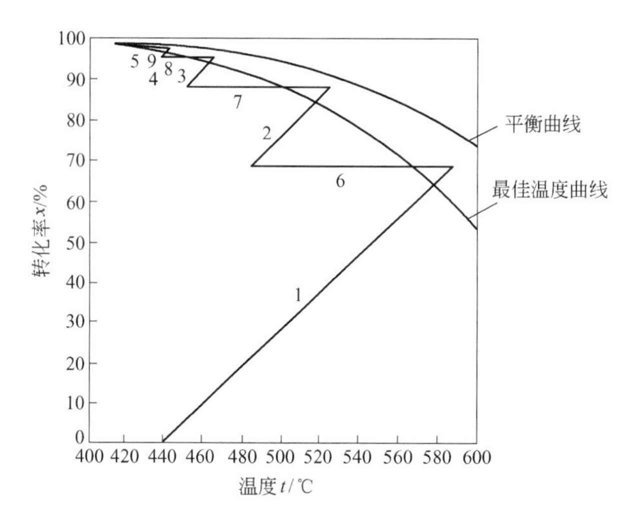

图 6－3　中间间接换热式转化器的温度 t－转化率 x 图

1～5—绝热反应段；6～9—换热降温线

从图 6－3 中可以看出，转化反应初期，即前面的反应段，离最佳温度曲线较远，转化反应后期，即后面的反应段，已经在最佳温度曲线附近。因反应初期二氧化硫的体积分数高、氧的体积分数高，反应过程的温度虽偏离最佳温度曲线较远，但反应速度较快，因此不会使触媒用量增大，而反应后期的反应物中二氧化硫和氧的体积分数降低，生成物三氧化硫的体积分数大幅提高，反应速度大大变慢，如不使反应在最佳温度曲线附近进行，则将大大增加触媒用量，或在一定触媒量的情况下，转化率大大下降、产量降低。

从上述可知，反应速度决定了二氧化硫转化所需要的接触时间，因而也就决定了触媒的用量。二氧化硫转化反应分的段数越多，就越接近于最佳温度，也就越能在反应速度较快的范围内进行，理论需用触媒量也就越少，最终转化率也就越高。但转化反应段数多了，换热设备必然增加，流程变得复杂，投资及占地面积也会相应增多。

在转化总段数和最终转化率确定以后，各触媒层的进出口温度和分段转化率的选择尽管各有不同的具体范围，但其依据是使触媒的理论用量最少，这是转化过程的设计和生产操作都必须遵循的原则。

在相同的进气成分下，要达到同一个转化率指标，转化器触媒层数越多，则触媒用量越少，但在转化器的触媒层数增加到四段以上时，触媒用量的减少并不多。因此，国内外一般都不采用五段以上的转化器，而大多采用四段和五段转化器。

6.3.2 转化器进气的体积分数

进入转化器的二氧化硫的体积分数是控制转化操作的最重要的参数之一，它的波动将引起转化温度、转化率和系统生产能力的变化。在一定触媒用量和一定通气量下，转化反应能否最有效地进行，主要取决于二氧化硫的体积分数的平稳性。

6.3.2.1 进气二氧化硫的体积分数与床层温度的关系

前人根据生产数据，计算并绘制出二氧化硫的体积分数与温度的相互关系如图 6－4 所示。

图 6－4 所示为转化反应在绝热情况下，不同体积分数的二氧化硫，其转化率每增加 1% 时的温升度数。图形近似一条直线。在实际运用上，要把查算出来的数值降低 4% 左右（一般工厂触媒层部位的热损失在 3% ～5%）才能与实测温度相吻合，即可认为是该进气体积分数下转化率增高时温度升高的数值。

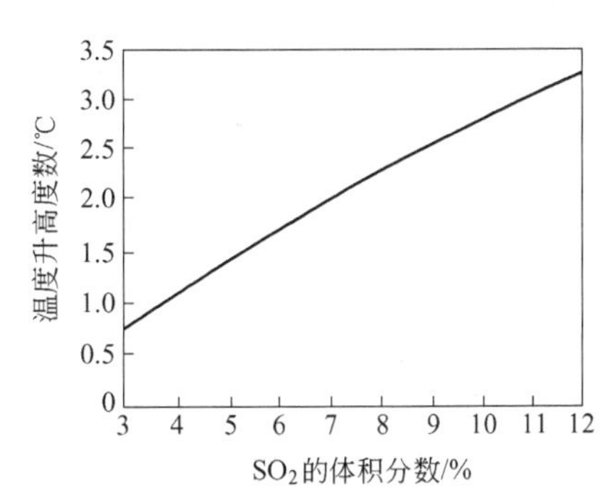

图 6－4 不同二氧化硫的体积分数下转化率每变化 1% 与温升的关系

例：进气二氧化硫的体积分数 8.0%，一层进口温度 430℃，一层的分段转化率为 67%，求一段触媒层的出口温度数值。

解：查图 6－4 得二氧化硫的体积分数为 8.0% 时，转化率每提高 1% 时的温升为 2.26℃，则一层出口温度为：

$$67 \times 2.26 \times \left(\frac{100-4}{100}\right) + 430 = 575.3℃$$

从设计和生产的角度讲，当采用较高的进气二氧化硫的体积分数时，因反应温升大，则第一段触媒层的转化率应相应降低，以使一层触媒出口温度接近而不超过触媒的耐热温度。当采用较低的进气二氧化硫的体积分数时，会使转化触媒层的总温升降低，并使整个转化系统的温度偏低，造成预热反应气体所需的换热面积大大增加。

6.3.2.2 进气二氧化硫的体积分数与转化率的关系

从平衡角度考虑，二氧化硫的体积分数低、氧气的体积分数高，有较高的平衡转化率；从反应速度考虑，氧气的体积分数越高，反应速度越快，也越能得到较高的转化率。

工业生产上希望提高进转化烟气中的氧气浓度，增大 O_2/SO_2 体积分数的比值，以获得较高的转化率，主要有以下两种方法：

（1）冶炼烟气制酸行业，因冶金炉在高富氧浓度、高冶金强度的生产过程中，进入冶金炉的氧几乎全部参与了反应，使得出冶金炉的冶炼烟气中二氧化硫的体积分数较高，氧气的体积分数较低，在经过进入硫酸系统的沿途的管道、设备漏入空气后，生产中一般在干燥塔进口补入适量空气，控制合适的进转化的烟气中二氧化硫的体积分数、增大进转化的烟气中 O_2/SO_2 体积分数的比值。

（2）“两转两吸”制酸工艺的应用，适时把已生成的三氧化硫吸收掉，提高二次进转化的烟气中 O_2/SO_2 体积分数的比值，再进行二次转化。

6.3.2.3　进气二氧化硫的体积分数与触媒用量的关系

冶炼烟气制酸行业，进转化的烟气随着二氧化硫的体积分数的增加，氧气的体积分数会相应下降，转化器中的反应速度下降，使得在达到一定的转化率条件下，触媒用量随之增大。从触媒用量角度考虑，进转化的烟气中二氧化硫的体积分数应控制低些，但从设计和装置建设费用角度考虑，进气随着二氧化硫的体积分数的降低，导致设备规格增加，装置投资费用增加。因此，在满足尾气二氧化硫排放的体积分数低于环保指标的前提下，生产中总是尽可能提高进气二氧化硫的体积分数，以提高产量，降低生产成本。

6.3.2.4　进气二氧化硫的体积分数与生产能力的关系

当进入转化系统的气量一定时，提高进气二氧化硫的体积分数，可以提高转化器的生产能力，但由于二氧化硫的体积分数提高，氧气的体积分数会下降，使反应速度下降，并且增加生产能力后，导致单位催化剂的反应负荷增加，如果催化剂的数量不变，将使转化率下降，从环保角度考虑，这不是理想的做法。为了达到规定的转化率，必然要增加催化剂数量，这导致转化器投资增加，另一方面，由于二氧化硫的体积分数提高，整个装置其他设备规格减小，投资也随之减少，因此，要在设计阶段从经济效益方面权衡考虑。

对于生产操作来说，转化器规格已确定、催化剂的量是一定的，在总转化率刚好满足规定指标时，如果提高进气二氧化硫的体积分数，引起反应速度下降和转化率的下降，为保证总转化率在规定指标，则必须减少催化剂上的反应负荷量，也就是降低生产能力。此时，操作气量虽然降低了，但对已有的设备和二氧化硫风机来说，节省操作费用的效果不明显，如果降低进气二氧化硫的体积分数，虽然可使反应速度加快、提高最终转化率，但如不增加气量，则会导致生产能力下降，而且增加气量会受到二氧化硫风机能力的限制。

6.3.3　转化器的通气量

进入转化器的气量多少，不仅直接影响转化温度、二氧化硫的体积分数和转化率的变化，而且决定着冶金炉的负荷、硫酸产量和全硫酸系统操作的状况。这不仅是转化操作最重要的条件之一，也是硫酸生产全系统最重要的操作条件之一。

实际生产中影响通气量的因素较多，全硫酸系统中只要有一个设备存在薄弱环节或操作不当，就可能影响通气量，这里仅就转化系统进行讨论。

6.3.3.1　硫酸产量与通气量的关系

硫酸产量越多，需要通气量就越大，可根据下式进行计算：

$$V_{标} = \frac{G}{98} \times 22.4 \times \frac{1}{x_r} \times \frac{1}{\eta_{吸}} \times \frac{1}{C_{进}} \tag{6-13}$$

式中　G——100%硫酸产量，kg/h；

x_r——最终转化率，%；

$\eta_{吸}$——吸收率，%；

$C_{进}$——进转化系统烟气中二氧化硫的体积分数，%；

$V_{标}$——标准状况下的通气量，m^3/h。

从式（6－13）可以看出，产酸量一定，通气量随进气二氧化硫的体积分数的增加而减小，而且在二氧化硫的体积分数较低状况下，二氧化硫的体积分数增加，通气量减小的幅度较大，反之，则小。

6.3.3.2 触媒床层阻力与通气量的关系

转化系统由阀门、管道、换热器及各触媒层组成的总阻力中，触媒层阻力约占50%，而且在各项阻力中，触媒层阻力容易上升且变化最大。所以生产中，触媒层阻力的大小实际就成了通气量的决定因素。

触媒层阻力随床层气体流速的增加（即通气量增加）而增大，对于新装的触媒，气体阻力较小，可以有较大的通气量。因为二氧化硫风机大都为离心风机，风机的风量和升压是按其特性曲线操作的。系统的气体阻力下降，则风量上升，较大的通气量又使系统的气体阻力上升，使得与风机的特性曲线达到新的平衡点。由于通气量增加，系统生产能力增加（二氧化硫的体积分数不变时），在触媒量不变的情况下，转化率会稍有下降，所以，通气量的增加，不仅受二氧化硫风机的限制，也受规定达到的转化率的限制，不能增加太多。随着生产中触媒层阻力的上升，通气量会逐渐减小，直至大修时筛分或更换触媒。

6.3.3.3 转化系统热平衡与通气量的关系

转化系统热平衡状况决定着通气量的最大值、适宜值和最小值。

在确定的转化系统，换热面积、保温已确定，在一定的二氧化硫的体积分数下，随通气量增加，反应热增多，而换热量不能成比例增加，当旁路阀门已全关，而后面数层进口温度还降不下来，比正常操作指标普遍偏高，各段进口温度无法调节，转化率比较低，这说明转化系统的热负荷已达到了最大程度。一般把该情况下的通气量称为热平衡所限制的最大通气量，也就是说，转化系统的最大通气量取决于转化系统的最大热负荷。

反之，当通气量减小时，反应热减少，换热的负荷量减少（需开大旁路阀调节），前一层或两层的进口温度在指标之内，反应基本正常，后面数层的温度已低于触媒的起燃温度，触媒层出口温度低于进口温度，旁路阀已全开，转化率较低，这说明转化系统的热负荷已达到了最低程度。这种情况下的通气量就是转化系统的最小通气量，也就是说，转化系统的最小热负荷决定着转化系统的最小通气量。

通常操作在上述两种情况之间，旁路阀已开一部分，转化各层进口温度都维持在最佳范围之内，转化率达到规定指标，这时的通气量称为适宜的通气量。

系统大修后（或新建系统）进行触媒升温过程中，或在转化器短时停车、保持温度后再开车中，也存在最大通气量、最小通气量和适宜通气量的问题。通气量适当与否，直接影响升温速度和能否正常开车。通气量大，温度上升得慢，过大（超过了换热设备当时能供给的热量）反会使温度下降（温度被冲垮了）。通气量小，温度上升得也慢，对短期停车后的系统开车来说，温度恢复正常需要的时间就比较长，过小，会随着时间的延长而把温度拖垮。大修后转化系统升温，通气量小，一层进口温度在开始阶段升得较快，而后面各层温度的上升则很慢，整个转化器升温至正常的时间要拖长。根据当时温度情况，如通气量一开始就开得比较适宜，随着温度上升又能及时正确地调节，转化各层温度就可迅速地达到正常的操作指标。

6.3.3.4　转化率与通气量的关系

在进气二氧化硫的体积分数、触媒数量一定的情况下，增加气量也就增加了二氧化硫进入量，减少了气固反应时间，使转化率相应下降。同样道理，减少通气量可使转化率有所提高，但结果是生产能力下降。

实际生产中，硫酸生产的尾气排放指标受国家环保排放指标的限制，要求必须达到一定的转化率，这决定了通气量的大小。

6.4　转化工艺流程

6.4.1　二氧化硫转化工艺流程

6.4.1.1　二氧化硫转化工艺

在二氧化硫气体转化反应外部换热式转化流程中，反应过程与换热过程分开进行。二氧化硫气体在触媒床层中进行绝热反应，温度升高到一定程度后离开触媒床层，进入外部换热器降温，然后进入下一段触媒床层进行反应。为了达到较高的转化率，二氧化硫气体必须经多段催化转化。两段床层间的换热过程通常是在管壳式换热器中进行，即是将在触媒床层反应后的热转化气与未反应的冷二氧化硫烟气换热。

硫酸行业发展中，有一次转化、一次吸收流程（简称“一转一吸”）和两次转化、两次吸收流程（简称“两转两吸”）。

“一转一吸”流程，是指二氧化硫气体经多段触媒层转化反应后只经过一个吸收塔，吸收转化反应生成的三氧化硫后就排放。这种流程简单，但转化率相对较低，一般不超过97%。随着环保意识的不断提高，硫酸生产的尾气二氧化硫排放标准越来越严，一次转化流程不能满足这一要求，因此，目前已基本全部是“两转两吸”流程。

“两转两吸”流程是指进转化二氧化硫烟气经过两层或三层触媒层转化反应后，转化气送去第一吸收塔吸收三氧化硫，吸收后的烟气再进入转化器，经一层或两层触媒层转化反应后，最终转化率达到规定的指标，二次转化后的烟气再去第二吸收塔吸收三氧化硫。

“两转两吸”流程与“一转一吸”流程相比，具有以下的特点：

（1）最终转化率高。由于一次转化后气体中的三氧化硫被吸收掉，气体中剩余的氧气和二氧化硫的体积分数比值很大，使二次转化二氧化硫本身的平衡转化率明显提高，使得最终转化率大大提高。更重要的是，当三氧化硫被吸收掉后，重新转化时远离平衡转化率，逆反应速率很小，总反应速率比吸收前快得多，达到同样最终转化率所需触媒量要少得多，而且由于平衡的限制，在进气二氧化硫的体积分数较高时，对于一次转化最终转化率不超过97%，而两次转化的最终转化率则达到99.7%以上。

（2）能够处理二氧化硫的体积分数较高的气体。提高初始二氧化硫的体积分数（一般情况下氧气的体积分数随之下降）带来平衡转化率下降，但由于一次转化后吸收掉生成的三氧化硫，即使初始二氧化硫的体积分数较高，二次转化时远离平衡，最终仍可得到较高的总转化率。但是两次转化流程对二氧化硫的体积分数的提高也不是无止境的，实践证明，进转化烟气中二氧化硫的体积分数长时间超过13%时，一层出口烟气温度超过触媒的耐热温度，会影响生产。

（3）所需换热面积较大。由于增加了中间吸收塔，热量损失较大。气体又需再次从80℃左右升高到420℃左右，所需换热面积大。实际生产中，“两转两吸”流程每天生产1t硫酸需10～14m^{2}的换热面积。在总传热系数相同的情况下，“一转一吸”流程所需换热面积约为它的40%。

6.4.1.2 常用一次转化工艺流程

一次转化流程主要是根据转化触媒层数和换热方式来确定的，目前常用流程主要有四段转化中间间接换热式流程、五段转化炉气冷激式流程和四段转化空气冷激式流程3种。

A 中间间接换热式流程

中间间接换热式流程是接触法硫酸生产最早采用的流程，转化触媒层数由少逐渐变多，至20世纪50年代发展为四段，甚至有五段。我国目前采用较多的为四段转化中间间接换热式流程，具体如图6－5所示。

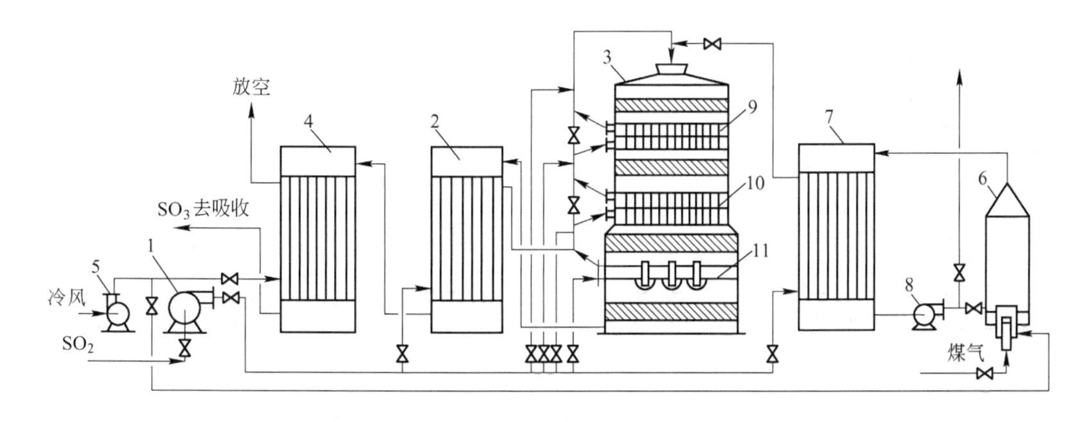

图6－5 四段转化中间间接换热式流程

1—主鼓风机；2—外热交换器；3—转化器；4—三氧化硫冷却器；5—冷风机；6—加热炉；7—预热器；8—热风机；9—第三换热器；10—第二换热器；11—第一（盘管）换热器

该流程的特点是：一、二、三段触媒后换热器都设置在转化器内，因而配置较简单，设备紧凑，气体管线短，系统阻力小；但也存在换热器内气速低，传热系数小，换热器面积偏大，同时，内置式换热器维修也不方便。

B 炉气冷激式流程

炉气冷激式流程是20世纪50年代末发展起来的，多用在四段以上的转化器上，具体如图6－6所示。

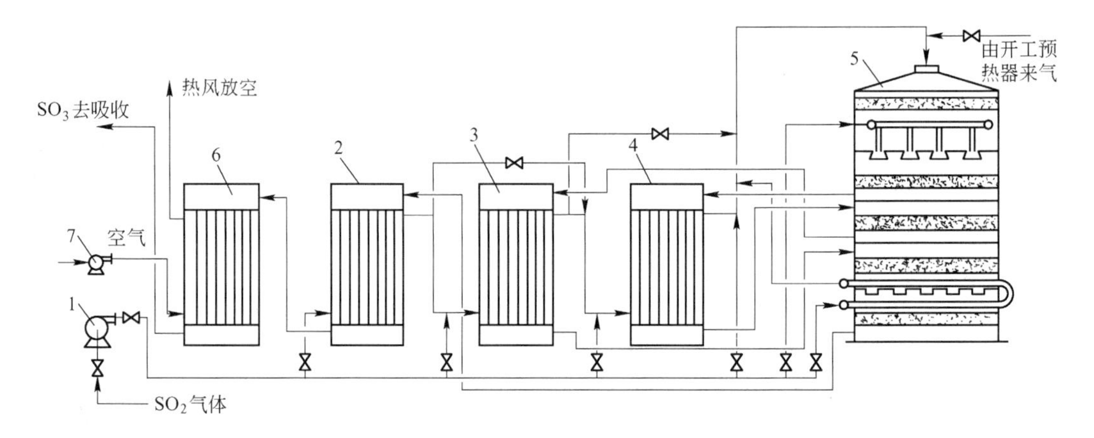

图 6-6　炉气冷激式流程

1—主鼓风机；2—冷热交换器；3—中热交换器；4—热热交换器；
5—转化器；6—三氧化硫冷却器；7—冷风机

此流程为我国南化氮肥厂开发出的流程，其特点是：省去了一、二段间的热交换器，四、五段间热负荷较小，采用了两排列管做换热器，结构简单，检修方便。

C　空气冷激式流程

空气冷激式流程与炉气冷激式流程相似，主要用于硫黄制酸系统和炉气中二氧化硫的体积分数高于7.5%的硫铁矿制酸系统（主要是考虑转化系统的热平衡）。具体如图 6-7 所示。

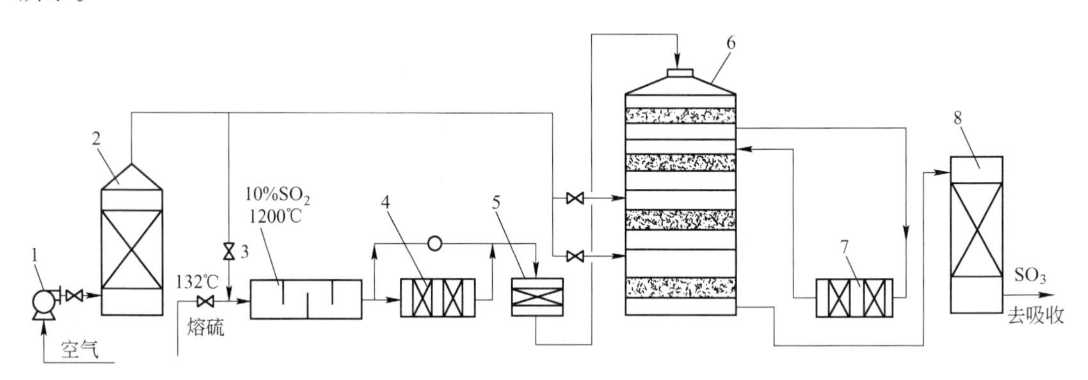

图 6-7　空气冷激式流程

1—空气鼓风机；2—空气干燥塔；3—焚硫炉；4—废热锅炉；
5—过滤器；6—转化器；7—锅炉蒸发区；8—省煤器

该流程的主要特点是：炉气中氧浓高，易于提高系统产能，换热器少，可节约投资。

6.4.1.3　常用两次转化工艺流程

目前常用的两次转化流程有“3+1”四段式转化流程和“3+2”五段式转化流程。生产中通常用一、二次转化触媒床层数和二氧化硫气体通过换热器的次序来表示，如四段式转化流程有“3+1”Ⅲ、Ⅰ-Ⅳ、Ⅱ转化流程（见图 6-8）和“2+2”Ⅱ、Ⅲ-Ⅳ、Ⅰ转化流程（见图 6-9）两种换热流程。

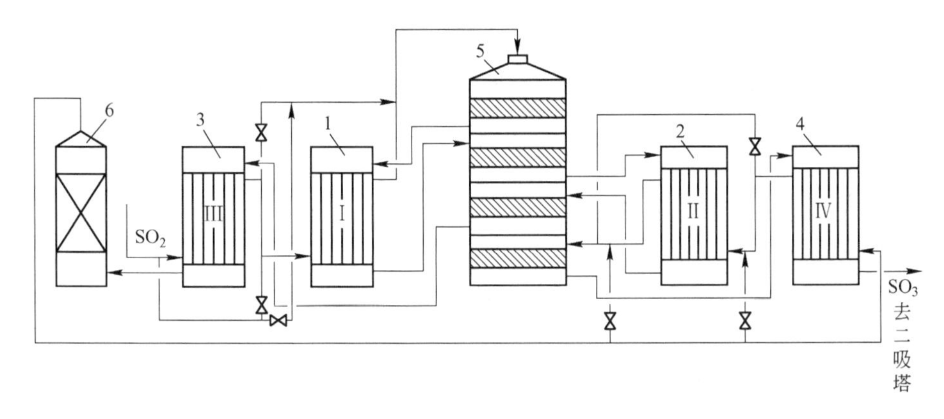

图 6-8 “3+1” Ⅲ、Ⅰ-Ⅳ、Ⅱ转化流程
1~4—第Ⅰ~第Ⅳ换热器；5—转化器；6—中间吸收塔

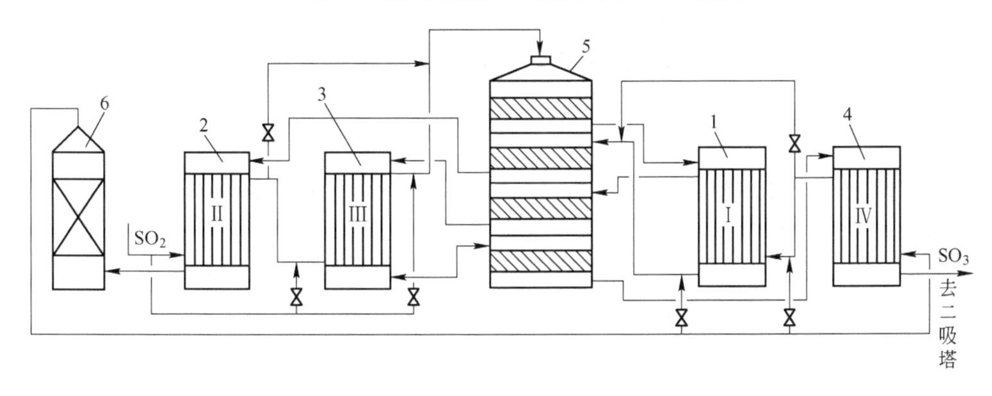

图 6-9 “2+2” Ⅱ、Ⅲ-Ⅳ、Ⅰ转化流程
1~4—第Ⅰ~第Ⅳ换热器；5—转化器；6—中间吸收塔

为充分利用一层触媒出来的烟气温度高、热负荷大的特点，有的流程中把Ⅰ换热器分成两个（I_a 与 I_b），分别用于一次转化和二次转化侧。

两次转化的总转化率 $x_{总}$ 一般按下式计算：

$$x_{总} = x_1 + (1 - x_1)x_2 \tag{6-14}$$

6.4.2 高浓度二氧化硫转化技术

有色冶金采用富氧熔炼，产生出二氧化硫体积分数高和氧气体积分数低的气体。例如，铜冶炼工业中，“闪速熔炼炉” + “闪速吹炼炉”的冶炼工艺的工业化生产中，入炉气体为氧气的体积分数 90% 左右的富氧空气，炉口处的冶炼烟气中二氧化硫的体积分数高达约 40%。由于受到目前的催化剂性能的限制，生产中需在干燥塔进口加入空气稀释，将进转化烟气中二氧化硫的体积分数降低并达到一定的 O_2/SO_2 体积分数比例。

有人曾对采用较高二氧化硫的体积分数制酸从经济上进行过比较，见表 6-5。显然，采用较高的体积分数二氧化硫生产制酸在经济上比较合理。

要实现较高体积分数二氧化硫（如 18%）和 O_2/SO_2 体积分数比低的原料气转化，达到尾气中二氧化硫的体积分数符合排放标准，总转化率必须达到 99.9% 以上。关键是制备出在 380~390℃下高活性的催化剂和在 650℃以上热稳定性好的催化剂（即在 650℃以上有长期稳定的活性），而且要设计出合理的工艺流程。

表 6-5　不同二氧化硫的体积分数的气体生产硫酸的经济比较（1000t/d 规模）

二氧化硫的体积分数/%	10	16
气量/$m^3 \cdot h^{-1}$	93000	58150
基建费/万元	12600	10080
风机装机容量/kW	1900	1200
电费/万元 · a^{-1}	882	550

6.4.2.1　低温高活性催化剂

正如前文所述，目前世界上已经有德国巴斯夫公司、美国孟莫克公司和丹麦托普索公司开发出在 380～390℃下具有高活性的催化剂，这种催化剂是在常规钾－钒催化剂中添加少量铯（Cs），增加其低温活性。大型装置的硫酸生产企业已广泛使用这种铯催化剂。

在常规钾－钒催化剂中添加少量铯，增加其低温活性，这是由于铯盐在低温下（420℃以下）能使熔融体中 V^{5+} 稳定。常规钾－钒催化剂在低于420℃以下，钒化合物还原为 V^{4+}，并从熔盐中析出，导致活性明显下降。含铯催化剂直到温度远低于400℃，其活性才由于钒盐的析出而开始下降，在温度较低时（380～390℃），含铯催化剂的反应速度虽有所降低，但其值仍较高，可维持较高的转化率。

6.4.2.2　高温稳定性催化剂

进转化系统二氧化硫的体积分数高达 18% 时，由于绝热温升大，即使一层进气温度控制在 390℃、一层转化率维持在 60% 的水平，床层温度仍将高达约 670℃，远远超过当前使用的触媒的耐热温度。目前，国外的触媒生产商已在开发耐热温度为 700℃ 的耐高温触媒，一旦其投入工业化应用，将对硫酸行业产生深远影响。

6.4.2.3　高浓度二氧化硫气体转化新流程

随着“闪速熔炼炉”＋“闪速吹炼炉”的铜冶炼工艺的工业化生产，配套的硫酸系统为降低单位产量的处理气量，实现大规模单系列生产，德国鲁奇公司开发出高浓度二氧化硫转化新工艺，将进转化烟气二氧化硫的体积分数提高至 18%，减少总处理气量 25%，使得硫酸装置的投资费用大幅降低，生产成本大大下降。

山东阳谷祥光铜业公司硫酸装置采用了鲁奇公司开发并申请了技术专利的 LUREC™ 工艺，已于 2007 年 8 月份试生产，同年 12 月正式投产。

LUREC™ 高浓度二氧化硫转化技术的基本原理是：将经三层触媒床转化后的烟气分出一小部分，用高温循环风机送入转化器一层进行再循环。由于经三层触媒床转化后的烟气中二氧化硫的体积分数较低且含有较高体积分数的三氧化硫，混合后可降低一层触媒床二氧化硫的体积分数，且一层触媒床二氧化硫平衡转化率受到限制，从而使一层烟气出口温度控制在 630℃以下。该装置工艺流程如图 6－10 所示。

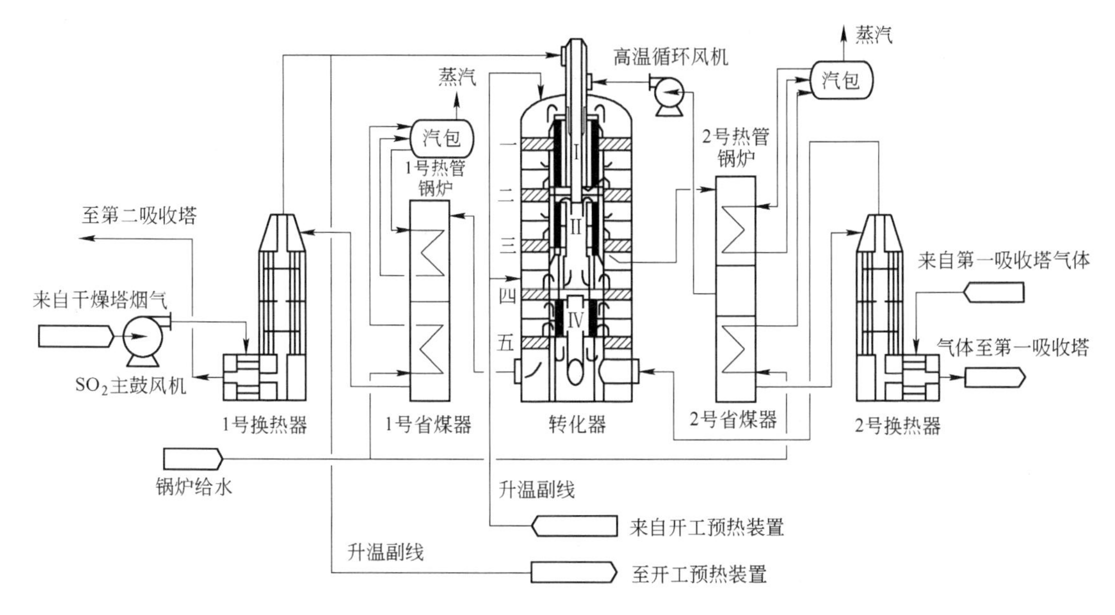

图6-10 LUREC™高浓度二氧化硫转化系统工艺流程

6.5 转化设备

6.5.1 转化器

目前采用较多的转化器形式是外部换热型转化器，其他类型的转化器应用较少。无论采用何种形式转化器，都必须充分考虑以下因素：

（1）转化器设计应使二氧化硫转化反应尽可能地在接近于适宜温度条件下进行，单位硫酸产量需用触媒量要少，一段出口烟气温度不要超过600℃。

（2）转化器生产能力要大，单台转化器能力要与全系统能力配套。

（3）二氧化硫反应放出的热量应能最大限度地回收和合理利用。

（4）设备阻力要小，并能使气体分布均匀，以减少动力消耗。

（5）设备结构应便于制造、安装、检修和操作，使用寿命长，投资费用低。

传统的外部换热型转化器用碳钢作壳体，内设多层水平安装的触媒床，层与层之间用完全气密的隔板分隔。用金属箅子板支撑触媒，箅子板上用惰性耐火瓷球作底层，以避免触媒与箅子板直接接触。在触媒床层上覆盖一层惰性耐火瓷球，以改善气体分布。触媒床层的支撑结构，采用多支撑钢管立柱结构。在装填触媒部分的壳体衬砌耐火砖，无衬砖部分如触媒床层上部及顶盖，用喷铝层保护碳钢免受高温烟气侵蚀。

目前，大型装置的转化器一般采用304不锈钢取代传统的碳钢，不用内砌砖。为便于对筛分周期较短的第一层触媒装卸，将第一层触媒床放在最下面。

为保证转化器壳体温度处于硫酸蒸气露点以上，以及短时间停车后不需要预热升温就可以直接开车，转化器外部设置隔热性能良好的保温层，以使热损失减至最低限度。

转化器每段触媒层进出口都装有压力表和热电偶，以正确测定各点温度和压力。一般在相同水平面上装2～4对热电偶。测触媒层进口气体温度的热电偶要装在触媒层上表面高约 200mm 处，不要接触到触媒。测触媒层出口气温的热电偶要装在箅子板下方约 200mm 处。若要测触媒层的最高温度，可把热电偶装在床层下部触媒与耐火瓷球交界面处，但测出的数值是触媒层的局部温度，不能代表该层气体出口温度的平均值。

不同的装置，转化器各层触媒的装填比例相差不大。如一套 300kt/a 的“两转两吸”硫酸装置，转化器各层触媒的装填量及比例为：一层，41m^3，占 19.5%；二层，52m^3，占 24.7%；三层：57m^3，占 27.1%；四层，60m^3，占 28.6%。

外部换热型转化器的构造如图 6－11 所示。

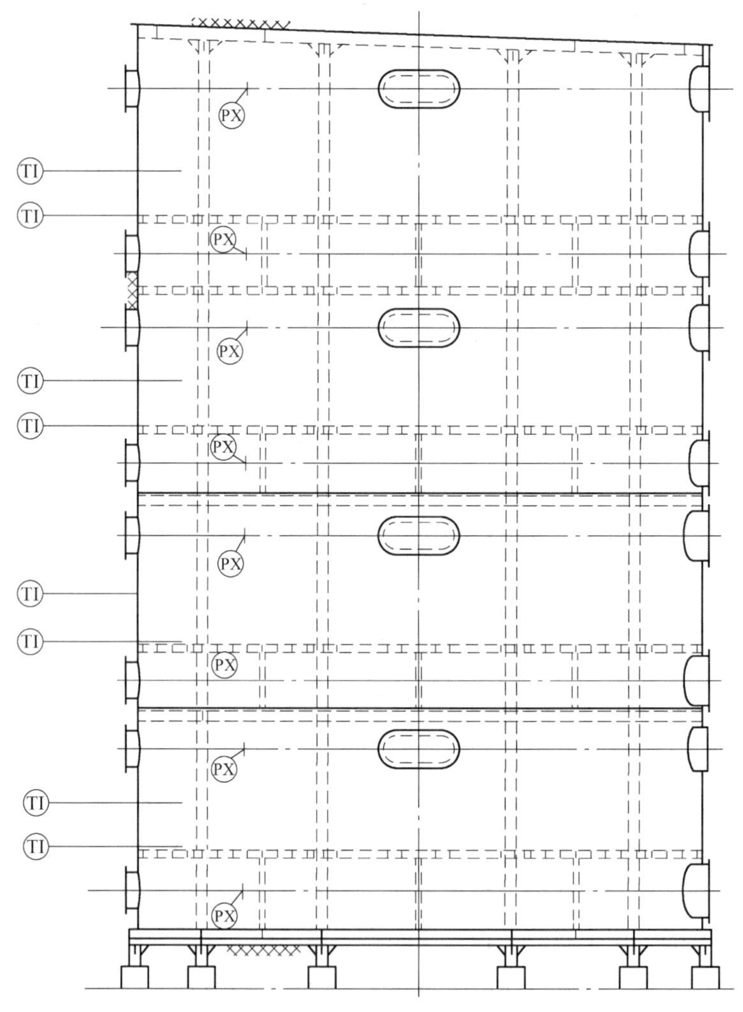

图 6－11　外部换热型转化器的构造

PX—压力测点；TI—温度测点

6.5.2　换热器

换热器的主要用途是进行转化器触媒层间的气体冷却，使转化反应的三氧化硫烟气温度降到各层进口温度的适宜范围之内，而炉气本身进一步被加热到一层（或四层）进口所需要的温度指标，回收从转化器带出的热量和二氧化硫反应的部分热量，维持转化系统的热平衡。

各种换热器的换热面积的大小主要是由交换的热量、平均温差和总传热系数决定的，其关系式为：

$$F = \frac{Q}{K\Delta t} \tag{6-15}$$

式中 F——换热面积，m^2；

Q——换热量，kJ/h；

Δt——管内外平均温差，℃；

K——总传热系数，W/(m^2·K)。

传热面积 F 与交换的热量 Q 成正比，与平均温差 Δt 和总传热系数 K 成反比。总传热系数随气速增加而增大，随气速减小而下降。

生产中，在通气量一定时，传热面积往往随二氧化硫的体积分数波动而不足或富裕，这主要是由交换的热量和温差的变化造成的影响。

用于各段触媒层之间的热热换热器，二氧化硫的体积分数的变化对其换热面的影响较小。二氧化硫的体积分数高，转化反应生成的热量多，气体温升幅度大，换热器的温差也大。反之，二氧化硫的体积分数低，反应生成的热量少，气体温升幅度小，换热器温差小。因此，二氧化硫的体积分数的高低对转化热热换热器面积影响不明显。二氧化硫的体积分数的变化对冷热换热器（指外部换热器）的换热面积的影响很大。这主要因为在不同的体积分数条件下需要交换的热量发生了变化。二氧化硫的体积分数高，热热换热器交换的热量多，冷热换热器的面积因而可以减少；二氧化硫的体积分数低，热热换热器交换的热量少，就必须增加冷热换热器的面积，以保证转化装置热平衡所要求的热量。

用于二氧化硫转化工序的换热器主要是管壳式。管壳式换热器的结构如图6-12所示。

换热器的壳体常用8~14mm厚的钢板卷焊制成。为防止高温氧化腐蚀，在换热器内壁和列管外壁喷一层厚0.2~0.3mm的铝，或采用渗铝钢管制作。换热管采用无缝钢管，常用规格是ϕ51mm×3.5mm，一般用胀接法固定在上下花板上，也有的用焊接法固定在花板上。换热管以正六角形排列法用得较多，正六角形排列法又分为圆心无管子和在圆心有管子两种，圆心有管子的排列方法用得较多。管间一般设有折流板，以提高传热效率。为便于换热器列管的抽、装和使气体有较好的分布，折流板的孔径略比换热管直径大1.5~2.5mm。为防止温度变化引起换热器壳体变形或断裂，在换热器壳体的1/2或1/3处设有膨胀节。

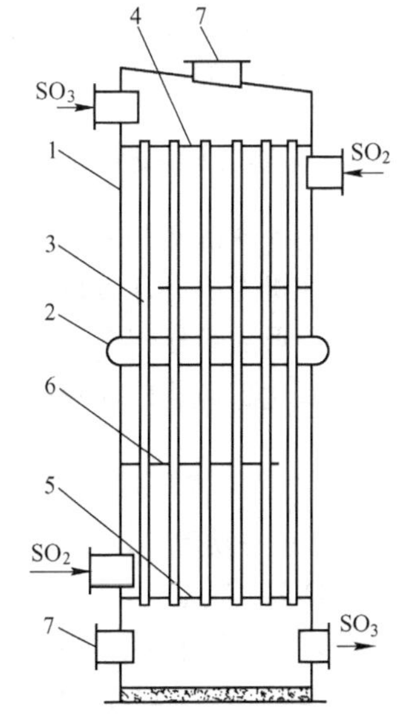

图6-12 管壳式换热器的结构
1—壳体；2—膨胀节；3—列管；4—上花板；5—下花板；6—折流挡板；7—人孔

换热器的烟气走向，一般是热气流从上向下，冷气流从下向上，也就是说，三氧化硫气体在换热管内自上向下流动，二氧化硫气体在换热管间自下向上流动。这主要是考虑了如下因素：

（1）转化后的三氧化硫烟气中带有触媒粉末，容易沾于管壁上造成堵塞。在管内自上而下流动，可减轻换热管的堵塞并便于检查清理。

（2）三氧化硫烟气温度高，在管内流动可减少辐射热损失，对热平衡和环境有利。

（3）三氧化硫烟气对设备腐蚀性强，在管内流动只会腐蚀管子内壁，对换热器壁无腐蚀作用，冷凝酸也易排出。

换热器性能的好坏主要体现在换热器单位压降的传热系数 K 上。常规的管壳式换热器中，碟环式换热器是传统折流板换热器的进一步改进，它的主要特色是采用碟、环式挡板代替老式的圆缺形折流板，且在中心区域不布列管，可显著降低壳程阻力和滞流区，传热系数 K 值较高。碟环式换热器示意如图 6－13所示。

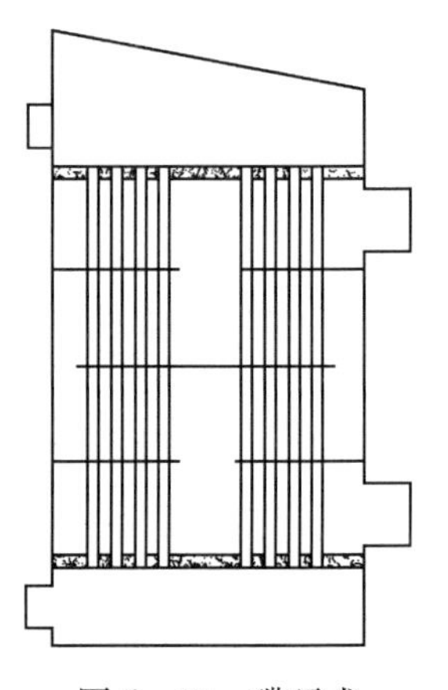

图 6－13　碟环式换热器示意

随着高浓度二氧化硫转化技术的应用和硫酸装置大型化的发展，为克服高温三氧化硫烟气的氧化腐蚀，一般将转化一层出口的换热器用 304 不锈钢制作，其他高温区的换热器采用喷铝或渗铝钢；为克服冷热换热器在二氧化硫烟气进口的低温腐蚀，一般将冷热换热器下花板以上约 1m 的换热管用 316L 换热管，也有的在冷热换热器前串联一台 316L 材质制作的卧式小换热器，以代替主换热器被腐蚀。

换热器设备近些年出现了新型的缩放管结构，这种换热器的特点：一是采用双面强化传热的缩放型传热管，对管内外两侧气体均有促进界面湍流，从而有效地加强换热管内外壁近壁处传热滞流底层的对流传热作用，强化了对流传热，大大提高了换热器的总传热系数，节省传热面积；二是采用漩流片支撑，可使经过支撑物的流体形成自漩流的流动状态，从而可以发挥管间支撑物的对流强化传热作用。这样可在低阻力条件下获得高的传热效果。新建大型硫酸装置的换热管大多采用缩放管换热器。

6.5.3　二氧化硫风机

目前，我国硫酸装置上使用的二氧化硫风机大多是离心式鼓风机。离心式鼓风机主要是利用在机壳内高速旋转的叶轮所产生的离心力作用，将气体甩向叶轮外圆周受压缩排出，中心形成负压将气体不断吸入叶轮。

二氧化硫风机的功率一般用下式计算：

$$N = \frac{QHy}{3600 \times 102\eta} \tag{6-16}$$

式中　N——功率，kW；

Q——风量，m^3/h；

H——总压头，kPa；

y——气体密度，kg/m^3；

η——风机的效率，一般取 0.8。

式（6－16）表示了风机风量与功率、压头、气体密度和风机效率的相互关系。

6.5.4　工艺管道

转化工序工艺配管的设计考虑到大型装置管道刚性强、热变形引起的应力大、变形严重等问题，在转化工序一般均配置由不锈钢波纹补偿器、弹性支座及拉杆组成的柔性管系，从而有效防止设备及管道的拉裂。

6.6 转化生产操作

6.6.1 操作技术指标和正常操作调节

6.6.1.1 操作技术指标

“两转两吸”装置的转化工序常规操作技术指标如下：

（1）进气二氧化硫的体积分数小于12%。

（2）最终转化率为99.85%。

（3）转化温度：一层进口，420～430℃；一层出口，小于630℃；二层进口，440～460℃；三层进口，420～440℃；四层进口，420℃～430℃。若转化器一层、四层装填低温触媒，则进口温度一般控制在390～400℃。

（4）转化器触媒升降温。

开车升温进度（以一层进口为准）：

第一班，常温→150℃，每小时升20～25℃；

第二班，150℃恒温4h，150℃→200℃，每小时升10～15℃；

第三班，200℃→300℃，每小时升10～15℃；

第四班，300℃→360℃，每小时升8～10℃；

第五班，360℃→410℃，每小时升5～8℃；

第六班，410℃→420℃，每小时升2～4℃。

停车降温进度（以最高一层为准）：

第一班，热风降温，保持一层进口大于400℃，吹净6～8h；

第二班，400℃→300℃，每小时降10～15℃；

第三班，300℃→220℃，每小时降10℃；

第四班，220℃→160℃，每小时降8～10℃；

第五班，160℃→110℃，每小时降6～8℃；

第六班，110℃→80℃，每小时降4～6℃。

升降温进度因各厂电炉或开工炉的能力不同而有差异，但总时间不宜太短。

6.6.1.2 转化反应温度的调节

调节转化各层进口温度，是二氧化硫转化操作的中心环节。操作工的主要任务就是通过精心调节，严格控制住各层进口温度，使其保持在规定的适宜范围内，充分发挥触媒的效能，提高转化器的能力。

调节转化各层进口温度的原则是：

（1）转化反应温度直接和进气二氧化硫的体积分数有关，调节时必须从全系统考虑。二氧化硫的体积分数由炉气制取工序决定并受净化工序影响，不能孤立地考虑转化温度如何调节，而必须从全系统做全面考虑。

（2）掌握全系统变化规律，弄清全系统和本工序的变化趋势。对于转化温度，要特别强调预见性调节，操作时以预见性调节为主。防止不研究分析，不考虑判断，见到某一变化就轻率地做出调节动作，以避免造成误操作或调节频繁、波动大、收效甚微，甚至适得其反。

（3）转化各段温度是互相关联的，各旁路阀门的作用虽重点各有不同，但动作起来造成的影响不只是某一层的进口温度，往往同时影响两层或更多层的温度。因此，调节转化温度要防止“头痛医头、脚痛医脚”的简单做法。

（4）调节温度过程中，一次动作不要过大，应力求避免温度的急升急降，操作中要强调平稳性。

（5）每次调节后，要等看出变化结果以后再进行下一次动作。强调操作调节及时，反对操之过急。

（6）各段进口温度的调节通过各换热器的副线阀门的开关进行，在各段温度可以维持的前提下，各旁路阀门应力求开大和全开，以减小阻力、增大气量。若已将各旁路阀门全开或已适当开大，转化温度仍高于指标规定范围，这时应考虑降低二氧化硫的体积分数和适当减小气量，也可在降低二氧化硫的体积分数的情况下加大气量。若已将各旁路阀门全关，温度仍在继续下降，这时应考虑提高二氧化硫的体积分数或适当减小气量。当气量减小到一定程度后温度还不能维持时，这时应立即从外部补充热量（如启用电加热炉等）。

6.6.1.3　转化器气量的调节

转化器气量的大小主要是由二氧化硫风机进口阀门来控制的。调节要点有：

（1）正常情况下，应按照全硫酸系统中能力最小的设备所允许的最大通气量，并尽量加大气量，但并不是要把风机开到满负荷，而是要尽量加大气量，把系统能力充分发挥出来。

（2）开大或关小风机时，均应缓慢进行。如气量需要增大或减小很多时，一般要求分几次进行，否则会明显地影响触媒的动平衡、引起温度的剧烈波动，使转化率下降。一次调节气量过大，也会影响其他岗位操作。

（3）为均衡生产，应尽量控制气量不变。大修后设备阻力小，风机进口阀门尽可能开小些，随着系统阻力上升再逐步把风机阀门开大，一直到满负荷运行。风机满负荷后，经过一段时间，通气量会随阻力的上升而开始下降，下降到一定程度后再停下大修。

（4）当二氧化硫的体积分数低、转化器一层出口温度降低，后续触媒层温度逐步下掉时，应减少通气量，这是为了提高二氧化硫的体积分数、减少热损失，建立新的热平衡或减慢温度的下降速度。

（5）如转化器各层温度偏高，转化率较低，各旁路阀门已全关，这说明转化系统热负荷过大。如进气二氧化硫的体积分数较高，这时应首先降低二氧化硫的体积分数，其次是适当减小气量。

（6）转化工序前后各岗位的并联设备如有部分停用（如冲洗电雾等），应适当减小气量。转化工序前后各岗位的单台设备发生故障停用时，如干燥塔酸泵跳闸，应立即停下二氧化硫风机。

6.6.1.4 进气二氧化硫的体积分数的控制

转化器进气二氧化硫的体积分数的调节主要是由冶金炉烟气二氧化硫的体积分数控制，其次是通过净化工段的脱气塔和干燥塔进口的补空气量来调节。控制的要点有：

（1）开、停车和转化温度不正常时，需联系把二氧化硫的体积分数临时控制在某个范围内来适应转化温度调节的需要。开车时，二氧化硫的体积分数一般需控制得低一些；停车前提温时，二氧化硫的体积分数一般需控制得高一些。转化温度偏高时，二氧化硫的体积分数一般需控制得低一些；转化温度偏低时，二氧化硫的体积分数一般需控制得高一些。

（2）根据系统安全生产的需要，把二氧化硫的体积分数上限严格控制在触媒的耐热温度以下，二氧化硫的体积分数下限严格控制在转化系统热平衡的体积分数以上，以提高系统生产周期和降低生产成本。

目前，大型硫酸装置中，转化温度、二氧化硫的体积分数和通气量的调节均实现了自动化控制。如转化温度的控制，通过检测仪表输出控制信号，通过执行机构调节各旁路阀门来实现。

6.6.2 转化工序和全系统的开车

二氧化硫气体转化成三氧化硫气体是在400～600℃温度范围内进行的，因此在岗位开、停车时就有一个升降温过程。使用新触媒开车时，触媒存在硫化饱和阶段（虽然目前所用的新触媒在制造厂已经进行了预饱和处理，但在开车时仍有较猛烈的硫化饱和现象，处理不当，温度就会迅速地超过600℃，有损触媒的活性），旧触媒经过筛分重新装回转化器后，开车过程中也有硫化饱和现象，温度也有突升阶段，不过没有新触媒那样强烈，不需要采取什么措施，所以使用新触媒和使用旧触媒的开车方法有所不同。

6.6.2.1 使用新触媒开车

使用燃烧轻柴油或天然气作为转化开车升温系统的，首先启动开工炉风机将加热炉气体进行置换，取样分析得到氧气的体积分数大于20%时即可点火，温升速度每小时不超过50℃。在预热器未通气使用前，加热炉出口温度不得超过450℃，通气使用后，加热炉出口最高温度不得超过620℃，严防把预热器列管烧坏。如用电炉升温，则在通气时把电炉通电即可。

干燥塔循环泵运行正常，干燥塔进口的补空气阀门或净化工序的人孔打开后，即可按启动二氧化硫风机的程序启动二氧化硫风机。

风机启动正常后，打开风机进口阀，将经干燥塔干燥的空气送预热器加热后通入转化器，以提升触媒层温度。触媒层每小时温升最大不超过30℃。为了不使一层触媒温升过快，同时又能充分发挥加热炉的能力，在开始升温阶段就使用较大风量操作，以尽快提高整个转化器各触媒层的温度。

当一层触媒入口温度达到400℃时，即通知净化等岗位做好通气准备工作，开泵运行并开始通入二氧化硫烟气。

通入二氧化硫烟气后，一层触媒出口温度迅速升高，如升到570℃时还有继续猛升的趋势，这时应立即降低进气二氧化硫的体积分数，防止一层触媒温度超过620℃。待一层触媒出口温度开始下降，说明一层触媒已被硫化饱和，再逐步提高二氧化硫的体积分数至正常值。

进一步调节转化器各旁路阀、调节气量、调节二氧化硫的体积分数，使转化器各层温度控制在规定的指标范围内，转入正常生产。

6.6.2.2 使用旧触媒开车

使用旧触媒的开车方法与使用新触媒的开车相比较，主要不同点是无硫化饱和阶段，或者说硫化饱和阶段不如新触媒那样明显。所以在升温操作上可不考虑先通入体积分数低的二氧化硫气体，而是直接通入较高体积分数的二氧化硫气体来升温，一般情况下，一层触媒出口温度不会猛升超过620℃。如有可能超过620℃时，可暂时调低烟气二氧化硫的体积分数，待5~10min后再继续恢复至正常。其余升温操作步骤和新触媒的开车方法相同。

6.6.2.3 短期停车保温后开车

转化器停车保温时间较短（不超过4h），在开车时一般一次即可开正常，不需采取什么措施。如保温情况不好，停车时间又较长，需注意如下几点：

（1）停车时，要把各换热器的旁路阀门全部关死，保证再开车时各换热器、各触媒层储存的热量得到充分利用，各换热器的换热面积能得到充分的利用，使第一层或前面几层的进口温度高于触媒的起燃温度。

（2）根据各触媒层、各换热器的温度状况，开车时要选择合适的气量和适当的进气二氧化硫的体积分数。具体在什么温度情况下开多大气量适宜，这没有统一标准，需由各厂根据具体条件确定。

（3）开车时增大气量不能操之过急，一定要待条件具备时再适时开大气量，且要视温度情况逐步加大气量，这样可使转化温度迅速地恢复正常。

（4）如果停车时间长，温度比较低，需用开工炉升温时，要按系统长期停车后开车时使用开工炉的程序对系统进行升温。

6.6.2.4 全系统开车

硫酸装置全系统的开、停车是以转化为中心，全系统大修后开车的主要阶段为：

（1）检查确认阶段。正式开车前，要详细检查确认各设备、管道、电器仪表等是否修好（装配好），装配得是否正确，各阀门是否按规定调节合适，各设备人孔是否盖好等。经检查确认工艺设备都已具备开车条件时才可按开车程序进行开车。

（2）设备空试阶段。大修后的运转设备都要进行一次空试（不带负荷），重点检查声响、震动、温度、压力等情况是否正常。新建系统除运转设备需进行单体空试外，还需进行全系统的联动试车，以检查全系统工艺设备情况。

（3）转化升温阶段。主要是把触媒层温度从常温提升到起燃温度以上。一般情况下，在进行转化升温之前，要把干燥、吸收岗位的酸泵运行正常。开工炉点火后，启动二氧化硫风机，从净化岗位吸入空气经开工炉送入转化器升温。

（4）系统通气阶段。转化器一层触媒温度已升到420℃，干法除尘工段各设备（如电除尘器送电）已运行正常，净化、循环水等各循环泵已运行正常，电除雾器已送电，关闭干燥塔进口补空气阀门，硫酸装置接入炉气，转化的空气升温改为炉气升温，习惯上称为“系统通气”。

（5）系统转向正常的调节阶段。随着转化各层温度的提高，系统风量渐渐增大，各工段气体的体积分数、压力和温度也相继上升，操作内容和调节相应改变（如干吸工段加大串酸量，98%硫酸加水稀释，转化工段打开旁路阀调节各层温度，停开工炉、启动锅炉，净化工段调节循环酸量、调节补空气量或脱气塔空气量等），使全系统随着转化温度的正常而转入正常操作。

6.6.3 转化工序和全系统的停车

转化工序停车，分短期停车和长期停车。短期停车指经一段时间保持温度后，不用开工炉升温就能系统开车，如平时的系统检修停车及事故停车。长期停车指触媒层需降温、开车时需用开工炉升温，如系统大修时停车及因故停车时间较长。

6.6.3.1 转化工序短期停车

根据停车时间的长短，停车前酌情提高转化器温度。提高转化器温度，首先要着眼提高整个转化器和后段触媒层的温度，然后在接近停车前集中提高一层触媒温度，并以一层出口温度不超620℃为限。如停车时间只有1～2h，停车前可不必提高转化器温度，或略为提高转化器一层进口温度。

停下风机后，要立即关闭风机的进、出口阀门和各换热器的旁路阀门，防止转化器温度下降过快。注意检查转化器各层温度情况，每小时要做1次记录。在停车后一般各触媒层进口温度会比停车前升高、出口温度会有所降低，随着停车时间的延长，出口温度越来越接近进口温度甚至与进口温度相等。

停车保温后再开车时，要注意转化各层的温度状况。要根据转化各床层进出口的温度来决定是否需要启用开工炉及系统通气量的大小，防止因气量过大和二氧化硫的体积分数低，使转化器温度急剧下降。

6.6.3.2 转化工序长期停车

转化工序长期停车，操作关键是把触媒中的三氧化硫、二氧化硫吹净，使触媒少受伤害，注意温度降低不能过快，以防止触媒碎裂、粉化和设备焊口开裂等。

为维持较长时间的高温状况下把三氧化硫、二氧化硫吹净，停车前要尽可能提高转化器各触媒层温度。

停车前6h启用开工炉，在停车后将热风吹入转化器一层触媒，依次通过各触媒层，把残存在触媒中的三氧化硫、二氧化硫吹净。热风吹净阶段，各触媒层温度要设法控制在400℃以上，吹净时间一般约6～8h。在转化器末层出口SO_3和SO_2的体积分数之和经测定达到0.03%以下，或肉眼看不出白雾时，可停止热风吹净而改用干燥的冷空气降温。

随着温度下降，逐步增大气量，并开动旁路阀门，控制温度每小时降低数不超过30℃，待一层触媒温度降低到80℃以下时，可停止降温。

如转化器无需修理，各层触媒无需筛换，则可不进行冷空气降温，只进行热风吹净即可。一旦三氧化硫和二氧化硫被吹净，即可停下转化器，关闭阀门，让其自然降温。

6.6.3.3　全硫酸系统停车

大修停车操作和注意事项为：

（1）停车准备阶段。根据停车计划，停车前6h启用开工炉，提高转化器各触媒层温度，适当提高干吸塔循环酸浓度，供转化降温过程中干燥空气用。

（2）降温阶段。系统停止供气后，打开干燥塔进口补空气阀门，抽入的冷空气经干燥塔、预热器送入转化器降温。当触媒层的三氧化硫、二氧化硫被吹净后，进行冷空气降温，降温速度保持每小时小于30℃，当一层进口温度低于80℃时即可停下二氧化硫风机。在转化降温过程中，要控制干燥塔循环酸浓度不得低于91%，转化降温工作完成后，干吸工段即可停止串酸、降低酸液位，转入抽酸交出阶段。同时，可停止循环水系统的运行。转化器热吹降温时，净化工段可停止稀酸循环，关闭酸、水阀门。

（3）设备交出修理阶段。降温工作完成后，各岗位应立即把设备内和管线内的存酸、余水抽尽放空，保证修理人员的安全。

6.7　转化异常情况分析和处理

6.7.1　温度不正常

转化温度不正常，表现有：转化器后段温度低，不起反应；转化器首段或一、二段温度低，反应后移；转化器某段温度偏高而另一段却偏低，出现忽高忽低现象；转化器各段温度都降低，严重时产生降温事故；转化器多数段温度偏高，少数段或个别段温度在指标之内等。

在仪表正常的情况下，造成转化温度不正常的原因和处理方法分述如下。

6.7.1.1　转化器后段温度低，不起反应

如果是临时性的，造成的原因多是二氧化硫的体积分数低，旁路阀开得过小或调节不当，以及气量较小。在找出原因采取调节措施后，转化器后段温度即可恢复正常。如转化器后段温度低，长期不起反应，造成的原因可能是设备保温状况不好（保温层厚度不够或开裂脱落等），二氧化硫的体积分数指标偏低，气量不够大，触媒中毒、活性下降，总换热面不够和后段换热器传热面过大而旁路过小等。

通过热量衡算，具体查出热损失大小，总的换热面是否够用和分配是否合理。提出加厚或整修保温层的意见，提出增加换热面和调整旁路管道阀门的意见，提出提高二氧化硫的体积分数和增大风量的意见。

6.7.1.2　转化器首段或一、二段温度低，反应后移

这种情况一般在短时间内迅速发生，一段出口温度逐渐下降，甚至低于进口温度。严重时二段出口温度也会下降，而三段、四段及末段出口温度却上升，进出口温差增大，总转化率降低。

造成这种现象的原因主要是二氧化硫的体积分数过高和过低。二氧化硫的体积分数过高，氧的体积分数就低，触媒起燃温度相应就要增加，而在原温度指标下就出现温度反常

现象——温度下降；二氧化硫的体积分数过低，旁路阀关不及时或调节不当，会造成一段触媒层入口温度过低，低于起燃温度，使出口温度下降。

解决问题的办法，首先是设法稳定进气二氧化硫的体积分数，减少波动，把二氧化硫的体积分数控制在指标范围之内；其次是迅速把旁路阀关死，提高一段入口温度；然后，如旁路阀已关死仍不能改变温度的反常状况，应关小鼓风机，减少气量。

6.7.1.3 转化器温度某段忽高另一段忽低，不稳定

转化器操作得当，各段进口温度都会在指标范围之内，不会出现某段忽高另一段忽低的现象。出现温度忽高忽低现象的原因，一般是旁路阀调节不当所致。主要是经验不足，技术水平低，对旁路阀门开关大小所产生的效应没有掌握，不了解旁路阀门主要作用和次要作用，动作不准确，操作无预见性，调节过于频繁所造成。其次是调节不及时或没有进行必要的调节，对进气中二氧化硫的体积分数波动范围不加控制所致。

6.7.1.4 转化器各段温度都降低，严重时产生降温事故

转化器各段温度都降低，一般都是首段先下降，其次末段下降，再是中间段下降；或是末段先下降，其次中间段下降；再是首段下降。这两种温度下降情况只要抢救不及时都会产生降温事故。

造成转化器各段温度下降的原因一般有三种：一是进气中二氧化硫的体积分数低，并且长时间提不起来，就会出现末段温度先下降，进口温度高于出口温度，随着时间的推移，中间几段的触媒层温度也会随之下降，最后，一段温度也随之下降而垮掉；二是气量过大，使气体单位换热面积下降、接触反应时间缩短，造成一段温度先下降，再是末段温度下降，最后中间段温度下降而垮掉；三是旁路阀开得过大，特别是直通一段触媒层的旁路阀开得过大，最易引起一段温度先降低，其他段温度随之下降，最后整个转化器温度全垮掉。

解决的办法：如属第一种原因造成的，应该及时关小各旁路阀和适当地关小鼓风机，减少气量，把二氧化硫的体积分数提起来，视温度上升情况再加大气量和打开旁路阀门；若是第二种原因造成的，要迅速减小气量，使一段进口温度能尽快地回升到正常情况，并对旁路阀做相应的调节；如果是第三种原因造成，首先要关死直通一段触媒层的旁路阀门，并将其他旁路阀门适当关小或关死，如这样处理仍不行的话，还要把气量适当地减小，待一段温度恢复正常以后再逐步把气量和旁路阀调至正常。

6.7.1.5 转化器多数层温度偏高

转化器多数段温度偏高，无论是短时间的现象还是长时间的现象，总体来说都是热量富裕的表现。转化器多数段温度出现暂时偏高现象，主要原因一般有两个：一是进气中二氧化硫的体积分数较高；反应热量多，温度高；二是旁路阀未及时开或开得不够大，以及旁路阀调节不当等。转化器温度长时间偏高，转化器各旁路阀已全开无法再调节，系统气量已不能再增大，转化器多数段的温度仍降不下来，这说明转化器热量富裕是换热面积过大造成的。

6.7.2 转化率低

转化率低是实际生产中经常需要投入力量解决的主要问题之一。一般有临时性的转化

率降低和长久性的转化率降低两种。前一种多属操作上的原因，后一种多属于设备和触媒方面存有缺陷引起的。

6.7.2.1　转化率临时性降低

转换率临时性降低的原因及处理方法是：

（1）转化温度控制不当。转化温度有波动，最终转化率就不会高。转化工序生产要随时了解炉气制取工序的生产状况，进行对应的预见性操作，以保证转化各层温度控制在规定指标范围内。随着系统生产周期的延长，触媒活性下降，需有针对性地逐步提高触媒层进气温度，以保证各层反应正常，保证得到较高的最终转化率。

（2）气体二氧化硫的体积分数波动和偏高。对进气中二氧化硫的体积分数要控制在适宜的体积分数范围内，不偏高或偏低，尽量控制二氧化硫的体积分数波动范围。为稳定气浓，减少波动，需根据风机出口的二氧化硫浓度分析仪数据及时手动调节干燥塔进口的补充空气量。如配置了联锁装置，根据二氧化硫浓度分析仪的信号，系统自动调节干燥塔进口的补空气阀门的开度，可使转化器进气中二氧化硫的体积分数平稳。

6.7.2.2　转化率长久性降低

转化率长久性降低的原因主要是：

（1）触媒活性下降。生产中触媒活性降低，主要表现在：

1）进气二氧化硫的体积分数和温度相同条件下，触媒层温升降低，则触媒有活性下降现象。

2）气量相同或略小的情况下，触媒层阻力增加，说明触媒粉化或触媒发生结疤现象。

3）在操作较平稳状况下测定的分段转化率低。

生产中，由于一段触媒和气流首先接触，在最高温度下运行，因此一段触媒容易中毒，阻力增加最大。活性下降后反应后移，使二段温升增大，但二段转化率的提高不能补偿由于一段转化率的降低而造成的最终转化率的降低。

（2）换热器漏气。在转化温度、进气的体积分数和触媒层阻力没有明显变化的情况下，转化率降低较大，这种现象往往是换热器漏气所致。由于换热器列管的内外压力不相等（管外高于管内），如管外未转化的气体漏入管内，则导致转化率下降。确认方法是同时在该换热器的转化气进出口管道上取样分析，经多次分析，如转化气中二氧化硫的体积分数有差别，即可证实该换热器漏气。

冷热换热器因受低温烟气腐蚀，在使用几年后，容易在进气口处出现列管泄漏。此外，转化器触媒层之间的隔板也容易出现焊缝拉裂，出现漏气，导致转化率降低，尤其是两次转化之间的隔板一定要注意密封，否则将严重影响最终转化率。

6.7.3　压力不正常

6.7.3.1　风机出口正压增大，进口负压减小

触媒粉化和结疤，热交换器被酸泥或触媒粉堵塞，吸收塔瓷环或除雾器堵塞等，都会

导致阻力增加，引起风机出口正压增大、气量下降而使进口负压减小。此外，净化工序突然漏入大量空气（如安全水封抽光等），使风机进口阻力下降，气量增加，会导致风机进口负压减小、出口压力增大现象。

遇到这种现象，首先要检查压力表是否准确可靠，然后检查风机电流和气体流量计的数据，确定气量是增大还是减小，查清问题及时解决。

6.7.3.2 风机出口正压减少，进口负压增大

风机进口之前的设备、管道阻力增加，如烟气管道的阀门减小、塔内积液等，会导致风机进口负压增大，气量下降，出口压力减小。或者是风机出口的管道、设备阻力下降，如阀门开大或触媒层穿孔等，同样会导致风机出口压力减小，气量增加，风机进口负压增大。

出现上述情况，要分段检查各设备的进出口压力，并与正常情况下的压力进行比较，找出阻力增大的管道或设备，并进一步确定导致问题发生的原因，再进行针对性的解决。

6.7.3.3 风机进出口压力同时增大或同时减小

风机运行的气量发生变化，可导致风机进出口压力同时增大或同时减小。风机进出口压力同时增大，说明风机运行的气量增加；同时减小说明风机运行的气量减小。引起的原因可能是风机进口阀门或出口阀门由于受到震动而自动开大或关小。

6.7.4 突然停电、停水或跳闸

生产中，由于外部原因引起转化工序或全系统停电、停水以及单体设备跳闸等，是常见的事故。

停电的处理：

（1）检查设备的电源是否跳开，如没有，需立即切断电源，防止来电时自动开车。

（2）关闭风机进出口阀门。

（3）联系来电时间并做好相应准备。

（4）根据停电时间的长短确定是否需关闭各旁路阀门，如预计停电时间超过 1h 以上，要把各旁路阀门关死。

（5）来电后，在净化、干吸工序的各循环泵运行正常以后，按短期停车后开车的程序进行转化工序的开车。

停水的处理：如断的不是净化、沸腾炉等岗位的直接用水，而是间接使用的冷却水，则不需要紧急停车，只要工艺指标没超过警戒线、电机外壳温度不超过 70℃、轴承温度不超过 65℃，一般是不碍事的。如果指标超过生产工艺允许的最高范围，设备超过上述温度，则需停下鼓风机，待冷却水来后把温度降下来才可再行开车。如果是生产直接用水中断（如水洗流程中的用水和沸腾炉降温用水等），则需紧急停车，待供水稳定后才可开车。

跳闸的处理：单体设备跳闸和出其他毛病，不管是发生在本岗位或其他岗位，凡是生产工艺不允许开车的，一律要做紧急停车处理。只有在设备恢复正常后或备用设备开起

后，允许再行开车时才可开车生产。具体开停车手续和停车后的处理要视时间的长短而定，一般是按短期开停车的手续来进行。

6.7.5 触媒的不正常情况

新触媒或使用一段时间后的正常的触媒，颗粒完整，颜色是草黄色或棕黄色，如已变成了其他颜色或颗粒细小，则属不正常或不够正常情况。

6.7.5.1 触媒颗粒细小呈灰白色

转化器一层的触媒使用较长时间后，降温后取出来的触媒往往颗粒较细小，呈灰白色。原因主要是转化器的进气中含有三氧化二砷，在操作温度下（如500℃），砷氧化物与触媒中的钒生成挥发性的物质，挥发后随气流带走，使触媒中钒含量下降，特别是触媒的表层钒含量下降更大。由于触媒中的五氧化二钒大量减少，使触媒中的二氧化硅和钾盐的比例增高，显露出它们的本色或触媒表面被白色的五氧化二砷覆盖，所以呈灰白色。另外，由于钒的大量挥发，触媒颗粒变得松散，易粉化而变细小。

6.7.5.2 触媒颗粒细小粉末多

转化器一层的触媒，多出现触媒颗粒不但变得细小而且变得很碎，颗粒和粉末的颜色一般呈正常的草黄色。原因主要是转化器的进气中氟含量高，使触媒载体二氧化硅受到腐蚀，破坏了触媒结构，使触媒粉化。即使未粉化的触媒颗粒，其表面也无棱角、强度低，但这种触媒钒含量一般都较高。

6.7.5.3 触媒颜色发绿

触媒发绿，一般有3种情况：一是结成疤块的触媒；二是暴露于空气中的触媒；三是用带有二氧化硫气体的空气来降温后的触媒。形成3种情况的原因各有不同：结成疤块的触媒，一般是有 $K_2O \cdot V_2O_5 \cdot SO_3$ 的熔融物而呈绿色；触媒暴露于空气会很快从空气中吸收水分，逐渐变为 $VOSO_4$ 而呈现绿色。暴露在空气中时间越长、空气越潮湿，触媒变绿情况越严重，最后粉化成淡蓝色；降温过程中，未把原触媒中的二氧化硫吹净，出来的触媒就会呈绿黄色。这种触媒中的钒含量一般都不低，活性也较好，将其烧到400℃以上，绿色就会全部消失。

习题与思考题

6－1 进入转化工序的冶炼烟气主要组成有哪些？

6－2 进入转化工序的烟气为什么定期测定水分？

6－3 普通钒触媒催化剂的主要成分是什么？

6－4 使钒催化剂失去活性的有害物质有哪些？

6－5 什么是起燃温度，什么是热点温度？

6－6 什么是转化操作的“三要素”？

6-7 风机日常管理需要注意哪些事项?

6-8 风机冷却系统中，冷却油压与冷却水压控制原则是什么?

6-9 如何判断转化系统换热器漏气?

6-10 二氧化硫鼓风机进口负压降低、出口压力上升判断处理方法是什么?

6-11 二氧化硫鼓风机进口负压上升、出口压力下降判断处理方法是什么?

6-12 空心环支撑缩放管换热器的特点有哪些?

6-13 转化器使用起燃温度低的钒触媒有利因素有哪些?

6-14 钒触媒“饱和”操作要点是什么?

6-15 如何控制转化工序的热平衡?

6-16 与“一转一吸”流程相比，“两转两吸”流程有哪些特点?

7 原料气的干燥和三氧化硫的吸收

原料气的干燥是将清除了矿尘、砷、氟等有害杂质和酸雾的净化气体进行除水，使其中的水分含量达到一定的指标。水分在烟气中以气态形态存在，浓硫酸是理想的气体干燥剂，将气体通过浓硫酸淋洒的填料塔来实现干燥的目的。

三氧化硫的吸收是接触法制取硫酸的最后一道工序，其任务是将转化工序送来的含三氧化硫的气体通过浓硫酸的吸收，将三氧化硫吸收在浓硫酸中，从而制得成品硫酸。

原料气的干燥和三氧化硫的吸收，由于这两个步骤都是使用浓硫酸作吸收剂，采用的设备和操作方法基本相同，而且由于系统水平衡的需要，干燥酸和吸收酸之间进行必要的互相串酸。因此，生产中将干燥和吸收归属于一个工序，称为干吸工序。

三氧化硫吸收的反应式为：

$$nSO_3 + H_2O \longrightarrow H_2SO_4 + (n-1)SO_3 \tag{7-1}$$

由式（7－1）可知，随着三氧化硫与水量比例的改变，可以生成各种浓度的硫酸。若 $n>1$，生成发烟硫酸；$n=1$，生成无水硫酸；$n<1$，则生成含水硫酸。

工业生产中，气体中的三氧化硫不可能百分之百被吸收，一般把被吸收的三氧化硫量和原来气体中三氧化硫总量的百分比称为吸收率。吸收率的计算式为：

$$\eta = \frac{a-b}{a} \times 100\% \tag{7-2}$$

式中 η——吸收率，%；

a——进吸收塔的三氧化硫的物质的量，mol；

b——出吸收塔的三氧化硫的物质的量，mol。

目前，硫酸装置的三氧化硫吸收率一般均能达到99.95%以上。

7.1 干吸工序的串酸

7.1.1 系统的水平衡

进入干吸系统的水量与进入干燥塔的净化气和补充空气中水蒸气含量有关。湿法净化中气体总是完全被水蒸气饱和，而且饱和水蒸气压随着温度的升高而增加，也就是说，净化气带入干燥塔的水蒸气量实际上取决于出净化的烟气的温度。

因此，在烟气中二氧化硫的体积分数一定的情况下，接触法制酸装置能生产何种浓度的硫酸，归根结底取决于进干燥塔的烟气温度。

进干燥塔的硫酸吸收了净化气中的水蒸气，从而使出干燥塔的硫酸浓度降低，为维持干燥塔循环酸浓度，需要串入98.3%的吸收酸。而在吸收塔中由于吸收了转化气中的三氧化硫，使出吸收塔的酸浓度增加，需要串入93%的干燥酸以维持吸收循环酸浓度。如果进入干燥塔的烟气中水分少，不足以用来生产规定浓度的硫酸，则需在吸收塔循环槽中补充水。生产中尽量避免在干燥塔循环槽中补充水，不然会造成串酸量的增加，大量含二氧化硫的干燥酸串入吸收工序，会导致制酸尾气中二氧化硫增多，造成硫损失增大、尾气不能达标排放。

在烟气中二氧化硫的体积分数一定的情况下，如果进入干燥塔的烟气中水分的体积分数大到一定程度，吸收酸中所需水分全部由93%酸串酸得到满足，此时就需停止吸收塔循环槽的补水。当烟气中水分的体积分数超过极限值时，干燥塔酸浓度降低到93%以下，干燥塔的操作就会恶化，造成干燥后的烟气中水分超标，可能会引起二氧化硫风机、换热器、管道的腐蚀，以及吸收过程中酸雾增加，对正常生产构成威胁，此时，产品酸浓度无法保证，需要调整产品酸规格和产量，才能维持干吸系统的水平衡。

因此，维持干燥和吸收的正常生产，满足产品酸浓度的需要，取决于系统内的水分转移和干吸系统的水平衡。

生产中，进入干燥塔的允许最高烟气温度由干燥－吸收系统水平衡决定，它取决于要求的成品酸浓度、原料气中的二氧化硫的体积分数、二氧化硫转化率以及气体的总压力。如不在干燥塔进口补充空气，则可从图7－1中查出在气体压力为101.3kPa、转化率为99.5%的条件下，烟气中二氧化硫的体积分数不同时生产93%或98.3%硫酸的干燥塔入口烟气的允许最高温度。

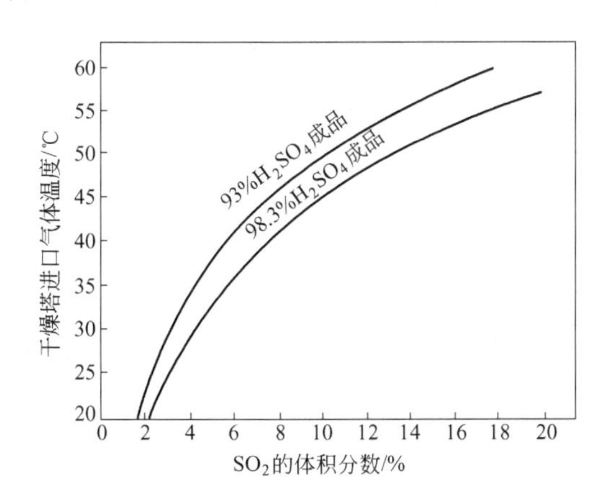

图7－1 干燥塔进口气体允许最高温度（气体压力为101.3kPa、转化率为99.5%）

7.1.2 干燥塔与吸收塔之间的串酸

“两转两吸”工艺的干吸工序，为保持干燥塔和吸收塔循环酸浓的稳定，需进行干燥塔与吸收塔的相互串酸。图7－2所示为泵后流程即循环酸经冷却后再进行串酸，当前大多数硫酸厂使用该流程。

由于98%硫酸的结晶温度为+0.1℃，93%硫酸的结晶温度为－27℃。在北方寒冷地区，由于98%硫酸易于结晶，不便储运，因此常以93%硫酸作为产品酸，此时的串酸工艺是将吸收塔生成的酸全部串入干燥塔（干燥塔不往吸收塔串酸），并在干燥塔内加水稀释至93%硫酸，引出作为产品酸。其串酸自控原理图如图7－3所示。

生产发烟硫酸，不生产93%酸时，串酸自控原理图如图7－4所示。98%酸成品的产出为自动控制，发烟硫酸的产出为手动控制。

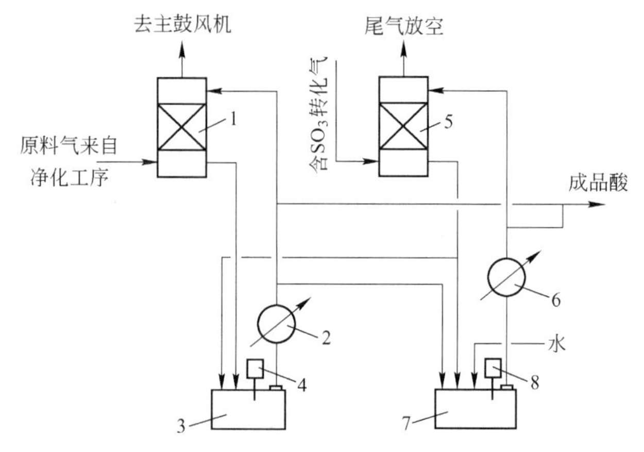

图7－2　干燥塔与吸收塔之间的串酸流程

1—干燥塔；2，6—酸冷却器；3，7—酸循环槽；4，8—浓酸泵；5—吸收塔

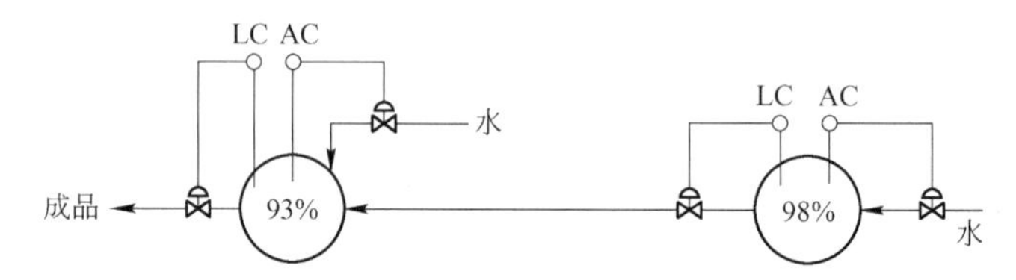

图7－3　干吸串酸自控原理图一

LC—循环槽液位调节；AC—酸浓调节

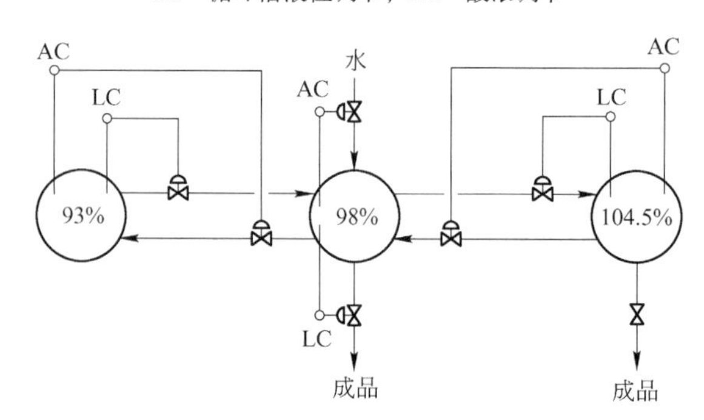

图7－4　干吸串酸自控原理图二

LC—循环槽液位调节；AC—酸浓调节

生产98%硫酸，不生产93%酸时，串酸自控原理图如图7－5所示。此时，98%酸成品的产出为根据液位自动控制。

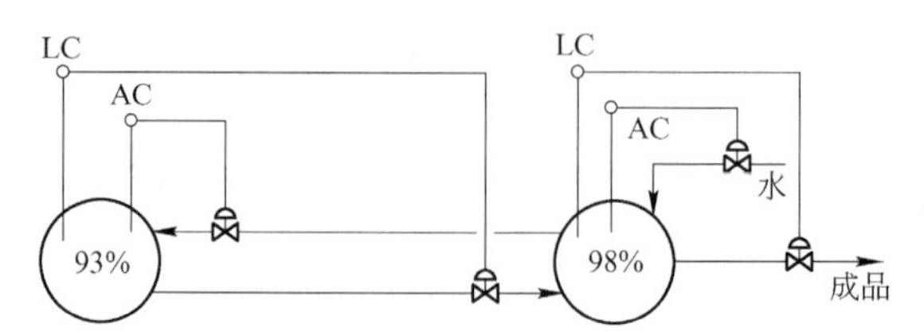

图7－5　干吸串酸自控原理图三

LC—循环槽液位调节；AC—酸浓调节

无论采用何种串酸流程，生产中都要确保串酸后混酸均匀，以避免引起酸泵的腐蚀。

7.2 原料气的干燥

在转化操作温度下，原料气中的水蒸气对钒触媒无害，但水蒸气与转化后的三氧化硫一起，在吸收过程中会形成酸雾。由于酸雾在吸收塔中很难吸收，导致尾气酸雾超标。酸雾与水分结合，能造成转化及干吸工序的设备、管道的腐蚀，甚至触媒结块、活性降低、阻力加大等。因此，烟气在进转化工序之前，必须进行干燥。浓硫酸具有强烈的吸水性能，常用做干燥气体的吸收剂。干燥塔一般为填料塔，用高浓度的硫酸喷淋干燥塔，可将原料气干燥到水分质量浓度不超过0.1g/m^3（标态）。

7.2.1 干燥酸浓度的选择

根据SO_3-H_2O体系的相平衡理论，同一温度下，硫酸的浓度越高，硫酸液面上的水蒸气平衡分压越小。98.3%硫酸液面的水蒸气压最小，浓度大于98.3%的硫酸液面只有SO_3及H_2SO_4的蒸气压，而几乎没有水蒸气存在。从水蒸气平衡分压的角度来看，干燥塔喷淋酸浓度应该越高越好，但生产中需考虑浓硫酸对酸雾的生成以及溶解于酸中的二氧化硫因串酸而损失这两方面的影响。

干燥塔喷淋酸浓度越高，硫酸蒸气平衡分压越高，就越容易生成酸雾。而且，温度越高，所生成的酸雾也越多。喷淋酸浓度不同时，在不同的温度下，干燥塔出口气体中酸雾的计算含量见表7-1。

表7-1 喷淋不同酸浓度和温度时干燥塔出口气体中酸雾含量

喷淋酸浓度/%	酸雾含量（质量浓度）（标态）/mg·m^{-3}			
	40℃	60℃	80℃	100℃
90	0.6	2	6	23
95	3	11	33	115
98	6	19	56	204

一方面，二氧化硫在85%的硫酸中的溶解度最低，在硫酸浓度大于85%时，二氧化硫溶解度随硫酸浓度提高而增加；另一方面，干燥酸浓度增高，转移同样水量的串酸量增大，导致随干燥酸一起串至吸收塔的二氧化硫量增大。串至吸收塔的二氧化硫如进入转化二次气，则导致最终转化率降低；如通过向最终吸收塔的串酸而解吸至尾气中，则导致尾气中的二氧化硫量增大。二氧化硫损失与干燥塔喷淋酸浓度和温度的关系见表7-2。

表7-2 二氧化硫损失与干燥塔喷淋酸浓度和温度的关系

喷淋酸浓度/%	送干燥塔98%酸量（以每吨产品计）/kg	在下列干燥酸温度时二氧化硫的损失（占总硫量的比例）/%		
		40℃	50℃	60℃
93	2140	0.55	0.51	0.37
95	3550	1.00	0.92	0.64
97	10880	3.30	2.92	2.22

为减少二氧化硫损失和降低随尾气排放的二氧化硫数量，国外大多配置串酸脱气塔，将串往吸收塔的干燥酸在脱气塔中用空气脱除溶解的二氧化硫。从脱气塔出来的气体送到干燥塔入口。

硫酸浓度对水蒸气的吸收速率也有一定的影响。当喷淋酸的浓度增大时，增大了吸收速度系数，同时由于浓硫酸液面上的水蒸气压力降低而增大吸收推动力，两者的结果都可以增大吸收速度。若吸收水分质量一定，则可以减少干燥塔内的填料面积。

硫酸浓度小于93%时，所需填料的总表面积随硫酸浓度的升高而显著减少，但当硫酸浓度大于93%时，提高酸浓度对减少填料总表面积的作用不大。因此，干燥酸应以93% ~95%的硫酸为宜。93%和95%硫酸的结晶温度分别为 -27℃和 -22.5℃，尤其适用于在严寒地区储存和运输。

当采用阳极保护酸冷器时，干燥酸浓度应在93.5% ~95%的范围内，浓度高一些可以避免发生腐蚀。

7.2.2　干燥酸温度

硫酸吸收水蒸气的吸收速度系数随温度提高而降低不大，温度高则酸面上的水蒸气压提高，减少吸收推动力，不利于吸收，但影响不大，这不是考虑问题的主要因素。在一定的范围内，酸温高低不影响干燥效率，而主要是影响干燥酸冷却器的面积。过分追求较低的酸温，必然降低酸冷器的平均温度差 Δt[1]，导致酸冷器面积加大，但过高的酸温对设备和管道的腐蚀加剧。虽然提高干燥酸温度可减少二氧化硫溶解损失、减少循环酸冷却面积，但干燥塔出口酸温仍以不超过65℃为宜。

7.2.3　填料的选择

目前，干吸塔可供选择的填料主要有阶梯环填料、异鞍环填料、矩鞍环填料3种。前两种都属于新一代的填料，它们无论在流体力学性能上或传质性能上都比老一代的矩鞍环填料优越。填料选择要对流体力学性能、传质性能、操作中的雾沫夹带、抗污堵能力，以及运输途中及装填中的破损率、单价等经济因素进行综合比较。

异鞍环填料与阶梯环填料相比较，两者的流体力学性能和传质性能差别不大。阶梯环填料的气体雾沫夹带少，抗污堵能力强，且浇注成形的阶梯环填料的抗压强度、抗冲击强度在瓷质填料中最好。在相同空塔气速下，阶梯环每米填料压降比矩鞍环填料低30% ~40%，所以普通的矩鞍环填料已逐渐被淘汰。

硫酸装置常用的塔填料的几何特性数据见表7 -3。

表7 -3　几种填料的几何特性数据

填料种类	公称尺寸 /mm	壁厚 /mm	堆积个数 n /m^{-3}	堆积密度 ρ /$kg \cdot m^{-3}$	比表面积 α /$m^2 \cdot m^{-3}$	孔隙率 ε /$m^3 \cdot m^{-3}$	干填料因子 α/ε /m^{-1}	备注
瓷矩鞍填料	38	4	19680	502	131	0.804	252	
	50	6	8243	470	105.4	0.791	212.9	
	76	9	2400	537.7	76.3	0.752	179.4	
瓷异鞍填料	50	5	7334	454	88.4	0.81	166	NPJ -202
	76	9	1976	489	58.5	0.77	127	NPJ -302
瓷阶梯环	50	5	9091	516	108.8	0.787	223	NTJ -Dg50
	76	7	2517	426	63.4	0.795	126	NTJ -Dg76

[1] 进、出冷却器酸温分别为 T_1、T_2，冷却水温分别为 t_1、t_2，当 T_2 降低时，T_1、t_1 不变，t_2 上升，逆流换热，则进口端温差为 $\Delta t_1 = T_1 - t_2$，出口端温差为 $\Delta t_2 = T_2 - t_1$，Δt_1 和 Δt_2 均下降，所以平均温度差 Δt 下降。

7.3 三氧化硫吸收的影响因素

影响三氧化硫吸收效率的主要因素有吸收酸浓度、吸收的温度、循环酸量、气流速度和吸收设备结构等。

7.3.1 吸收酸浓度的影响

工业化生产过程中，要求对三氧化硫的吸收速率要快，吸收要完全，不生成或尽量少生成酸雾，还要保证能够得到一定浓度的硫酸成品。因此，只有用浓硫酸吸收三氧化硫，才能满足上述要求，而且浓度为98.3%的硫酸最好。三氧化硫吸收率和硫酸浓度、温度的关系如图7-6所示。从图7-6中可以看出，当酸浓度超过或低于98.3%时，吸收效率都是逐步下降的，只有在浓度为98.3%时，吸收率最高。

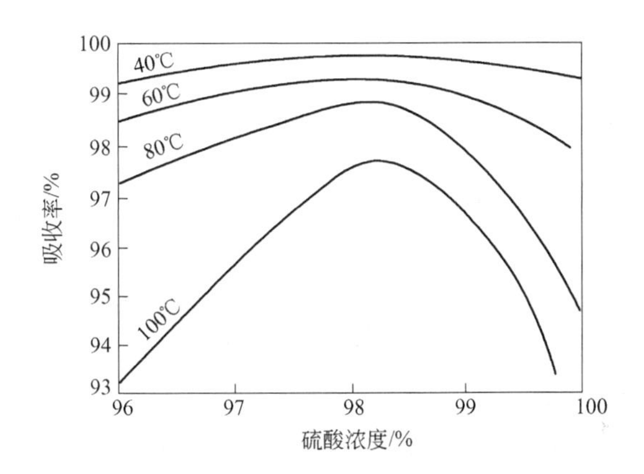

图7-6 三氧化硫吸收率和硫酸浓度、温度的关系

因为当酸浓度高于98.3%时，以98.3%的硫酸液面上的三氧化硫平衡分压最低；浓度低于98.3%时，以98.3%的硫酸液面上的水蒸气分压最低。选择98.3%的硫酸作吸收剂，兼顾了这两个特性。在此浓度下，大部分三氧化硫能直接穿过界面与酸液中的水分结合生成硫酸；小部分三氧化硫在气相中与水蒸气反应，生成硫酸蒸气后再进入酸溶液中。当吸收酸浓度低于98.3%时，硫酸液面上的水蒸气含量随着硫酸浓度的下降而增加。气态三氧化硫与这种浓度的硫酸接触时，除直接被吸收的以外，还有相当一部分三氧化硫与水蒸气作用生成硫酸蒸气，由于水蒸气不断与三氧化硫反应，气相中水蒸气含量不断减少，气相中的水蒸气分压就会比酸液面上的水蒸气平衡分压低，因此，酸液中的水分就不断被蒸发。因水的蒸发速度大于硫酸蒸气的吸收速度，所以气相中硫酸蒸气的含量逐渐增多，甚至会超过其平衡含量，引起硫酸蒸气的过饱和现象，如果过饱和度超过了临界值，硫酸蒸气将会凝结成雾。酸雾颗粒是一种比硫酸分子大得多的悬浮粒子，运动速度比硫酸分子慢，不易穿过界面进入酸液中而被气流带走。带有酸雾的气体排入大气中，就有可能看见尾气烟囱冒白烟。用于吸收三氧化硫的硫酸浓度越低，吸收三氧化硫就越不完全，尾气烟囱冒白烟的可能性就越大。当酸浓度超过98.3%时，随着酸浓度的升高，液面上的硫酸和三氧化硫蒸气压力也相应增大。当通入转化气时，吸收推动力就相对减小，吸收率降低。当酸浓度高到一定程度，出现酸液面上的三氧化硫平衡分压与进塔气体三氧化硫分

压相当的时候，此时吸收过程停止，吸收率等于零。因此，在吸收酸浓度超过 98.3% 时，其吸收率随着酸浓度升高而降低。

7.3.2　吸收温度的影响

影响吸收温度的主要因素是酸温和气温。

任何浓度的硫酸，随着酸温的升高，液面上的三氧化硫、水蒸气、硫酸蒸气的平衡分压都相应增加。在进塔气体条件不变的情况下，随着酸温的不断升高，吸收率越来越低，而且与酸浓度升高一样，酸温无限制地升高也会出现吸收率等于零。当浓硫酸的温度升高时，水自其中蒸发的速度增加，蒸发的速度大到足以使水蒸气和气相中全部三氧化硫相结合，这将导致吸收过程根本不能进行。因此，为取得较高的吸收率，酸温不宜过高。

三氧化硫的吸收是否完全，很大程度上取决于吸收过程的温度，且主要取决于硫酸的温度。酸温越低，吸收过程进行得越完全，吸收率越高。但是，酸温的控制并不是越低越好，主要原因有以下两方面：

（1）在生产条件下，进塔气体不是绝对干燥，一般都含有一定量的水分（干燥塔出口烟气含水一般要求小于 0.1g/m^3（标态）)，尽管进塔气温较高，如果酸温过低，在传热传质过程中，不可避免地会发生局部温度低于露点。那么，气体中的三氧化硫就有相当数量变成酸雾随气流带走，导致吸收率降低。

（2）为保持较低的酸温，需要庞大的冷却设备和大量的冷却水，造成生产成本升高。

生产中，三氧化硫在塔内被吸收的过程是绝热进行的，酸温随着吸收过程的进行逐步升高。酸温升高的主要原因是：

（1）气体带入塔内的热量与气体温度、气体量和气体成分有关。当温度高、气量大和三氧化硫含量高时，其热量就多。在一般的操作条件下，随着两相传质传热的进行，带入塔内的热量大部分都传递给了液相硫酸，使酸温升高。

（2）吸收反应热。三氧化硫吸收过程的反应热，目前一般认为该反应热包括三氧化硫生成 100% 硫酸（液）的反应热、100% 硫酸稀释到出塔酸浓度的稀释热、进塔酸浓度提高到出塔酸浓度的浓缩热，其中，浓缩热是负值，其他都是正值，它们的代数和即为吸收过程的反应热。反应热的多少取决于吸收三氧化硫的总量。

因此，出塔酸温一定高于进塔酸温，如果不对吸收酸进行冷却，随着吸收三氧化硫过程的进行，酸温将越来越高，必然引起吸收率下降，甚至使吸收完全停止，所以生产上必须使进塔酸通过冷却器降温。

影响吸收温度的另一个因素是进塔气温。从气体吸收的情况来看，进塔气温控制得低一些对吸收率有利，但进塔气温不能控制得太低，原因一方面是需增大气体冷却设备和动力消耗，另一方面是低于露点温度时会产生酸雾，会引进吸收率下降并腐蚀设备。

生成酸雾的前提条件是烟气温度低于露点温度。凡是发生整个或局部气体温度低于露点，就会发生硫酸蒸气的冷凝。冷凝量和酸雾的生成量主要取决于三氧化硫和水蒸气含量的多少、冷却速度等条件。因此，为避免生成酸雾，需注意以下几点：

（1）尽量降低干燥后的气体含水量，从而有效降低气体的露点温度；

（2）提高吸收塔气体进塔温度，使气体进塔前不发生局部冷凝成雾，并为塔内的吸收温度保持在露点以上创造条件；

（3）提高进塔酸温。从吸收温度上看，即使提高了进塔气体温度，若吸收酸温较低，吸收温度仍可能在露点以下，会在塔内的局部范围产生酸雾，所以，在提高进塔气体温度的同时还要提高进塔酸温。如果能保证进出塔酸温都在露点以上，则完全可以避免生成酸雾。

为了达到较高的吸收率，必须在操作上对影响吸收温度的因素进行控制。通常的办法是：

（1）调节进塔气体温度；

（2）调节进塔酸温；

（3）调节喷淋酸量。

生产中，一般控制进吸收塔的酸温为75~80℃、出塔酸温低于100℃（国内阳极保护酸冷器安全操作温度为100℃），进塔气体温度一般约为200℃，出塔气温为75℃左右。

利用316L材质作为干吸塔的循环酸管道，并配置阳极保护系统，可解决高温浓硫酸的腐蚀问题。

为回收吸收工序的低温位热能，美国孟莫克公司开发出了HRS技术（近些年，国内也开发出低温位热能回收技术），它在解决耐高温硫酸腐蚀的前提下，把进第一吸收塔的酸温提高到约165℃，出塔酸温上升至约200℃来操作，产生的低压蒸汽作为锅炉给水或直接用于发电。

7.3.3 循环酸量的影响

为了较完全地吸收三氧化硫，必须有足够量的循环酸作吸收剂，而且循环酸量过多或过少都不适宜。若酸量不足，在吸收过程中，酸的浓度、温度增长的幅度就会很大，在超过规定指标后，吸收率下降。吸收塔是填料塔时，由于循环酸量的不足，填料表面不能充分湿润，传质状况就会显著恶化。循环酸量过多同样对提高吸收率无益，而且还会增加流体阻力，增加动力消耗，还会造成带酸液泛现象。因此，循环酸量要控制适当。循环酸量的大小在设计时是根据液气比选定的，生产中控制循环酸量，是通过控制循环泵的电流数或阀门开度实现的。

上塔循环酸量通常以喷淋密度表示。中间吸收塔采用的喷淋密度比干燥塔大，而最终吸收塔由于吸收过程的热效应比中间吸收塔小得多，所以采用的喷淋密度比干燥塔小。

生产中吸收塔的喷淋密度一般控制在15~25$m^3/(m^2 \cdot h)$，塔内硫酸温度的升高数一般为15~30℃，吸收塔的进口酸温与出塔气温的差值一般在0~6℃范围。若气温、酸温差增大较多时，一般表明酸分布不均匀和填料污秽及酸量不足，必须进行清理和调整。

7.3.4 气流速度的影响

气流速度是指在单位时间内气体通过塔截面的速度，单位为m/s，又称为空塔气速或操作气速。不同塔型的气流速度不同，采用填料塔时，气流速度由所选用的填料性能决定，一般为0.8~1.4m/s，采用矩鞍形填料时，气流速度可提高到1.8m/s左右。在正常的生产条件下，气流速度不要超过塔设计时选定的气流速度，否则除引起夹带雾沫增大动力消耗外，还会造成吸收率下降，严重时会产生液泛现象，造成气体大量带液。

7.3.5　吸收设备结构的影响

用来吸收三氧化硫的设备，常用的是填料塔，主填料一般采用 ϕ76mm 异鞍环，捕沫填料采用 ϕ50mm 异鞍环。对中间吸收塔吸收三氧化硫来说，并不要求达到 99.9% 的吸收率，所以不必追求过高的填料高度，而在最终吸收塔中，三氧化硫吸收率只要达到 99.83%，便相当于总吸收率达到 99.99%。三个干吸塔需要的填料高度很接近，所以设计都采用同一填料高度。中间吸收塔和干燥塔的塔直径一般设计相同，因此，两塔的操作气流速度很接近。由于气量减少，最终吸收塔的塔直径一般比中间吸收塔和干燥塔小。

为了达到较高的吸收率，采用填料吸收塔时应符合下列要求：

（1）要有足够的传质面积，填料堆放要符合技术规定；

（2）要求含三氧化硫的气体和吸收酸液在塔的截面上分布均匀，特别是分酸装置的安装质量要高，防止漏酸和堵塞；

（3）要选用性能优越的填料（即流体阻力小、液泛速度大、容积传质系数大、费用低、耐腐蚀、质量小和机械强度好等）；

（4）要求在允许的气流速度范围内运行。

7.4　干吸工序的流程和设备

干吸岗位的工艺流程和设备配置随转化工艺和产品酸品种的不同而异。对于“一转一吸”工艺，干吸工序一般只配置 2 台填料塔（即干燥塔和吸收塔）及各自的酸循环系统。“两转两吸”工艺的干吸工序要配置 3 个塔（即干燥塔、中间吸收塔和最终吸收塔），酸的循环系统分为 2 套或 3 套系统。2 套循环系统，即干燥酸循环系统和吸收酸循环系统（中间吸收塔和最终吸收塔合用一套酸循环系统），若 3 套循环系统，即干燥塔、中间和最终吸收塔各自拥有独立的酸循环系统。也有用 98% 硫酸干燥的（硫黄制酸），则 3 个塔可只用 1 个循环酸槽。

酸循环系统由循环槽、冷却器和循环泵等 3 个主要设备组成。

由于干吸岗位的传质、传热过程是气液直接传递的，气体中必然带有酸沫或酸雾，液沫中也必然含有一定的气体，所以干吸工段还配置有除沫器、除雾器和脱吸装置。

7.4.1　干吸工序的流程

来自净化工序的净化烟气，在干燥塔进口补充一定量的空气，以调节烟气中的二氧化硫浓度。进入干燥塔，与由塔顶喷淋下的干燥酸在塔内填料表面相接触，经干燥后烟气中水的质量浓度小于 0.1g/m^3（标态），进入主鼓风机。

“一转一吸”流程为：从转化工序来的转化气进入吸收塔，与塔顶喷淋下的吸收酸在塔内填料表面相接触，转化气中的三氧化硫被吸收酸吸收，吸收后的二氧化硫烟气去尾气烟囱放空或去尾气脱硫。

“两转两吸”流程为：从转化工序来的一次转化气进入中间吸收塔，与塔顶喷淋下的吸收酸在塔内填料表面相接触，转化气中的三氧化硫被吸收酸吸收，吸收后的二氧化硫烟气返回转化工序进行二次转化；来自转化工序的二次转化气进入最终吸收塔，与塔顶喷淋下的吸收酸在塔内填料表面相接触，吸收三氧化硫后的尾气去尾气烟囱放空或去尾气脱硫。

干燥、吸收塔的淋洒酸分别吸收了净化烟气中的水分和转化气中的三氧化硫后，浓度分别下降和提高，通过相互串酸和补充工艺水来维持干燥、吸收酸浓度不变，多余的酸作为产品送往酸库储存。

当前，常规“两转两吸”工艺干吸工序生产浓硫酸产品的流程多采用泵后冷却串酸的流程，即酸冷却器位于泵和塔之间，泵出口之后，如图 7－7 所示。浓硫酸冷却器采用板式换热器和管壳式酸冷却器，传热系数高，传热面积较小。

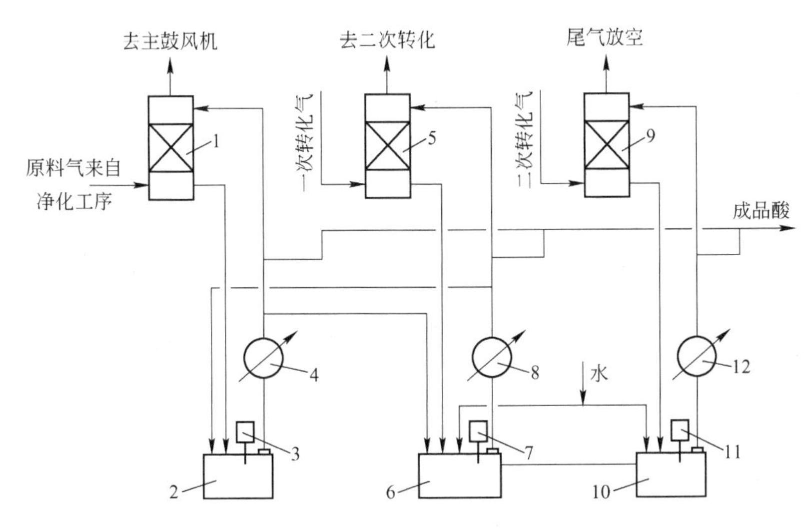

图 7－7 泵后冷却串酸干吸工序流程

1—干燥塔；2—干燥酸循环槽；3，7，11—浓酸泵；4，8，12—酸冷却器；5—中间吸收塔；6，10—吸收酸循环槽；9—最终吸收塔

7.4.2 干吸工序的设备

7.4.2.1 干吸塔

A 干吸塔结构

干吸塔即干燥塔和吸收塔，它们一般均采用填料塔，塔体为钢壳圆筒，塔壁内衬石棉板，再砌耐酸砖衬里。塔的下部有支撑填料层的支撑结构。塔的上部是管式分酸器或管槽式分酸器。为减少出塔气体的雾沫夹带，顶部设有除雾沫装置。目前，新建的干燥（吸收）塔多采用蝶形底（过去的干吸塔多为平底），且塔底出酸的低位高效配置。

干吸塔钢壳体采用 10～12mm 厚钢板焊制而成，碳钢制塔壳，在硫酸环境中必须考虑防腐蚀措施，所以在钢壳体里衬耐酸瓷砖，又考虑瓷砖和钢壳体膨胀系数不同，因此在瓷砖和钢壳之间敷设 1.5～3mm 厚石棉板。在敷设石棉板前，钢壳体先机械除锈，再涂一层稀耐酸胶泥，然后贴石棉板，再用 KPI（K 代表钾，P 代表磷，KPI 胶泥是耐酸耐热防腐胶泥中的一种）钾水玻璃胶泥砌筑耐酸瓷砖，砌筑的耐酸瓷砖需进行酸化处理。

干吸塔填料铺设在填料支撑上。目前，干吸塔的填料支撑结构有瓷球拱支撑结构、耐酸砖拱加高铝瓷条梁、格栅结构和合金钢支柱、条梁结构。

瓷球拱支撑结构的开孔率可以达 60%，流体阻力小，缺点是塔底空间大，塔体较高，投资较高。

B　干吸塔的分酸装置

干吸塔的操作过程中，干吸效率的高低除了和循环酸的浓度、温度和喷淋酸量等有关外，与分酸装置性能的好坏也有重要的关系。

分酸装置是干吸塔的重要组成部分，它直接影响到填料有效润湿面积和传质效率，分酸均匀是保证干吸塔预期干燥和吸收效率的重要前提。正常操作情况下，干燥塔出口气体不带酸沫，二氧化硫风机入口管道干燥、风机放不出酸。当有雾沫夹带的不正常情况时，风机可放出酸，酸雾指标超标，冷热换热器二氧化硫烟气进口部位换热管受酸腐蚀。气体雾沫夹带的原因主要与分酸装置有关，如分酸装置设计不当、安装没有达到要求或操作不当等。

干吸塔的分酸装置以前主要采用管式分酸器。管式分酸器是由一根分酸主管和多根分酸支管组成，并在分酸支管上开设许多出酸孔。一般支管置于主管下部，每根支管下部开两排出酸孔，斜向下喷酸。支管一般埋在填料层内，生产中出酸孔可能被酸中夹带的填料碎屑或酸泥堵塞，造成分酸不均。

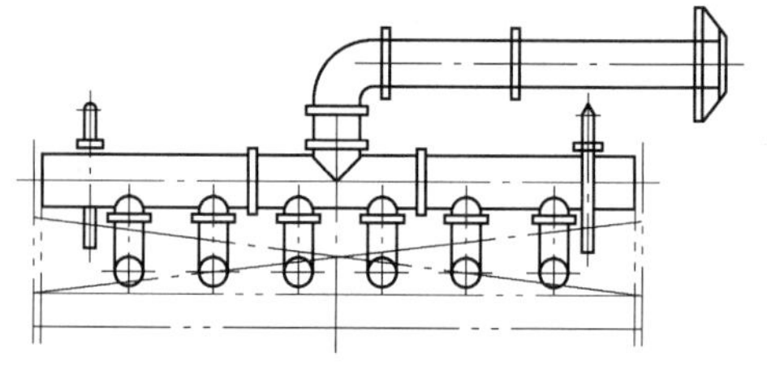

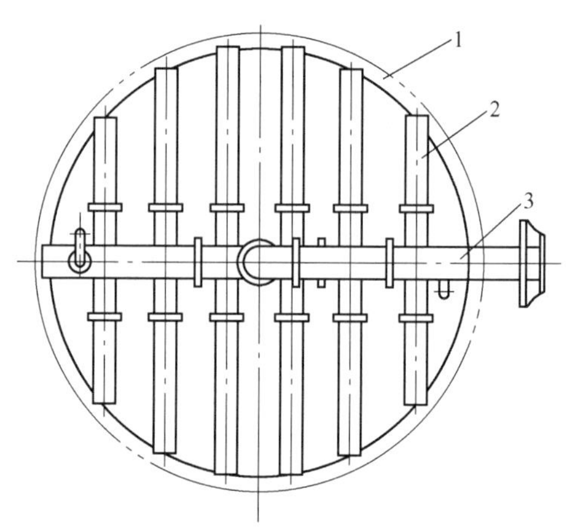

图 7 - 8　管式分酸器的结构示意

1—塔体；2—分酸支管；3—分酸主管

管式分酸器的结构示意如图 7 - 8 所示。

管式分酸器的分酸点一般为 20 个/m^2左右，分酸点越多，越容易达到分酸均匀，但对一定的酸量，分酸点越多，对管式分酸器来说则意味着出酸口直径越小，生产中越容易发生堵塞。

随着美国孟莫克公司开发的管槽式分酸器的引进使用，其显著优点迅速得到认可，体现在老塔改造和新建装置中广泛应用。

管槽式分酸器克服了管式分酸器普遍存在的出酸孔易堵塞、分酸不均匀和沿塔周喷淋密度偏小的缺点。管槽式分酸器属溢流型，其主要特点有：分酸均匀，防堵塞，易于安装、检查和清理，雾沫夹带少，气体压降低，维护工作量小，分酸点布置灵活等。更主要是不存在增加酸分布点就要减少出酸口面积、增加堵塞危险等矛盾。

管槽式分酸器由进酸总管初步分配至各分酸支管，再由各支管下面的底部开孔的“T”形接管流至各分酸槽，各分酸槽中的酸通过落酸管流入填料层内。为保证分酸的均匀，各分酸支管均配制有节流孔板，节流孔板的孔径大小不一（计算得出孔径大小），可以保证初步分酸的均匀性。根据在塔内使用部位的不同，溢流型落酸管的上端开有大小不一的堰口，它可以保证分酸量的准确。循环酸中万一有碎填料等都可收集在分酸槽底部而不会堵塞落酸管。

管槽式分酸器的结构如图 7 - 9 ~ 图 7 - 11 所示。

美国孟莫克公司通过试验装置与示范工厂的运行，得出使用管槽式分酸器的填料层高度与分酸点密度的关系如图 7 - 12 所示。

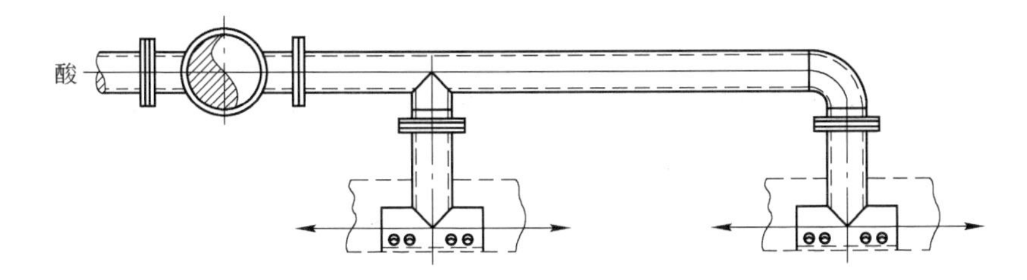

图 7-9 管槽式分酸器酸流向示意图

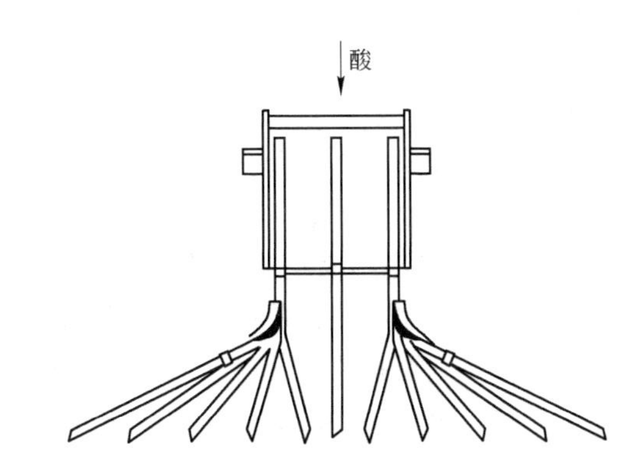

图 7-10 管槽式分酸器结构示意图

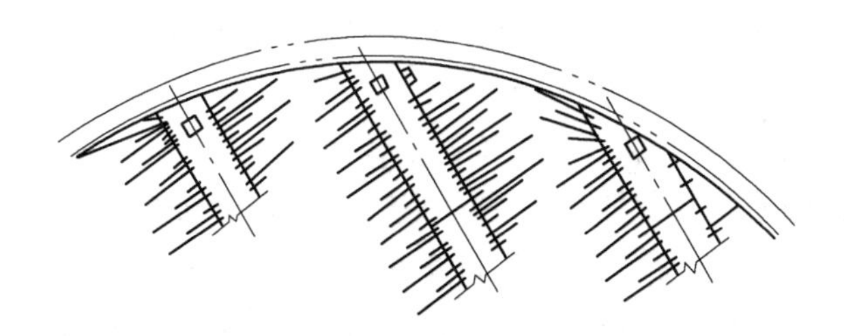

图 7-11 管槽式分酸器落酸点的布置示意图

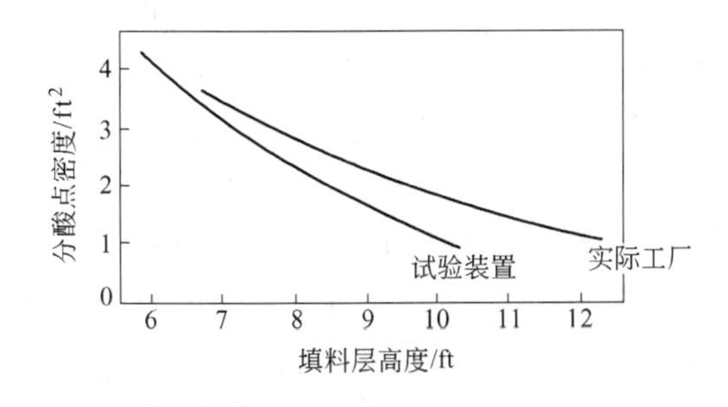

图 7-12 填料层高度与分酸点密度的关系（1ft = 0.305m）

管槽式分酸器的分酸点一般有 43 个/m^2。使用管槽式分酸器的干吸塔，填料高度一般为 3m，在某些情况下，填料高度可减少至 2.5m。增加布酸点密度，导致填料高度降低的影响因素有：

（1）提高填料表面润湿率；

（2）提高润湿填料上面酸液流动的均匀性。

7.4.2.2　干吸塔的除雾（沫）器

硫酸装置中，较普遍使用的除雾、除沫设备是纤维除雾器和金属丝网除沫器。纤维除雾器可以捕集粒径小于3μm 的雾粒，而丝网除沫器只能捕集粒径不小于3μm 的雾沫。生产中，丝网除沫器用于干燥塔出口气体的捕沫效果较好，但用于吸收塔出口气体的除雾效果不高。纤维除雾器专门用于捕集吸收塔出口气体的酸雾，以减少吸收塔出口烟气的雾沫夹带量。

纤维除雾器、金属丝网除沫器的过滤分离主要是靠惯性碰撞、截留、布朗扩散和重力等的作用而将烟气中的微粒捕集下来。

A　纤维除雾器

纤维除雾器是用直径为 5 ~ 30μm 的玻璃纤维、金属丝毛、有机合成纤维等均匀填充于元件之中。硫酸生产中使用的纤维除雾器，其材质要根据酸浓度、温度等条件而定。常用的纤维有玻璃毛、丙纶纤维、氟纶纤维等。含雾沫的气体一般从一侧通过，雾沫被过滤在纤维上，达到气液分离的目的。当液滴增大后靠重力作用流出填充层。在一定的气速下，纤维的持液量积累到一最大值，这时捕集的雾沫量和排出的液量达到平衡，纤维除雾器就稳定在一定的阻力下连续工作。它可捕集 0. 3 ~ 3μm 的细雾粒，具有效率高、结构简单、投资少和操作方便等优点。缺点是适应性较差，特别是易被固体颗粒如矿尘、升华硫等堵塞，从而使阻力迅速增大。

纤维除雾器中的纤维所占的体积分数一般只有 10% 左右，含雾沫气体在 90% 或更大的空间通过，通过的速度主要是根据气体中雾沫粒度大小的分布和含雾沫量决定。雾沫粒径平均在 1μm 以下，气流速度一般采用 0. 025 ~ 0. 15m/s，主要以扩散捕集为主，捕集效率大于 92%，采用高效型除雾器。雾沫粒径平均为 1 ~ 3μm，气流速度一般采用 0. 25 ~ 2. 5m/s，主要以惯性碰撞和截留捕集为主，捕集效率大于 95%，是高速型除雾器。为减少雾沫夹带、降低阻力和适应更大范围的除雾要求，采用粗、细纤维分层装在一起的“多层纤维床除雾器”。细纤维层朝进气方向铺装，粗纤维层则装在出气的一侧。这种除雾器与上述两种相比，除可以消除雾沫夹带和提高效率外，还能降低阻力约 20%。

对一个粒子而言，从理论上说，它只受一种作用机理捕集一次，但对粒径大小不一的大量粒子，其捕集作用则是多种的。因此，在实际生产中，惯性碰撞作用、截留作用、扩散作用等都会同时在一个除雾器上发生，颗粒大的雾沫粒子还有重力沉降的作用。惯性碰撞和截留作用的捕集效率随雾粒粒径减小而降低，扩散作用的捕集效率则随雾粒粒径减小而增高，重力沉降作用随雾粒增大而增大。所以在生产中测出的除雾效率是各种作用机理表现出来的综合捕集效率，图 7 – 13 所示为 4 种主要作用的示意图。

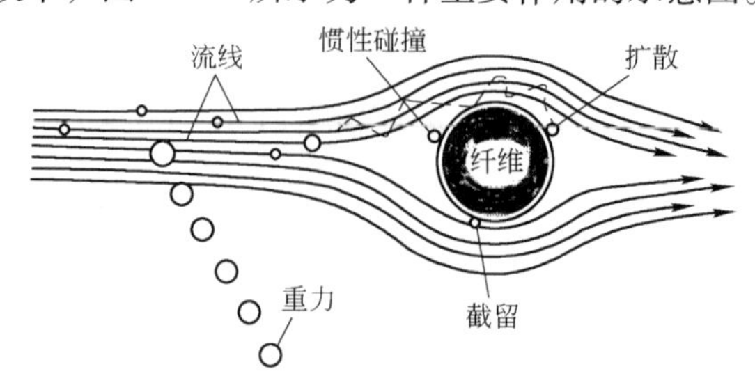

图 7 – 13　纤维除雾机理示意图

a 惯性碰撞作用

从图7－13中可以看出，雾粒随气流流动，在接近纤维时，因雾粒的质量远远大于气体分子，所以当气体分子绕过纤维时，雾粒还会因惯性力而脱离流线继续向前冲出一段距离，如果在向前冲的这段距离中能接触到纤维，就会因纤维的强大附着力而被捕集下来，这就是惯性碰撞作用。如果碰不到纤维，雾粒就随气流被带走。

惯性碰撞作用是依靠雾粒本身的惯性力，如果雾粒成分是一样的，那么雾粒小则质量就小，相同速度下的惯性力也小，能摆脱流线向前冲的距离也就小，因此，能碰撞到纤维而被捕集的效率也就低。如果提高气流速度，使较细的雾粒能具有较大的惯性力，则细粒摆脱流线向前冲的距离就增大，因而就容易碰撞到纤维，提高捕集效率。也就是说，利用惯性碰撞作用的除雾器，其捕集效率随雾粒增大和气流速度的增加而提高。反之，则捕集效率下降。

此外，纤维丝的直径、气体的黏度和密度等对捕集效率也有影响。捕集效率一般随纤维丝直径、气体黏度和密度的减小而提高。纤维丝的直径越细，单位质量丝的总长度就越长，在一定装填密度下，单位容积中丝的根数就越多，表面积就越大，雾粒碰撞机会就增大，所以除雾效率提高。但是，纤维太细了就会因纤维之间保留的雾液被毛细管作用所截留，持液量增大，元件阻力随雾液的积累越来越高，以至于无法使用，甚至将纤维层损坏。所以，纤维除雾器中的纤维并不是越细越好。实践证明，纤维直径应大于5μm，以8～20μm较佳。

b 截留作用

惯性碰撞只考虑到颗粒质量而没有考虑形体。粒子依赖形体大小与纤维接触而被直接拦截的捕集作用称为截留。实验证明，当雾粒直径相对地大于纤维直径时，纤维对粒子的截留作用就比较显著。因此，雾粒直径越大或纤维丝径越小，对提高截留效率越有利。

c 扩散作用

粒径小于1μm的粒子，因直径小、质量轻，被惯性碰撞或截留作用捕集的效率都很低，但由于气体分子对它连续而不规则地碰撞，特别是在较低的气流速度下，雾粒在行进中发生游移不定的曲折运动（又称为布朗运动），从而到达纤维表面而被捕集。这一作用机理与气体的分子扩散作用相似，所以称为扩散作用。扩散作用随气流速度的减小（停留时间的加长）和雾粒直径的变细而增强。

以上叙述的是3个主要的除雾作用机理和主要影响因素。对一个除雾器来讲，还要考虑其填充密度、填充层厚度、填充的均匀性、纤维的疏液性、安装方法和使用温度等影响效率的因素。

目前，硫酸装置的中间吸收塔和最终吸收塔使用的纤维除雾器中，市场占有率较高的产品主要有美国孟莫克公司的除雾器（CS型、ES型）和江苏新宏大公司的除雾器（B14型、G25型）。

CS型除雾器属高速型除雾器（用于最终吸收塔），床层气速均在1.2m/s以上，其中，CS－Ⅱ型比CS－Ⅰ型捕集细雾粒的效率更高。ES型除雾器属节能型除雾器（用于中间吸收塔），有粗细不同的两层纤维床，粗的玻璃纤维处在气体出口一侧，用以捕集凝聚的大雾粒，防止产生二次夹带。

B　金属丝网除沫器

金属丝网除沫器和纤维除雾器的捕集机理基本相同。目前，硫酸工业上的丝网大多采用耐酸不锈钢丝编制而成。金属丝网除沫器是一种压降较低、效率较高的气液分离设备。

丝网除沫器的优点是：第一，由于是机制的织物，所以孔隙均匀；第二，阻力较小；第三，设备紧凑，占地面积小，便于装在塔顶；第四，效率高，用于粒径大于 5μm 的雾粒，效率在 98% 左右，而气体通过除沫器的压力降却很小。缺点是易被固体物质如升华硫等粘住，所以阻力上升较快，需经常清洗。

适宜的气流速度是除雾沫取得高效率的重要因素。对于金属丝网除沫器，如气流速度太低，雾沫粒较多地绕过丝网线，碰撞在丝网上的几率较小，则效率不高；气流速度太高，则捕集的雾沫又被气流重新带走。

最大允许气流速度可由下式计算：

$$u_{max} = K\sqrt{\frac{\rho_l - \rho_g}{\rho_g}} \tag{7-3}$$

式中　u_{max}——允许的最高气流速度，m/s；

ρ_l——液体的密度，kg/m^3；

ρ_g——气体的密度，kg/m^3；

K——常数，取决于雾沫表面张力、黏度、粒度和负荷，一般取 0.11。

当雾沫量波动较大时，流速 u 取 u_{max} 的 75%，一般常用 3.0 ~ 3.60m/s。

由于除沫器中气流速度比塔的气流速度高，除沫器直径比塔径小，一般将除沫器置于干燥塔顶部。除沫器内安装有两层金属丝网垫：上层为疏网，厚度 150mm，采用标准型丝网；下层为密网，厚度 100mm，采用高效型丝网。两层丝网之间留有检修距离 500 ~ 1000mm，上层上部空间要有 500 ~ 1000mm。气体由除沫器下部进入，通过两层丝网除去雾沫后，从顶部排出。

7.4.2.3　阳极保护酸冷却器

带阳极保护的酸冷器用于干吸工序浓硫酸的冷却，采用固定管壳式结构，壳侧走酸，管侧走水，冷却介质为工业循环冷却水。在不回收利用热量的情况下，冷却水温度较低，冷却水中 Cl^- 的质量分数允许高达 0.01%。

阳极保护管壳式酸冷器的主体材质是 316L 不锈钢，壳体用 304 不锈钢，带阳极保护装置。该设备具有占地面积小、不易发生泄漏、运行安全可靠、维修量小、使用寿命长、操作方便等优点。

为提高传热系数，一般将阳极保护管壳式酸冷器装于循环泵后，酸侧压降小于 0.1MPa，传热系数可达 1000 ~ 1300W/(m^2·K)。

A　阳极保护防腐原理

阳极保护是电化学防腐蚀技术之一，它基于金属的阳极钝化性。钝性机理主要有氧化膜理论：钝化了的金属，其表面被一层氧化膜所遮盖，膜的稳定性很高，不容易溶解，从而保护了金属。

阳极保护酸冷却器的防腐机理可以概括为：当被保护的金属设备通以阳极电流时，在金属表面形成一层高阻抗的钝化膜，从而阻止了金属的进一步腐蚀。不锈钢在浓硫酸中理想的阳极极化曲线如图 7－14 所示。

当阳极电流密度大于 i_P（致钝电流密度）后，其电位由自由腐蚀电位 E_O 正方向移到 E_F，电流密度降到 i_C（维钝电流密度），在 $E_F \sim E_T$ 范围内，不锈钢处于钝化状态，即不锈钢表面形成一层极薄而耐蚀性能优良的钝化膜，使腐蚀速率降到很小。若再增大电流，会使金属电位继续正移，达到 E_T 以上的范围，此时钝化膜破坏，腐蚀速度又加快，所以称 E_T 为过钝化电位。

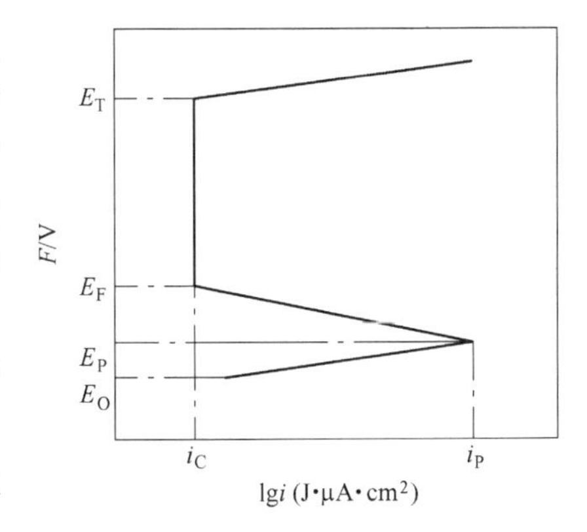

图 7－14 不锈钢理想阳极极化曲线

由此可见，金属在溶液中建立的电流与流经其表面的电流密度有关，将此关系作图就得到图 7－14 所示的阳极极化曲线。

极化曲线根据不同电位区间内金属腐蚀的特性，可分成 4 个特性区：E_P 以下称为活化区，金属表面没有钝化膜，腐蚀率较高；$E_P \sim E_F$ 称为钝化过渡区，是一种不稳定状态；$E_F \sim E_T$ 称为钝化区，金属处于稳定的钝化状态，腐蚀率很小；E_T 以上称过钝化区，金属腐蚀率再度增加。

对于管壳式阳极保护浓酸冷却器来说，最主要的 3 个基本参数就是致钝电流密度 i_P、维钝电流密度 i_C、钝化区范围 $E_F \sim E_T$，金属材质、硫酸浓度、温度、流速对这 3 个基本参数都有影响。

钝化膜的稳定性和分散能力是另外两个较重要的参数。当维持钝化的电流密度切断之后，钝化膜逐渐消失，金属电位逐步负移，经过某个称为自活化时间的间隔以后，钝性消失，金属电位负移到活化区。也就是说，金属活化了，腐蚀速度增大。自活化时间的长短就反映出钝化膜的稳定性。分散能力的含义在于进行阳极保护时，必须使距阴极距离不同的被保护表面全部都处于钝化电位区内。如果距阴极近处处于过钝化区，距阴极远处又处于活化区或钝化过渡区，都会使阳极保护失败。对于管壳式酸冷却器来说，浓硫酸的导电性并不优良，冷却器管束又非常密集，分散能力问题不容忽视，常需在主阴极之外再增设辅助阴极来改善，特别是在致钝操作过程中。

采用阳极保护技术的实质，就是向不锈钢通入一定量的电流，使各部位电位都维护在钝化区内。如果电流过大，会发生过钝化腐蚀；如果电流过小，钝化膜不能维护，会发生活化。活化之后，通入的阳极电流会加速不锈钢的腐蚀，这称为电解腐蚀。

在控制系统中必须引入一个测量基准——参比电极，用来测知各种状态下金属的电位。还需向溶液中插入阴极，从而构成电流回路，以达到向金属送入阳极电流的目的。为了自动地调节通入电流的大小，使不锈钢的电位自动地保护在钝化区内，要有一套电源控制系统，如恒电位仪。如果由于工艺参数剧变或电路中断等原因使电位偏离钝化区，则控制系统的报警装置发出声光报警信号。

碳钢在热浓硫酸中的 i_P 值较大，致钝操作比较困难，而且，钝化后的腐蚀率也比较大，钝化膜稳定性较差。因此，阳极保护浓硫酸冷却器几乎全部用不锈钢制造。

B 管壳式阳极保护浓酸冷却器的结构和材质

管壳式阳极保护浓酸冷却器形似列管式换热器，外配一套电源和控制系统，如图

7－15所示。卧式的管壳式阳极保护浓酸冷却器安装时要与水平保持1°的倾斜角，特别是用于高温吸收的冷却器，以防汽化及汽阻。

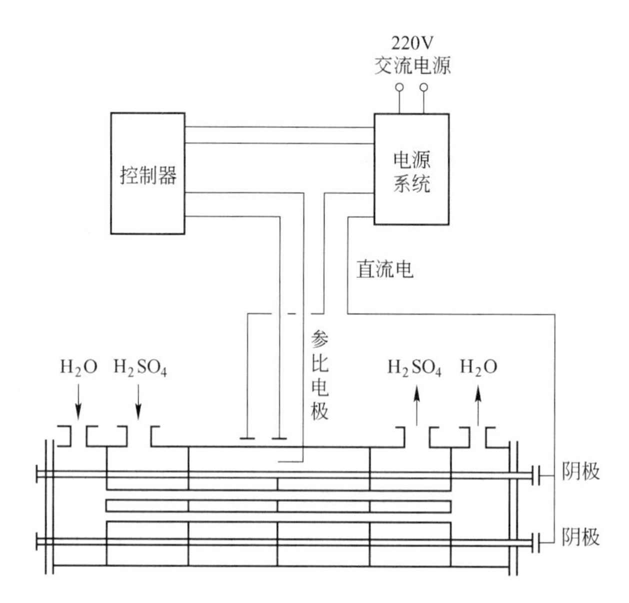

图7－15　管壳式阳极保护浓硫酸冷却器

为适应硫酸的不同浓度和温度，获取较佳的阳极保护参数和总经济效益，常选用304L和316L不锈钢制造酸冷却器。考虑到焊缝的抗晶间腐蚀能力，选用超低碳不锈钢。酸冷却器选材除考虑阳极保护的需要以外，水质因素也需考虑，有时甚至是选材的主要考虑因素。为了防止水中Cl^-引起不锈钢的孔蚀和应力腐蚀破裂，换热器列管一般选用超低碳和含钼的不锈钢。为了控制酸、水流速和保持阳极保护正常作业，酸水的进出口一般都设置在冷却器的上方。

（1）管壳。管壳酸冷却器是列管式，多为卧式。管壳和管板用304L不锈钢制造，管材是316L不锈钢，管束通常使用ϕ19.05mm×1.65mm规格，折流板也用316L不锈钢制作。硫酸走管侧，水走管程。管板与列管结合，先胀后焊，焊接要分熔解、着色检查、填敷、盖面、着色检查等5道工序进行，以确保焊接质量。酸冷却器列管主要有无缝钢管和有缝高频焊接管两种，采用有缝焊接列管不仅能提高管材的纯度，也可防止阳极保护局部出现高电流。

（2）主阴极。主阴极设在酸冷却器内，轴向贯穿整个酸冷却器，通过酸水两侧，一般小的酸冷却器一台只设一根主阴极，大的酸冷却器要设两根或更多根主阴极。其作用是通过硫酸与阳极本体构成回路，保持阳极电位。主阴极外套氟塑料的多孔套作为绝缘用。

（3）控制系统。控制系统主要由参比电极、控制器、供电箱等组成。参比电极一般是采用两支铂电极，一支作控制用，一支作辅助监控用。参比电极必须浸没于酸中，但需与酸冷器本体有良好的绝缘，因此外包有氟塑料绝缘层。控制信号由控制电极提供。

控制器有显示、监视和调节作用，主要是调节参比电极的电位，它是保证恒电位控制的关键，一般安装在干吸工序操作室内。

供电箱向主阴极提供所需的直流电源。阳极保护控制系统一般的控制指标为：阳极保护系统电位给定值，0.200～0.300V；参比电位，0.100～0.400V；高位报警，0.500V；

阴极电流，3～10A；低位报警，0.05～0.1V。

7.4.2.4　板式换热器

板式换热器结构紧凑，纯逆流，温差小（两种流体温差可小到1℃）。

板式换热器内相邻板间上下交错的人字形花纹使金属板间有较大的接触面积，并使液体造成更剧烈的湍流，从而提高了传热系数（在雷诺准数低至10时就能产生湍流）。板式换热器采用矩形流道，它的单位表面积所占体积要比管壳式酸冷器小，传热系数较管壳式酸冷器大若干倍。

板式换热器所造成的湍流使得固体颗粒悬浮在流体中，减少了结垢。湍动的纯逆流可免除在对数平均温差计算中采用校正系数所浪费的传热面，并使两流体的温差极为接近。这对低温位热回收利用极为有利。

板式换热器用于浓硫酸的冷却，板材为哈氏合金C－276（干燥塔、成品酸）或哈氏合金D－205（吸收酸）。用于干燥塔、成品酸冷却的板式换热器的胶垫采用氟橡胶；用于吸收酸冷却的板式换热器，因酸温高，酸侧一般采用焊接式，水侧采用三元乙丙橡胶（EPDM）的胶垫。

板式换热器是以压型薄板组装而成的换热设备（板片厚度一般为0.6mm），多为长方形。板四角开孔，作为冷热流体的进出口。板的四周以垫片密封，角孔周围也有垫圈，兼起密封与冷热流体的分配作用。两种流体在由薄板组成的流道中相间流过，逆流进行换热，板片上压制成波纹状的狭窄的流道（一般为4～6mm）。其结构如图7－16所示。

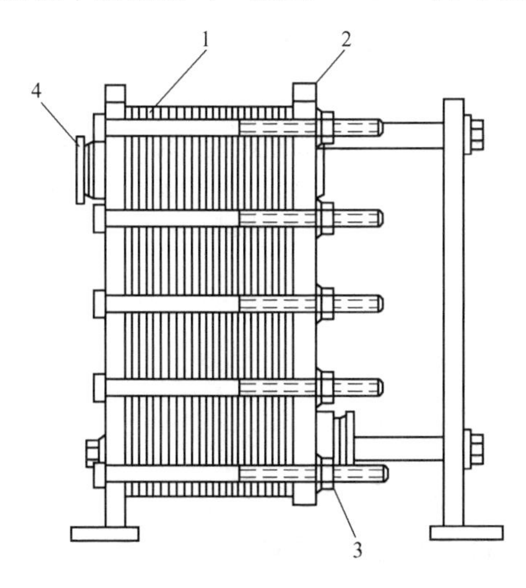

图7－16　板式换热器的结构

1—板片；2—框架；3—紧固螺栓；4—酸水进出口

7.4.2.5　浓硫酸泵

现代硫酸装置干吸工序的浓硫酸泵基本均为液下泵，其中以美国的Lewis公司生产的耐高温浓硫酸的液下泵最有名。近年来，随着国产耐高温浓硫酸合金的开发成功，国产大流量高温浓硫酸液下泵逐步得到推广，如昆明嘉禾公司生产的JHB系列浓硫酸液下泵，用于吸收塔、流量达2400m^3/h的已有成功应用。高温浓硫酸液下泵外形结构如图7－17所示。

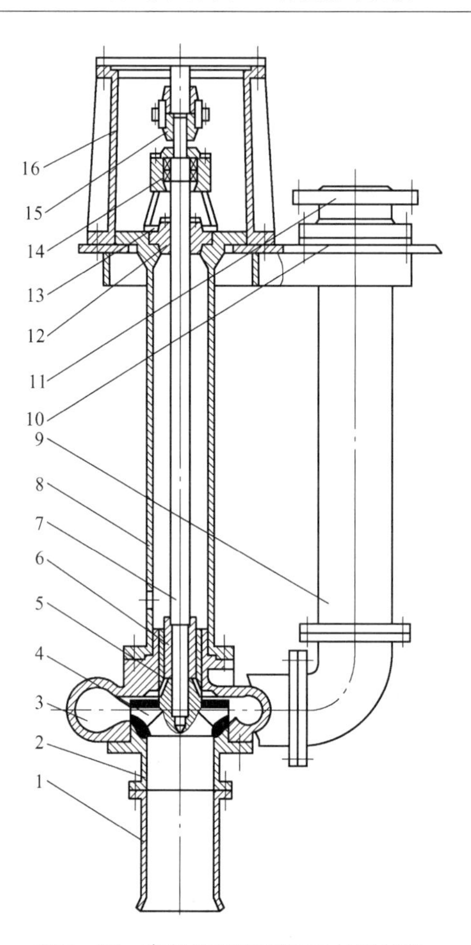

图 7 – 17　高温浓硫酸液下泵外形结构

1—吸入口；2—泵盖；3—泵体；4—叶轮；5—衬套；6—轴套；7—泵轴；8—中间支架；9—出液管；10—底板；11—出口法兰；12—防酸法兰；13—轴承座；14—轴承；15—联轴器；16—电机座

7.5　干吸生产操作

7.5.1　开停车操作

7.5.1.1　开车

原始开车或长期停车后的开车程序主要是：

（1）进母酸。

1）阀门确认。98%酸大罐放酸阀开，进酸库地下槽阀门开，地下槽液位控制阀前后手动阀开、旁路阀关，地下槽泵出口阀开度1/3，地下槽泵通往干吸工序阀门全开，98%酸大罐进酸阀门及通往装酸计量罐的阀门全闭。

2）启动地下槽泵送酸。手动盘地下泵，确认泵轴转动正常。泵启动后，确认送酸管线是否漏酸。泵运行正常后，慢慢打开泵出口阀至需要的开度。

3）干燥塔循环槽和吸收塔循环槽在进酸至规定液位后，停止进母酸。

（2）运行干燥、吸收循环酸泵。

1）配合转化器空气升温，在启动鼓风机前1h左右，将干燥塔循环酸泵开正常。升温过程中，干燥酸浓度不能低于91%。可通过串入98%硫酸或全部换成98%硫酸的办法来维持用于干燥的酸浓度。

2）循环酸泵启动后，对酸冷器钝化。

3）当循环酸温度超过40℃时，循环冷却水开始使用。

（3）运行成品酸泵。烟气进入系统前开成品酸泵。

（4）系统自动投入。烟气进入系统后，打开吸收和成品酸加水自动阀的进出口阀（自动阀手动开度为0），打开串酸阀前后手动阀，系统稳定后将串酸、加水和调酸温的自动阀投入运行，转入正常生产。

对于新建系统，要对设备酸洗1～2次，一般循环24h后需换一次酸，用过的污酸用酸泵送到指定的酸罐，作废酸单独处理。在进酸过程中和开泵进行酸循环后，要注意检查各处酸管、阀门等处有无漏酸的地方。

7.5.1.2　停车

停车的程序主要是：

（1）停车准备。所有自动阀都切为手动并在0%位置，酸冷器水侧进出口阀门关闭（先关进口阀，后关出口阀），解除干燥和吸收的联锁。

（2）停止干燥、吸收循环酸泵。

（3）阀门确认。关闭各自动阀前后手动阀，关闭各循环泵出口阀，关闭各循环泵回流阀、取样阀、酸浓阀，酸冷器水侧先关进口阀，再关出口阀并将水侧排污阀打开排水。

（4）根据需要，决定排空循环槽内硫酸。

7.5.2　正常生产的操作调节

7.5.2.1　循环酸浓度的控制

控制循环酸浓度，一方面是为了获得较高的干燥效率和较高的三氧化硫吸收率；另一方面是为了保证成品酸的质量；同时也是为了防止酸浓度波动引起的对设备的强烈腐蚀。

影响循环酸浓度的因素和控制方法主要有下述几点：

（1）转化气中三氧化硫的体积分数。在一定的风量下，由转化工序来的三氧化硫气体的体积分数是影响98%硫酸、105%发烟硫酸浓度的主要因素。当三氧化硫的体积分数高时，被吸收的三氧化硫量多，酸浓度增长得快。反之，酸浓度增长得慢。生产过程中，影响三氧化硫的体积分数的因素很多，即使是正常操作也可能在一定范围内波动。所以，吸收的操作调节必须及时地进行。由三氧化硫的体积分数变化引起的酸浓度变化，主要是通过加减水量，其次是通过改变串酸量来调节。

（2）串酸量。在转化气量和气体中三氧化硫的体积分数稳定的情况下（加水量也是稳定的），干吸塔酸浓度变化主要是由串酸量不当引起的，必须及时对串酸量进行适当的调节。

（3）加水量。正常操作中，要向吸收酸循环槽内适当加水（通过加水量的增减来调节循环酸浓度是最灵敏的），但对于指标范围内轻微的波动，不宜急于用加减水量的办法调节，而应采用串酸量来调节或小幅度地调节加水量。

7.5.2.2　循环酸量的控制

为保证干吸塔的喷淋密度，以获得较高的干燥和吸收效率，生产中必须严格控制各塔的循环酸量。一般的控制方法是：

（1）按规定控制好各循环槽的液面高度。控制液面高度的目的是使离心泵有较稳定和较大的扬量。如液面过低，离心泵的扬量就会波动。所以，要及时通过产、串酸量的增减调节控制各槽液面高度。

（2）尽量减少串酸量。对串酸管和产酸管装于泵后的流程，增大产酸量和串酸量时会引起上塔酸量的相应减少，所以，操作中要尽量减少串酸量，强调平稳操作，防止过猛过快大幅度调节，做到均衡控制产酸量和串酸量，从而保证足够的、稳定的上塔酸量。

（3）按规定检查各循环泵电机运行电流，使其保持平稳，以保证泵扬量的稳定。通过调节阀门控制泵电机的电流，从而实现对扬量的调节。

7.5.2.3　酸温的控制

循环酸温度主要是通过调节冷水量和冷却器效能控制的，其次是调节循环酸量和系统负荷。

正常操作中，冷却水量随季节变化而增减。夏季时，为控制上塔酸温，必须开大冷却水量，冬季时则要关小冷却水量。生产负荷变化时，也要及时调节冷却水量。在夏季冷却水已全开，酸温仍降不下来时，需检查冷却设备有无缺陷，冷却器是否积垢、冷却水喷洒量是否均匀、水源压力是否够等，找出问题的原因，否则需减小鼓风机运行风量或降低二氧化硫的体积分数，进行减负荷生产。

7.5.2.4　干吸操作的自动调节

干吸操作的自动调节是指酸浓、液位的自动调节。大型硫酸生产企业基本已实现集散控制系统（DCS）自动控制来实现干吸操作的自动调节。酸浓检测参见第 11.2 节，调节参见第 11.3 节。

7.5.3　干吸工序的应急操作

7.5.3.1　突然停电的应急操作

当得知全车间突然停电或紧急停车时，干吸工序应立即做好下述处理：

（1）将全部运转设备的开关切至“停止”或切至“维修”，或切至“OFF”，或打下“紧急停止”开关。

（2）将串酸、加水自动阀前后手动阀全闭。

（3）关闭循环泵出口阀。

（4）找到突然停电原因（或停车原因），若与本工序有关，要迅速排除故障，待供电正常后，按正常开车步骤将本工序各台泵开正常。

（5）待系统主鼓风机送气后，将串酸阀、产酸阀、加水阀逐步调节至正常。

7.5.3.2　突然停水的应急操作

突然停水时，应做好以下工作：

（1）立即与有关方面联系，若能在短时间内恢复供水，系统继续运行。

（2）关闭净化加水阀门，尽可能维持干吸水量。

（3）关闭循环水补水阀门，尽可能维持干吸水量。

（4）若冷却水断水时间较长，循环酸温已超过80℃，则系统停车。

（5）若循环酸加水中断时间较长，系统停车。

（6）待水量供应正常后，按操作规程进行系统开车。

（7）属于加水中断后的开车，加水量可以比正常操作时稍大，但不可太大，待浓度恢复到指标时，要及时减少加水量，逐步转入正常控制状态。

7.5.4 管壳式阳极保护浓酸冷却器的操作控制

管壳式酸冷器的操作调节比较简单，但非常严格，主要分开车和日常运行两方面。

开车：先准备好浓度不低于93%或不低于98%的硫酸若干吨（符合循环要求的），将酸循环系统灌满后开泵循环；待干燥酸温达到35℃、吸收酸温达到50℃时，开启阳极保护系统，在酸温再上升5~10℃后，开启冷却水循环冷却。

开车注意事项：要用冷酸先进行循环，防止突然加热设备而使设备在初始阶段就有一个较大的腐蚀电位；其次要注意酸浓度的分析，任何时候酸浓度都不得低于91%。

日常运行：日常运行中主要控制酸浓度、酸温和酸量，其中，酸浓度和酸温更为重要。酸浓度降低、酸温升高、酸量增大，会使钝化膜衰减，阳极保护电流上升，电位有回复到自由腐蚀电位的可能。

酸冷器的日常运行中，对循环水的pH值最好保持在线监测、报警，同时，要经常对循环水中Cl^-含量测定，以防止硫酸泄漏和氯离子对设备和管道的腐蚀。

制酸系统短期停车时，阳极保护系统一般不需进行任何操作。即使酸泵停止循环，也只要酸冷器内充满酸即可，阳极保护系统仍可开着。但当酸温过低时，应停开阳极保护系统。长期停车，在停下循环泵后、决定抽尽酸冷器内的酸之前5~10min停开阳极保护系统。

7.6 干吸工序异常情况分析及处理

干吸工序异常情况分析及处理见表7-4。

表7-4 干吸工序异常情况分析及处理

序号	不正常现象	原　因	处理方法
1	突然停电跳闸	外部因素影响	按紧急停车处理
2	吸收率低，烟囱冒大烟	（1）循环泵电流低，且运转不正常； （2）入塔酸温太高； （3）入塔炉气温太高； （4）吸收酸浓度不合格； （5）二氧化硫鼓风机出口水分含量高； （6）分酸不均匀	（1）调整泵电流，并做适当的检修； （2）降低冷却水温度，并适当增加冷却水量； （3）适当降低炉气温度； （4）调整吸收酸浓度； （5）调整干燥部分； （6）停车检查处理

续表 7－4

序号	不正常现象	原　因	处理方法
3	干燥酸浓度提不起来	（1）仪表故障； （2）进干燥塔炉气温度过高； （3）串酸量少； （4）吸收酸浓度过低	（1）请仪表工处理； （2）通知净化工序降低炉气温度； （3）加大串酸量； （4）提高吸收酸浓度
4	吸收酸浓度提不起来	（1）仪表故障； （2）二氧化硫的体积分数低； （3）加水量过多； （4）干燥酸串入过多； （5）干燥酸浓度过低	（1）请仪表工处理； （2）通知提高二氧化硫的体积分数； （3）减少加水量； （4）减少串酸量； （5）提高干燥酸浓度
5	酸泵电流不稳定	（1）供电系统故障； （2）酸泵出口阀开得太小； （3）酸泵入口堵塞； （4）酸泵叶轮损坏	（1）联系电工测量电压，电流； （2）适当开大酸泵出口阀； （3）暂时停车进行处理； （4）停泵修理或更换
6	酸冷器断冷却水	外部原因	与供水岗位联系，迅速恢复冷却水，若不能立即恢复供水，按紧急热备用停车处理
7	设备、管道漏酸	设备、管道老化或腐蚀	（1）若泄漏较小，暂时用耐酸材料堵漏； （2）若漏酸较大，按紧急停车处理

习题与思考题

7－1　硫酸生产中为什么将干燥和吸收归属于干吸工序？
7－2　硫酸生产中影响三氧化硫吸收效率的因素有哪些？
7－3　三氧化硫的吸收为什么要用98.3%的浓硫酸进行？
7－4　干吸工序酸循环系统主要设备有哪些？
7－5　硫酸生产中如何维持干吸系统的水平衡？
7－6　硫酸装置中纤维除雾器和金属丝网除沫器有什么不同之处？
7－7　进入转化系统的二氧化硫烟气中，如果含水分过多，会有哪些危害？
7－8　吸收塔使用瓷球拱填料支撑结构有何优点？
7－9　如何装填干吸塔填料？
7－10　干燥吸收塔使用的槽式分酸器在设备加工、安装、操作三个方面引起气体带沫的原因有哪些？
7－11　干吸工序发生漏酸如何处理？
7－12　影响循环酸浓度的因素和控制方法主要有哪些？
7－13　如何判断与处理阳极保护酸冷却器漏酸事故？
7－14　阳极保护酸冷却器的防腐机理是什么？
7－15　管壳式阳极保护浓酸冷却器的操作注意事项有哪些？

8 硫酸生产安全技术

硫酸生产是处理、加工和生产有腐蚀性和有毒物品的过程，在生产中，除可能因有害介质的泄漏造成对人体的各种急性或慢性伤害外，还可能发生爆炸、高温烫伤等事故，因此，必须对硫酸生产中的安全技术给予高度重视。实践证明，只要严格按照安全规程进行操作，才能防止人身伤害事故的发生。

通过对中国30个硫酸厂多例人身伤害事故的分析，可以认为做到下列5点是实现硫酸厂安全生产的保证：

（1）必须有技术熟练并经过系统安全教育的操作和维修人员；

（2）设备必须处于良好状态，严禁带“病”运转，杜绝“跑、冒、滴、漏”；

（3）严禁违章作业；

（4）生产现场一定要配备必需的防护和急救设施；

（5）操作、维修人员必须按规定佩戴防护用品。

原中国化学工业部曾对硫酸生产各岗位的安全操作做过明确规定。

8.1 原料工序

硫铁矿破碎、筛分、输送等设备尘害的防止仅靠局部除尘措施难以取得理想效果，必须在开始设计时就要考虑系统而全面的除尘设施，这方面已有较成熟的经验。

对于那些在设计时未曾考虑全面除尘措施的硫酸装置，则可根据装置情况，按要求对原料工序的尘害进行治理。这方面也取得了一定的经验，如尽量集中排尘源；将排尘源密闭；采用干法除尘与湿法除尘相结合的措施等。

对于以硫黄为原料的装置，应综合考虑防火、防爆与防尘各项措施。生产现场严禁烟火，并需配备消防设施。固体硫黄储仓应有良好的通风，仓库的墙应为半敞开式。混凝土地面使用白云石作骨料，使金属工具（如铁铲）与之撞击、摩擦时不致发生火花。固体硫黄的输送可采用硫精矿的输送设备，如胶带输送机，但速度不宜过快，以防因摩擦发热引起着火。当使用斗式提升机时，可考虑采用铝等不产生火花的材料制作。在硫黄中混入铁片或碎石等也会导致在运输或粉碎过程中起火。固态硫黄着火后燃烧速度较慢，用喷水的方法容易熄灭，但应注意需在上风方向操作，以免发生二氧化硫中毒。

熔硫储槽中存在硫化氢，但通常其浓度在1000～3000mg/kg左右，而硫化氢的爆炸下限在常温下（27.6℃）是4.3%（体积分数），在144℃时为3.3%（体积分数），因此不致发生爆炸。但当硫黄中存在烃类时，就会由于下述反应而产生硫化氢，所以应予以充分注意。

$$C_nH_m + (x+1)S \longrightarrow H_2S + C_nH_{m-2} + S_x \qquad (8-1)$$

液硫储槽上方空间温度应保持在115℃以上，否则不仅会因硫黄蒸气冷凝附着在顶盖上，在水分存在下会使顶盖腐蚀，而且在空气存在时其腐蚀产物会引起硫黄着火。据报道，日本国内液硫储槽的着火几乎全是这个原因。

熔硫作业时因液硫温度高达130～140℃，需注意防止烫伤。不慎熔硫触及皮肤，应以足够水冷却以减轻症状并随即就医。熔硫槽或液硫槽进行检修或动火作业前，应充分进行换气并在气体分析检测合格后方能进行。

当原料为硫化氢时，设备及管线必须杜绝任何泄漏，同时在可能会发生泄漏的地方装设通风设施，现场应配备硫化氢监测仪、防毒面具和氧气呼吸器。一旦发现急性硫化氢吸入中毒者，应迅速使其脱离现场，移至空气新鲜处，确保其呼吸道畅通。对窒息者应立即施行人工呼吸或输氧，有条件者给患者吸入含5%～7%（体积分数）的氧气则更佳。对重度中毒者，要积极防治肺水肿和脑水肿。眼睛受害时，立即用清水或2%（质量分数）碳酸氢钠液冲洗，再用4%（质量分数）硼酸水洗眼，随后滴入无菌橄榄油。为防止发生角膜炎，可用醋酸可的松溶液滴眼连续数天。

为了保证硫化氢燃烧炉安全运行，在供气设施上有的设置硫化氢气体中间气柜；有的采用供气联锁装置，当空气突然停供时，借助隔膜阀的动作关闭硫化氢气体入口阀。至于硫化氢燃烧炉，则无一例外均设置了防爆片以保证安全。

8.2　焙烧工序

硫铁矿焙烧工序，沸腾炉在850～900℃下运行，并有高温矿渣排出，在清理排渣、除尘设备，处理沸腾炉故障或人工运送热渣时，有可能发生高温灰渣烫伤事故。在沸腾炉点火升温时若操作不当，或因沸腾炉水箱漏水等原因，还可能发生爆炸事故。此类事故多是未遵守安全操作规程或因设备缺陷未及时发现所致。

当发生高温灰渣烫伤事故时，应迅即将伤者救离现场，立即用大量水熄灭衣服上的火焰，并将衣服脱除，以大量水冲洗创面。如口鼻内进入灰渣，应立即漱口清洗，眼内的灰渣则用棉签蘸石蜡油除净。伤情较重者随即以清洁纱布覆盖创面送医。

8.3　净化工序

在20世纪50年代，中国的硫酸生产普遍采用所谓标准酸洗净化工艺，第一洗涤塔喷淋酸浓度为70%左右的硫酸，并设置浸没式铅制蛇管冷却器冷却循环酸。在冷却器中，酸中溶解的三氧化二砷会析出，并与尘一起沉积在铅制蛇管上。当工人清理管上积垢时，如未采取适当防护措施，就会引起砷中毒。自50年代末期起，中国普遍采用水洗净化工艺，进入80年代后，则逐渐推广绝热冷却稀酸洗涤工艺，因此，净化工序未再发现砷中毒问题。近年来，一些铜冶炼烟气制酸装置采用硫化钠法处理净化工序的稀酸，并进一步将所得硫化砷加工为三氧化二砷。虽然至今尚未见到作业人员砷中毒的报告，但因三氧化二砷属Ⅰ级毒物，对人体危害极大，所以在作业中必须高度注意安全。装置应采用自动化密闭作业，作业场所应提供充分通风，操作人员需穿戴相应防护用具，现场禁止饮水、进食。工作后必须淋浴更衣，工人应做定期体检。

三氧化二砷接触皮肤，应立即脱去污染衣服，并以大量水冲洗至少15min，不慎吸入三氧化二砷粉尘，应立即脱离现场至空气清新处并迅速就医。误服三氧化二砷者应先以大量水漱口，并迅速催吐、洗胃，洗胃前先给解毒剂氢氧化铁（12%（质量分数）硫酸亚铁溶液与20%（质量分数）氢氧化镁悬液等量温合摇匀）。若无氢氧化铁，可服蛋白水、牛奶，立即送医。

8.4 转化工序

转化工序最应注意的是防止钒催化剂粉尘的危害。在更换和过筛钒催化剂时，过去不少厂尤其是小厂常采用敞开式作业，在此种情况下，即使配置通风除尘设施，也难以完全消除催化剂粉尘的危害。所以在进行此项作业时最好采用负压抽吸、风动输送、密闭过筛工艺，这方面早已有成熟的经验。采用该工艺不仅可消除催化剂粉尘的危害，同时也减轻了工人的劳动强度。

8.5 干吸工序

干吸工序安全生产的重点是防止硫酸烧伤事故。为防止硫酸烧伤事故的发生，塔、槽、酸泵及输酸管线必须杜绝泄漏，操作人员应按规定穿戴防护用品，进行检修时应穿戴耐酸服、胶靴、耐酸手套及防护眼镜。实践证明，许多硫酸烧伤事故的发生，往往是由于检修时未按规定穿戴防护用品所致。

由于稀硫酸与钢铁等金属反应会产生氢气，即使是浓硫酸容器也会因酸被稀释而使器内积聚氢气。氢是一种易燃易爆气体，其爆炸下限为4.0%（体积分数），上限为75.6%（体积分数）。因此，设备需动火前必须先进行充分排气置换并经气体分析合格后方能进行。此外，检修时切勿以金属工具等敲击设备，以免产生火花引起爆炸。曾经发生过因用扳手敲击硫酸槽车顶盖螺栓而发生爆炸伤人的事故。

在稀释浓硫酸时，必须在搅拌情况下将酸徐徐注入水中，严禁将水注入酸中，以防硫酸溅出伤人。

在生产场所醒目处必须备有水量充足的供水设施以及包括软管、水池、事故冲洗喷头和洗眼器等在内的急救装备，供水设施应有可靠的防冻措施。

当不慎被硫酸灼伤时，应立即以大量水冲洗，务必彻底洗净酸液，此点是减轻伤情的关键措施。一些文献提出，冲洗时间至少应达15min。冲洗同时脱除沾污的衣服、鞋袜，洗净酸液后随即送医。应注意的是皮肤沾上硫酸决不能用碱液中和，否则将因中和放热而加重烧伤。

若酸液进入眼睛，立即以大量清水连续冲洗15min以上，冲洗时应翻开眼睑，使眼睑、眼球都能得到彻底冲洗，冲洗完毕后作为应急措施，也可用0.5%潘妥卡因滴眼止痛，并迅即就医。

当酸液大量泄漏时，应先将人员撤离现场，并立即以砂土堵挡和吸附酸液，吸附酸液的砂土应以石灰等中和。

当吸入大量硫酸蒸气或酸雾时，应立即将伤员转移至空气清新处并立即送医。有的文献建议给伤员吸入2%（质量分数）碳酸氢钠气溶胶，并用2%（质量分数）碳酸氢钠溶液漱口。

当误饮硫酸时，不应设法催吐。如伤者清醒，可给予大量水漱口清洗。如有可能，令其喝混有鸡蛋清的牛奶，并尽快将伤者送医。

8.6 氨法尾气回收工序

现论述氨法尾气回收工序中两种不同性质的爆炸问题。

8.6.1 氨的燃爆

氨法尾气回收和固体亚硫酸铵工段在正常生产时不可能发生爆炸，但是在修理中和槽、循环槽动火补焊时，曾有过多起爆炸事例。南京某厂年度大修补焊中和槽时，对槽内空气经取样分析证实槽内氨浓度仅为痕迹量，并取得安全技术科动火证，安全手续完备，然而点火补焊时发生猛烈爆炸，修理工当场死亡。原因是中和槽氨进口阀漏气，氨气是在取样分析之后漏入的，遇明火即发生爆炸。正确的处理方法是在氨阀法兰处用盲板堵死，切断氨源之后取样分析，证明设备内无氨存在，并取得安全技术科动火证之后才能进行动火修理作业。

8.6.2 机械性爆炸

南京某厂发生过混合槽机械性爆炸事故，混合槽 ϕ1250mm 顶盖炸飞到 150m 外的硫铵车间。爆炸原因是浓硫酸分解亚硫酸铵－亚硫酸氢铵溶液时反应十分剧烈，生成的硫铵溶液飞溅到二氧化硫出口管道上，水分蒸发后硫铵结晶堵塞气道，混合槽内压力上升导致发生爆炸。

吸取了上述经验教训，后来混合槽设计成卧式长形，硫酸和亚硫酸盐溶液进口在一端，二氧化硫气体出口在另一端，尽量拉大距离，使硫铵溶液不致飞溅到气体出口管道上，管道直径也要适当加大。生产实践证明，这是防止超压爆炸的有效方法。

8.7 硫酸储运的安全措施

8.7.1 储酸罐的施工质量与安全

储酸罐直径大，罐底由多块厚钢板拼焊而成，焊接过程热应力没消除容易造成变形，底板向上鼓起，这是常见的施工缺陷。当向储酸罐送酸时罐底受到巨大压力，将向上鼓起的罐底压平，可听到储罐发出沉闷的响声，当将罐内的酸抽空时同样可听到底板反弹时的沉闷响声，这是发出的危险信号。罐底忽上忽下地变形，最终焊缝由于金属疲劳而断裂，大量的酸从储罐涌出，十分危险。除立即开动酸泵争分夺秒抽走部分硫酸以减少损失之外是无法挽救的，漏酸对周围的建筑物及储罐基础的破坏是极其严重的。如发现上述情况必须停止使用储罐，返工重焊整平罐底。

8.7.2 防止槽车爆炸事故

国内发生过多起铁路硫酸槽车爆炸事故。原因是硫酸用户从槽车卸酸之后没及时将压缩空气进口及酸出口的法兰盖封死，漏入空气之后，残余在槽车内的浓酸吸湿后成稀酸，稀硫酸中的氢被铁置换出来，槽车空间充满了氢气，装酸操作人员敲打槽车顶盖上的螺栓等构件，产生火花引发槽车内氢气爆炸。

用酸单位卸酸后应立即封死酸出口和压缩空气进口管上的法兰盖，使槽车与空气和雨水隔绝；装酸操作人员不得用铁器敲打槽车上的各种构件，避免产生火花。这两点应该写进操作规程中。

槽车内存在氢气积聚的危险，装酸地点要严禁烟火，并设有警示牌。照明要求采用防爆型灯具。

8.7.3　防止其他机械安全事故

铁路槽车装、卸时，车辆开到指定货位之后要将槽车停稳，刹车机构要可靠，并在铁轨与车轮之间垫上楔形木块，务必使在装卸酸作业中槽车不发生移动。

装酸完毕，移去装酸管，灌装孔上法兰盖的垫片要完好无损，上紧螺栓不得漏气，防止火车运行途中松动脱落。

装酸人员要经过安全教育及技能训练，并穿戴好个人防护用具。

8.7.4　装坛、洗坛作业

加强安全教育非常重要。装坛、洗坛作业的操作人员必须加强安全教育。灌输硫酸对人体伤害的知识和防护措施知识格外重要。必须经过考试及格，持证上岗。

装坛、洗坛操作人员必须穿戴耐酸衣、耐酸胶靴、橡胶手套和防护眼镜。

现场必须供应充足的洗涤水，应设有紧急冲洗水龙头和洗眼器等安全防护设施。

为了生产安全，装坛、洗坛作业区的厂房要求有宽敞的面积，使运送酸坛的车辆（板车、电瓶车）有回旋余地。运送空坛和酸坛的车辆行车路线要有严格规定。人流与物流分开。切忌空坛与酸坛在同一个大门进出，因为拥挤时容易碰撞，会造成陶瓷酸坛破裂溅酸伤人。

8.8　高浓度发烟硫酸和液体三氧化硫作业

高浓度发烟硫酸和液体三氧化硫生产装置是有毒、腐蚀等危险化学物质较多的生产场所。硫酸品种有：65%（质量分数）三氧化硫（游离）、30%（质量分数）三氧化硫（游离）和20%（质量分数）三氧化硫（游离）发烟硫酸、液态三氧化硫等。气态物质有：硫酸雾、气态三氧化硫等。

8.8.1　安全措施

安全措施主要有：

（1）加强设备管理和维修。首先生产厂要加强设备、管道和阀门的定期维修保养，重视对操作人员和维修人员的业务培训，提高人的技术素质，安全教育考试合格后持证上岗。

（2）设计时把安全措施放在首要位置。高浓度发烟硫酸和液体三氧化硫生产，“跑、冒、滴、漏”是绝对不允许的，由于产品性质特殊，结晶温度高，设备不能露天布置，只能布置在厂房内，出现滴漏时整个厂房会烟雾弥漫，设计时要把防漏放在首要位置上考虑。

（3）设置93%酸洗涤设备。65%发烟硫酸和液态三氧化硫逸出的三氧化硫迅速与空气中水分结合成硫酸雾，当停车检修设备时要用93%酸洗涤设备和管道，将发烟酸稀释到不冒烟为止，这时操作人员才能进入设备进行维修，以防中毒。

（4）加强通风措施。采用密闭式分析取样罐，取样罐上方设通风罩，取样时开动塑料排风机。取样的酸要经过冷却，以减轻冒烟程度。分析化验操作在通风橱里进行。

（5）设置安全通道。每层厂房必须有两个以上的出口，所有厂房的门一律向外开，门上方要安装穿透烟雾能力最强的黄光灯，它指示人员撤离方向。

（6）在分析取样罐及酸泵附近要求安装紧急冲洗水龙头及洗眼器等安全设施。

8.8.2　液体三氧化硫生产安全操作须知

液体三氧化硫生产安全操作需要注意：

（1）液体三氧化硫包装钢瓶经多次反复使用，虽经解冻室在65℃下解冻，大部分固态三氧化硫都能液化，但可能还存在熔化不了的固体沉积物，可能就是熔点高达95℃的蜡状 $\delta-SO_3$。处理这些沉积物严禁用水洗涤钢罐，因液态、固态三氧化硫与水反应过于剧烈，易发生爆炸，酸沫喷溅会伤人。利用固态三氧化硫易溶于硫酸的特性，可用浓硫酸洗涤液体三氧化硫包装钢瓶。

（2）严禁用明火加热钢罐，严禁用电磁起重机械吊装钢罐。

（3）生产设备或管道出现液体三氧化硫滴漏时，不得直接用水喷射冲洗。正确的处理方法是先用干砂、膨润土、硅藻土或其他与三氧化硫不起反应的散状物料吸收液体三氧化硫残液，然后用碱性溶液如碱水、石灰水等中和饱含三氧化硫的物料。切忌用干纯碱粉、干石灰直接撒到液体三氧化硫上，这类物料与三氧化硫接触迅速反应，产生大量白色烟雾，会扩大现场烟害面积。

（4）采用正确方法消除液体三氧化硫跑逸引起的现场烟雾。大多数教科书及文献资料都记载液体三氧化硫与水反应十分激烈会产生爆炸，其特征是反应速度快，瞬间即完成反应过程，反应热值大。当水与液体三氧化硫之间接触面积很小时，瞬间产生大量反应热，由于热传递困难，水瞬间汽化而产生爆炸。只要适当改变其反应条件，控制其反应速度，例如将水高度雾化，使其具有足够的传质、传热面积，即可避免爆炸。这同硫酸与水混合时只允许将硫酸缓缓注入水中（并加以搅拌），不能将水倒入硫酸中的原理相同。因此，不允许使用胶管直接将水浇喷在滴漏的液体三氧化硫上，应该在高压水管上安装一个雾化程度高的喷头，用高度分散的水雾来消除跑逸的液体处所产生的烟雾。

（5）正确储存液体三氧化硫。即使在南方地区也要将储罐布置在厂房内，不得露天布置，要彻底杜绝水、雨水渗入储槽，以防止爆炸事故的发生。

（6）液体三氧化硫不得与有机化合物、金属粉末、碱和碱性氧化物接触。存有液体三氧化硫的地方周围严禁烟火，并应挂出警示牌。

（7）正确运输液体三氧化硫。生产厂需要向铁路部门申办液体三氧化硫钢罐铁路托运手续。现有的铁路托运液体三氧化硫的规定中，要求容器装入木箱中固定等，十分繁琐。所以生产厂宁可由公路运送液体三氧化硫钢罐。液体三氧化硫钢罐公路运输操作要点是：

1）液化气体不得装满钢罐，要预留10%空间；

2）在盛夏季节运送液体三氧化硫钢罐要用绝热物品（如棉被）覆盖，避免钢罐在烈日下曝晒使钢罐内压力急剧上升；

3）选择最短的行车路线，尽可能避开人口集中的市区，实在无法避免时也要改在夜间通过；

4）行车时间要避开上下班人流高峰；

5）运送液体三氧化硫钢瓶的车辆不得在公共场所停留；

6）绝对禁止客（指搭乘便车者）货混装。

8.9　典型事故处理

8.9.1　急性中毒处理

急性中毒处理时的程序主要是：

（1）发生中毒事故应立即启动应急预案，组织人员展开施救工作。

（2）立即向上级和安全管理部门汇报，必要时联系医院急救。

（3）迅速做好施救人员个人安全防护，在确认事故源不会对施救人员产生伤害的前提下展开施救工作。复杂事故应先制定施救方案。

（4）确认不会造成事故扩大后，迅速对毒源实施有效控制，彻底切断毒源，设法吹散、稀释，对受毒区域人员进行紧急疏散，设置安全警示和隔离标志。

（5）以最快的速度把中毒者移出中毒区域，施救过程要有人监护，同时，要采取有效措施确保施救者本人的安全。

（6）将中毒者移至空气新鲜处，并根据现场条件采取解毒措施。

（7）在等待、催促医院救护人员的同时，松解中毒者衣扣和腰带，注意保暖，视现场条件尽可能采取简单的急救措施。

（8）搬运过程要沉着、冷静、稳妥，注意避让现场伤害物，不要强拖硬拉，防止造成骨折和损伤。如已有骨折或外伤，视现场施救人员的能力尽量给予固定和包扎。

（9）如是误服毒品，应立即实施催吐、洗胃。催吐可用手指刺激舌根。洗胃可用清水或1:5000高锰酸钾溶液。误服强酸、强碱则不能洗胃，可服用蛋清、牛奶等中和。

（10）检查中毒者，抓住主要症状进行施救。检查的顺序是：神智是否清晰，脉搏、心跳是否存在，呼吸是否停止，有无出血及肿包、骨折等。

（11）如呼吸心跳停止，应立即进行心脏胸外挤压术和人工呼吸，要坚持连续做2h以上。

（12）如呼吸困难或面色青紫，要立即给予氧气吸入。若现场无氧气，可视情况立即进行呼吸复苏术，即人工口对口呼吸和人工加压呼吸法。

（13）若中毒者呼吸、心跳正常，但有昏迷、血压降低等现象，应使其平躺休息，等待救护车和专业急救人员。

（14）发生两人及以上多人中毒事故，要按症状情况分别组织专人抢救和监护，避免顾此失彼。同时清点事故现场人数、落实各人下落和状态，防止“漏救”。

（15）救护车到达后听从专业救援人员的指示配合施救，并尽快送医院救治。

（16）在进行上述施救工作的同时，对现场进行严密排查，采取有效措施，严防事故再度发生。

8.9.2　硫酸灼伤事故处理

硫酸灼伤事故处理时的程序主要是：

（1）发生硫酸灼伤事故应立即启动应急预案，组织人员展开施救工作。

（2）立即向上级和安全管理部门汇报，必要时联系医院急救。

（3）立即将伤员脱离出事地点，同时准备冲洗用水、尽早对伤者进行冲洗。移送时不可在伤员灼伤区域施力。在催促、等待救护车和专业救援人员期间，积极展开施救工作。

（4）如属一般烧伤，首先在最短的时间内用大量的水连续冲洗，在冲洗下把沾有硫酸的衣物鞋帽迅速脱除，直到冲洗到硫酸的痕迹消失为止。有条件的让伤员进入配置的专用水槽中清洗。

（5）及时地、用大量的水冲洗伤员烧伤，不能有丝毫的犹豫或拖延。不论哪个部位，都只能用大量的水冲洗，而绝不能试图用碱性溶液之类的东西来中和硫酸。

（6）如硫酸灼伤过重或范围过大时，有可能引起伤者脉搏加速、盗汗、虚脱等危急症状，如出现此类症状，必须使伤者仰卧，盖上棉毯等保温物品使其全身保暖，以免受凉引发其他病症。在未得到医生的指令前，不得在伤处涂抹任何外敷物品和药物。

（7）如硫酸溅到眼睛内，无论溅到眼睛内的硫酸浓度的高低和数量的多少，必须用大量的无压力流水、在眼皮撑开和翻开的情况下连续冲洗 15min 以上，要把眼内所有部位全部用清水冲洗到。如救援人员不能立即赶到，可用小量水继续冲洗 15min，确认冲洗干净后若疼痛难忍，可用麻醉止痛剂潘妥卡因等滴两三滴于眼内。在未接到眼科医生指示前，不得使用油类或油脂性外敷药品。

（8）如伤者是吸入了大量的发烟硫酸或高温硫酸所产生的酸雾或蒸气，要立即离开污染现场，等待医院救护人员到来。如有昏迷、呼吸困难等症状时，要立即使其仰卧，未经医嘱不得进行人工呼吸和输氧。

（9）如误服稀硫酸，应尽快设法使其吐出，吐出后再喝入清水，反复几次，可得到缓解。如误服浓硫酸，切勿令伤者立即吐出，而应立即用大量的水漱口后，让其多喝水，喝饱后再设法使其吐出，然后再多喝水、吐出。如果伤者已失去知觉，只能等其清醒后再按上述方法处理，条件许可时，可在伤者清醒后让其喝下大量混有蛋清的牛奶。

（10）救护车到达后听从专业救援人员的指示配合施救，并尽快送医院救治。

（11）清理事故现场、消除事故隐患，采取措施杜绝事故再次发生。

习题与思考题

8-1　硫酸企业进行安全生产的前提条件是什么？

8-2　硫黄制酸原料工序存在哪些不安全因素？

8-3　硫铁矿焙烧工序不安全因素主要有哪些？

8-4　硫酸生产净化工序不安全因素是什么？

8-5　为什么现代硫酸企业采取密闭的催化剂过筛工艺？

8-6　浓硫酸储罐为什么不能随意动火？

8-7　为什么严禁用水洗涤液体三氧化硫钢罐？

9 硫酸生产环境保护与综合利用

9.1 氨酸法尾气回收

9.1.1 概述

我国在20世纪五六十年代建设的硫酸厂大多为“一转一吸”工艺，转化率在95%～96%，排放尾气中二氧化硫质量浓度高达8500～11000mg/m^3（标态）。80年代设计的年产量在40kt以上的硫酸装置都采用“两转两吸”转化工艺，转化率达99.5%，排放尾气中二氧化硫浓度能达到当时的国家排放标准。一些老厂也陆续改为“两转两吸”工艺。少数仍采用“一转一吸”工艺的硫酸厂则仍用尾气回收，走综合利用道路。例如，南京化学工业公司磷肥厂采用氨－酸法尾气回收生产液体二氧化硫；开封化肥厂、太原化工总厂等均改用三级氨法尾气回收生产固体亚铵和高浓度亚硫酸氢铵溶液，排放废气中二氧化硫的质量浓度控制在100～150mg/m^3，优于国家排放标准[1]。

低浓度二氧化硫烟气回收的方法很多，但经济合理且有长期操作经验的只有氨－酸法、钠法和活性炭法，其中以氨－酸法应用最为广泛，其次为钠法。它除能消除二氧化硫污染、保护环境之外，还可综合利用生产出有经济价值的固体亚硫酸铵、亚硫酸氢铵、固体亚硫酸钠、固体二氧化硫等延伸产品。

9.1.2 氨－酸法

9.1.2.1 氨－酸法的基本原理

氨－酸法回收低浓度二氧化硫可分成4个主要步骤：吸收、吸收液再生、分解和中和。

A 吸收

吸收总反应为：

$$SO_2 + NH_3 + H_2O = NH_4HSO_3 \quad (9-1)$$

$$SO_2 + 2NH_3 + H_2O = (NH_4)_2SO_3 \quad (9-2)$$

实际上，吸收剂是亚硫酸铵－亚硫酸氢铵溶液。亚硫酸铵对二氧化硫有很好的吸收能力，是主要的有效吸收剂。在吸收塔内按下列反应式吸收尾气中二氧化硫，附带吸收部分三氧化硫：

$$SO_2 + (NH_4)_2SO_3 + H_2O = 2NH_4HSO_3 \quad (9-3)$$

$$SO_3 + 2(NH_4)_2SO_3 + H_2O = 2NH_4HSO_3 + (NH_4)_2SO_4 \quad (9-4)$$

---

[1] 2013年1月1日起，《硫酸工业污染物排放标准》中规定硫酸企业二氧化硫污染物排放质量浓度限值是400mg/m^3（标态）。

B　吸收液再生

吸收反应结果是亚硫酸铵-亚硫酸氢铵循环液中 $(NH_4)_2SO_3$ 部分被消耗，而 NH_4HSO_3 却增多了，吸收能力逐渐下降，为了维持吸收液的吸收能力，需要在循环槽内不断补充氨水或气体氨，使部分亚硫酸氢铵按下式转变成亚硫酸铵：

$$NH_4HSO_3 + NH_3 = (NH_4)_2SO_3 \qquad (9-5)$$

以使吸收液得以再生，维持 $(NH_4)_2SO_3/NH_4HSO_3$ 的质量比不变。

C　分解

氨-酸法吸收得到的中间产物亚硫酸铵-亚硫酸氢铵溶液用途不大，用浓硫酸可以分解它，按下列反应式得到含水蒸气的二氧化硫和硫酸铵：

$$(NH_4)_2SO_3 + H_2SO_4 = (NH_4)_2SO_4 + H_2O + SO_2 \qquad (9-6)$$

$$2NH_4HSO_3 + H_2SO_4 = (NH_4)_2SO_4 + 2H_2O + 2SO_2 \qquad (9-7)$$

蒸汽加热分解是将微量残留亚硫酸氢铵彻底分解，反应式为：

$$2NH_4HSO_3 \longrightarrow (NH_4)_2SO_3 + H_2O + SO_2 \qquad (9-8)$$

为了使亚盐分解完全，浓硫酸加入量比理论用量大30%~50%，使分解液酸度成15~45滴度[1]，过量的游离硫酸则在中和槽用气体氨或氨水中和。

D　中和

用氨中和过量硫酸，其反应式为：

$$H_2SO_4 + 2NH_3 = (NH_4)_2SO_4 \qquad (9-9)$$

NH_3 的加入量比理论用量略高，使中和液是碱度为2~3滴度的硫酸铵溶液。

质量浓度为400g/L、相对密度为1.2（标准液体化肥）的硫酸铵溶液可作为液体肥料直接用于农业，或蒸发结晶加工成固体硫铵，以便于储存和运输。

含饱和水蒸气的二氧化硫可送回制酸系统干燥塔进口重新用于制酸。大多数工厂则用浓硫酸将含水蒸气的二氧化硫干燥后经压缩机压缩、冷却、冷凝制成附加值很高的液体二氧化硫产品。

9.1.2.2　工艺流程的选择

A　高酸度、空气脱吸分解

我国长江以南地区大都采用此流程，该流程特点是操作简单，不消耗蒸汽。缺点是氨、酸消耗量大，硫铵溶液产量大。混合槽出口的100%二氧化硫可用于生产液体二氧化硫；分解塔出口的低浓度二氧化硫可回制酸系统制酸。

工艺操作数据（以某厂用填料分解塔时操作数据为例）：

分解液酸度	40~45滴度	中和液含 $(NH_4)SO_4$	400~420g/L
分解率	约98.5%	中和液含游离 NH_3	2~3滴度
分解液亚盐含量	4~5g/L（以 NH_4HSO_3 计）	分解塔出口二氧化硫的体积分数	2%~7%

国内以气氨为原料的氨-酸法尾气回收典型工艺流程如图9-1所示。

以20%~25%（质量分数）氨水为原料的氨-酸法尾气回收工艺流程与以气氨为原料的流程大致相同，只是前者中和槽增加了搅拌装置。

---

[1] 滴度：在酸碱工业中，以物质的当量浓度的1/20为1滴度来表示溶液的浓度。

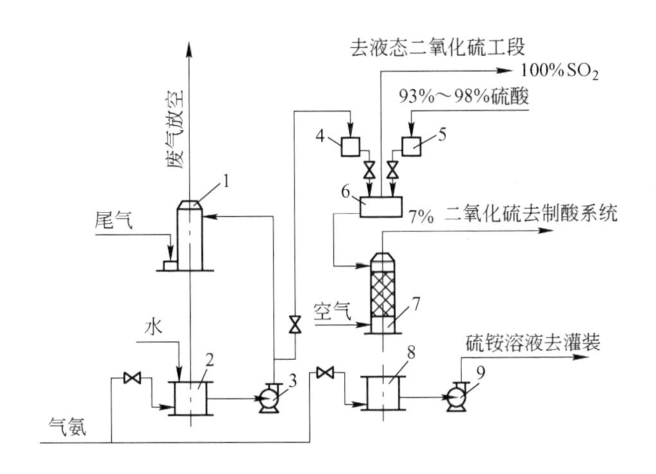

图9-1 高酸度、空气脱吸分解工艺流程

1—尾气回收塔；2—母液循环槽；3—母液循环泵；4—母液高位槽；5—硫酸高位槽；6—混合槽；7—分解塔；8—中和槽；9—硫铵溶液泵

吸收、母液循环流程各厂基本相同。但对亚硫酸铵-亚硫酸氢铵溶液则有多种分解方式，应根据企业具体条件正确选择。

B 高酸度、蒸汽加热分解

我国东北地区如大连化学公司、抚顺石油二厂、吉化公司等采用此流程。其工艺流程如图9-2所示。

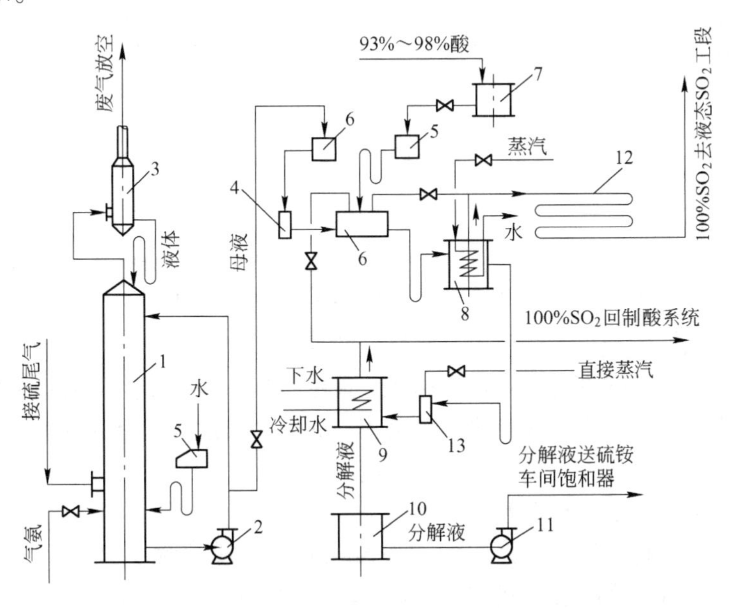

图9-2 高酸度、蒸汽加热分解工艺流程

1—尾气回收塔；2—循环泵；3—旋风除沫器；4—液封管；5—流量控制器；6—混合槽；7—硫酸高位槽；8—间接蒸汽加热器；9—冷却器；10—分解液槽；11—分解液泵；12—二氧化硫冷却器；13—管道三通

工艺操作数据为：

分解液酸度	35～40 滴度	加热用蒸汽压力	0.3～0.4MPa
分解率	99.9%（总分解率）	分解液温度	约 100℃
分解液亚盐含量	0.63g/L（以 NH_4HSO_3 计）		

蒸汽加热分解优点是亚盐分解完全。分解出的 100% 二氧化硫可以全部制成液体二氧化硫。缺点是需消耗蒸汽。东北煤多，这就是此流程多用于东北地区的理由。

C　低酸度、间接蒸汽加热分解

东北地区某冶炼厂铅烧结机烟气回收中间试验工场采用此流程，工艺流程如图 9－3 所示。

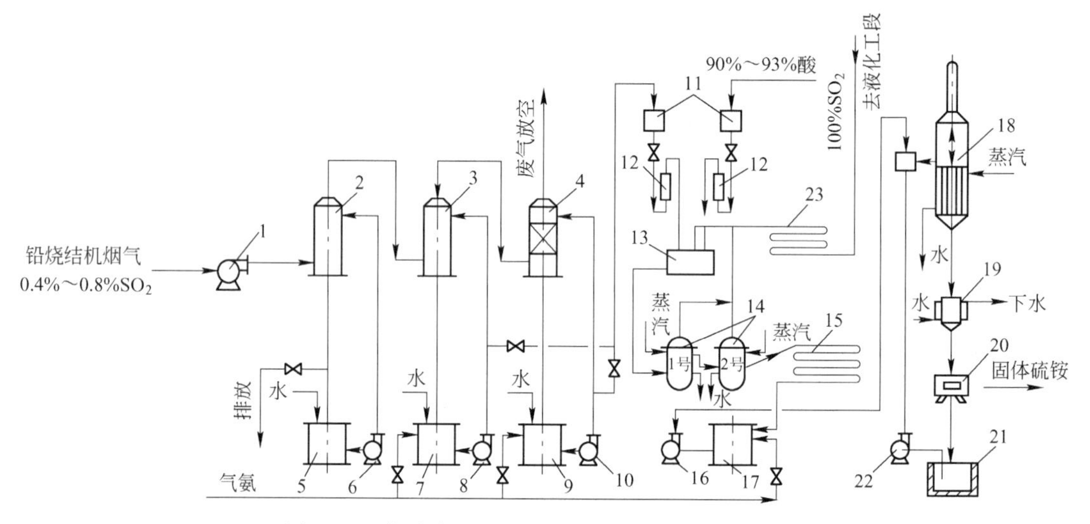

图 9－3　某冶炼厂回收铅烧结机烟气中试工艺流程

1—鼓风机；2—洗涤塔；3—泡沫尾气回收塔；4—填料尾气回收塔；5—洗涤塔循环槽；6—污水泵；7，9—循环槽；8—母液循环泵；10—母液循环泵；11—高位槽；12—流量计；13—混合槽；14—分解器；15—母液冷却器；16—硫铵溶液泵；17—中和槽；18—蒸发器；19—冷却结晶机；20—分离机；21—分离液地下槽；22—分离液泵；23—冷却器

工艺操作数据为：

分解液酸度	15 滴度	分解液温度	混合槽 35℃；1 号分解器 75℃；2 号分解器 82℃
加热蒸汽压力	0.7～0.8MPa	分解液亚盐含量	1.3g/L（以 NH_4HSO_3 计）

低酸度、蒸汽加热分解法适用于非硫酸厂的烟气回收，由于不生产硫酸和氨，两种原料均需外购，所以尽量减少硫酸、氨的用量。又由于非硫酸厂、空气脱吸分解出的低浓度二氧化硫无出路，只有全部制成液体二氧化硫。此方法仅适用于有色冶炼烟气低浓度二氧化硫回收或其他有二氧化硫尾气排出的工厂适用。

D　泡沫塔两段氨法尾气回收流程

随着环保要求日趋严格，老厂纷纷改一段回收为两段回收。但老厂苦于现场场地狭窄，无回旋余地，可采用两段塔式布局，将一段、两段吸收塔重叠在一起，南京化学工业公司已有多年使用经验，效果较好。三段法也可参照处理。工艺流程如图 9－4 所示，吸收塔结构如图 9－5 所示。

E　管道式复喷复挡两段氨法

管道式复喷复挡两段氨法尾气回收工艺流程如图 9－6 所示。

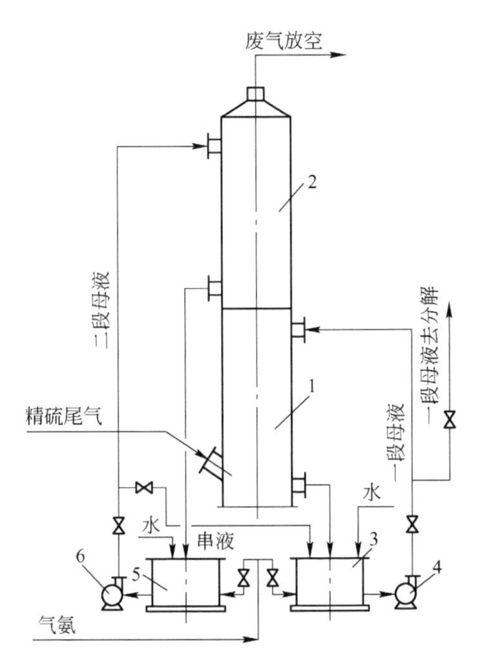

图 9－4 塔式两段氮法尾气回收工艺流程

1—回收塔一段；2—回收塔二段；3—一段循环槽；4—一段循环泵；5—二段循环槽；6—二段循环泵

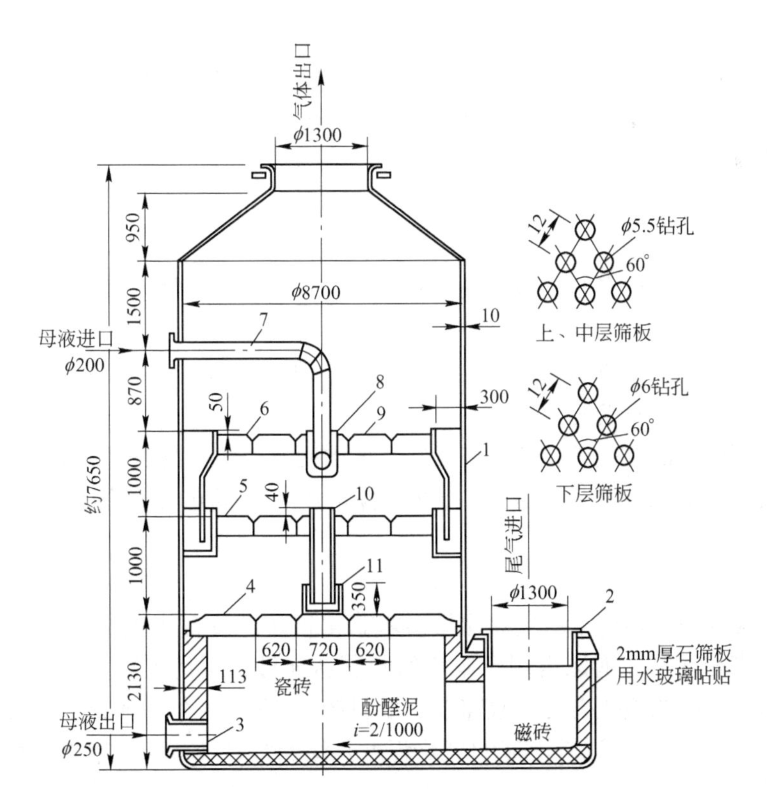

图 9－5 内部溢流式泡沫塔结构

1—铝塔体；2—铸铁套管；3—铸硬铅套管；4—下层筛板；5—中层筛板；6—上层筛板；7—进液管；8，11—布液槽；9—工字铝；10—瓷流管

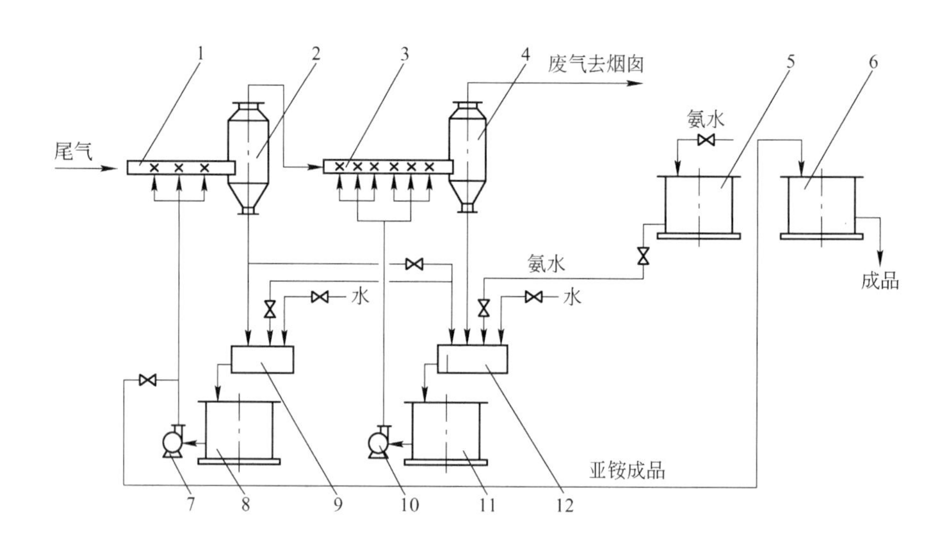

图 9-6　管道式复喷复挡两段氨法尾气回收工艺流程

1—一级复喷吸收管；2—一级复挡除沫器；3—二级复喷吸收管；4—二级复挡除沫器；5—氨水计量槽；6—亚铵成品计量槽；7—一级吸收循环泵；8—一级吸收循环槽；9—一级吸收液封槽；10—二级吸收循环泵；11—二级吸收循环槽；12—二级吸收液封槽

工艺操作数据为：以氨水为原料，氨水质量分数为 20% ~25%；产品为液体亚硫酸铵，质量分数为 35% ~40%，密度 1.18 ~1.21g/cm^3；总吸收率为 92.78%；排空废气二氧化硫质量浓度小于 720mg/m^3。

9.1.2.3　主要设备的选型

国内目前有长期使用经验的吸收设备有填料塔、泡沫塔和复喷复挡吸收器等。

A　填料塔

填料塔操作稳定，吸收率可保持在 90% 以上。但设备庞大、投资高、填料易堵、清理困难，大修工作量大且费时。

如果尾气回收产品是亚铵，填料塔的缺点更加明显，填料塔的气液接触时间长，吸氧速度快，吸收液易被氧化，亚铁成品中硫铵含量高，降低产品的等级。现在已淘汰不用了。

B　泡沫塔

泡沫塔结构简单，由于空塔气速比填料塔高得很多，设备体积小，材料省，投资少，吸收率与填料塔相同。如泡沫塔用于尾气回收制造亚铵，则优点更为突出，根据研究结果，认为在泡沫塔中二氧化硫的吸收速度比填料塔大 10 ~15 倍；而氧的吸收速度比填料塔仅大 2 ~3 倍。结果在泡沫塔溶液的氧化程度是填料塔的 1/5。使用泡沫塔对提高亚铵质量是有优越性的。

处理气量 60000m^3/h，三块塔板、内部溢流式泡沫塔结构如图 9-5 所示；处理气量 60000m^3/h，两段氨法尾气吸收塔结构如图 9-7 所示。

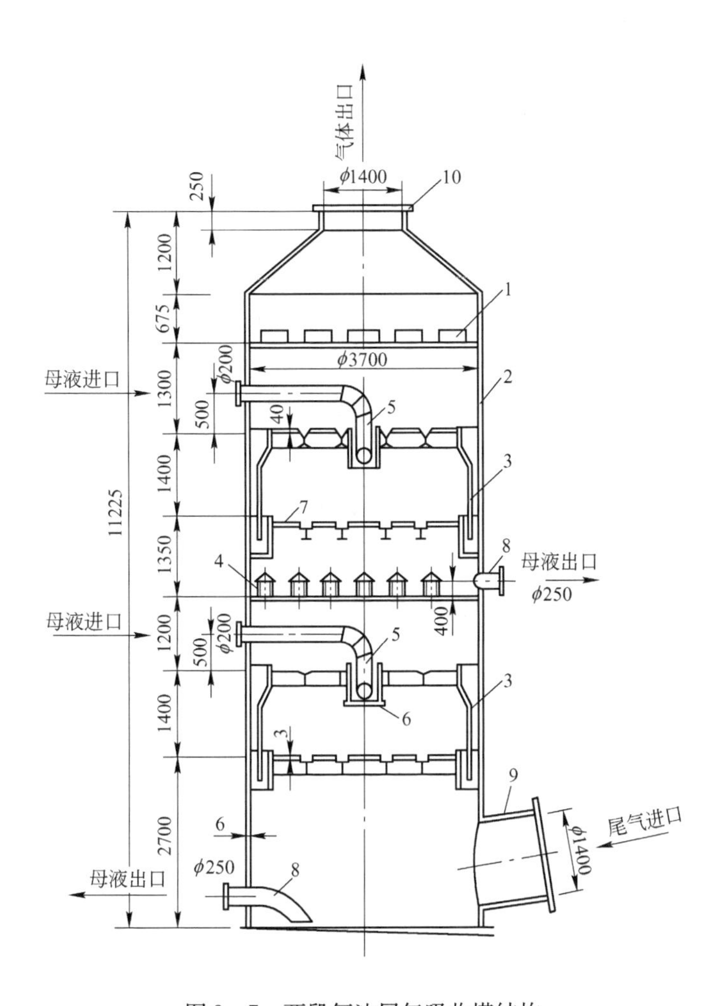

图 9－7 两段氨法尾气吸收塔结构

1—百叶窗除沫器；2—塔体；3—溢流槽；4—气体管道；5—母液进口管；6—布液槽；7—筛板；8—母液出口管；9—气体进口管；10—气体出口管（材料为 1Cr18Ni9Ti（整体））

C 复喷复挡吸收器

本来用于炉气净化的复喷复挡在 20 世纪 70 年代中移植用做氨法尾气二氧化硫吸收设备。复喷复挡优点是结构简单，制造容易，可用 PVC 板制造，投资小，吸收效率较高，阻力不大。某厂两段氨法复喷吸收器设备如图 9－8 所示。处理气量为年产硫酸 120kt 的尾气；复喷管操作气速为 13.5m/s；复喷吸收管 ϕ1200mm，总高 4500mm；8 根 ϕ76mm × 4mm 液体分布管按螺旋方位及不同高度伸入吸收管内。每个液体分布管上有三个 ϕ50mm 喷头，液体分布管与喷头由丝扣连接。

某磷肥厂年产 60kt 硫酸系统采用两段氨法管道式复喷复挡尾气回收工艺，复挡除沫器如图 9－9 所示。管道式复喷吸收管设计参数见表 9－1。

硬聚氯乙烯双向离心式喷头装配如图 9－10 所示。

复挡除沫器设计参数：复挡进口管操作气速 12 ~ 14m/s，复挡环间操作气速 2.4 ~ 2.8m/s。计算与净化工段用的复挡相同。

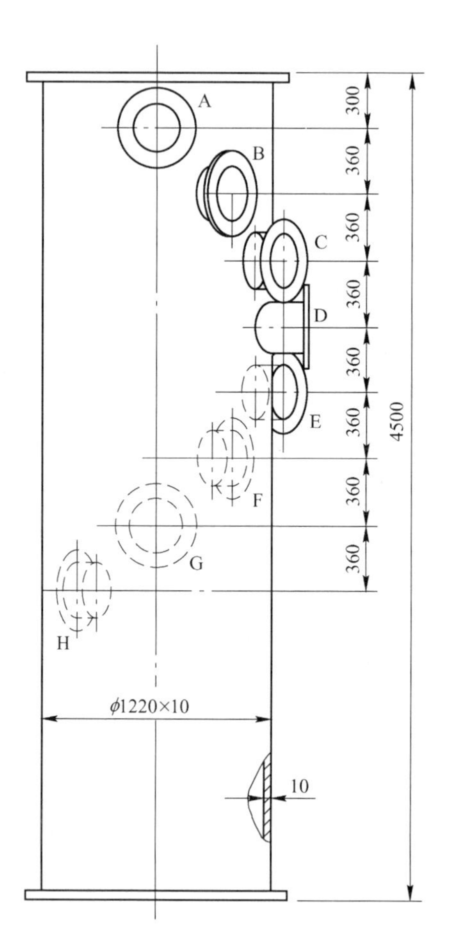

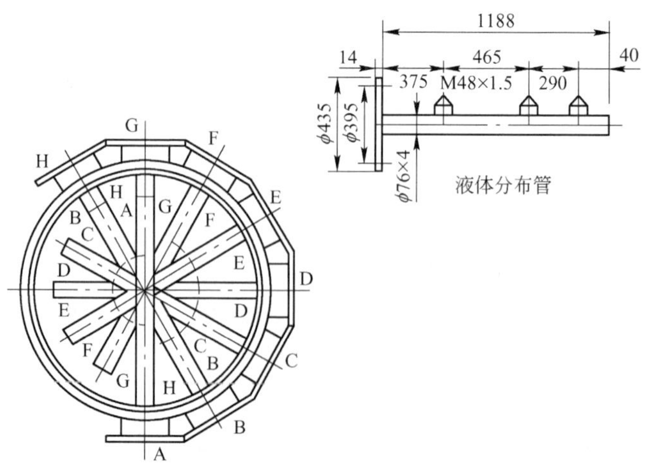

图 9－8　复喷吸收器结构（材料 1Cr18Ni9Ti）

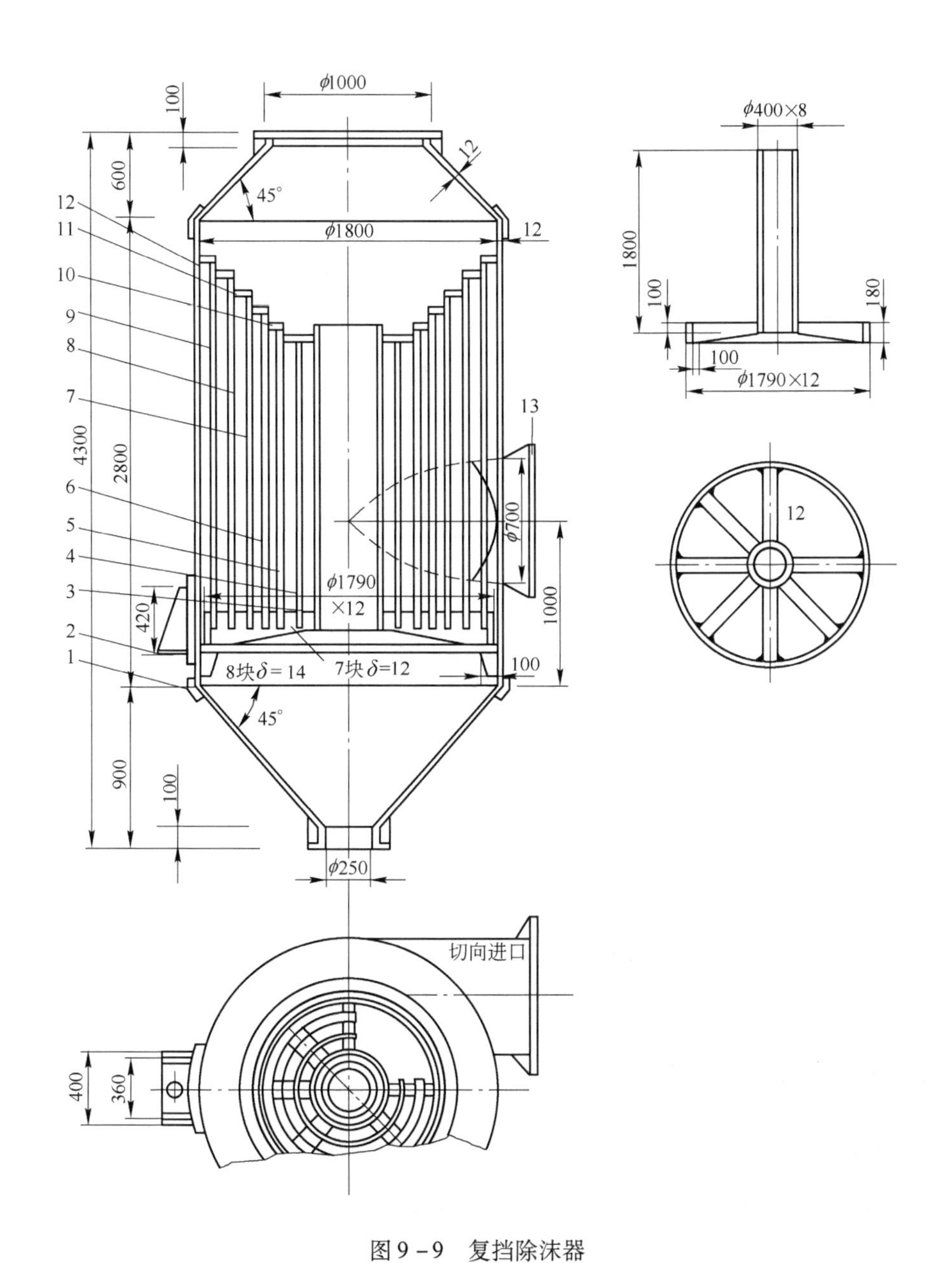

图 9－9 复挡除沫器

1—加强板；2—耳式支座；3—旋筒；4～9—挡板；10，11—连接板；12—壳体；13—接管

表 9－1 复喷吸收管设计参数

吸收段	吸收管操作气速/m·s^{-1}	喷头形式	喷嘴孔径/mm	喷头数/组×个数	每个喷头喷液量/m^3·h^{-1}	喷头间距/mm
一段复喷吸收管	12～13	双向离心式	ϕ15.9	1×3	15～18.5	1800
二段复喷吸收管	12～16	双向离心式	ϕ15.9	2×3＝6	15～18.5	1800

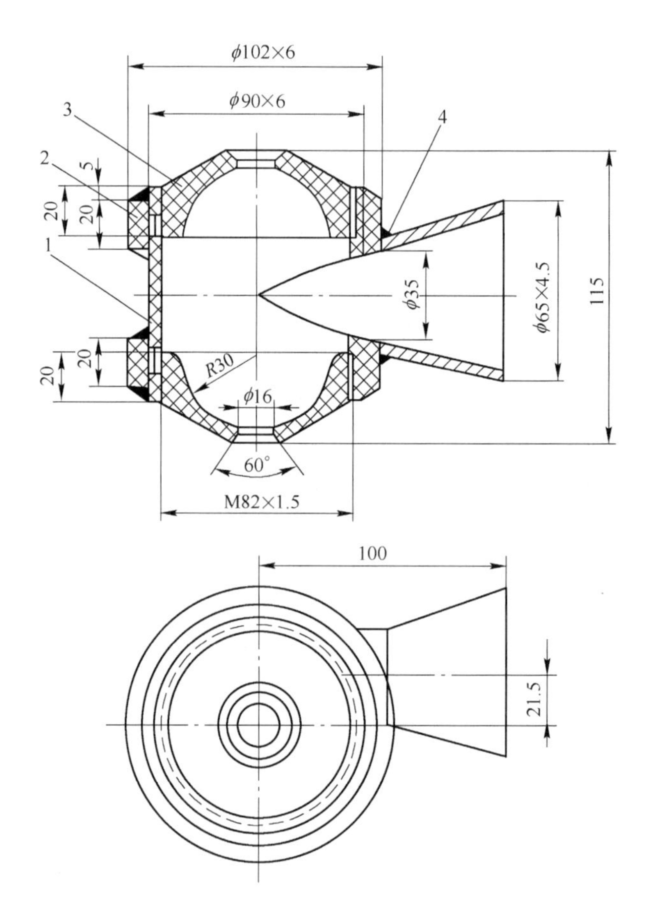

图 9－10　硬聚氯乙烯双向离心式喷头装配

1—喷头壳；2—加强圈；3—喷头；4—大小接头

9.2　含硫气体其他处理方法

9.2.1　活性炭法

9.2.1.1　工艺原理

活性炭脱硫是利用活性炭吸附烟气中的二氧化硫，在烟道氧气、水蒸气存在的条件下，氧化为硫酸而吸附在活性炭的孔隙内的烟气净化技术。

吸附二氧化硫后的活性炭在加热的情况下，释放出体积分数为 10% ~20% 的二氧化硫混合气体，活性炭恢复吸附性能，重新投入吸附塔循环使用。

活性炭再生过程中产生的高浓度二氧化硫混合气体通过成熟的工艺技术可用于生产硫酸等含硫化工产品。

吸附工艺反应式为：

$$SO_2 + 1/2O_2 + H_2O \longrightarrow H_2SO_4 \qquad (9-10)$$

解吸再生反应式为：

$$2H_2SO_4 + C \xrightarrow{\triangle} 2SO_2 + CO_2 + 2H_2O \quad (9-11)$$

9.2.1.2 工艺流程

含硫烟气通过活性炭吸附装置脱硫后，净化气体直接排放。吸附二氧化硫达到饱和的活性炭移动至解吸再生系统加热再生。再生中回收的高浓度二氧化硫混合气体送入副产品转换设备。解吸过的活性炭经筛选后由脱硫剂输送系统送入吸附脱硫装置而再次进行吸附，活性炭得到循环利用，同时根据需要补充适量的新鲜活性炭。破损活性炭颗粒经输送系统进入锅炉燃烧，也可用于工业废水净化等。再生系统的加热方式采用电炉加热氮气，然后用氮气对活性炭加热再生。脱硫塔和再生塔是整个系统工艺的核心。

活性炭法烟气脱硫工艺流程如图 9-11 所示。

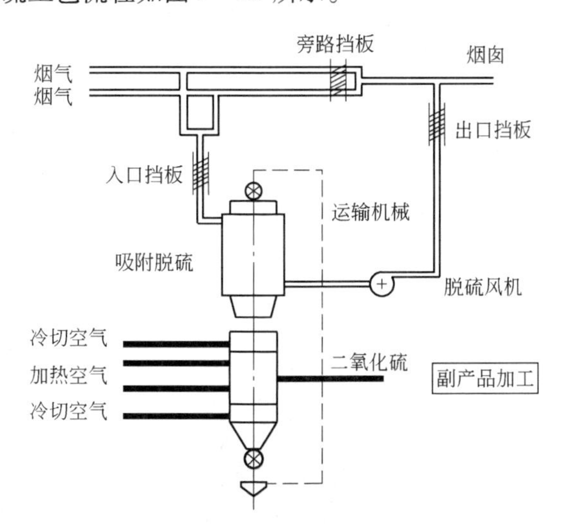

图 9-11 活性炭法烟气脱硫工艺流程

9.2.2 改良氧化镁法

9.2.2.1 工艺原理

改良氧化镁法烟气脱硫工艺，根据氧化镁再生反应的特性，通过外部再生诱导结晶工艺，生成 pH 值高、吸收活性高的亚硫酸钠、亚硫酸镁混合吸收清液，并采用与循环吸收清液特性相适应的液气比低的高效雾化喷淋吸收技术来提高吸收效率，从而达到脱硫效率高、运行可靠性高、投资强度低、运行成本少的目的。

吸收单元反应式为：

$$MgSO_3 + SO_2 + H_2O \longrightarrow Mg(HSO_3)_2 \quad (9-12)$$

$$Na_2SO_3 + SO_2 + H_2O \longrightarrow 2NaHSO_3 \quad (9-13)$$

再生单元反应式为：

$$MgO + Mg(HSO_3)_2 \longrightarrow 2MgSO_3 \downarrow + H_2O \quad (9-14)$$

$$MgO + 2NaHSO_3 \longrightarrow MgSO_3 \downarrow + Na_2SO_3 + H_2O \quad (9-15)$$

$$SO_3^{2-} + 1/2O_2 \longrightarrow SO_4^{2-} \quad (9-16)$$

9.2.2.2　工艺流程

工艺流程为：脱硫系统按一炉一塔或者多炉一塔，也可以多塔共用一套再生系统进行设计，其他污泥处理系统和氧化镁配浆系统都可以共享，脱硫操作界面集中在脱硫控制室附近。原烟气经引风机送入预冷却烟道，经高压雾化喷淋冷却后进入脱硫吸收塔，吸收塔采用耦合逆流喷淋塔，循环吸收液通过循环泵从清液回流池送至塔内喷淋系统，与烟气接触发生化学反应，吸收烟气中的二氧化硫，脱硫处理后烟气经除雾器除雾后由塔顶净烟气烟囱外排；完成吸收反应的塔底吸收液溢流进入塔外吸收液再生系统。

在吸收液再生系统，来自塔底的pH值低的吸收液部分与完成再生反应的pH值高的吸收液混合后由脱硫循环喷淋泵泵入塔内进行吸收反应；部分进入氧化池进行氧化处理，将其中的部分亚硫酸盐氧化成硫酸盐，并与氧化镁浆液采用诱导结晶工艺进行再生反应，经固液分离后生成pH值高的吸收清液，进入清液回流池与来自塔底的pH值低的吸收液混合后进入吸收塔吸收二氧化硫。

再生反应固液分离生成的脱硫渣主要成分为氧化镁带入的杂质和烟尘，进入污泥池浓缩处理并经板框压滤成含水率30%（质量分数）的污泥外运综合利用或填埋处。

改良氧化镁法烟气脱硫工艺流程如图9-12所示。

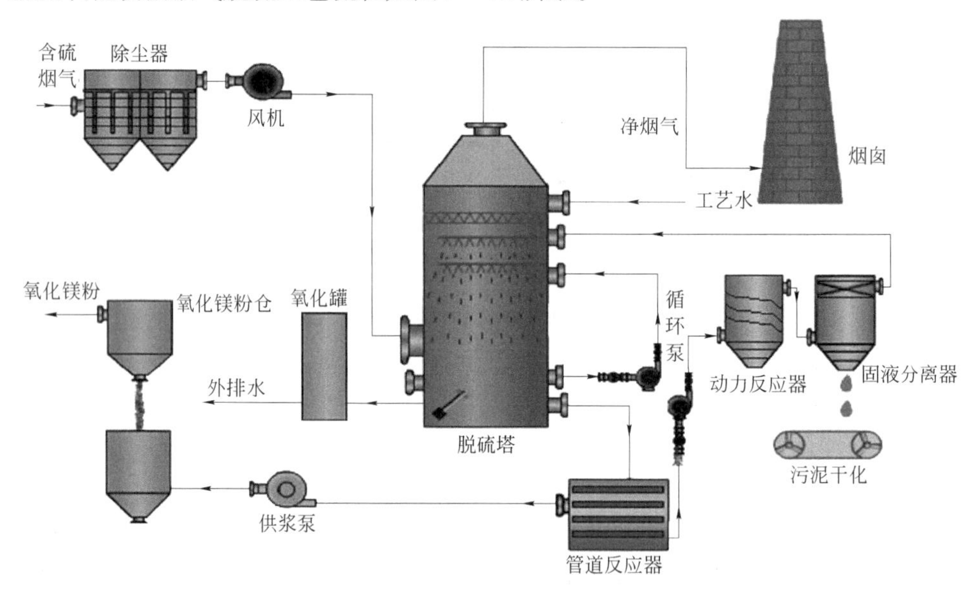

图9-12　改良氧化镁法烟气脱硫工艺流程

9.2.3　离子液脱硫

9.2.3.1　工艺原理

本工艺采用的吸收剂是以有机阳离子、无机阴离子为主，添加少量活化剂、抗氧化剂组成的水溶液。该吸收剂对二氧化硫气体具有良好的吸收和解吸能力。其脱硫机理为：

$$SO_2 + H_2O \rightleftharpoons H^+ + HSO_3^- \tag{9-17}$$

$$R + H^+ \rightleftharpoons RH^+ \tag{9-18}$$

总反应式为：

$$SO_2 + H_2O + R \rightleftharpoons RH^+ + HSO_3^- \qquad (9-19)$$

式中，R 代表吸收剂，式（9－19）是可逆反应，低温下反应式（9－19）从左向右进行，高温下反应式（9－19）从右向左进行。循环吸收法正是利用此原理，在低温下吸收二氧化硫，高温下将吸收剂中二氧化硫再生出来，从而达到脱除和回收烟气中二氧化硫的目的。

该技术脱硫效率高，系统运行可靠，运行简便，开停车方便，调试和维修费用低；无二次污染，场地无粉尘，无强噪声，无新生固体、气体和液体排放物，副产物可以再次利用。

9.2.3.2 工艺流程

含硫烟气首先进入水洗除尘塔，在塔内除尘降温并脱除三氧化硫后进入吸收塔，在塔内与脱硫溶液逆流接触脱除二氧化硫，净化后的烟道气符合环保标准，直接排空。吸收二氧化硫后的富液经富液泵加压后进溶液过滤装置，过滤后的溶液进入溶液换热器，与热贫液换热后进入再生塔上部，在再生塔内被蒸汽汽提，并经煮沸器加热再生为热贫液。热贫液经换热后进贫液泵加压，再经贫液冷却器冷却后，一部分进入电渗析脱盐装置，以脱除 F^-、Cl^-、SO_4^{2-} 等稳定盐，另一部分进入吸收塔，重新吸收酸气。

从再生塔解析出来的二氧化硫经冷却、分离后纯度达到99%（体积分数）以上，作为硫酸厂原料或者作为二氧化硫产品出售。

9.2.4 碳酸钠法

尾气进入吸收器与吸收液（亚硫酸钠与少量碳酸钠、硫酸钠的混合液）相遇，二氧化硫和碳酸钠反应生成亚硫酸钠，亚硫酸钠又会部分氧化成硫酸钠，同时尾气中的二氧化硫和酸雾也与碱液反应生成硫酸钠。反应式为：

$$Na_2CO_3 + SO_2 = Na_2SO_3 + CO_2 \qquad (9-20)$$

$$2Na_2SO_3 + O_2 = 2Na_2SO_4 \qquad (9-21)$$

$$Na_2CO_3 + SO_3 = Na_2SO_4 + CO_2 \qquad (9-22)$$

$$Na_2CO_3 + H_2SO_4 = Na_2SO_4 + CO_2 + H_2O \qquad (9-23)$$

为了阻止亚硫酸钠氧化成硫酸钠，在生产过程中要不断加入阻氧剂，目前我国主要是采用对苯二胺作阻氧剂，效果很好。

经过吸收塔的尾气（一般又称为净化气）直接排入空中。二氧化硫的吸收率（通称为回收率，又称为净化率）一般在95%以上，如进口二氧化硫质量浓度 11000mg/m^3（标态），出口可达 400mg/m^3（标态）；进口二氧化硫质量浓度 2000mg/m^3（标态），出口可达 100mg/m^3（标态）。

碳酸钠和阻氧剂先溶解在补充水里，不断加入吸收塔的循环液中，从循环液中连续放出部分吸收液送去加工成亚硫酸钠。排出液在蒸气喷射真空冷却器中先冷却到 2℃，使含结晶水的亚硫酸钠和硫酸钠结晶沉淀出来。然后将这些料浆进行离心分离，清液重新送回吸收塔的循环液中。含结晶水的结晶在第二级结晶器里加热到 43℃，成无水盐的料浆，再经过离心脱水。脱水盐在回转干燥机里加热至 121℃。干燥后的亚硫酸钠成品从干燥机卸出，即可包装成袋运出。

碳酸钠法对二氧化硫的回收率较高，投资较少。

一个 300t/d 的硫酸厂，尾气中二氧化硫质量浓度为 11000mg/m^3（标态），可以日产亚硫酸钠 18.6t。产品亚硫酸钠的用处主要是做纸浆，销路不很广。因此，该法的发展受到一定限制。

9.3 废水处理

制酸过程中总有酸性污水排出。同一生产工艺，不同矿源排出的废水中有害物质的成分不同；同一矿源，不同生产工艺废水的性质也有很大区别。硫酸废水通常具有色度大、酸度高的特点，其主要有害物质是硫酸、亚硫酸、矿尘、砷、氟以及多种重金属离子等。废水如直接排入江河，将严重污染水体。

9.3.1 硫酸废水处理原则

硫酸废水处理原则是：

（1）尽量减少废水排放量。改造硫酸生产工艺，从开放式水洗净化逐步过渡到污水部分循环、酸洗净化。减少污水量能使中和、沉降问题简化，虽然污水中总的有毒物质总量不变，但处理时中和池、沉淀池容积和其他设备可大大缩小，中和剂用量也可减少，降低污水处理费用。

（2）优先考虑以“废”治“废”。如硫酸厂是个联合企业，有废碱液、电石渣可以利用时，可用它们代替石灰中和处理酸性污水。当污水砷、氟含量较高时，可采用电石渣、铁屑中和沉淀法除砷脱氟，可降低处理污水的成本，废渣排出量也减少了。

9.3.2 低砷、氟硫酸废水的治理

中和酸性废水可用的中和剂有 NaOH、Na_2CO_3、NH_3、石灰和电石渣等，但是实际具有工业价值的只是石灰和电石渣。石灰价廉易得，中和反应良好，并具有脱除污水中砷、氟及重金属离子的特性，所以用石灰作中和剂最为普遍。但使用石灰也有缺点，使用石灰时产生的硫酸钙盐只微溶于水，产生大量的 $CaSO_4$ 污泥渣。

以硫铁矿为原料，水洗净化制酸，硫铁矿含砷与污水含砷质量浓度关系见表 9－2。

表 9－2　水洗净化污水中含砷质量浓度[1]　　（mg/L）

矿含砷（质量分数）/% ＼ 矿含硫（质量分数）/%	20	25	30	35	40
0.2	143.2	114.4	95.2	81.6	70.9
0.1	71.6	57.2	47.6	40.8	35.4
0.05	35.8	28.6	23.8	20.4	17.4

当焙烧的原料矿含硫约 30%（质量分数），砷、氟含量均小于 0.1%（质量分数）时，水洗净化排出污水中砷的质量浓度小于 30mg/L；氟的质量浓度为 60～80mg/L，处理

[1] 砷烧出率按 40% 计算，污水量按 m^3/t（酸）计算。

较为简单，石灰一次中和、一次沉降即可达到排放标准。

9.3.2.1 石灰法硫酸废水处理原理

硫酸工业污水有害物质是硫酸、砷和氟，其中以砷的危害性最大，也最难除尽，而硫酸和氟毒性相对较小，也容易除去，所以通常皆以砷作为污水处理的主要对象。

石灰乳液投入污水后发生一系列化学反应并提高污水的 pH 值。一级处理石灰乳液加入量与 pH 值的关系如图 9－13 所示。

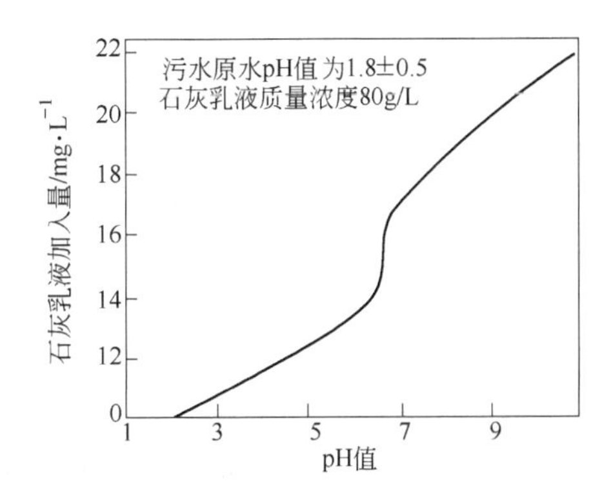

图 9－13 石灰乳液加入量与 pH 值的关系

A 中和反应

废水中硫酸与石灰乳发生中和反应。其反应式为

$$H_2SO_4 + Ca(OH)_2 \longrightarrow CaSO_4 + 2H_2O \quad (9-24)$$

B 脱砷反应

废水中的砷与石灰反应生成难溶的砷酸钙和亚砷酸钙沉淀。其反应式为：

$$3Ca^{2+} + 2AsO_4^{4-} \longrightarrow Ca_3(AsO_4)_2\downarrow \quad (9-25)$$

$$3Ca^{2+} + 2AsO_3^{4-} \longrightarrow Ca_3(AsO_3)_2\downarrow \quad (9-26)$$

只使用石灰法除砷效果较差，生成的 $Ca_3(AsO_4)_2$ 和 $Ca_3(AsO_3)_2$ 仍有较大的溶解度，仍存在二次污染问题。

C 脱氟反应

氟与石灰反应生成氟化钙。其反应式为：

$$2HF + CaO \longrightarrow CaF_2 + H_2O \quad (9-27)$$

当污水 pH 值提高到 8～9 时，溶于水中的铁盐和亚铁盐水解生成二价和三价的氢氧化铁胶体。部分 As_2O_3 又与 $Fe(OH)_3$ 生成难溶的砷酸铁盐，其反应式为：

$$3As_2O_3 + 2Fe(OH)_3 \longrightarrow 2Fe(AsO_2)_3 + H_2O \text{（}As_2O_3\text{ 呈固体时）} \quad (9-28)$$

污水 pH 值增至 8 以上时，二价铁盐被氧化成三价铁盐，三价氢氧化铁胶体为表面活性物质，可将砷、亚砷酸钙、砷酸铁盐及其他杂质吸附在其表面上。在污水中电解质作用下丧失其胶体的化学稳定性，凝聚结合成绒体下沉。絮凝剂（聚丙烯酰胺）的作用大大加快整个凝聚、成绒和沉降过程。

上述投加石灰混凝沉降除砷过程中，实际上石灰只起辅助作用，石灰虽能与砷化合生成亚砷酸钙，但低温时反应缓慢，亚砷酸钙颗粒细，难以沉降除去。所以污水中铁含量的多寡对污水除砷有决定性的影响。但在混凝沉淀除砷中，石灰投入量对氢氧化铁胶体的生成是十分重要的。亚铁盐只有在碱性溶液中方能形成氢氧化铁胶体。石灰作用只是提高 pH 值，使污水成碱性。

D pH 值与砷、氟脱除率的关系

在不加铁盐的工艺条件下，pH 值与砷、氟脱除率的关系如图 9－14 所示。从两条形状相仿的曲线可知，在相同的 pH 值条件下，平均除氟效率高于除砷效率 23%。砷的脱除率在 pH 值为 7.5 时出现转折点；氟的脱除率在 pH 值为 7.0 时出现转折点。在转折点之前，砷和氟的脱除率随 pH 值上升而提高。从氟曲线可知，pH 值在 7 ~ 11 范围内脱除率趋稳状态，pH 值为 9 时最高，达 95%。在此 pH 值两侧氟的脱除率均呈平稳下降趋势，始终稳定在 90% 水平上。砷曲线表明，pH 值在 6.5 ~ 7.5 时，砷脱除率增加最快，当 pH 值为 7.5 时出现拐点，砷脱除率约为 68%，拐点后脱除率呈缓慢上升趋势。在 pH 值（3.5 ~ 11）全试验范围内，砷脱除率最高达 78%。一次石灰中和后氟的残余浓度已接近国家排放标准。

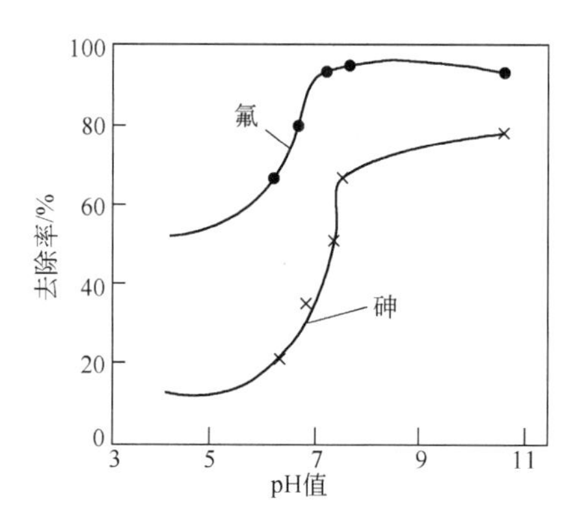

图 9 - 14　pH 值与砷、氟脱除率关系

山东省临沭县磷肥厂与山东省环保设计院共同进行过含砷污水处理试验，原水含砷 20mg/L 条件下只投加石灰处理，取得数据见表 9 - 3。

表 9 - 3　原水含砷 20mg/L 污水处理试验数据

pH 值	出水中砷的质量浓度/mg · L^{-1}	脱砷率/%
8	3.1	84.1
9	1.8	88.7
10	1.6	91.8

某硫酸厂曾在无铁污水中单独投入石灰中和，调整 pH 值至 8 进行试验，结果除砷效果极低，几乎等于零。可见污水中铁含量对除砷效果有决定性的影响。

9.3.2.2　一级处理工艺流程

长期使用的经验的石灰法一次中和、一次沉降工艺流程如图 9 - 15 所示。

污水处理站工艺分石灰乳制备，絮凝剂制备，污水中和、絮凝、沉降和污泥脱水 4 个工序。

（1）石灰乳制备。生石灰经防尘胶带机送入消石灰机加水消化，少量不分解的石灰石由消石灰机出口螺旋排出抛弃。石灰乳流入石灰乳槽，压缩空气搅拌，加水稀释，控制石灰乳质量分数约 10%。

（2）絮凝剂制备。絮凝剂是聚丙烯酰胺，含量为 8%，相对分子质量为 350 ~ 400 万。根据污水量，以 10 ~ 15mg/kg 加入量计算出每班用量，投入溶解槽，加入清水，用压缩空气搅拌或机械搅拌。

（3）污水的中和、混凝及沉淀。污水进入设有压缩空气搅拌的污水中和池内，加入石灰乳进行中和，控制 pH 值在 8 ~ 9 范围内，同时加入聚丙烯酰胺进行混凝。絮凝剂加入量为 10 ~ 15mg/kg。中和、混凝后的污水由污水泵送至涡流反应室进行结绒反应，污水从反应室锥底进入，形成涡流减速上升，随着锥体截面积的增大，反应流速逐渐变小，绒体则由小变大，污水经溢流口进入同向流斜板沉降池，沉淀层迅速过渡到清水层和污泥层。清水被 24 只水平集水支渠收集，沿向上集水支渠汇入清水槽排出池外，含水 96% ~ 97%（质量分数）的污泥缓缓流入污泥浓缩池，静置 8h 后进行脱水。

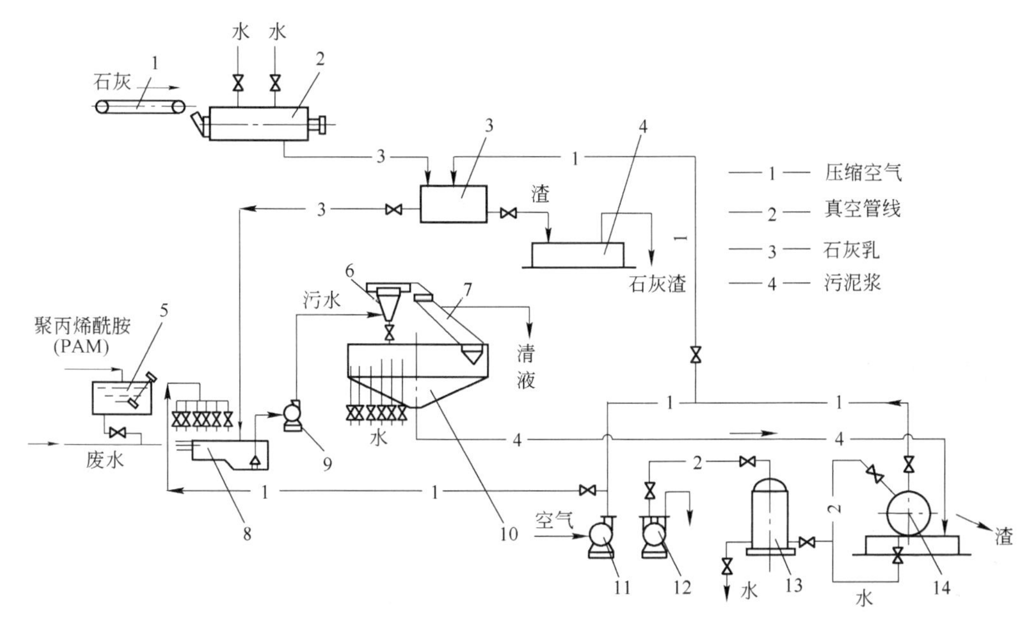

图9-15 低砷、氟硫酸废水石灰法一次中和、一次沉降工艺流程

1—胶带机；2—消石灰机；3—石灰乳槽；4—石灰渣池；5—絮凝剂溶解槽；6—涡流反应室；7—同向流料板沉降池；8—污水中和池；9—污水泵；10—污泥浓缩槽；11—鼓风机；12—水环式真空泵；13—真空排水罐；14—真空转鼓过滤机

(4) 污泥脱水。污泥放入真空转鼓过滤机储液槽内，开动真空泵和鼓风机，随着转鼓的旋转，污泥在真空状态下脱水，滤液被吸出送入真空排水罐，达到一定液位后排出。滤饼由过滤机卸料刮刀卸入手推车运至渣场。含水约50%（质量分数）的污泥渣送水泥厂作助熔剂。

9.3.2.3 一级石灰法污水处理操作数据

四川某厂多年操作典型数据见表9-4。

表9-4 一级石灰处理操作数据

指 标	废水成分	处理后排水成分①	指 标	废水成分	处理后排水成分①
pH值	2.0	9.0	SO_2 的质量浓度/$mg \cdot L^{-1}$	2852	
As的质量浓度/$mg \cdot L^{-1}$	15.6~25	0.192	H_2SO_4 的质量浓度/$mg \cdot L^{-1}$	969.6	
F的质量浓度/$mg \cdot L^{-1}$	93.6	7.5	SS的质量浓度/$mg \cdot L^{-1}$	矿尘5650	347

① 四川省绵阳地区防疫站监测。

9.3.3 中等砷、氟浓度硫酸废水的治理

对于砷的质量浓度为50~100mg/L、氟的质量浓度为200~300mg/L的硫酸废水，只采用一次石灰中和、一次絮凝沉淀，依靠污水中存在的铁盐除砷，显然难以做到污水达标

排放。采取二级石灰－硫酸亚铁混凝沉降法处理硫酸废水，具有酸碱中和、除砷、脱氟以及除去重金属污染物的三重效果。

9.3.3.1　化学絮凝法的基本原理

单独使用石灰法除砷效果较差，生成的 $Ca_3(AsO_4)_2$ 和 $Ca_3(AsO_3)_2$ 溶解度又较大，难以彻底除去。

A　化学反应

在二级反应池采用石灰－硫酸亚铁法除砷，铁与污水中的砷酸盐和亚砷胺盐反应生成稳定难溶的砷酸铁、亚砷酸铁沉淀。反应式为：

$$2Fe^{3+} + 3Ca(OH)_2 \longrightarrow 2Fe(OH)_3 \downarrow + 3Ca^{2+} \tag{9-29}$$

$$AsO_4^{3-} + Fe(OH)_3 \longrightarrow FeAsO_4 \downarrow + 3OH^- \tag{9-30}$$

$$AsO_3^{3-} + Fe(OH)_3 \longrightarrow FeAsO_3 \downarrow + 3OH^- \tag{9-31}$$

B　工艺条件

污水经一级石灰处理后氟的质量浓度已达到或接近国家排放标准，在二级处理中不必过多关注除氟效果，重点是除砷和重金属离子。在重金属离子中镉的毒性最大，必须高度重视，彻底除去。

a　二级处理污水 pH 值与脱砷率

二级处理（石灰＋硫酸亚铁）污水 pH 值与脱砷率的关系如图 9－16 所示。图中曲线说明，pH 值在 3.7～6.5 范围内时，砷脱除率随 pH 值增高呈骤升趋势，并最终达 100% 极限值；pH 值在 6.5～10.0 时，脱砷率均稳定在 100% 水平上；当 pH 值大于 10 时，砷脱除率开始下降，至 pH 值为 11 时，下降至 94%。

b　一级处理污水 Fe/As 质量比与砷、氟脱除率的关系

将一级污水 pH 值控制在 9.0 时，Fe/As 质量比与砷、氟脱除率的关系如图 9－17 所示。从图曲线可知，氟的除去率不受 Fe/As 质量比的影响，氟的脱除率均稳定在 90% 以上的水平。而砷的脱除率受 Fe/As 质量比影响十分显著，Fe/As 质量比在 l.5～4.0 范围内时，砷的脱除率由 64% 上升至 93%；当 Fe/As 质量比为 3.0 时，砷的脱除率约为 92%；当 Fe/As 质量比大于 3.0 时，砷脱除率趋缓。

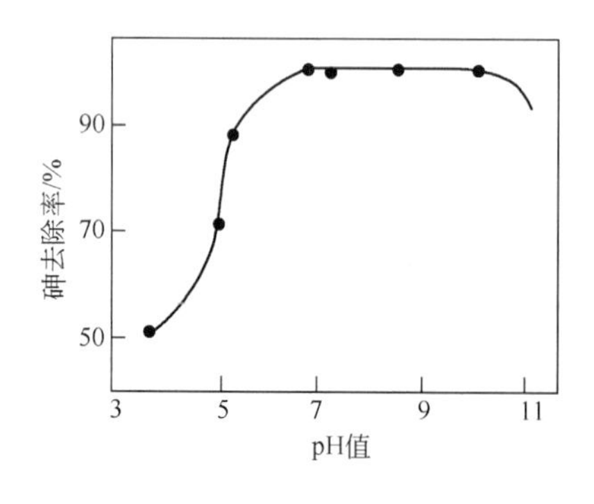

图 9－16　二级处理污水 pH 值与脱砷率的关系

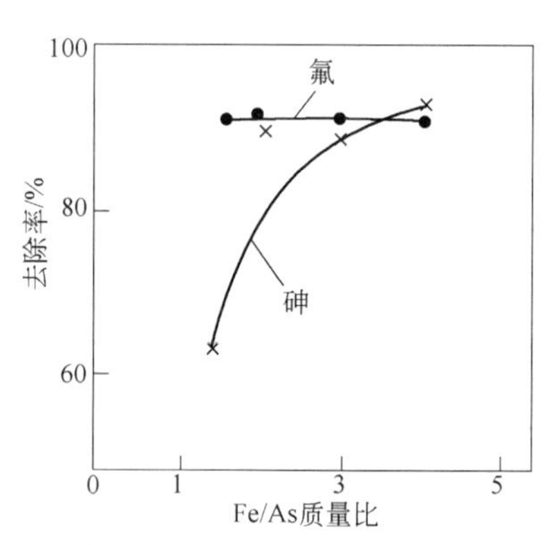

图 9－17　一级处理污水 Fe/As 质量比与 As、F 脱除率的关系

c 二级处理污水 Fe/As 质量比与砷、氟脱除率的关系

二级处理污水 Fe/As 质量比与砷、氟脱除率的关系如图 9-18 所示。从图中曲线可知，Fe/As 质量比由 10 提高至 50 时，砷的脱除率由 80% 提高至 100%。在此范围内，Fe/As 质量比为 10~20 时，砷脱除率提高最快，Fe/As 质量比为 10、15、20 时，砷的脱除率分别为 82%、95% 和 98%。高于 20 时，砷的脱除率趋缓。与此相反，Fe/As 质量比与氟的脱除率呈负增长态势，Fe/As 质量比在 10~20 范围内最为明显，Fe/As 质量比为 10、15、20 时，氟的脱除率依次为 29%、17%、14%。Fe/As 质量比大于 20 时，氟的脱除率下降趋缓，最终稳定在 12% 的水平上。

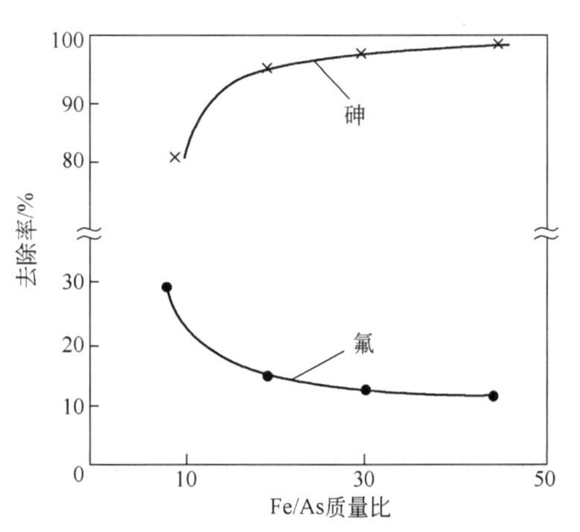

图 9-18 二级处理污水 Fe/As 质量比与砷、氟脱除率的关系

9.3.3.2 二级污水处理工艺流程

二级石灰-硫酸亚铁絮凝沉淀污水处理工艺流程如图 9-19 所示。

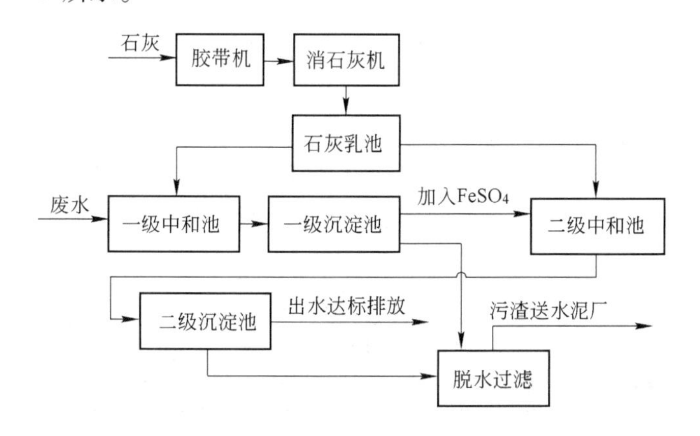

图 9-19 二级污水处理工艺流程

9.3.3.3 污水成分和出水成分

硫酸废水成分和经二级石灰中和、硫酸亚铁絮凝沉淀法处理后出水成分见表 9-5。

表 9-5 硫酸污水成分和二级污水处理后出水成分

项 目	pH 值	组分/mg·L^{-1}							
		As	F	Fe	Cu	Zn	Pb	SS	总酸度
硫酸污水	1.8~1.86	102~141	305~380	22~44	0.9~3.2	17~23	3.6~4.0	1514~1859	3226（以 H_2SO_4 计）
处理后排水	≤9	≤0.15	≤13.85	≤3.12	未检出	未检出	未检出	≤15	0

在一、二级处理控制 Fe/As 质量比分别为 2.5 和 15 时，一级砷和氟脱除率分别高达

80% 和 94%；二级处理出水砷、氟质量浓度分别低于 0.15mg/L 和 13.85mg/L，Cu、Zn 和 Pb 重金属离子均达到检不出的水平，出水 pH 值、Fe 和悬浮物均低于国家排放标准。

9.3.3.4　工艺流程和工艺条件的选择

pH 值是决定废水处理效果的重要条件，在中等砷、氟含量的情况下，一、二级处理控制 pH 值为 9.0 ~ 9.5 是适宜的，pH 值提得过高，石灰消耗就增加，提高了污水处理成本。

Fe/As 质量比是除砷效率的决定因素，对脱氟效率影响不显著。一、二级处理控制 Fe/As 质量比分别为 2.5 和 15 是适宜的，Fe/As 质量比提得过高药品消耗增加。

一般操作经验认为，在压缩空气鼓泡搅拌（曝气）条件下，反应时间 34min，自然沉降 2h 是合适的。

由于各硫酸厂所用原料硫铁矿不同，净化工艺不同，排出废水量和成分差别悬殊。有条件的生产厂应针对本厂污水成分做些实验室试验，决定采用哪种污水处理流程，寻找最佳的工艺条件。

9.3.4　高砷、氟和重金属硫酸废水的治理

9.3.4.1　废水的典型分析

高砷、氟污水产生于焙烧高砷、氟硫铁矿的硫酸装置，高重金属离子的污水产生于冶炼烟气制酸的工厂。

葫芦岛锌厂炼锌烟气制酸，总产量达 560kt/a，20 世纪 80 年代初一直用水洗净化制酸工艺，酸性污水严重污染了锦州湾海域。80 年代中制酸工艺改为半封闭酸洗净化流程，大大减少了污水的排放量，为污水处理创造了有利条件。该厂制酸系统所排污水的典型成分见表 9 - 6。

表 9 - 6　污水成分　　(mg/L)

名称	As	F	Zn	Cd	Pb	Hg	H_2SO_3	H_2SO_4	污水量/$t \cdot h^{-1}$
成分	100 ~ 300	1000 ~ 2500	1000 ~ 3000	400 ~ 1000	50 ~ 100	10 ~ 40	600 ~ 1000	20000 ~ 25000	16 ~ 20

该厂经过扩大试验，采用三级石灰中和、硫酸亚铁絮凝沉淀处理废水工艺。

9.3.4.2　化学反应

A　第一级主要化学反应

石灰中和硫酸、除砷、脱氟化学反应式见式（9 - 24）~ 式（9 - 27）。

B　第二级主要化学反应

二级中和是 $Ca(OH)_2$ 使污水中的铅、锌、铜、镉等重金属离子生成难溶沉淀物加以分离，富集于沉渣中以便回收利用。反应式为：

$$ZnSO_4 + Ca(OH)_2 \longrightarrow CaSO_4 + Zn(OH)_2 \downarrow \tag{9-32}$$

$$CdSO_4 + Ca(OH)_2 \longrightarrow CaSO_4 + Cd(OH)_2 \downarrow \tag{9-33}$$

C　第三级主要化学反应

第三级采用三价铁离子进行絮凝沉淀，进一步除去砷和镉，因为砷和镉的毒性最大。

反应式见式（9－30）、式（9－33）。

9.3.4.3 工艺流程

三级石灰中和、硫酸亚铁絮凝沉淀法处理高砷、氟和重金属废水工艺流程如图9－20所示。该流程特点是石灰和絮凝剂只加入一、二级中和池，三级只加入硫酸亚铁，三级渣可综合利用。

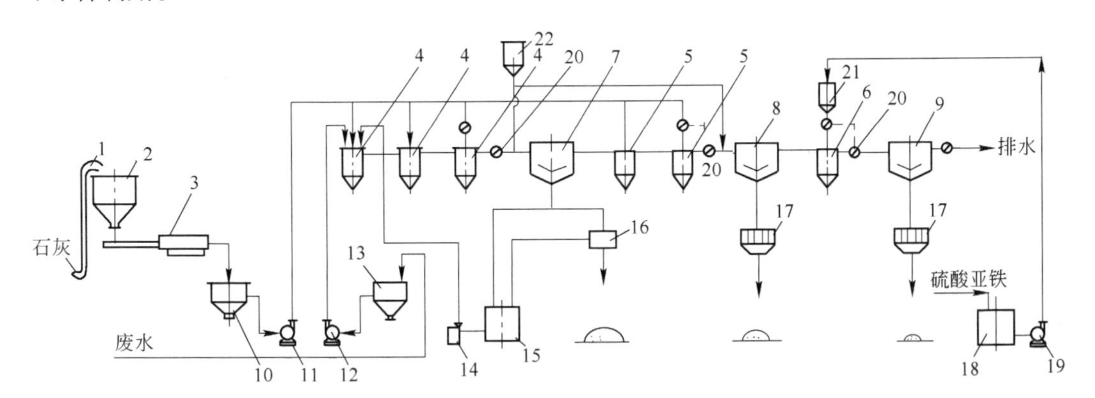

图9－20 三级石灰中和絮凝沉淀法硫酸废水处理流程图

1—提升机；2—石灰储罐；3—棒磨机；4—一级中和槽；5—二级中和槽；6—三级中和槽；7—一级浓密机；8—二级浓密机；9—三级浓密机；10—石灰乳槽；11—石灰乳泵；12—污水泵；13—污水槽；14—回流水泵；15—回流水槽；16—过滤槽；17—压滤槽；18—铁液槽；19—铁液泵；20—pH值检测自测系统；21—铁液高位槽；22—絮凝剂高位槽

9.3.4.4 污水处理后水质分析

污水处理后水质分析数据见表9－7。

表9－7 处理后水质分析 （mg/L）

成分	As	F	Zn	Cd	Pb	Hg	Ca	SO_4^{2-}
一级	40～110	43～200	710～2520	320～940	2.8～11			
二级	0.1～0.51	12～40	3.1～5.8	<0.1	0.14～1.5	0.046	1310	1770～2160
三级	0.1～0.18	7.7～36	1.7～2.4	<0.1	0.14～0.28	0.046	1190	1850～2440

本流程比较稳定可靠，对含砷、镉不太高的污水经二级中和处理即可达标。分级出渣，综合利用后无二次污染。

9.4 废水处理工艺和设备

9.4.1 电石渣－铁屑法处理硫酸废水

9.4.1.1 电石渣处理硫酸废水

国内已有多家硫酸厂采用电石渣处理硫酸废水，实现了以“废”治“废”。浙江巨化集团公司（原衢州化学工业公司）硫酸厂的一级电石渣中和、一级沉降废水处理工艺如图9－21所示。

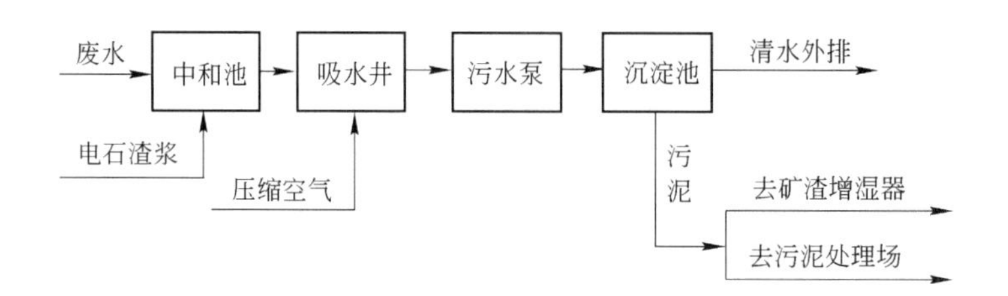

图 9－21　电石渣硫酸污水处理工艺流程

污水治理效果数据见表 9－8。从表 9－8 中数据可知，单一使用电石渣中和的除砷、脱氟效率并不高。含砷、氟相当低的废水（砷质量浓度为 2～10mg/L，氟质量浓度为10～30mg/L）经电石渣一级中和处理是可行的，可以达标排放。但对含砷、氟较高的污水的处理就很不理想，这是浙江巨化集团公司、杭州硫酸厂得出的共同结论。

表 9－8　电石渣一级中和废水处理结果

组成	pH 值	As	F	SS	Hg	Cu	Pb	Zn	Cd
处理前	1.5～3.0	2	30	约 3000	<0.005	<10	<5	<10	<0.01
处理后	6～9	0.4	12	<200	0.0004	0.4	0.2	0.22	<0.01

注：pH 值除外，表中数据单位为 mg/L。

9.4.1.2　电石渣－铁屑法治理硫酸废水

原冶金部安全环保研究院进行了电石渣、铁屑（指车床加工切削下来的废铁屑）脱除硫酸废水中砷、氟的试验研究，实现了名副其实的以“废”治“废”。

硫酸废水中除含有砷、氟之外，还含有大量二氧化硫和硫酸，它与铁屑发生如下反应：

$$3H_2SO_4 + SO_2 + 3Fe = 3FeSO_4 + H_2S + 2H_2O \tag{9-34}$$

$$H_2SO_4 + Fe = FeSO_4 + H_2\uparrow \tag{9-35}$$

在铁、二氧化硫、硫酸三元体系中，铁还原二氧化硫的反应是主导反应，此反应速度快，铁置换稀酸中氢离子的反应是次要的。产生亚铁离子的反应是主要的。铁屑投入废水中浸泡不同时间，测定浸液中的亚铁离子质量浓度和 pH 值，试验数据见表 9－9。

表 9－9　浸液中亚铁离子质量浓度和 pH 值

浸泡时间/min	0	1	2	3	5	7	15
Fe^{2+} 的质量浓度/$mg \cdot L^{-1}$	15.86	348.24	388.60	885.50	1059.70	1228.86	2119.40
pH 值	1.8	2.2	3.1	3.2	3.3	3.5	3.8

硫酸废水与铁屑反应快，操作简单，可用铁屑加入量和反应时间来控制亚铁离子的质量浓度。影响电石渣－铁屑法除砷脱氟效果的主要因素有 pH 值、铁砷质量比、搅拌或曝气方式、沉降时间等。开始时用机械搅拌后改空气鼓泡搅拌，起到曝气氧化作用。沉降时间长时效果好，加入聚丙烯酰胺大大加快沉降速度，沉降 30～60min 可获得较好效果。

A pH 值对除砷、氟的影响

试验结果见表 9－10。从表中数据可知，铁砷质量比在 5～6 范围内砷的质量浓度达不到排放标准。如希望除砷脱氟效果好，应控制 pH 值在 8～9，当 pH 值大于 8 时，沉淀颗粒粗大，沉降迅速，沉降 30min 即可。

表 9－10 pH 值对除氟、砷效果的影响

pH 值	亚铁离子质量浓度/mg·L^{-1}	铁砷质量比	砷的质量浓度/mg·L^{-1}		氟的质量浓度/mg·L^{-1}	
			处理前	处理后	处理前	处理后
6.85	186.93	5.6	33.38	7.97	64.93	25.00
7.40	200.38	6.0	33.38	5.32	64.93	19.00
7.48	186.93	5.6	33.38	5.50	64.93	21.00
7.65	186.93	5.6	33.38	5.10	64.93	19.55
7.90	200.28	6.0	33.38	3.00	64.93	16.60
8.01	216.97	6.5	33.38	3.25	64.93	15.92
8.15	216.97	6.5	33.38	2.25	64.93	14.95
8.25	186.93	5.6	33.38	2.20	64.93	14.14
8.50	200.28	6.0	33.38	2.00	64.93	14.12
8.69	186.93	5.6	33.38	2.10	64.93	14.47
9.20	186.93	5.6	33.38	2.12	64.93	12.99
9.35	186.93	5.6	33.38	2.00	64.93	14.63
9.81	186.93	5.6	33.38	2.00	64.93	14.55
10.00	150.21	4.5	33.38	2.10	64.93	11.90
10.02	186.93	5.6	33.38	2.04	64.93	14.30

B 废水曝气对除砷、氟效果的影响

五价砷的盐类更稳定，有更小的溶解度。为了提高废水的除砷效果和减轻砷的毒性，应将三价砷氧化成五价砷。曝气对除砷有明显效果，对脱氟影响不大。鼓风曝气不仅起搅拌作用，又能将砷氧化。

机械搅拌与鼓风曝气对除砷、氟效果对比试验数据见表 9－11。向废水中投加漂白粉、氯等也能使砷氧化，但污水处理费用增加了。

表 9－11 曝气对除氟、砷效果的影响

铁砷质量比	pH 值	氟的质量浓度/mg·L^{-1}			砷的质量浓度/mg·L^{-1}		
		处理前	曝气后	搅拌后	处理前	曝气后	搅拌后
3.02	8.3	64.2	13.3	13.7	34.75	1.21	2.00
10.62	8.2	64.2	13.3	12.7	34.75	0.56	1.25
14.60	8.3	64.2	8.6	13.3	34.75	0.50	0.97
20.65	8.1	64.2	11.8	12.1	34.75	0.37	0.55
24.30	8.6	64.2	7.3	10.6	34.75	0.20	0.25

C　亚铁离子质量浓度对除砷、氟效果的影响

为了提高除砷效率，污水需要保证一定的铁砷质量比。试验的工艺条件为：

（1）絮凝剂加入量 1mg/L；

（2）曝气 30min；

（3）pH 值大于 8；

（4）沉降 30min。

试验结果见表 9－12。从表中数据可知，处理后废水中砷质量浓度随铁砷质量比增加而降低，要求砷质量浓度降至国家排放标准 0.5mg/L 以下，则铁砷质量比需 13 以上。增加铁砷质量比，在污水中会生成比砷酸钙、亚砷酸钙更难溶于水的砷酸铁、亚砷酸铁沉淀。反应生成的氢氧化亚铁，氧化后生成氢氧化铁胶体沉淀，对砷酸盐、亚砷酸盐和氟化钙起凝聚、吸附、共沉淀作用，加快了沉降速度，更有效地除砷、氟。但铁砷质量比增加对除氟影响并不明显。

表 9－12　亚铁离子质量浓度对除氟、砷效果的影响

亚铁离子质量浓度/mg · L^{-1}	铁砷质量比	pH 值	氟的质量浓度/mg · L^{-1}		砷的质量浓度/mg · L^{-1}	
			处理前	处理后	处理前	处理后
61.95	1.8	8.5	64.20	12.60	34.75	3.76
90.35	2.6	8.9	64.20	14.20	34.75	2.31
156.37	4.5	10.1	64.20	19.55	34.75	1.76
180.70	5.2	8.5	64.20	14.60	34.75	1.28
194.60	5.6	9.2	64.20	14.63	34.75	1.60
215.45	6.2	8.5	64.20	13.70	34.75	1.22
271.05	7.8	8.4	64.20	14.00	34.75	0.80
330.12	9.5	11.0	64.20	25.70	34.75	0.71
350.97	10.1	9.2	64.20	12.99	34.75	0.67
350.97	10.1	11.4	64.20	15.25	34.75	0.71
389.20	11.2	10.4	64.20	15.28	34.75	0.48
413.52	11.9	11.1	64.20	25.07	34.75	0.40
413.52	11.9	8.0	64.20	13.30	34.75	0.56
451.25	13.0	8.6	64.20	12.70	34.75	0.40
705.42	20.3	8.5	64.20	14.12	34.75	0.13
705.42	20.3	10.8	64.20	16.57	34.75	0.17
708.90	20.4	8.3	64.20	12.10	34.75	0.37

D　电石渣－铁屑法对重金属离子的脱除效果

硫酸废水中除砷、氟之外，往往还存在有害的重金属离子，电石渣－铁屑法对脱除废水中 Pb、Zn、Hg、Cd 等效果都很好，数据见表 9－13。

表 9-13 电石渣-铁屑法除其他重金属离子试验 (mg/L)

重金属	处理前	处理后	污水排放标准	重金属	处理前	处理后	污水排放标准
Pb	5.9	未检出	1.0	Cd	0.045	0.017	0.1
Zn	0.85	未检出	5.0	Hg	0.101	未检出	0.05
Cu	0.065	未检出	1.0				

E 工艺流程

电石渣-铁屑法污水处理工艺流程如图 9-22 所示。

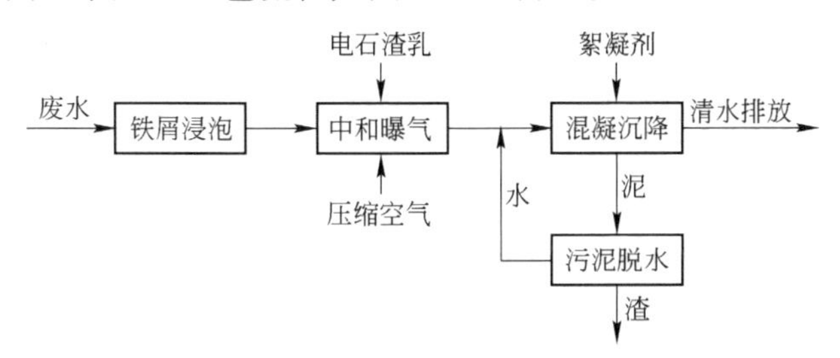

图 9-22 电石渣-铁屑法污水处理工艺流程

9.4.2 典型硫酸废水处理工艺介绍

金昌冶炼厂炼铜烟气制酸，总产量达 550kt/a。废酸主要来源于酸洗净化工序，除含有稀硫酸和不溶性杂质外，还含有砷、铜、铅、锌、镉等有害物质，污酸量少，杂质含量高（其中砷的质量浓度高达 1~5g/L），采用单一的处理方法很难奏效。因此，要分段处理废酸和全厂工业废水。

9.4.2.1 废酸处理

废酸处理采用脱（铅）渣—二氧化硫脱吸—硫化—石灰乳中和工艺流程。

A 主要化学反应

硫化反应（酸性条件）：

$$Na_2S + H_2SO_4 = NaHS + NaHSO_4 \quad (9-36)$$

$$NaHS + H_2SO_4 = NaHSO_4 + H_2S \quad (9-37)$$

$$2As^{3+} + 3H_2S = As_2S_3 + 6H^+ \quad (9-38)$$

$$Cu^{2+} + S^{2-} = CuS \quad (9-39)$$

石灰乳中和：

$$H_2SO_4 + Ca(OH)_2 = CaSO_4 + 2H_2O \quad (9-40)$$

$$CaSO_4 + H_2O = CaSO_4 \cdot 2H_2O \quad (9-41)$$

$$2HF + Ca(OH)_2 = CaF_2 + 2H_2O \quad (9-42)$$

B 污酸处理工艺过程

硫酸净化工序排出的废酸经沉降槽沉降后，底流液（主要成分为 $PbSO_4$、固体悬浮物等）进入底流槽，用泵送到 Larox 压滤机进行过滤，产出滤渣（饼）回收或销售，滤液及沉降槽的上清液（废酸）自流到脱铅滤液槽。

另一路废酸由净化循环槽排至地坑，自然地进行二氧化硫脱吸。

两路废酸由泵抽送到废酸储槽，溢流至新均化池（新均化池主要用于调节均化废酸成分）中，再用泵送到硫化反应槽，与添加的硫化剂（Na_2S）进行反应，使其中的砷、铜等生成硫化物沉淀。沉淀物通过硫化浓密机沉降，底流泵入硫化压滤机进行过滤得硫化渣（砷滤饼），滤液返回浓密机，浓密机上清液自流到石膏滤液槽，再进入石膏系统进一步处理。硫化反应槽、浓密机等处逸出少量的硫化氢气体经风机收集到硫化氢吸收塔内被废酸初步吸收后进入硫化氢除害塔，再由硫化钠溶液吸收，但废酸和硫化钠溶液对硫化氢的吸收效果不太好，所以会造成一定的低空污染。

石膏滤液槽中的液体泵入石膏反应槽与石灰乳混合反应，控制 pH 值为 2.0 ~ 3.0，除去废酸中大部分 H_2SO_4、HF，生成以 $CaSO_4$ 为主的石膏浆，在石膏浓密机内沉降，沉降的底流泵至 Larox 石膏压滤机进行脱水，过滤得石膏，滤液返回石膏浓密机。浓密机上清液溢流至污水处理系统进一步处理。

C　工艺流程

污酸处理工艺流程如图 9 - 23 所示。

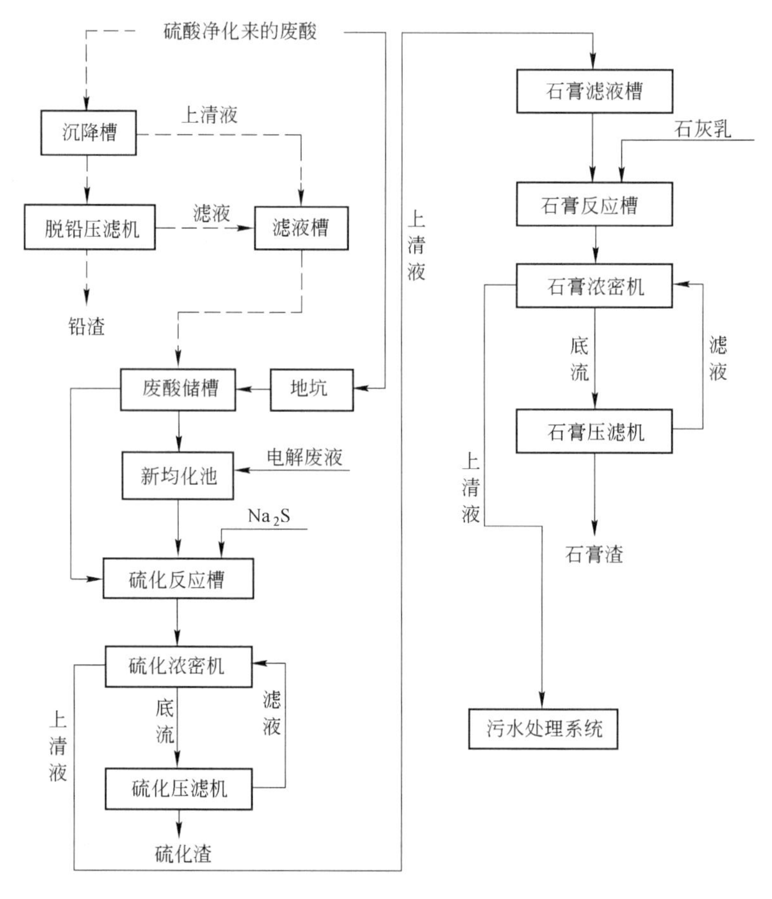

图 9 - 23　污酸处理工艺流程

9.4.2.2　废水处理

全厂工业生产排放的污水为含砷、氟及重金属离子的酸性废水，污水量大，污染物含量较高。采用两段石灰乳中和加铁盐除砷工艺方法，处理效果好，运行费用低，操作管理比较方便。

A 主要化学反应

主要化学反应为：

$$H_2SO_4 + Ca(OH)_2 = CaSO_4 + 2H_2O \quad (9-43)$$

$$2HF + Ca(OH)_2 = CaF_2 + 2H_2O \quad (9-44)$$

$$M^{2+} + 2OH^- = M(OH)_2 \quad (M^{2+}\text{表示 Cu、Pb、Zn、Cd 离子}) \quad (9-45)$$

$$Fe^{2+} + 2(OH)^- = Fe(OH)_2 \quad (9-46)$$

$$4Fe(OH)_2 + O_2 + 2H_2O = 4Fe(OH)_3 \quad (9-47)$$

$$Fe(OH)_3 + AsO_4^{3-} = FeAsO_4 + 3OH^- \quad (9-48)$$

$$Fe(OH)_3 + AsO_3^{3-} = FeAsO_3 + 3OH^- \quad (9-49)$$

B 工艺过程

全厂生产排放的污水为含砷、氟及重金属离子的酸性废水，采用两段石灰乳中和加铁除砷工艺处理。其处理工艺过程为：

（1）中和Ⅰ反应。全厂生产排放的污水进入均化池内均化后，用泵提升到中和Ⅰ反应槽，与加入的硫酸亚铁溶液和石灰乳进行中和反应，控制 pH 值为 6 ~ 8，使污水中氢离子、铜、镉、砷等杂质发生一系列反应。

（2）氧化反应。污水自流进入氧化槽，通过机械曝气，二价铁氧化成三价铁，三价砷氧化成五价砷，发生吸附架桥作用，形成共沉淀，提高除砷效果。

（3）中和Ⅱ反应。氧化后液自流到中和Ⅱ反应槽，与投加的石灰乳再次反应，控制 pH 值为 9 ~ 11，使污水中有害物反应完全。石灰乳投加量通过电动阀调节控制。

（4）渣水分离。中和处理后的悬浮液在凝聚槽内与 3 号絮凝剂混合絮凝，生成花状絮体颗粒，颗粒随流体进入浓缩池内进行沉降、浓缩，浓缩的上清液流到澄清槽进一步澄清，澄清的上清水达标排放。浓缩池的污泥由螺杆泵抽送到 ALFA LAVAL 卧螺离心机进行脱水，脱水后的中和渣送到临时渣库堆存，滤液返回均化池再处理。

C 工艺流程

工艺流程如图 9 - 24 所示。

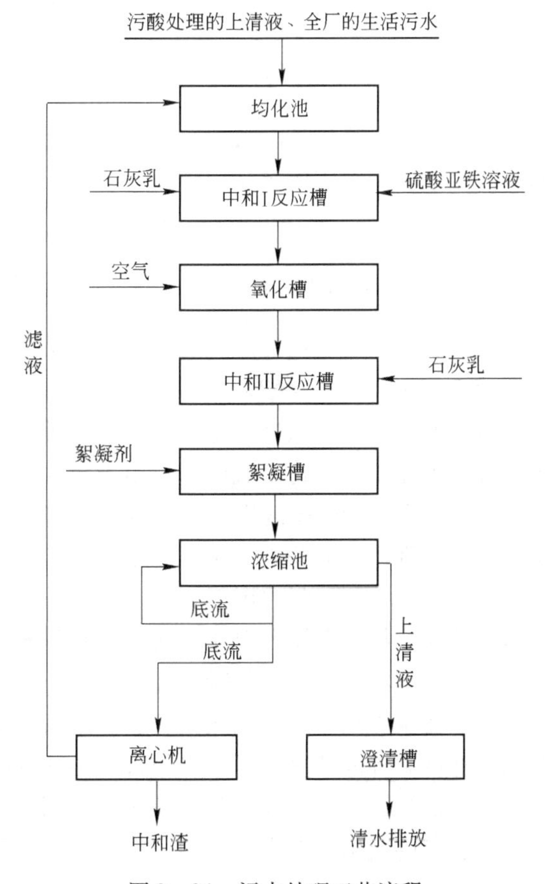

图 9 - 24 污水处理工艺流程

9.4.3 污水处理的工艺设备

污水处理的主要设备有沉降设备和污

泥脱水设备。

9.4.3.1　同向流斜板沉淀池

同向流斜板沉淀池中水流与污泥同向而行，与异向流相比较，其优点是截面水力负荷大（异向流 9 ~ 12$m^3/(m^2 \cdot h)$，同向流 45 ~ 50$m^3/(m^2 \cdot h)$），排泥浓度高，滑泥性能好。斜板沉淀池如图 9 - 25 所示。

设计参数为：处理水量 30 ~ 50m^3/h；斜板水力负荷 45$m^3/(m^2 \cdot h)$；沉淀斜板倾角 40°；滑泥斜板倾角 60°；斜板净间距 35mm；停留时间 145s；沉降板层数 24。

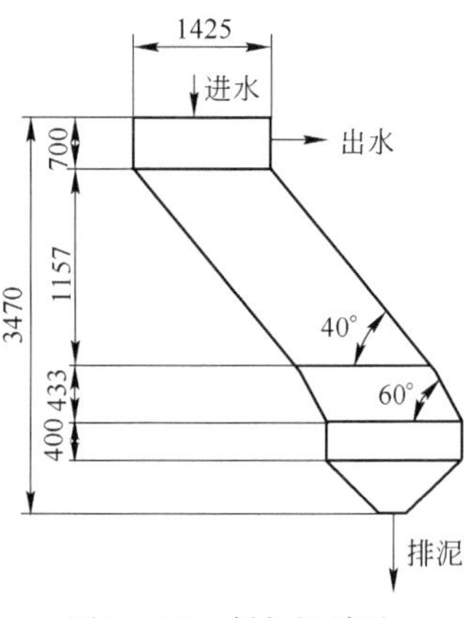

图 9 - 25　斜板沉淀池

9.4.3.2　料管沉降器

料管沉降器在硫酸工业净化工段已有多年使用经验，目前使用已很普遍。

9.4.3.3　浓密机

浓密机是一种较为古老的设备，在湿法冶炼中使用已很普遍。葫芦岛锌厂将浓密机用于石灰法污水处理沉降污泥作业中，已有多年操作经验，技术已很成熟。但浓密机设备相当庞大，占地面积也大，要求有耐稀酸防腐衬里，投资高，一般不易在硫酸厂推广应用。

9.4.3.4　真空转鼓过滤机

真空转鼓过滤机是湿法冶金工业的常用设备，用于过滤石灰法处理硫酸污水装置产生的污泥，在四川绵阳地区马角磷肥厂、葫芦岛锌厂已有多年操作经验，效果不错。污泥滤饼含水达到 50%，使污泥渣具备运输、堆存综合利用的条件。

9.4.3.5　带式压滤机

带式压滤机是引进奥地利安德里茨公司技术制造的一种新型脱水设备，已成功地在许多行业中使用。但在硫酸装置污水处理的污泥脱水作业中使用经验不多。

带式压滤机的优点是能连续生产、处理能力大、电耗低、噪声低、操作维修方便等。湖南怀化磷化工总厂将带式压滤机用于污水处理已积累了不少操作经验。该厂选用型号为 CPF - 1000S7 的带式压滤机，网带宽 1m，缠绕辊 7 个，可用于年产 40kt 硫酸生产装置石灰法污水处理的污泥脱水。该厂的操作经验认为，污泥经给料器均布在网带之上，网带速度调至 4 ~ 5m/min，张力调至 0.5 ~ 0.7MPa，在絮凝剂的作用下在网带重力脱水区部分水分得以分离，再经低压及离压区脱水，最终滤饼含水率一般在 40% 左右，具备运输及堆放要求。该厂经验认为，絮凝剂加入量要与污水量相适应，絮凝剂加入量多了，会造成浪费，增加污水处理成本；加入量少了，则污泥在重力脱水区达不到脱除部分水分的要求，进入压滤区后外溢严重。要求操作人员必须精心操作，絮凝剂的配制要求浓度要稳定，视脱水情况适当调整网带运行速度及张力，调速幅度不宜过大。

但也有的硫酸厂选用带式压滤机使用效果很差，脱水时污泥外溢严重，无法正常脱水。

9.4.3.6 多锥角并流型卧式螺旋离心机

卧式螺旋卸料沉降式离心机（简称卧螺离心机）是目前一种理想污泥脱水设备，它的最大特点是能连续操作，占地面积小，无滤网滤布，操作维修费用低，无压缩机、真空泵附属设备，动力消耗低，密闭操作劳动条件好。

A 卧螺离心机作用原理

卧螺离心机由柱锥形转鼓和与它同心安装、形状相配的螺旋输送器组成。转鼓支撑在两主轴承上。螺旋输送器由转鼓内的两螺旋轴承支撑，转鼓与螺旋以一定的转速差同向旋转。料浆由加料管引入机中，在螺旋内筒中加速后于柱锥交界处进入转鼓，在离心力作用下，密度较大的固相颗粒沉积在鼓壁上，由螺旋叶片推向小端出渣口排出，密度较小的液相则经螺旋通道由大端溢流口溢出。转鼓与螺旋间的转速差由行星摆线针轮差速器产生。卧螺离心机的结构及作用原理示意如图 9－26 所示。

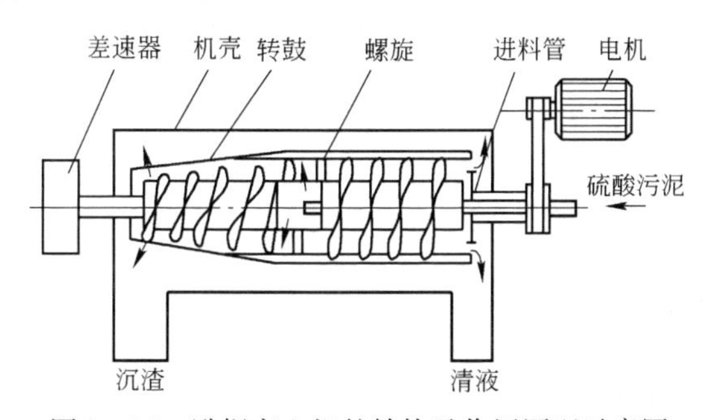

图 9－26 卧螺离心机的结构及作用原理示意图

经分离后的分离液与固相颗粒相向而行，分别在转鼓的大端和小端排出。

多锥并流型卧螺离心机如图 9－27 所示。它将加料位置从转鼓中部移到转鼓大端，并成了并流型卧螺离心机，料液在较大的螺旋通道中流动，沉积到鼓壁的固相颗粒由螺旋叶片推向锥端出渣口排出。分离出的清液也沿相同方向流动，到一定位置则通过回液孔进入较小的螺旋通道做反向流动，在大端溢流口溢出。反向流动过程中，较细的固相颗粒继续沉降，同样由螺旋叶片推向锥端排出。

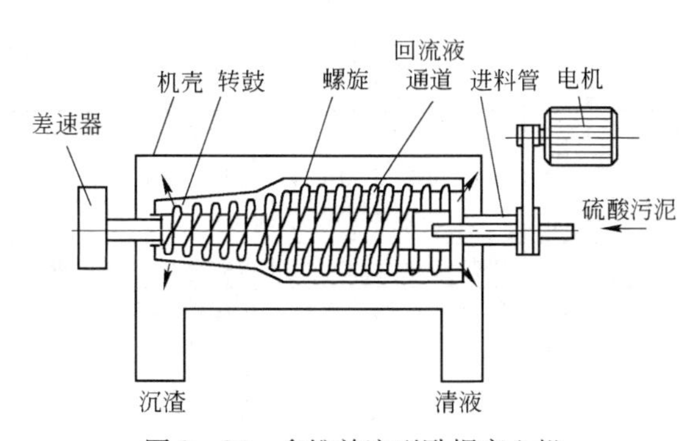

图 9－27 多锥并流型卧螺离心机

B 污水处理污泥脱水现场试验

WLdb－450 离心机集并流与多锥于一体，使卧螺离心机的性能大大改善、经济效益更加明显。其转速低、动力消耗小，磨损小，操作维修费用低。

广州氮肥厂、浙江工学院、宁波硫酸厂共同在宁波硫酸厂进行现场试验。调试改变各种操作条件，如转鼓转速 n、转鼓与螺旋机间的转速差 Δn、液层深度 h、处理量 G 及污泥含固率等，试验结果见表 9－14。

表 9－14　硫酸污泥脱水试验结果

序号	转鼓转速 $n/\mathrm{r \cdot min^{-1}}$	转鼓与螺旋机间的转速差 $\Delta n/\mathrm{r \cdot min^{-1}}$	液层深度 h/mm	处理量 $G/\mathrm{t \cdot h^{-1}}$	固相质量分数/%			固相回收率/%
					污泥	沉渣	清液	
1	2000	57	67.5	3.27	11.85	48.32	0.014	99.91
2	2000	57	56.5	3.27	42.85	64.51	0.009	99.99
3	2000	57	56.5	6.75	26.53	60.29	0.028	99.94
4	2000	30	56.5	5.59	18.15	51.59	0.012	99.96
5	2500	71	56.5	5.19	32.41	60.36	0.012	99.98

从表 9－14 中数据可知，机器分离性能稳定，当污泥处理量、含固率有较大波动时，分离效率变化不大。该机处理能力为 5t/h，沉渣含固率大于 50%，清液含固率小于 0.05%，可以直接排放。

9.5　硫酸工业废渣的综合利用

9.5.1　硫铁矿烧渣的综合利用

9.5.1.1　硫铁矿烧渣化学成分及物相组成

根据硫铁矿来源不同，硫铁矿烧渣中一般除主要成分 Fe_2O_3 外，还含有 SiO_2，Al_2O_3，MgO，CaO，P，As，Cu，Pb，Zn 及部分未分解的硫化物，有的还含有 Au，Ag 等贵金属。国内外部分企业硫铁矿烧渣组分见表 9－15。

表 9－15　国内外部分企业硫铁矿烧渣组分

序号	w(Fe) /%	w(FeO) /%	w(SiO_2) /%	w(Al_2O_3) /%	w(CaO) /%	w(MgO) /%	w(Zn) /%	w(Cu) /%	w(Pb) /%	w(As) /%	w(Mn) /%	ρ(Au) $/\mathrm{g \cdot t^{-1}}$	ρ(Ag) $/\mathrm{g \cdot t^{-1}}$	w(P) /%	w(S) /%
1	64.23	0.61	4.86	0.91	0.61	0.27	0.042		0.11		0.12			0.0052	0.45
2	63.80	1.80	3.61	0.21	1.21	1.02	0.02		0.02		0.10			0.12	0.40
3	61.27		6.67	0.95	0.34	0.13	0.15	0.0047	0.13	0.01	0.064		38.25		0.40
4	59.81	7.57	8.96	1.53	1.00	0.44	0.28	0.30	0.054					0.033	0.27
5	53.40	11.31				0.44	0.36		0.08		0.98	32.69		1.08	
6	52.78	16.90	1.90	3.35	1.29	0.11	0.70	0.12	0.10	0.087		14.7	0.014	1.96	
7	49.74	16.77	1.89	1.84	1.18	1.22	0.26	0.05	0.05				0.05	1.10	
8①	61.60						0.61	0.50	0.22	0.044		0.98	35		0.6
9②	42～60					0.5～11	0.1～4.0	0.02～1.2		0.3～3.0	0.1～2	5～80		1.5～6	

① 日本光和精矿公司户畑工厂烧渣数据。

② 德国杜依斯堡厂烧渣数据。

从表9－15中数据可见，硫铁矿烧渣中除含铁外，还含有可观的铜等金属资源，其物相组成见表9－16和表9－17。

表9－16 硫铁矿烧渣的铁物相组成

项目	全铁	赤铁矿	磁铁	磁铁矿	黄铁矿	菱铁矿	硅酸铁
$w(Fe)/\%$	50.49	45.31	3.67	0.09	1.01	0.30	0.11
铁分布率/%	100	89.74	7.27	0.18	2.00	0.59	0.22

表9－17 硫铁矿烧渣的铜物相组成

项目	全铜	氧化铜	氧化亚铜	硫化亚铜	铁酸铜、亚铁酸铜	其他
$w(Cu)/\%$	0.568	0.206	0.120	0.056	0.179	0.007
铜分布率/%	100	36.27	21.13	9.86	31.51	1.23

9.5.1.2 烧渣中铜等有价金属的回收工艺

国内外很早就开始硫铁矿烧渣中有价金属综合利用的研究和实践，根据烧渣中Cu，Pb，Zn，Co，Au，Ag等有价金属及S，As等有害杂质含量情况先后开发了直接浸出法、高温氯化焙烧法、低温氯化焙烧法等工艺。

A 硫酸直接浸出法回收铜金属

硫酸直接浸出法是回收烧渣中铜最简单的方法。浸出剂硫酸与烧渣中铜发生如下反应：

$$CuO + H_2SO_4 = CuSO_4 + H_2O \quad (9-50)$$

$$3CuO + Fe_2(SO_4)_3 + 3H_2O = 3CuSO_4 + 2Fe(OH)_3 \quad (9-51)$$

$$2Cu_2O + 4H_2SO_4 + O_2 = 4CuSO_4 + 4H_2O \quad (9-52)$$

$$Cu_2O + Fe_2(SO_4)_3 + H_2SO_4 = 2CuSO_4 + 2FeSO_4 + H_2O \quad (9-53)$$

工艺路线为：沸腾炉底流及溢流烧渣球磨后与废热锅炉、除尘器回收的烟尘汇集后定量送入浸出搅拌槽，由净化工序排出洗涤酸过滤后定量送入浸出搅拌槽用做浸出酸，采用两次稀酸浸出、两次水洗工艺处理烧渣，洗涤液返回配浸出酸。铜浸出液经两级萃取——一级反萃得到铜的质量浓度为20～35g/L的富铜液送入电解槽，电解后得到商品电解铜，贫电解液返回反萃作业。铜浸出液萃取、反萃处理技术已经比较成熟，萃取相体积比为1∶1，萃取混合时间为3min，萃取剂选用Lix984N，稀释剂选用260号溶剂油；电解槽操作电压2.0V、电流密度200A/m^2。该工艺路线铜总回收率可达65%以上。

B 氯化还原（离析法）回收铜、金、银等有价金属

工艺流程为：将预热至750℃的烧渣通过封闭管道送入保温回转窑，向回转窑内加入过量的还原剂（主要是焦粉）和氯化剂（主要是氯化钠等），进行氯化还原反应；烧渣中的氧化铜、氧化亚铜、硫化亚铜、硫化铜、亚铁酸铜、铁酸铜和金、银的化合物都与氯化剂和还原剂发生反应，转变为金属单质，绝大部分三氧化二铁则被还原成四氧化三铁。维持一定的反应时间，当氯化还原及金属吸附完全后，烧渣中的铜、金、银以单质形式被吸附在还原剂上。然后将反应产物经封闭管道排入水中，水淬冷却后的产物进行磁选、浮选

操作，吸附有价金属的焦粉经浮选富集以回收铜、金、银，浮选渣经磁选富集铁。

C　高温氯化挥发－铁球团法回收铜、金、银等有价金属

将氯化剂（氯化钙或氯化钠）配成适当浓度的溶液替代喷淋水用于干法排渣增湿滚筒增湿，烧渣再与铁精砂混合造球，生球团在1260℃左右的高温烧结过程中，金、银、铜、铅、锌、硫等生成具有挥发性的氯化物气体，同时生产出球团矿。除尘后的气体在后续湿法净化过程中可以回收贵金属。

9.5.1.3　烧渣中铁资源的回收工艺

国内外很早就开始硫铁矿烧渣综合利用的研究与实践，目前在日本、德国等发达国家已形成较为完善的工艺流程，并在工业生产中取得显著的经济效益。由于国外硫铁矿品位普遍较高，入炉硫铁矿中 $w(S)$ 为45%～50%，焙烧后的硫铁矿烧渣中 $w(Fe)$ 基本高于60%，无需处理就可用做炼铁原料。长期以来，我国大多数硫铁矿制酸企业都使用 $w(S)$ 为35%左右的硫铁矿，硫铁矿制酸企业产生的烧渣铁含量普遍较低，$w(Fe)$ 多在40%～50%，并且残硫量较高，只能用做水泥添加剂。因此，要回收硫铁矿烧渣中的铁资源就必须提高烧渣的铁品位。目前，提高烧渣铁品位的方法主要有两种，一种是进行烧渣选铁，直接提高烧渣铁含量；另一种是对低品位硫铁矿进行选矿富集，通过提高入炉矿品位提高烧渣铁含量。现就烧渣选铁工艺简介如下。

A　磁化焙烧—磁选

从硫铁矿烧渣多元素分析可知，烧渣中弱磁性铁占有很大的比例，直接磁选难以获得高品位铁精粉。将硫铁矿烧渣加热至一定温度并与还原剂作用，使渣中弱磁性 Fe_2O_3 转变成磁性较强的 Fe_3O_4，然后磁选可得到高品位铁精矿。还原剂一般选用焦炭粉或煤，焦炭粉还原速度较慢，但带入杂质少，煤还原速度较快，但硫含量较高。磁化焙烧的反应过程为：

$$3Fe_2O_3 + C \longrightarrow 2Fe_3O_4 + CO \quad (9-54)$$

$$3Fe_2O_3 + CO \longrightarrow 2Fe_3O_4 + CO_2 \quad (9-55)$$

磁化焙烧—磁选工艺流程如图9－28所示。

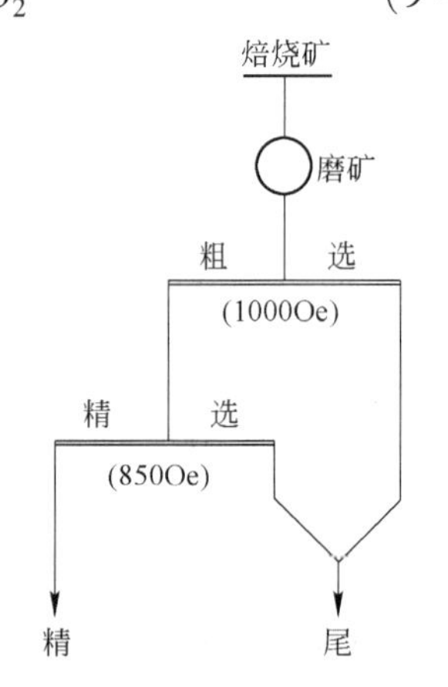

图9－28　磁化焙烧—磁选工艺流程

B　分级—重选—重尾再磨—反浮选工艺流程

对硫精矿烧渣首先进行粗细分级，细组分去反浮选，粗组分进行重选；重选精矿作为成品，重选尾矿进行再磨；再磨后粗组分返回重选，细组分去反浮选。选矿工艺流程如图9－29所示。

铁品位约为54.13%的硫精矿烧渣加水制浆后，泵入圆筒隔渣筛，筛上部分进入尾矿系统，筛下部分进入旋流器Ⅰ进行分级；一级旋流器沉渣进入重选系统，经两级螺旋溜槽一粗一精选别，获得高品位精矿；该精矿经高频细筛Ⅰ筛分，筛下部分即为重选精矿，铁品位约为62.8%（产率为33%），筛上部分与两段螺旋溜槽尾矿合并；合并后渣经旋流器Ⅱ分级，沉渣进球磨机球磨后送高频细筛Ⅱ筛分；筛上部分返回旋流器Ⅱ，构成球磨机闭路，筛下部分（磨矿粒度

为小于0.074mm的粒级颗粒占90%~95%）进入旋流器Ⅲ进行分级；沉渣返回重选系统螺旋溜槽Ⅰ，溢流（粒度为小于0.043mm的粒级颗粒占95%左右）与旋流器Ⅰ的溢流汇合后进入旋流器Ⅳ；溢流直接进入反浮粗选机，沉渣先入浮选浓缩池，浓缩后再进入反浮粗选机；在反浮粗选机内加药调浆后进行反浮粗选作业，粗选泡沫产品为最终尾矿，沉渣经四级反浮精选后获得最终浮选精矿（铁品位约为60.08%，产率为22%）；各级精选泡沫返回浮选浓缩池，进行反浮选循环；浮选精矿与重选精矿汇合后（铁品位约为62.00%）进入精矿浓缩池，最终尾矿（铁品位约为46.00%）进入尾矿浓缩池，分别由陶瓷过滤机过滤后，精矿滤饼经皮带输送机进入精矿仓。

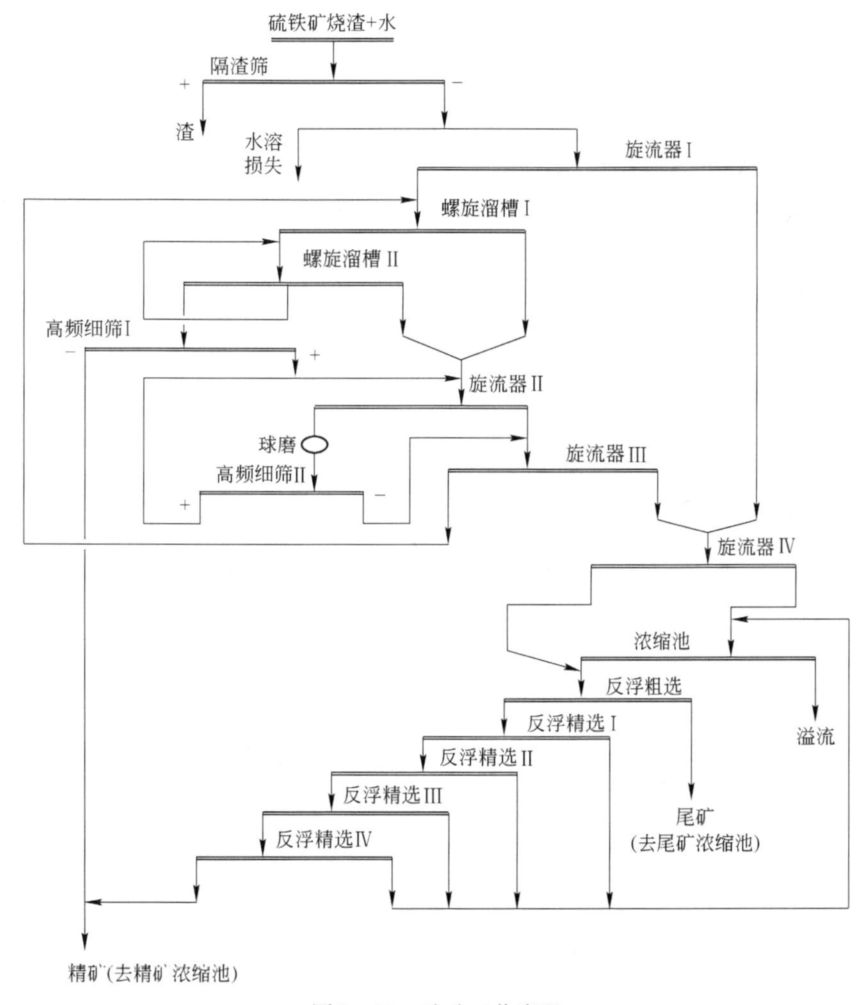

图9-29 选矿工艺流程

9.5.2 砷滤饼的综合利用

硫酸净化产出的稀污酸经硫化处理后产出砷滤饼，滤饼中除含有大量的砷、硫外，还含有一定量的有色金属。特别是有色冶金烟气制酸中形成的砷滤饼，其有色金属价值不容忽视。国内某大型冶炼厂砷滤饼成分见表9-18。

表 9－18　某大型冶炼厂砷滤饼成分

成　分	As	S	Cu	Zn	Mo	Re	其　他
质量分数/%	33.07	53.32	2.93	1.05	0.20	0.08	9.35

9.5.2.1　砷资源的利用

砷的利用一方面使砷无害化、资源化，另一方面为砷滤饼中有价金属的利用创造了条件。砷利用的方式主要是生产白砷，常见工艺简介如下。

A　硫酸铜置换法

硫酸铜置换法是采用氧化铜粉末和硫酸铜置换硫化砷（见图 9－30），其化学反应式为：

$$As_2S_3 + 3CuSO_4 + H_2O = 2HAsO_2 + 3CuS + 3H_2SO_4 \quad (9-56)$$

$$As_2S_3 + 3CuO + H_2O = 2HAsO_2 + 3CuS \quad (9-57)$$

由于 $HAsO_2$ 的溶解度随温度的变化较为显著，冷却后亚砷酸仍留在置换残渣中。液固分离后，将含亚砷酸的残渣浆化后通空气氧化，将 $HAsO_2$ 氧化为溶解度较高的 $HAsO_3$。过滤分离后，用活性炭吸附溶液中的杂质，净化后的 $HAsO_3$ 溶液用 SO_2 还原成 $HAsO_2$，冷却结晶后得到的 $HAsO_2$ 经干燥后装包。

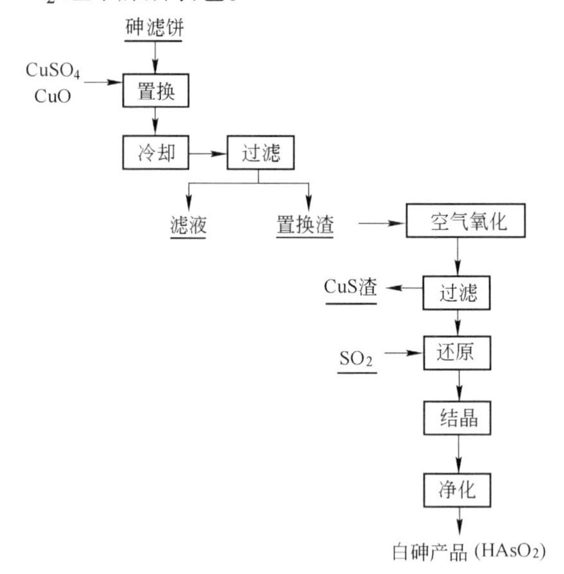

图 9－30　硫酸铜置换法流程

B　硫酸铁氧化法

硫酸高铁也可以用来处理硫化砷渣。浸出时砷和其他金属的硫化物被硫酸高铁氧化，反应式为：

$$As_2S_3 + 3Fe_2(SO_4)_3 + 4H_2O = 2HAsO_2 + 6FeSO_4 + 3H_2SO_4 + 3S \quad (9-58)$$

$$HAsO_2 + Fe_2(SO_4)_3 + 2H_2O = H_3AsO_4 + 2FeSO_4 + H_2SO_4 \quad (9-59)$$

$$MeS + Fe_2(SO_4)_3 + 2H_2O = MeSO_4 + 2FeSO_4 + S \quad (9-60)$$

氧化浸出后进行液固分离。用 SO_2 还原浸出液，使 H_3AsO_4 重新生成 $HAsO_2$，再经冷却结晶后可以得到粗三氧化二砷，粗三氧化二砷重结晶后可以得到很纯的白砷产品。三氧化二砷与硫酸亚铁溶液的分离以及硫酸高铁的再生是该工艺中的两个重要环节，前者的实现是将还原后液冷冻到 -25℃。在硫酸高铁的再生过程中，用氯酸钠逐步氧化二价铁成三价铁，在温度为 80℃、pH 值为 3.5 ~4 的反应条件下，铁生成针铁矿（FeOOH）沉淀，液固分离得到的针铁矿用硫酸溶解后得到硫酸高铁，并返回浸出段。由于采用硫酸高铁作氧化剂，生产成本要低于硫酸铜置换法。硫酸铁氧化法流程如图 9 -31 所示。

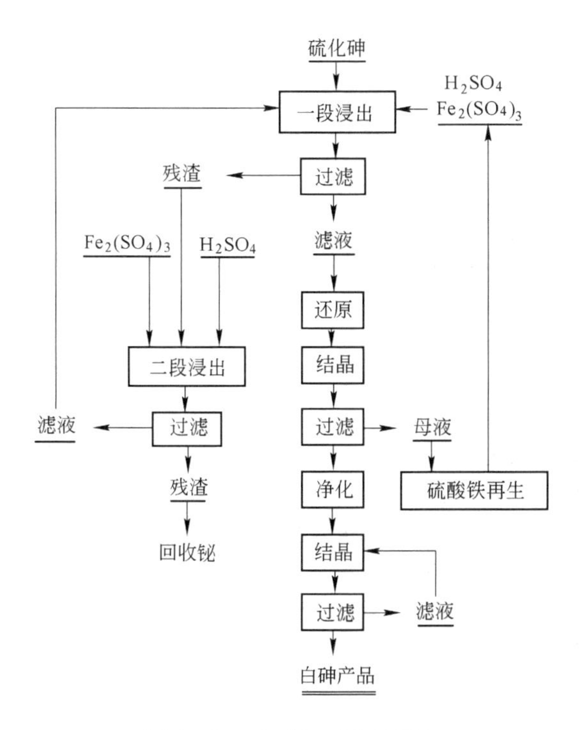

图 9 -31 硫酸铁氧化法流程

C 加压氧化浸出

加压氧化浸出是一种高效的湿法冶金工艺，主要用于锌精矿的加压浸出、高品位镍冰铜的湿法精炼以及含砷金矿的预处理等。加压浸出是以氧作为氧化剂，具体的反应式为：

$$2As_2S_3 + 3O_2 + 2H_2O = 4HAsO_2 + 6S \quad (9-61)$$

$$2HAsO_2 + O_2 + 2H_2O = 2H_3AsO_4 \quad (9-62)$$

加压氧化浸出的优点在于它将置换与氧化结合在一个过程中进行，加速了浸出过程，减少了液固分离次数。由于使用氧气，不排放尾气，因此，加压浸出的能耗要低于硫酸铜置换工艺。加压浸出法的另一特点还在于它可以完全与目前的硫酸铜置换法配套，取代其置换和氧化操作，并充分利用其余部分的工艺设备。加压氧化浸出流程如图 9 -32 所示。

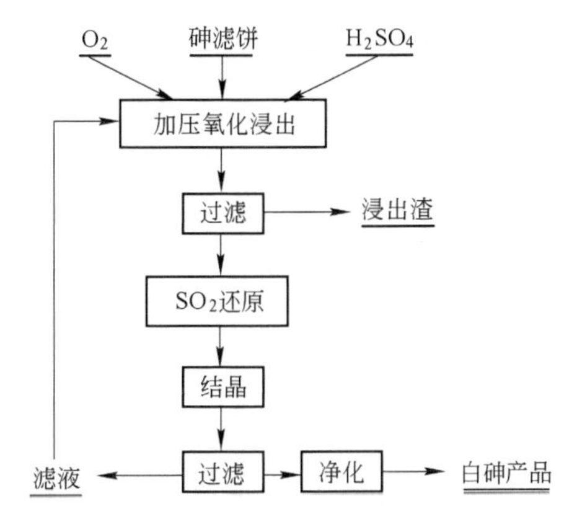

图 9 -32 加压氧化浸出流程

9.5.2.2　铜、铼等资源的利用

砷滤饼经以上工艺处理后，铜等有价元素以硫化物进入渣或者以离子形式进入溶液。含铜渣可返回大冶炼工艺得到利用，进入溶液的可以通过浓缩结晶产出硫酸铜或者经废铁置换的海绵铜。特别值得一提的是砷滤饼中铼的提取，铼以 Re_2S_7 形式存在于滤饼中，经浸出—氧化—SO_2 还原后以 ReO_4^- 形式进入溶液，进一步提取铼工艺为：含铼液→精细过滤→N235 萃取→纯水洗涤→氨反萃→浓缩冷却结晶→铼酸铵。

习题与思考题

9－1　硫酸生产中尾气处理方法有哪些，各有何特点？
9－2　氨－酸法回收低浓度二氧化硫过程主要有哪些？
9－3　硫酸企业的污水处理原则是什么？
9－4　硫酸生产中的污酸主要产生于哪个工序？
9－5　冶炼烟气制酸的污水来源是哪里？
9－6　硫酸企业的污水处理方法有哪些？
9－7　硫酸企业污水处理的主要设备有哪些？
9－8　硫酸生产中的污酸是如何处理的？
9－9　为什么冶炼烟气制酸的污水需要采用二级（或三级）石灰中和加铁盐絮凝沉淀工艺？
9－10　二级污水处理的工艺条件是什么？
9－11　高砷、氟和重金属硫酸废水的治理过程有哪些？
9－12　如何进行硫酸渣的综合利用？

10 硫酸生产防腐技术

硫酸生产中需要处理大量腐蚀性介质，例如各种温度的含二氧化硫、三氧化硫气体和各种浓度的硫酸等。因此，正确、合理地选择硫酸装置中设备和管道的材料，是保证装置连续、稳定运行的重要前提。同时，材料选择的合理与否，又在一定程度上影响硫酸生产的技术经济指标。

净化工序中的稀硫酸与干吸工序中的浓硫酸对金属的腐蚀机理不同，其腐蚀行为也有差异，因此，适用于浓硫酸的材料未必适用于稀硫酸。此外，稀硫酸随其浓度的不同、杂质（如 F^-、Cl^- 等）含量的差异，对金属材料的腐蚀性也有很大不同。这样，就增加了材料选择的复杂性。

传统上，硫酸装置在浓酸系统大量使用普通碳钢和铸铁，稀酸系统则多使用铅材。随着材料工业的发展，不锈钢、耐蚀合金、各种塑料以及纤维增强材料在硫酸工业中的应用日益普及，从而增强了系统的可靠性，延长了设备寿命，提高了装置开工率，甚至降低了设备的造价。

10.1 硫酸和二氧化硫对金属的腐蚀机理

在硫酸生产中，各种介质对设备和材料的腐蚀按其作用机理传统上可分为两类：一类为化学腐蚀，如焙烧、转化工序二氧化硫高温炉气的腐蚀，其特征是被腐蚀金属与腐蚀介质之间的电子传递是直接进行的，腐蚀产物在金属和腐蚀介质接触的表面生成，腐蚀过程中，氧化和还原过程在同一点进行，是不可分割的；另一类则属电化学腐蚀，如金属在不同浓度硫酸溶液中的腐蚀、含二氧化硫气体的露点腐蚀等，其特征是金属的氧化和腐蚀介质的还原过程在不同部位相对独立地进行，两者的电子传递是间接的。不过，近代的腐蚀理论认为，金属的高温氧化或硫化实际上也属于电化学过程。

10.1.1 硫酸对金属的腐蚀机理

不同浓度的硫酸对金属的腐蚀机理并不相同。电动序在氢以前的金属（如锌）在稀硫酸中被腐蚀时，发生如下反应：

$$Zn + H_2SO_4 \longrightarrow ZnSO_4 + H_2\uparrow \quad (10-1)$$

式（10－1）可简化为：

$$Zn + 2H^+ \longrightarrow Zn^{2+} + H_2\uparrow \quad (10-2)$$

式（10－2）实际上表示两个反应，即锌的氧化和氢离子的还原，即：

氧化（阳极反应） $$Zn \longrightarrow Zn^{2+} + 2e \quad (10-3)$$

还原（阴极反应） $$2H^+ + 2e \longrightarrow H_2 \quad (10-4)$$

电动序在氢以后的金属（如铜）在具有氧化性的浓硫酸（浓度大于90%的 H_2SO_4）中被腐蚀时发生如下反应：

$$Cu + 2H_2SO_4 \longrightarrow CuSO_4 + SO_2 + 2H_2O \quad (10-5)$$

式(10－5)的阳极反应和阴极反应为：

阳极反应 $$Cu \longrightarrow Cu^{2+} + 2e \quad (10-6)$$

阴极反应 $$SO_4^{2-} + 4H^+ + 2e \longrightarrow SO_2 + 2H_2O \quad (10-7)$$

对比式(10－4)和式(10－7)可知：金属在无氧稀硫酸中发生腐蚀时，其阴极反应为H^+的还原，因此，硫酸溶液中H^+活度即溶液的pH值对腐蚀有较大影响；而在浓硫酸中发生腐蚀时，其阴极反应为SO_4^{2-}的还原，因此，酸的氧化能力即酸的浓度和温度起着重要的作用。

除浓度外，温度也是影响硫酸腐蚀特性的重要因素。温度升高，反应速率增加，同时也加快了硫酸溶液的对流扩散，减少溶液的电阻，从而加快了腐蚀的阴极过程和阳极过程。对于可钝化的金属，当温度升高时，金属的钝化变得困难，并使其在钝态时的腐蚀率增大。当超过某一温度时，有可能使金属无法钝化或使原已钝化的金属进入活化态。因此，温度升高，硫酸的腐蚀性明显增强，当然，其影响程度需视酸浓度、材料种类及其他因素的不同而异。对于某些极端情况，例如对于具有活化－钝化性能的金属如不锈钢，当处于钝化边缘温度时，不大的温度变化就能引起材料腐蚀率的剧变。

温度分布不均对腐蚀反应也有影响。例如换热器传热面的局部过热会引起温差腐蚀，高温部分成为阳极，遭到加速腐蚀。

流速对腐蚀的影响颇为复杂，它取决于金属的性质及其所处腐蚀环境的特性。就硫酸装置中常用的材料钢、铸铁和铅而言，它们在硫酸中的耐蚀性依赖于其表面上生成的保护膜，流速增加将加速保护膜的损坏，从而使腐蚀率增加。高速流动的硫酸对材料造成冲刷腐蚀，极大地加速材料的破坏。当酸中存在固体颗粒时，高速流动的硫酸会对材料造或严重的磨损腐蚀和冲刷腐蚀。相反，如果酸的流速过缓，造成固体颗粒沉积时，则会在沉积部位发生缝隙腐蚀，这对于不锈钢之类依靠钝化而耐蚀的金属特别危险。

硫酸中的杂质会对其腐蚀性起重要影响。例如，在浓硫酸中存在氧化性杂质如氧化剂、易还原的正离子，通常能增加不锈钢的耐蚀性；而还原性杂质加SO_2、Na_2SO_3之类则降低不锈钢的耐蚀性。硫酸中存在Cl^-特别有害，它使不锈钢之类的金属钝化变得困难，并增加其发生孔蚀和应力腐蚀的倾向。

净化工序含二氧化硫的稀硫酸对钢铁有着特别强烈的腐蚀作用，因为除了稀硫酸的腐蚀外，二氧化硫水溶液对钢铁的腐蚀也相当强烈。据报道，在25℃、1.6%(质量分数)二氧化硫水溶液中，低碳钢的腐蚀率高达15.8mm/a。

对碳钢在二氧化硫水溶液中的腐蚀产物的分析表明，其主要成分为FeS、S、$\gamma-FeO \cdot OH$、$FeSO_4$及其水合物。据此，文献认为腐蚀过程的主要反应式为：

$$O_2 + 2SO_3^{2-} \longrightarrow 2SO_4^{2-} \quad (10-8)$$

$$Fe + 2H^+ \longrightarrow Fe^{2+} + 2H \quad (10-9)$$

$$2H + 2H^+ + 2SO_3^{2-} \longrightarrow S_2O_4^{2-} + 2H_2O \quad (10-10)$$

$$2H + S_2O_4^{2-} \longrightarrow S_2O_3^{2-} + H_2O \quad (10-11)$$

$$8H + S_2O_3^{2-} \longrightarrow 2H^+ + 2S^{2-} + 3H_2O \quad (10-12)$$

$$8H + S_2O_4^{2-} + 3S^{2-} \longrightarrow 5S + 4H_2O \quad (10-13)$$

$$Fe^{2+} + S^{2-} \longrightarrow FeS \tag{10-14}$$

10.1.2　含二氧化硫炉气对金属的腐蚀机理

金属在高温含二氧化硫空气中的腐蚀速率远大于其在同温度空气中的腐蚀速率，这是因为腐蚀时在金属表面生成的金属硫化物对基体金属的保护性能不如相应的金属氧化物的保护性能。其原因一是金属硫化物的摩尔体积与金属原子的摩尔体积的比值，即庇林－贝德沃斯比（Pilling－Bedworth Ratio）较金属氧化物的庇林—贝德沃斯比大，且通常大于2，这样在金属与其硫化物界面上就产生了较大的内应力，因而更易开裂和剥落；二是金属硫化物中的晶体缺陷浓度较高，因此金属在其硫化物中的扩散速率远高于在其相应氧化物中的扩散速率；三是金属硫化物的熔点较其氧化物的熔点要低得多，特别是金属－硫化金属的共晶点更低，所以易在高温时出现液相而失去对基体金属的保护性。曾有文献报道，在650℃时，二氧化硫的存在可使碳钢的氧化速率增加为在干空气中的10倍。

研究表明，金属在 $SO_2-O_2-SO_3$ 混合气体中形成的腐蚀产物是多相混合物，例如钢铁在这种气氛中的腐蚀产物为 FeO/Fe_3O_4 及 FeS，腐蚀产物的表面层有铁的硫酸盐生成。腐蚀产物的形成通常有3种情况：

（1）金属和气体反应直接形成两相或多相的腐蚀产物；

（2）反应初期只形成了一种化合物，一般为氧化物，之后在金属—氧化物界面或是金属基体内形成硫化物，这时反应机理包括硫在初始氧化层中的扩散或渗入；

（3）金属离子通过已形成的腐蚀产物层向外扩散，在腐蚀产物和气体界面处与气体中另一种反应物反应。

10.2　硫酸装置中的金属材料

在各种金属材料中，碳钢和铸铁是硫酸装置的主要结构材料，它们主要用于焙烧、转化和干吸工序。铅材则在铅室法制酸时期曾被广为使用，至今则仅限于净化工序，且越来越多地被其他材料如塑料和纤维增强材料所取代。自20世纪70年代以来，随着硫酸生产的强化以及材料工业的进展，普通不锈钢、特种不锈钢甚至高级合金在硫酸装置中的应用已日趋增多。

10.2.1　钢和铸铁

10.2.1.1　碳钢

在稀硫酸中，碳钢会遭受强烈腐蚀，同时析出氢。但当酸浓度大于70%时，由于在碳钢表面能生成一层保护膜而使其腐蚀率降低。保护膜的成分为硫酸铁或氧化铁。钢在浓度为60%以上硫酸中的等腐蚀图如图10－1所示。

图10－1所示为大量实验室数据的综合结果。由图可知，当硫酸浓度大于70%时，碳钢的腐蚀率开始降低，但在浓度85%左右及100%～101%区域存在高腐蚀率区，在使用时务必注意。

由于碳钢对常温浓硫酸具有耐蚀性，加上它价廉易得，可采用较大腐蚀裕量，所以工业上常采用碳钢制作常温下78%，93%和98%硫酸的储槽、槽车等设备以及三氧化硫的质量分数大于20%的发烟硫酸的吸收塔、循环槽、管道、冷却器和储槽。

工业上，即使在常温时也不使用碳钢制作浓度小于78%的 H_2SO_4 的设备。只有在塔式法硫酸生产中，由于酸中氮氧化物的钝化作用，提高了碳钢的耐蚀力，才使用碳钢制作浓度为75%的 H_2SO_4 的设备。

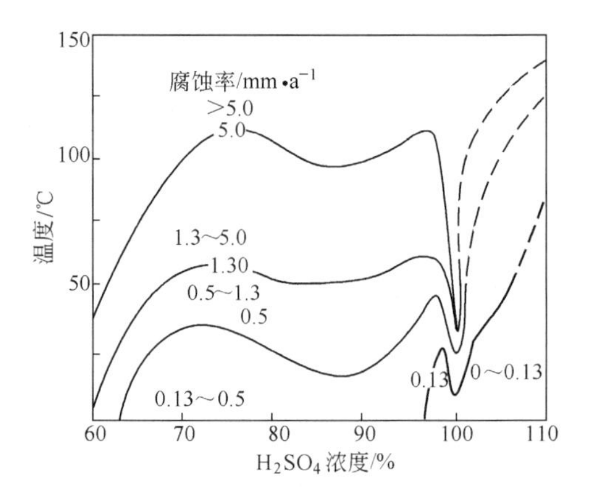

图10-1　碳钢在硫酸中的等腐蚀图

对于游离三氧化硫小于5%（质量分数）的发烟硫酸，不推荐使用碳钢；游离三氧化硫含量为5%~15%（质量分数）时，使用碳钢需谨慎。原则上游离三氧化硫含量低则允许的使用温度也低。

酸温升高及酸的流速增加会加速碳钢表面保护膜的损坏，使其迅速腐蚀。一般而言，钢管不太适合作输酸管线。但如酸温低且采用较低流速时，有时使用厚壁钢管来输送浓硫酸。

10.2.1.2　铸铁

A　灰铸铁

由于铸铁中所含杂质较多，这些杂质大多对主体金属呈阴极性，因此，铸铁在稀硫酸中比碳钢腐蚀得更快。相反，在氧化性的浓硫酸中，这些阴极性杂质加强了阳极钝化，因而使铸铁的耐蚀性优于碳钢，它能使用于温度较高的场合，且对流速的影响不像碳钢那样敏感。灰铸铁在硫酸中的等腐蚀图如图10-2所示。

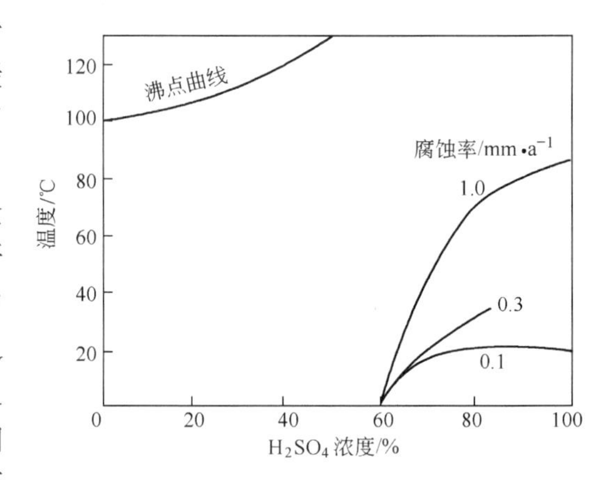

图10-2　灰铸铁在硫酸中的等腐蚀图

灰铸铁在热浓硫酸中的耐蚀性与其金相结构和碳、硅的质量分数关系极大。研究表明，金相组织以珠光体为基体且其中碳、硅的质量分数之和在4.3%~5.0%之间的铸铁，对热浓硫酸的耐蚀性最佳。反之，如果碳、硅的质量分数增加，使金相组织基本为铁素体时，其耐蚀性显著下降。

灰铸铁被广泛用于制作78%，93%和98%硫酸的管道、淋洒式浓酸冷却器以及干燥塔和吸收塔的内件。但是灰铸铁管件不应紧靠阳极保护酸冷器使用，在阳极保护酸冷器3~4m内的灰铸铁管及管件会在3个月到1年内发生破裂。

灰铸铁不宜用于发烟硫酸，因为发烟硫酸使石墨氧化而脱除，接着由于硫酸盐在孔隙中的积累形成巨大应力而导致材料开裂。也有研究者认为是由于三氧化硫氧化了灰铸铁中的硅而生成二氧化硅，从而造成材料开裂。

铸铁的使用寿命与其铸造质量有很大关系，铸件中的夹渣、气泡往往是造成铸铁管件过早损坏的原因。采用离心浇铸可改善铸铁的致密度和均匀性，有利于消除铸造缺陷。

为保证铸铁管的使用寿命，对 $\phi \leqslant 150$mm 的管子，每根管子均应通过2.45MPa、3min 的水压试验；对于 $\phi > 150$mm 的管和管件，视管径不同，应通过0.5～1.6MPa、3min 的水压实验。满足此条件的管子在酸温小于90℃、酸速小于1m/s 的条件下具有足够长的使用寿命。

B　球墨铸铁

由于灰铸铁质脆、强度低，一些国家自20世纪70年代后期就开始采用球墨铸铁管代替灰铸铁管用做输送浓硫酸的管道。虽然球墨铸铁在浓硫酸中的腐蚀率略高于灰铸铁，但它在浓硫酸中的使用寿命大致与灰铸铁相当，而其强度及韧性均优于灰铸铁。此外，它无论用于阳极保护设备附近抑或发烟硫酸中均不会发生破裂现象。

由于冶炼球墨铸铁需用低硫、磷生铁和低含硫焦炭，加上对冶炼和铸造工艺要求较高，所以价格也高，因此，在中国硫酸行业中广泛使用一时尚难以实现。

C　高硅铸铁

普通铸铁中均含有3%（质量分数）以下的硅，只有当硅的质量分数大于3%时它才作为合金化元素。硅的质量分数为14%～17%的高硅铸铁对于各种温度和浓度的硫酸均有良好的耐蚀性，尤其是在浓硫酸中，即使是在200℃的93% H_2SO_4 中，其腐蚀率也小于0.1mm/a（见图10－3）。高硅铸铁的另一优点是具有极佳的耐磨损腐蚀和冲刷腐蚀性能，这使得它适用于含有多量固体杂质的高速流动的硫酸中。

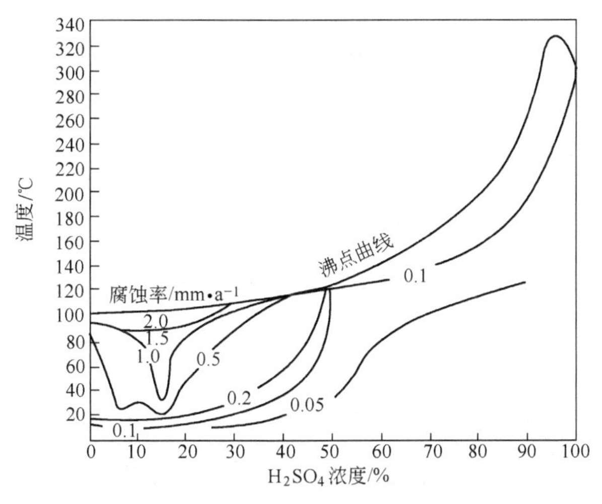

图10－3　高硅铸铁在硫酸中的等腐蚀图

但是高硅铸铁只能以铸态供货，质硬而脆，难以加工，且其耐机械冲击和温度剧变性差，因而其应用范围受到限制。

由于高硅铸铁的优良耐蚀性依赖于其表面上形成的二氧化硅保护膜，因此，当硫酸中存在氟离子时将明显加剧对高硅铸铁的腐蚀。酸中存在二氧化硫也将增大高硅铸铁的腐蚀率。此外，同灰铸铁一样，高硅铸铁在发烟硫酸中将发生开裂。

在高硅铸铁中加入少量稀土元素如铼（Re）可降低其脆性，提高强度，改善加工性能。铜的质量分数为6.5%～10%的高硅铸铁具有更好的耐热硫酸性能，这是由于在晶界处析出的铜促进了铁素体晶粒的阳极钝化，铜的加入也使材料的硬度降低而使塑性提高。

高硅铸铁被用于制作酸泵、阀门、管件、酸喷嘴等。对于一些腐蚀条件特别苛刻，其他材料难以胜任或价格过高时，高硅铸铁可能是一种最合理的选择，如稀酸鼓式浓缩装置中浸没于酸液中的烟气导入管、锅式浓缩装置中的精馏塔等。

D　含铬铸铁

在铸铁中加入铬有助于形成保护性氧化膜而增强其耐热性以及对氧化性酸的耐蚀性。含铬铸铁按其铬含量不同可分为低铬铸铁和高铬铸铁，前者铬的质量分数为 0.8% ~ 1.5%，后者铬的质量分数则为 20% ~35%。

铬的质量分数约 0.8% 的铸铁对热浓硫酸具有比普通铸铁更高的耐蚀性，被用于制作淋洒式浓酸冷却器和干燥、吸收塔内的管式分酸器。工业生产情况表明，用做淋洒式冷却器的含铬铸铁管，其腐蚀率仅约 0.2mm/a。铬的质量分数为 0.8% ~1.5% 的铸铁，其耐热温度可达 600 ~650℃，所以被用于制作转化器的箅子板、立柱等部件。这种铸铁也被用于制作沸腾焙烧炉的风帽，但在沸腾炉的操作条件下，低铬铸铁的耐蚀性就显得不够，所以寿命不长。

铬的质量分数为 28% 的铸铁有时也被称为高铬铸钢，但此件碳的质量分数为 0.5% ~ 1.0% 的铁铬合金，其金相组织为莱氏体的共晶体，属白铸铁。

此类铸铁因其较高的铬含量而使它在高温氧化和硫化环境下具有高度的耐腐蚀和耐磨蚀性能，它被用于制作沸腾焙烧炉的风帽、高温热电偶的保护套管等。用 Cr28 铸铁制作的风帽即使在温度高达 950 ~1000℃的高含尘二氧化硫气流的冲刷下，其寿命也可达 3 ~5 年。不过高铬铸铁硬度高，机械加工较困难，所以宜用精密铸造工艺来保证制品符合设计要求的尺寸。

鉴于过去沿用 GB 2100—80 标准生产的 ZG Cr28 高铬铸铁在铸造性能和机械加工性能上存在的不足，中国南京化学工业（集团）公司设计院提出改进 ZG Cr28 的化学组成以改善其性能，两种组成的对照见表 10 –1。

表 10 –1　ZG Cr28 与改进的 ZG Cr28 化学组成对照

标　准	化学组成（质量分数）/%					
	C	Mn	Si	Cr	S	P
GB 2100—80	0.50 ~1.00	0.5 ~0.8	0.5 ~1.3	26.0 ~30.0	≤0.035	≤0.10
南京化学工业(集团)公司设计院	≤0.4	≤1	≤1.5	27.0 ~30.0	≤0.03	0.045

与原标准相比，改进的 ZG Cr28 的化学组成中最重要的差别是大幅度降低碳的质量分数，其次是略提高硅的质量分数，有害元素磷的质量分数也有所降低。这样，材料的塑性及韧性得以提高，并具有良好的机械加工性能和焊接性能。

E　含铝、硅铸铁

铝系耐热铸铁和硅系耐热铸铁是两类具有优良抗高温氧化 – 硫化性能的材料，并早已形成系列产品。但长期以来一直未曾用于硫酸工业。20 世纪 80 年代中期，中国研制了中铝含硅铸铁($w(C)+w(Si)+w(Mn)+w(Al)=13.87$)和中铝含铬铸钢($w(C)+w(Si)+w(Mn)+w(Al)+w(Cr)=12.41$)。试验室研究和工业应用表明，其耐高温氧化 – 硫化性能和抗冲刷 – 抗磨损性能远优于铬的质量分数为 1.2% 的低铬铸铁，而其价格又低于高铬铸铁，目前已在一些硫酸工厂获得应用。

F 新型合金铸铁

20 世纪 70 年代后期，美国 Monsanto 公司对各种球墨铸铁和灰铸铁的耐蚀性能进行了综合比较，发现它们之间腐蚀率的差别高达 600%。普通球墨铸铁的耐蚀性通常劣于灰铸铁，但是 Monsanto 公司通过调节材料中硅的质量分数，研制出一种商品名为 Mondi 的新型球墨铸铁。Mondi 不但力学性能优于灰铸铁，而且其使用寿命约为普通球墨铸铁的 2 倍，因此，它已被广泛用做干吸塔的内件及生产浓硫酸的管件。美国 Lewis 泵公司开发的合金铸铁 L14 可用于生产温度高达 132℃ 的 98% H_2SO_4，此种材料已被该公司用于制作 Lewis 浓硫酸泵中的部件，其耐蚀性较原先应用的工艺铁高 60%。

中国在 20 世纪 80 年代开发的合金铸铁 LSB－1 和 LSB－2 由于添加有一定的合金元素，所以具有比一般铸铁更好的耐硫酸性能。LSB－1 经球化处理和特殊热处理，具有良好的强度和塑性。LSB－1 被用于制作酸温 90℃ 以下的浓硫酸泵泵轴（外包裹 2～2.5mm 厚氟塑料，并采用 O 形密封圈封闭酸进入轴的通路）；LSB－2 则被用于制作浓硫酸泵的泵体、护轴管和进出酸管。

10.2.2 不锈钢和高级合金

不锈钢按金相组织不同可分为奥氏体型、铁素体型、马氏体型和奥氏体－铁素体型 4 种。通常，不锈钢系指 $w(Cr) \geqslant 12\%$、$w(Ni) < 30\%$ 的钢，合金一般是指 $w(Ni) \geqslant 30\%$ 的金属，例如含 $w(Ni) \geqslant 30\%$、$w(Fe) + w(Ni) \geqslant 60\%$ 的称为铁－镍基合金，含 $w(Ni) \geqslant 50\%$ 的称为镍基合金。

各种不锈钢和高级合金以其优异的耐蚀性能、良好的力学性能和加工性能在硫酸工业中的应用日趋广泛。这类材料的优良耐蚀性基于一种重要的现象，即金属的钝化。关于钝化的机理目前存在钝化膜理论和氧的吸附理论两种解释：钝化膜理论认为金属在腐蚀介质中，其表面形成了一层极薄的（$<10^{-5}$mm）由金属氧化物组成的稳定钝化膜，从而阻滞了金属的腐蚀；氧的吸附理论则认为在金属表面吸附了单分子氧层，并饱和了金属表面原子的活性价键，因而阻滞了金属的腐蚀。这两种理论各自都有其实验依据，因此，如能将两者有机结合，将能满意地解释钝化现象。

10.2.2.1 普通奥氏体不锈钢

工业上应用较广的 18－8 型和 18－12Mo 型奥氏体不锈钢（如国内 0Cr18Ni9、00Cr18Ni9、0Cr17Ni12Mo2 和 00Cr17Ni14Mo2 等型号，即美国钢号 304、304L、316 和 316L 型不锈钢）原先在硫酸工业中的应用相当有限。这是因为该类材料在硫酸中处于钝化－活化的边缘状态，它除了在发烟硫酸中具有优良的耐蚀性外，它们仅在常温、浓度低于 10% 或高于 90% 的硫酸中才具有一定耐蚀能力，且对介质的温度、流速、杂质含量等因素相当敏感。只是在 20 世纪 60 年代末期，阳极保护技术被应用于浓硫酸冷却器之后，才使此类不锈钢在硫酸工业中获得了较多的应用。18－10Mo 不锈钢在硫酸中的等腐蚀图如图 10－4 所示。

316 型不锈钢用于制作丝网除沫器，304 型不锈钢在近年被用于制作转化器，以保证设备有更好的抗高温氧化和硫化性能及耐热强度，采用阳极保护的 316L 和 304L 型不锈钢制作的管壳式浓硫酸冷却器正在世界各地的硫酸厂获得日益广泛的应用。

普通奥氏体不锈钢对发烟硫酸的耐蚀性比碳钢大得多，但因价格较高，只限于制造阀门管件及发烟硫酸蒸发器等腐蚀条件苛刻的设备。

近年来的研究发现，310（Cr25Ni20）、309（Cr23Ni14）型不锈钢在浓度99%～100%、温度高达200℃的硫酸中具有良好的耐腐蚀性。Monsanto公司的这一发现，使之能在其新型低温热回收装置HRS中使用价格较低的310不锈钢制作设备，从而降低了造价。工业装置的运行情况表明，用310不锈钢制作的HRS钢炉管，其腐蚀率小于0.04mm/a。

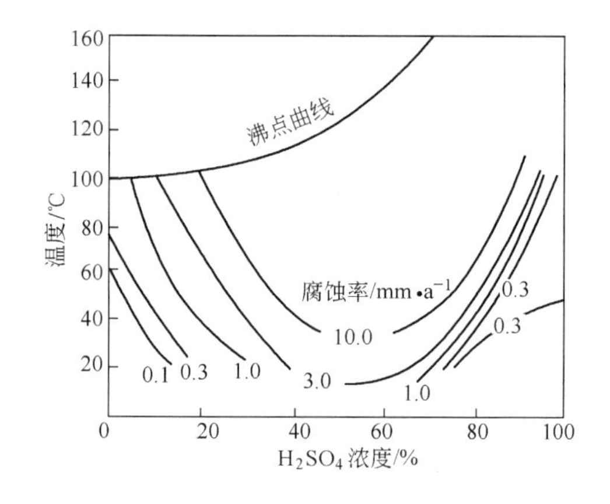

图10－4　18－10Mo不锈钢在硫酸中的等腐蚀图

10.2.2.2　含钼、铜的高铬镍不锈钢

此类不锈钢中不少是专为耐硫酸腐蚀而开发的，其铬、镍含量高于普通不锈钢而低于铁镍基合金，所以命名为高铬、镍不锈钢以示区别。由于铜的加入，提高了不锈钢在硫酸中的耐蚀性能，加入钼则增加其耐孔蚀性。由于此类不锈钢耐蚀性好，价格适中，规格全，且有良好的机械加工性能，因此在硫酸及相关行业中使用较多。这些钢种包括中国的K合金（0Cr24Ni20Mo2Cu3，铸态）、RS－2（0Cr20Ni26Mo3Cu3Nb）、9－41（0Cr12Ni25Mo3Si3Cu2Nb）、中国的S－801和中国的新15号钢、瑞典的254SMO（00Cr20Ni18Mo6）、前苏联的3H943（0Cr23Ni28Mo3Cu3Ti）、美国的904L（00Cr21Ni26Mo5Cu2）、瑞典的Sandvik2RK65、法国的Uranus B6（均为00Cr20Ni25Mo5Cu2），以及著名的20号合金（锻态为Carpenter20，铸态称Durimet20，0Cr20Ni28Mo3Cu4）。

此类钢的使用范围几乎遍及整个硫酸浓度区。如20号合金主要用于浓硫酸系统，用于制作酸阀、浓硫酸泵的泵轴（外套聚四氯乙烯膜）、板式换热器以及丝网除沫器；K合金用于制作浓酸泵叶轮、冲击洗涤器的冲击管；904L用于制作用海水冷却的阳极保护管壳式浓硫酸冷却器的管材，也被用于制作净化工序稀酸循环泵的叶轮；RS－2用于制作浓酸板式冷却器和丝网除沫器；S－801用于制作稀酸洗涤塔的内件和稀酸循环泵；新15号钢在硫酸中除有相当大的耐蚀温度和浓度范围外，且在酸中含有多达3%（质量分数）氯离子时仍保持良好的耐蚀性；9－41钢则在40%～50% H_2SO_4 中的耐蚀性较好；254SMO具有良好的耐稀硫酸腐蚀性能，可用于制造稀酸板式冷却器、气体间接冷却器和电除雾器等设备。

10.2.2.3　新型含硅不锈钢

近年来，含硅不锈钢的开发引起了各国的重视。在铬、镍含量不高的不锈钢中加入适量硅及一些其他元素，制得的含硅不锈钢在高温浓硫酸中的耐蚀性能甚至优于著名的Lewmet合金。瑞典Sandvik公司开发的Sandvik SX（0Cr18Ni20Si5Cu2Mo）和加拿大

Chemteics 公司开发的 Saramet（00Cr18Ni18Si5）是这类钢的代表。

Sandvik SX 是 Sandvik 公司专为热浓硫酸介质研制的奥氏体不锈钢，它在硫酸中的等腐蚀图如图 10－5 所示，它在 98% H_2SO_4 中与常用不锈钢和合金的耐蚀性能比较如图10－6所示。

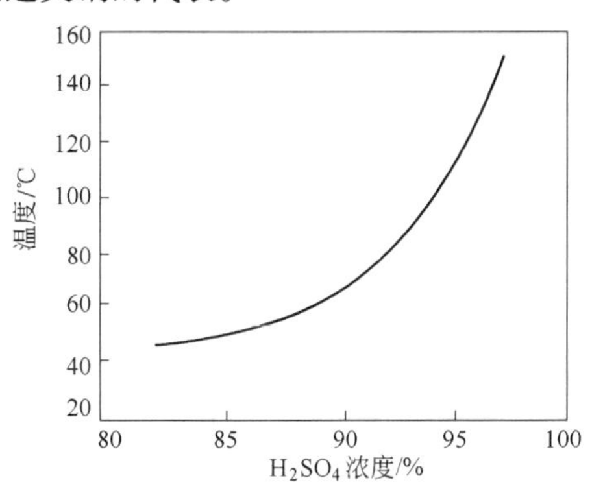

图 10－5　Sandvik SX 在硫酸中的等腐蚀图（腐蚀率为 0.1mm/a）

由图可知，在 98% H_2SO_4 中 Sandvik SX 的使用温度上限可达 150℃。

Sandvik SX 的力学及加工性能与 316 不锈钢相似，焊接性能良好，焊缝的耐蚀性相当于母材。

目前，该钢种已被用于制作不需阳极保护的管壳式浓硫酸冷却器、不需耐酸砖内衬的干吸塔以及丝网除沫器、泵槽、阀门、酸泵、管道等。由于用它制作的管道内壁光滑，因此，当管内硫酸流速为 5～8m/s 时，其阻力仅相当于流速为 1m/s 的铸铁管道，所以其管径可大为缩小。用 Sandvik SX 制作的丝网除沫器在硫酸厂干燥塔中使用 3 年后仍毫无腐蚀迹象，而原来使用 20 号合金的丝网垫，其寿命仅 10 个月。

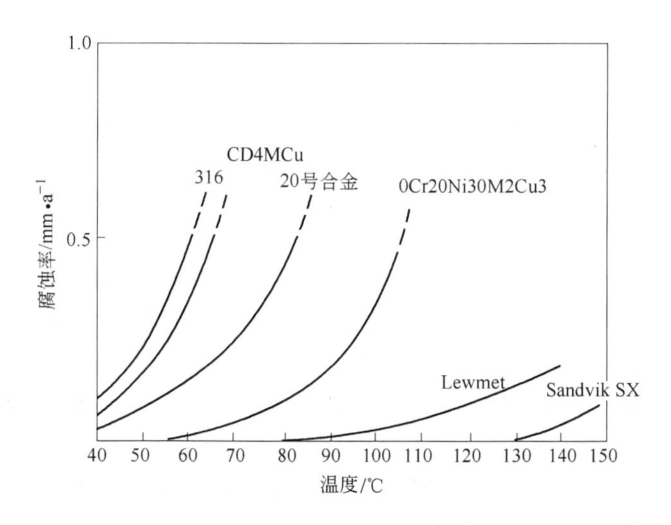

图 10－6　几种不锈钢和合金在 98% H_2SO_4 中的腐蚀率（静态）

Saramet 原是为高温浓硝酸系统开发的奥氏体不锈钢，1980 年后用于浓硫酸系统。它在 125℃的 98% H_2SO_4 中的腐蚀率仅为 0.025mm/a，其力学和加工性能相似于 304 不锈钢。Saramet 已被用于制作不需耐酸砖衬里的干吸塔、分酸器、泵槽、丝网除沫器等。它在浓硫酸中的等腐蚀图如图 10－7 所示。由图可知，Saramet 在浓硫酸中的使用温度随酸浓度降低而急剧下降。

20 世纪 80 年代后期，中国研制成 0Cr17Ni17Si5 含硅不锈钢，该材料在 120℃、98% H_2SO_4 中的腐蚀率小于 0.1mm/a。用它制成的液下泵叶轮在浓度 93%～98%、温度 80～100℃的硫酸中的使用寿命超过 20 个月。

德国的 Krupp VDM 公司于20世纪90年代开发的 Nicrofer 2509 Si7（Cr9Ni24Si7Mn）是又一种耐高温浓硫酸的含硅不锈钢。实验室试验结果表明，它在大于100℃的93% H_2SO_4 以及150℃的98% H_2SO_4 中的腐蚀率均小于0.1mm/a。

新型含硅不锈钢之所以具有优良的耐高温浓硫酸腐蚀的性能，主要归因于在其表面上形成的二氧化硅保护膜，此点已利用俄歇能谱仪的分析证实了。当浓硫酸中存在氟离子时对含硅不锈钢耐蚀性的影响迄今未见报道。

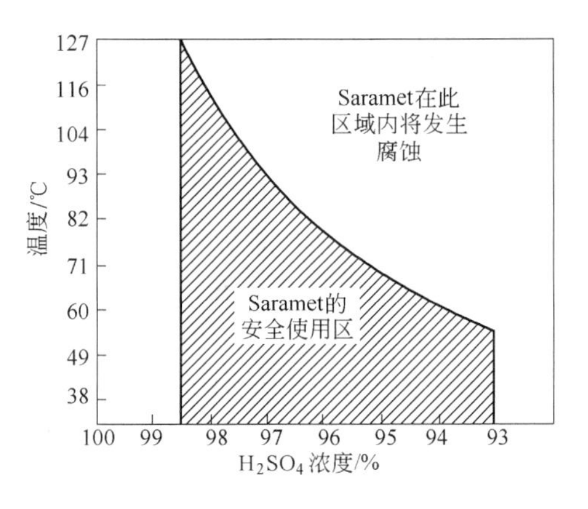

图10－7　Saramet 在浓硫酸中的等腐蚀图

10.2.2.4　双相不锈钢和铁素体不锈钢

铁素体－奥氏体双相不锈钢和铁素体不锈钢由于少镍或无镍，因而价格低于奥氏体不锈钢，且具有较高强度，但目前在硫酸工业中应用不多。

A　铁素体－奥氏体双相不锈钢

常用的双相不锈钢一般 Cr 的质量分数为18%～28%，Ni 的质量分数小于8%，有些牌号还加入 Mo、Cu、Si、Ti、Nb、N 等成分。通常，含钼的双相钢具有较佳的耐硫酸性能，一些含高铬、钼的双相钢具有良好的耐孔蚀和缝隙腐蚀性能。

瑞典的 SAF 2205（00Cr22Ni15Mo3Nb）在小于20% H_2SO_4 中的耐蚀性优于316L、317L（00Cr18Ni14Mo3），相当于含钼、铬、镍不锈钢00Cr20Ni25Mo5Cu；美国的 CD4MCu（0Cr26Ni5Mo2Co3，铸态）具有更佳的耐稀硫酸冲刷腐蚀和磨损腐蚀性能，被用于制作净化工序的稀酸循环泵；含硅双相钢 NS－80（1Cr18Ni11Si4A1Ti）的耐硫酸腐蚀性优于304和316不锈钢，被用于制作丝网除沫器。瑞典 Sandvik 公司使用双相不锈钢 10RE51（00Cr25Ni5Mo2）和碳钢制成的复合钢管制作硫铁矿制酸装置中沸腾炉炉床中的冷却管，外层的10RE51双相钢在使用过程中被时效硬化成高硬度高耐磨表面，能耐受沸腾炉内高含尘、高温含二氧化硫炉气的冲刷，内层的碳钢承受载荷，其使用寿命可达10年。

B　铁素体不锈钢

铁素体不锈钢过去几乎不曾用于硫酸工业。近年来，随着回收硫酸低温余热生产低压蒸汽工作的深入开展，高铬铁素体不锈钢的研究和应用也取得了新的进展。美国 Monsanto 公司发现，高铬铁素体铸造不锈钢1.4136和1.4136S 在浓硫酸中的使用温度最高可达180℃。经该公司改进的1.4136HRS 钢可耐190℃、95%～100% H_2SO_4 的腐蚀，而在硫酸浓度为97%～99%范围内，其最高使用温度可达200℃。德国 Lurgi 公司则在其低温余热回收系统中使用 Superferrit 1.4575（00Cr28Ni3Mo2Nb）作为废热锅炉蒸发管的材质，以利用200℃的浓硫酸的余热产生低压蒸汽。

10.2.2.5　铁镍基合金

铁镍基合金中铁的质量分数和镍的质量分数均大于30%，铬的质量分数通常大于20%，且均属低碳或超低碳型，除含 Mo、Cu 等改善耐蚀性能的元素外，常加 Ti、Nb 等稳定化元素。其代表型号有中国的 NS－71（00Cr26Ni35Mo3Cu4Ti，又称为新 2 号合金）、美国的 Carpenter20Cb－3（0Cr20Ni34Mo3Cu4Nb）、瑞典的 Sanicro28（00Cr27Ni31Mo4Cu）、前苏联的 3И543（0Cr15Ni40Mo5Cu3Ti3Al）、美国的 Incoloy 825（0Cr21Ni42Mo3Cu2Ti）。其中，Carpenter 20 Cb－3 是此类合金中最著名的品种。

Carpenter 20 Cb－3 是在 Carpenter 20 的基础上通过添加铌以提高其耐晶间腐蚀性，同时将镍的质量分数由原来的 28% 提高至 34%，以改善其耐应力腐蚀破裂的性能，并提高其在传热条件下对沸腾硫酸的耐蚀性，因而具有较好的综合抗蚀性能。它的另一特征是在整个硫酸浓度范围内的耐蚀性能较为均衡（见图 10－8）。

中国开发的 NS－71 合金不仅在硫酸溶液中有良好的耐蚀性，而且能耐多种氧化还原复合介质（$H_2SO_4 + Cl^-$、$H_2SO_4 + F^-$、$H_2SO_4 + HNO_3$ 等）的腐蚀。在其基础上发展的新 2 号 A 合金进一步扩大了耐蚀区域和应用范围，已在湿法磷酸及冶炼烟气制酸装置上成功应用。它在湿法磷酸溶液中的耐蚀性相当于著名的 Sanicro 28。新 2 号 A 合金在硫酸中的等腐蚀图如图 10－9 所示。

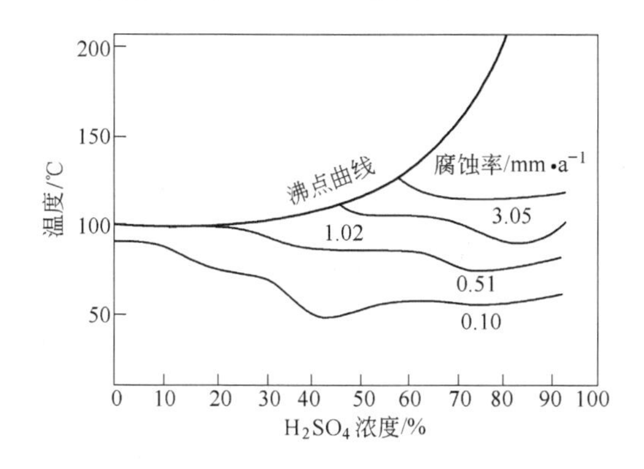

图 10－8 Carpenter 20 Cb－3 在硫酸中的等腐蚀图

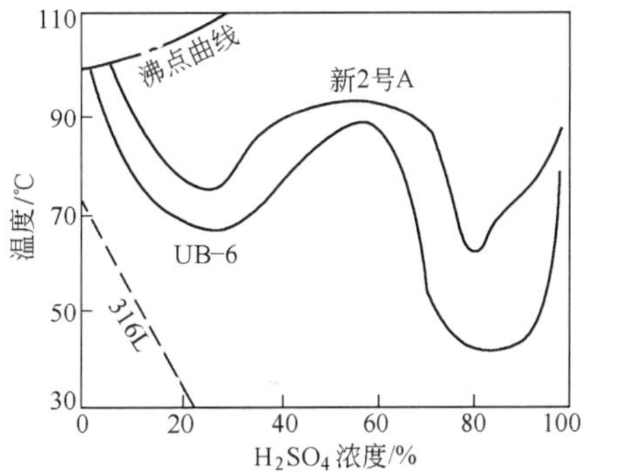

图 10－9 新 2 号 A 合金在硫酸中的等腐蚀图（腐蚀率为 0.3mm/a）

10.2.2.6 镍基合金

镍基合金中镍的质量分数常大于 50%。由于镍本身具有较好的耐稀硫酸性，且在溶解多量铬、钼、铜、硅等改善耐蚀性能元素后仍能保持奥氏体组织，因此该类合金具有优异的耐蚀性能，常用于其他金属材料难以胜任的场合。其中，常用于硫酸介质中的镍基合金有 Illium G（1Cr22Ni58Mo6Co6）、Illium 98（0Cr28Ni58Mo8Cu5）、Illium B（0Cr28Ni55Mo8Cu5Si4）、Hastelloy C－276（00Cr16Ni60Mo16W4V）、Hastelloy B－2（00Ni67Mo28）、Hastelloy D－205（Cr20Ni65Mo3Cu2Si5）、Lewmet55（0Cr32Ni33Mo4Co3Co6Si4）等。

Illium 合金是镍基铸造合金。其中，Illium G 最初是作为硫酸和硝酸混合酸的耐蚀材料而研制的，用于硝化法制硫酸工艺和有机物硝化工艺，它也被用于人造丝、赛璐玢的生产中。在各种含硫酸的复合介质中，它是一种优良的制作泵和阀门的材料。在浓度小于 40% 的硫酸中，它可在任何温度下使用，在 98% H_2SO_4 中的使用温度可达 90℃。Illium 98 是专为高温 98% H_2SO_4 而研制的，它在 98% H_2SO_4 中的使用温度可达 110℃。此外，它在广泛的硫酸浓度范围内均具有优良的耐蚀性能。Illium B 是 Illium 98 的改进型，它在浓硫酸中的使用温度高于 Illium 98，并可时效硬化，有优良的耐磨损、耐腐蚀性能。这两种合金用于制作中、高浓度硫酸生产工业中的铸件如泵、阀门等。

Hastelloy C－276 是 Hastelloy C 的改进型，它大幅度降低了合金中碳的质量分数，改善了焊接后的耐晶间腐蚀性能。腐蚀试验表明，室温时在全浓度硫酸范围内其腐蚀率不超过 0.1mm/a（见图 10－10），酸中存在氯离子使其腐蚀率稍有增加。由于含有相当数量的铬，它在含有氧化性盐类的硫酸中的耐蚀性优于 Hastelloy B－2。在硫酸生产中，Hastelloy C－276 制作的板式换热器被用于干吸塔循环酸的冷却。当冷却 98% H_2SO_4 时，其最高进酸温度可达 95℃。Hastelloy B－2 在全浓度硫酸中和相当宽的温度范围内均具有优良的耐蚀性，如图 10－11 所示。尤其在具有还原性质的中、低浓度硫酸中，其耐蚀性优于 Hastelloy C－276。但因其成分中不含铬，所以当酸中存在氧化剂或氧化性离子如 Fe^{3+} 等时，其腐蚀率明显增加。该合金目前在硫酸生产中的应用不多，美国 Monsanto 公司将其用做阳极保护管壳式浓硫酸冷却器的阴极材质，其寿命超过用 Hastelloy C－276 制作的阴极。

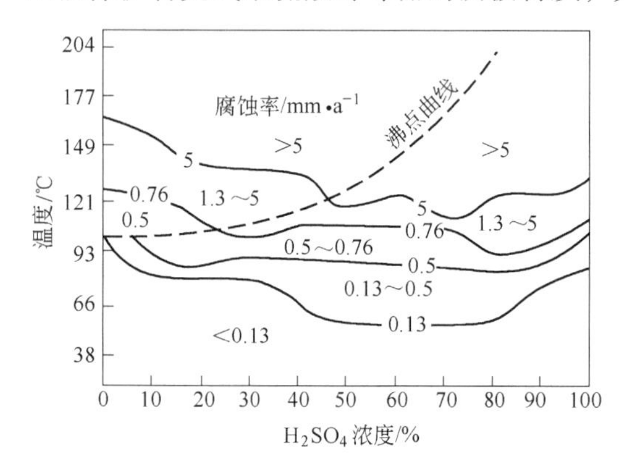

图 10－10　Hastelloy C－276 在硫酸中的等腐蚀图

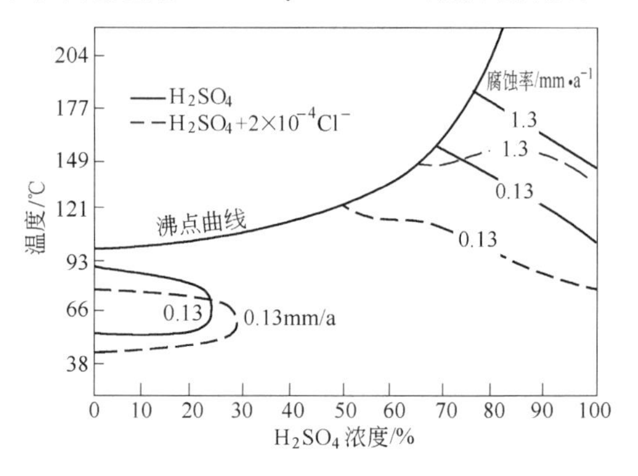

图 10－11　Hastelloy B－2 在硫酸中的等腐蚀图

Hastelloy D－205 是近年来才用于硫酸工业的材质，与其原型 Hastelloy D 相比，在其组分中增加了铬，从而提高了它在高温浓硫酸中的耐蚀性。用它制作的板式换热器用于冷却一吸塔循环酸，最高进酸温度可达 120℃，允许冷却水中氯离子含量不超过 100mg/kg。为解决酸流道垫片耐高温浓硫酸的难题，采用激光焊接技术将酸流道的板片焊接，从而无需使用垫片。

Lewmet 55 是专为高温浓硫酸开发的一种特殊铸造合金，其镍的质量分数虽然不到 40%，但因其他合金元素的成分多，其铁的质量分数仅约 16%，所以被归入镍基合金一类。它具有优异的耐热浓硫酸腐蚀的性能，在 98% H_2SO_4 中的使用温度高达 140℃（参见图 10－6），即使在 93% H_2SO_4 中，它也能在 100℃时使用。而且它能进行时效硬化处理，使其表面硬度从布氏硬度 225 上升至布氏硬度 500 而不降低其耐腐蚀性能，因此具有极强的抗磨损腐蚀和冲刷腐蚀性能，是理想的制作酸泵的材料。用 Lewmet 55 作为叶轮等部件材质的 Lewis 浓酸泵获得了广泛的应用。此外，它还被用于制作各种酸阀以及尺寸要求高度精确的孔板、喷嘴等部件。

近年来，中国研制了一种新型的镍基铸造合金 SNW－1（Cr32Ni29Co10Si4Mo2Cu2），该合金中各组分配比适当，并加入微量其他元素以提高其耐蚀性能并改善其综合力学性能，经时效硬化后其表面硬度达 HRC 50。该合金在 110℃的 98% H_2SO_4 中的腐蚀率小于

0.09mm/a，130℃时小于0.18mm/a。用该材料制作的LSB型浓硫酸泵显示出优异的性能，已在中国获得广泛应用。

10.2.3　铅

铅在浓度低于80%的室温硫酸中具有良好的耐蚀性，这是因为当它与硫酸接触时，在其表面形成一层致密的不溶性的$PbSO_4$保护膜。但在浓硫酸中，特别是在热浓硫酸或发烟硫酸中，$PbSO_4$保护膜与H_2SO_4生成可溶性的酸式盐而使铅遭到腐蚀。其反应式为：

$$PbSO_4 + H_2SO_4 \longrightarrow Pb(HSO_4)_2 \qquad (10-15)$$

硫酸的温度升高或流速增加均能增大铅的腐蚀率，因为此时铅表面的$PbSO_4$保护膜易被破坏。由于铅是很软的金属，所以对速度很敏感，尤其当酸中存在悬浮固体颗粒时。酸中存在氯离子，能强烈促进铅的腐蚀，因氯离子能穿透$PbSO_4$保护膜。铅在含氮氧化物或硝酸的硫酸中的腐蚀率也将增加，含硝度越高，腐蚀性越强。不过在铅室酸或塔式酸中，氮氧化物的含量不大，铅在此条件下仍然是耐蚀的。

铅在硫酸中的等腐蚀图如图10-12所示。

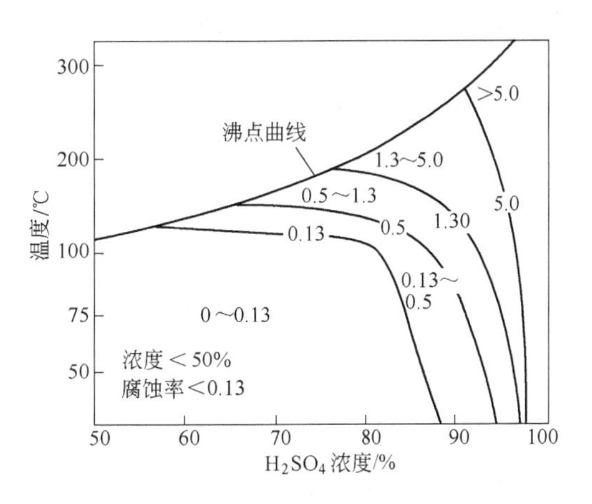

图10-12　铅在硫酸中的等腐蚀图
（腐蚀率单位：mm/a）

铅的主要缺点是密度大（11.35g/cm^3）、质软、强度低。为提高铅的硬度和强度，可向其中加入锑制得硬铅，化学工业中常用硬铅中锑的质量分数为4%~8%，硬铅的耐蚀性略低于纯铅。当温度高于87℃时，硬铅的强度迅速下降而接近于纯铅。

在铅中加入0.06%~0.08%（质量分数）Cu，可显著改善其抗拉强度和疲劳极限而不影响其耐蚀性，这是由于铜的加入使铅的晶粒细化。实际上，美国化学工业的用铅均为含铜约0.06%的所谓化学铅（ASTM B 29-55）。日本有一类名为TY化学用铅的铅材，除含0.06%~0.08% Cu外，还含有0.02%~0.04% Sb或0.15%~0.25% Ag，除具有较高强度和耐疲劳性外，其耐蚀性更优于纯铅。

铅被用于制作净化工序的喷嘴、阀门、管道，气体间接冷凝器的冷凝管，电除雾器的壳体内衬、沉降管和阴极包裹层以及稀酸洗涤塔、槽等设备的复合衬里层等。

铅虽然具有较好的耐腐蚀性能，但是由于它的机械强度差，特别是具有毒性，会使施工人员中毒，目前已经被各种耐腐蚀塑料和不锈钢所取代。

10.2.4　金属保护层

金属保护层分为复合金属板、金属衬里以及包括气相扩散法、热浸涂法、喷涂法、电锁法和热数法在内的各种金属覆盖层。但在硫酸工业中应用的主要有渗铝、喷铝、衬铅、搪铅以及硬质合金的热喷涂等。

10.2.4.1　渗铝

渗铝通常包括两类涂覆工艺：铝粉高温气相扩散法和铝液热浸涂后再进行高温热扩散处理法。两者的结果均是在基体金属（主要是碳钢）表面形成一层 Fe－Al 合金层。X 衍射分析表明，渗铝层表面生成了尖晶石型无空位点阵的完整而致密的 $Al_2O_3 \cdot FeO$ 保护膜，因而具有优良的抗高温氧化－硫化性能。实验室试验显示，渗铝碳钢在温度为 621℃ 的含 10%（体积分数）二氧化硫气氛中的耐蚀性能不仅远优于普通碳钢，甚至比 304 不锈钢略胜一筹而相当于铬的质量分数为 10% 的铬钢。同时，渗铝钢又具有较高的表面硬度，所以它具有较强的耐磨蚀性能。

在转化器及气体换热器中，温度高达 400～600℃ 的含二氧化硫气体对碳钢有着强烈的腐蚀作用，使设备过早损坏。同时，腐蚀产生的鳞皮造成转化器和换热器阻力迅速上涨，甚至堵塞换热器列管。在这种场合，使用渗铝管气体换热器是一种合理的选择。

早在 20 世纪 60 年代初，加拿大就在其 Copper Cliff 的冶炼烟气制酸装置中使用渗铝钢管气体换热器，并且有着成功运行 15 年以上的良好纪录。目前，世界上一些著名的化工工程公司在其硫酸装置设计中大多采用渗铝钢管气体换热器。中国于 1973 年首次在硫酸装置中使用渗铝钢管气体换热器，80 年代后，其应用日趋普遍。根据使用情况估计，渗铝钢管气体换热器的寿命可达 15～20 年。此外，渗铝钢板也曾被用于制作气温高达 900～950℃ 的炉气冷却器，其寿命可达 36 个月以上。

由于 304 不锈钢渗铝后具有比原来更高的抗氧化－硫化腐蚀的能力，因此已有人提出用渗铝 304 不锈钢制作二氧化硫转化器的设想。

10.2.4.2　喷铝

喷铝是应用氧炔焰喷枪将铝丝熔化并借压缩空气将熔铝喷涂于工件或设备表面的一种工艺。对于体积庞大或其他原因无法进行渗铝的设备，喷铝是一种合适的提高碳钢抗高温氧化－硫化能力的措施。喷铝层的致密性以及和基体金膜的结合强度均不如渗铝层，为改进上述缺陷，可采用机械处理、热处理或涂料封闭等措施。

在硫酸装置中，喷铝常用于转化器顶部及内壁的保护。

10.2.4.3　搪铅

搪铅是将铅在熔融状态下紧密敷设在金属设备表面上的方法。可直接在基体金属上搪铅，也可在基体金属上先热涂一层锡再行搪铅，以增强搪铅层和基体金属的结合强度。通常一次搪铅层的厚度约 3～5mm。搪铅用于如气体间接冷凝器等设备中钢制管板等的保护。

10.3　硫酸装置中的非金属材料

10.3.1　无机材料

用于硫酸工业的无机材料可分为两类：一类是天然耐酸材料，如花岗岩、辉绿岩等；另一类是人工制造的硅酸盐类材料，如陶瓷、玻璃制品。

10.3.1.1 天然耐酸材料

硫酸工业常用的天然耐酸材料有花岗岩、辉绿岩、安山岩和石棉等。它们对稀硫酸和浓硫酸均有良好的耐蚀性能，被用于砌筑耐酸地坪、下水槽、设备内衬以及作为耐酸胶泥和耐酸混凝土的填料和骨料。耐酸石棉板用于洗涤塔和干吸塔的耐酸砖复合防腐衬里层以及耐酸垫片、石棉绳垫料等。

因产地不同，天然耐酸石材的耐腐蚀性也有差异，由于有关部门对这类天然石材尚无统一的性能标准，设计时多凭经验，所以在将花岗岩或安山岩作为设备衬里等使用时，有必要先对材料进行检验，耐酸度及强度合格后方可使用。一般不推荐天然耐酸材料用做大型设备的内衬。

10.3.1.2 化工陶瓷

化工陶瓷是以黏土、长石和石英经泥料制备、成形、干燥、上釉、烧成等步骤而制得。由于各地所用原料成分有差异，其产品的组成也在一定范围内有所变动，但其性能均需符合有关规定。通常制品中 Al_2O_3 的质量分数在23%左右、SiO_2 与 Al_2O_3 的质量比接近3:1时其耐酸性能最佳。如我国对耐酸砖组成的规定为 SiO_2 的质量分数为70% ±2%，Al_2O_3 的质量分数为23% ±1.5%。中国一般化工陶瓷的化学成分见表10-2。

化工陶瓷按使用要求不同分为耐酸耐温陶瓷、耐酸陶瓷和工业陶瓷，它们的物理力学性能指标见表10-3。

表10-2 中国化工陶瓷的化学成分

成分	SiO_2	Al_2O_3	Fe_2O_3	CaO	MgO	Na_2O	K_2O
质量分数/%	60~70	20~30	0.5~3.0	0.3~1.0	0.1~0.8	0.5~3.0	1.5~2.0

表10-3 化工陶瓷的物理力学性能

性能	指标		
	耐酸耐温陶瓷	耐酸陶瓷	工业陶瓷
密度/$kg \cdot m^{-3}$	$2.1\times10^3 \sim 2.2\times10^3$	$2.2\times10^3 \sim 2.3\times10^3$	$2.3\times10^3 \sim 2.4\times10^3$
气孔率/%	<12	<5	<3
吸水率/%	<6	<3	<1.5
热导率/$W \cdot (K \cdot m)^{-1}$		0.93~1.05	1.05~1.28
线膨胀系数/K^{-1}		$4.5\times10^{-6} \sim 6\times10^{-6}$	$3\times10^{-6} \sim 6\times10^{-6}$
耐温急变性/℃	450	200	200
抗拉强度/MPa	6.86~7.85	7.85~11.8	25.5~35.3
抗弯强度/MPa	29.4~49.0	39.2~58.8	63.7~83.4
抗压强度/MPa	118~137	78.5~118	451~647
弹性模量/MPa	108~137	441~588	637~785
抗冲击强度/$kJ \cdot m^{-3}$		0.981~1.47	1.47~2.94
使用温度/℃	150	<90	<120
急冷急热次数	4	2	2

化工陶瓷制品凡与腐蚀介质接触部位均不上釉，塔填料及制作耐酸地坪用的瓷砖、板也不上釉，因为釉的耐酸碱度较低。

化工陶瓷具有优良的耐蚀性能，除氢氟酸、氟硅酸、热磷酸及浓碱外，能耐各种酸类和盐类溶液的腐蚀。它对各种浓度的硫酸均有良好的耐蚀性，因此被广泛用于硫酸工业。其中，最主要的制品为各种耐酸砖、板和塔填料，还用于制作酸坛和耐酸泵。

耐酸砖、板被用于制作洗涤塔、干燥塔、吸收塔以及酸循环槽的内衬以及衬砌防腐地坪和沟槽。对其形状和性能，各国均有相应的标准。中国对耐酸砖板的物理化学性能要求见表 10－4。

表 10－4　中国耐酸砖板的物理化学性能（GB 8488—87）

项　目	要　求			项　目	要　求		
	1 类	2 类	3 类		1 类	2 类	3 类
吸水率/%	≤0.5	≤2.0	≤4.0	耐酸度/%	≥99.80	≥99.80	≥99.70
弯曲强度/MPa	≥39.2	≥29.4	≥19.6	耐急冷急热性/℃	100	130	150

用耐酸陶瓷制作的耐腐蚀泵曾在中国一些硫酸厂用于制作净化工序的稀酸循环泵。陶瓷泵的使用寿命与稀酸中氟离子的质量浓度关系极大，现场长期使用的经验表明，当稀酸中氟离子的质量浓度小于 500mg/L 时，使用寿命约 1 年；氟离子的质量浓度小于 1000mg/L 时，使用寿命为半年；氟离子的质量浓度小于 2000mg/L 时，仅能运行 3 个月；氟离子的质量浓度大于 2000mg/L 时则不宜使用。

普通耐酸陶瓷中，SiO_2的质量分数高，Al_2O_3的质量分数低，SiO_2/Al_2O_3质量比约为 3，然而高铝质耐酸陶瓷之一的莫来石质瓷，其硅、铝的质量分数正好倒置，Al_2O_3/SiO_2质量比约为 3，这种陶瓷的机械强度远高于普通耐酸陶瓷而其膨胀系数则较低。如美国一种商品名为 Aludur 的高铝质耐酸陶瓷，Al_2O_3的质量分数约为 74%，SiO_2的质量分数约为 24%，用于制作大型干吸塔中支撑填料的特长条梁；另一种高铝质耐酸陶瓷是莫来石 · 硅酸铝质瓷，含 Al_2O_3的质量分数为 45% ~70%，其力学性能介于莫来石质瓷与普通耐酸陶瓷之间。

10.3.1.3　铸石

铸石是以辉绿岩或玄武岩为主料，配以适当辅料，经熔融、浇铸、退火等工序而制得，主要成分为 SiO_2和 Al_2O_3，化工防腐用的多为辉绿岩铸石。

铸石的耐腐蚀、耐磨性能好，硬度高，它能耐除氢氟酸、热磷酸和熔碱以外的各种介质的腐蚀，但其质脆，耐热冲击性差，加工困难。

在硫酸工业中，铸石被用于衬砌污水沟、制作酸泵基础等。铸石粉料用于配制耐酸胶泥和耐酸混凝土。

10.3.1.4　玻璃、石英玻璃和搪玻璃制品

A　玻璃

玻璃是将硅砂、铝矾土、石灰石、萤石、芒硝等原料按一定配比经混合、熔制、成形、退火等步骤而制得。用于化工生产的玻璃为低碱的硼硅酸盐玻璃，其成分见表 10－5。

表 10－5 硼硅酸盐玻璃成分

成 分	SiO_2	B_2O_3	Al_2O_3	Na_2O+K_2O
质量分数/%	80.4	12.7	2.4	4.2

玻璃具有强耐蚀性，除氢氟酸、含氟磷酸、热浓磷酸外，它可耐绝大多数介质的腐蚀。它对碱的耐蚀性虽稍逊于酸，但对常温下的浓碱仍具有足够的耐蚀性。玻璃的缺点是性脆，强度差，耐热冲击性不良，所以就设备而言，玻璃仅用于制作小型精制硫酸设备。在硫酸工业中应用较多的则是以玻璃纤维及其织物为基材的玻璃纤维增强塑料以及玻璃纤维制作的纤维除雾器。

B 石英玻璃

石英玻璃由 SiO_2 熔融而制得，在透明的石英玻璃中，SiO_2 的质量分数不低于 99.7%，不透明的石英玻璃中，SiO_2 的质量分数则不低于 99.5%。石英玻璃的耐蚀性和耐热冲击性能优于所有其他硅酸盐制品。

虽然石英玻璃的耐蚀性优于大多数金属和非金属材料，但由于机械强度和价格等原因，石英玻璃作为耐蚀材料仅用于特殊需要的场合和小型装置。此外，由于石英玻璃优良的电气绝缘性能，它被用于制作电除尘器和电除雾器中的高压绝缘管。

C 搪玻璃制品

将瓷釉喷涂于金属底坯表面，经干燥后，在约 900℃ 温度下烧成，使瓷釉熔融并紧贴于底坯表面，即制得搪玻璃制品。由于搪玻璃设备多用于苛刻腐蚀环境中，因此，对釉料、基体坯料及制品的质量均有严格要求，其质量应符合中华人民共和国专业标准的规定。

欧洲有把搪玻璃称为搪瓷（enameled）或耐酸搪瓷（acid－proff enamed）的习惯。日本工业标准把化工用搪瓷分成两类：瓷釉中 SiO_2 的质量分数为 55% 以上的称为搪玻璃，SiO_2 的质量分数为 40% 以上的称为耐酸搪瓷。中国专业标准未规定搪玻璃的化学成分，在生产厂常用的面釉配方中，SiO_2 的质量分数在 65%～70% 之间。

搪玻璃制品具有优良的耐腐蚀性能，除氢氟酸、含氟介质、热浓磷酸及强碱外，能耐各种腐蚀介质和溶剂的浸蚀。它又有比玻璃制品高得多的强度，能耐一定压力并有良好的耐磨性，因此被大量用于化学工业中。搪玻璃反应釜、管道、管件被广泛用于以硫酸为原料的医药、染料、农药行业，搪玻璃铸铁管用于稀硫酸浓缩工艺。

搪微晶玻璃制品又称为微晶搪瓷制品，其面釉为锂－铝－硅系微晶瓷釉，具有优良的抗冲击强度和耐热冲击性。其管件及阀门可代替价格昂贵的高级合金，用于输送高温浓酸。

10.3.1.5 耐腐蚀胶泥

在耐酸砖、板衬里工程中所用的黏合剂俗称胶泥。它是以无机耐酸粉料为填料，加入黏结剂、固化剂配制而成。按所用黏结剂的不同，胶泥可分为硅酸盐胶泥和树脂胶泥两大类。

A 硅酸盐胶泥

硅酸盐胶泥是以钠水玻璃或钾水玻璃（硅酸钠或硅酸钾的水溶液）为黏结剂，加入固化剂和耐酸粉料配制而成，也称为水玻璃胶泥。钠水玻璃胶泥的固化剂为氟硅酸钠，常用耐酸粉料有铸石粉、辉绿岩粉、瓷粉、石英粉。胶泥的配料比（质量比）为钠水玻璃∶氟硅酸钠∶耐酸粉料 = 100∶(15 ~ 18)∶(200 ~ 250)。钾水玻璃胶泥在中国的商品名为 KP - 1 胶泥，它以缩合磷酸铝为固化剂，厂家常将其配入耐酸粉料中供货。其配料比为钾水玻璃∶KP - 1 粉料 = 100∶(240 ~ 250)。

硅酸盐胶泥具有良好的耐浓硫酸性能，常用于浓硫酸系统耐酸砖板的衬砌，但耐水和耐稀硫酸性能差。相对而言，钾水玻璃胶泥的耐水性和耐稀硫酸性均优于钠水玻璃胶泥，而且也具有较高的黏结力和较强的抗渗透性能。除了缩合磷酸铝外，甲酰胶也被用于制作钾水玻璃胶泥的固化剂。

20 世纪 80 年代以来，国外开发了 HES 单组分胶泥。这种胶泥用水调和，不需要添加含氟的固化剂。它的耐酸性能好，耐热性能优异，便于施工，容易保证施工质量，不含氟，没有毒性和腐蚀性，是新一代耐酸胶泥。目前，这种胶泥在国外已经得到普遍采用。美国孟山都环境化学公司已经把 HES 胶泥作为干吸塔施工的标准材料。HES 胶泥的主要性能为：

HES 胶泥粉的堆密度	1060g/L	胶合强度	
肖氏硬度	>40	对陶瓷	2.0MPa
抗压强度		对金属	2.5MPa
柱体试验	25MPa	耐热温度	900℃
棱柱试验	>25MPa	配比	HES 粉/水 = 1.75kg/0.25kg
抗弯强度	10MPa	胶泥密度	2.0kg/L

B　树脂胶泥

常用的树脂胶泥有酚醛胶泥、呋喃胶泥、环氧胶泥和聚酯胶泥。硫酸装置中常用前两者，尤以酚醛胶泥为多。酚醛胶泥的固化剂有苯磺酰氯、对甲苯磺酰氯、硫酸乙酯等，以苯磺酰氯配制的胶泥综合性能最佳。呋喃胶泥则以苯磺酰氯、硫酸乙酯或苯磺酸氯 - 磷酸（1∶1）混合液为固化剂。常用耐酸粉料为瓷粉、石英粉、辉绿岩粉等，对含氟离子介质则用石墨粉或硫酸钡作粉料。

树脂胶泥对浓度小于 70% 的 H_2SO_4 有较好的耐蚀性，所以用于稀酸系统。由于树脂胶泥价格比硅酸盐胶泥高，为了赋予硅酸盐胶泥以耐水性，常采用硅酸盐胶泥衬砌砖板，而在面层以树脂胶泥沟缝。

10.3.2　有机材料

以各种合成树脂和塑料为代表的有机材料已经在硫酸工业中获得广泛应用。它们具有质轻、耐腐蚀、绝缘和绝热性能好、成形加工容易以及价格较低等优点。但也有使用温度不高、高温时易变形或分解、线膨胀系数大等缺点。

塑料在腐蚀介质中的破坏机理不同于金属材料，腐蚀介质作用于塑料可使材料发生变形、溶胀、渗透、产生裂缝以及高分子链断裂等形式的损坏。

常用于硫酸工业的塑料有聚氯乙烯（PVC）、聚四氟乙烯（F4）、聚全氟乙丙烯（F46）、聚乙烯（PE）、聚丙烯（PP）、聚异丁烯（PIB）以及纤维增强塑料（FRP）等，下面逐一介绍。此外，以合成树脂浸渍人造石墨制得的不透性石墨也在本节叙述。

10.3.2.1 聚氯乙烯

聚氯乙烯塑料是以聚氯乙烯树脂为主要成分，加入稳定剂、润滑剂、增塑剂、填料经捏合、混炼、加工制得。按增塑剂加入量的不同，可制得硬聚氯乙烯塑料和软聚氯乙烯塑料。增塑剂加入量为 0～5% 的为硬聚氯乙烯塑料，它也是中国硫酸工业中使用最广的一种塑料。

硬聚氯乙烯塑料具有优良的耐腐蚀性能，除强氧化剂如浓硝酸和发烟硫酸外，它能耐各种浓度的酸、碱、盐溶液的腐蚀。在芳香烃、氯代烃和酮类介质中，硬聚氯乙烯会被溶胀或溶解，但能耐其他各种有机溶剂。

硬聚氯乙烯的密度在 1.35～1.60g/cm^3之间，约为碳钢的 1/5；导热系数为 0.14～0.15W/(m·K)，为碳钢的 1/400～1/500；线膨胀系数为 $5\times10^{-5}\sim7\times10^{-5}K^{-1}$，约为碳钢的 6 倍；而其机械强度则远低于碳钢且受温度变化的影响较大。这些，都是在设计、加工、制作、安装以及使用硬聚氯乙烯设备时必须注意的。

硬聚氯乙烯的耐热性不高，其耐热温度为 65℃，所以一般规定其长期使用最高温度为 60℃。但此值可视其受力情况而在一定范围内变动。如作为不受力的衬里，其使用温度可达 70～80℃；但也曾有过支撑不当的硬聚氯乙烯管道，输送温度仅 40～45℃的硫酸铵母液，运行不到半年即发生变形开裂的实例。

与含有多量增塑剂的软聚氯乙烯不同，硬聚氯乙烯具有相当优良的耐老化性能。曾经对一个使用 13 年的硬聚氯乙烯塔的部件进行红外光谱分析，发现其老化层的深度仅约 0.25mm，且对材料的强度影响不大。

硬聚氯乙烯设备或管道外包玻璃纤维增强塑料可提高其强度和刚度，其使用温度也得以提高。外包玻璃纤维增强塑料的硬聚氯乙烯管俗称 AV 管。

硬聚氯乙烯在硫酸中使用的浓度上限，有的文献很谨慎地将其限定在浓度不超过 78% 的 H_2SO_4（<50℃）。但是，可以认为，硬聚氯乙烯在 40～50℃的 93% H_2SO_4中使用是安全的，此点已有不少文献认同。在中国，甚至还有在 50℃、93% H_2SO_4中使用 2.5 年及 40℃、98% H_2SO_4中使用 1.5 年以上的实例。

软聚氯乙烯塑料由于含有大量增塑剂，所以质软、机械强度低、耐热性及抗老化性均较差。它的耐腐蚀性能与硬聚氯乙烯塑料相近。

在硫酸工业中，硬聚氯乙烯主要用于净化工序和尾气吸收工序，用于制作各种设备和管道，如文丘里洗涤器、泡沫塔、尾气吸收塔、放空烟囱等。尤其是用硬聚氯乙烯制作的电除雾器在中国获得了广泛的应用，其中最大的一台直径达 6.3m，高 15m，采用 330 根 ϕ250mm 管子，处理气量 3600m^3/h，用于 120kt/a 硫酸装置，使用近 20 年后，因矿制酸改为硫黄制酸而停用。

硬聚氯乙烯或软聚氯乙烯板可作为钢或混凝土设备的内衬，用于稀硫酸系统。软聚氯乙烯板被用于制作垫片材料。

10.3.2.2 氟塑料

氟塑料是各种含氟塑料的总称，包括一系列自聚合和共聚合产品，熟知的有聚四氟乙烯（F4）、聚三氟氯乙烯（F3）、聚偏二氟乙烯（F2）以及四氟乙烯和六氟丙烯的共聚物——聚全氟乙丙烯（F46），在硫酸工业中应用较多的是F4和F46。

聚四氟乙烯是最重要的一种氟塑料，它的耐腐蚀性能优于已知的任何塑料，几乎能耐任何浓度的酸、碱、盐的腐蚀，只有熔融的碱金属、三氟化氯及元素氟才会对它作用，其长期使用的温度范围为-180～240℃。聚四氟乙烯的缺点是成形加工困难，仅能采用类似于粉末冶金的方法烧结成形且难以进行焊接。

聚全氟乙丙烯的耐腐蚀性能与聚四氟乙烯相似，只是使用的最高温度约比聚四氟乙烯低50℃，但它具有良好的成形加工性能，可用热塑性塑料通用的方法进行加工。

氟塑料在硫酸工业中得到多方面的应用：聚四氟乙烯纤维制作的丝网除沫器和纤维除雾器用于干吸塔气流的雾沫分离；浓硫酸泵轴的防护套管和阳极保护管壳式冷却器的阴极套管均由聚四氟乙烯制作；现代干吸塔中，采用聚四氟乙烯膜作为耐酸砖复合衬里的防渗层。近年来，在大型硫酸装置中的气体管道和稀酸管道已使用以聚四氟乙烯或聚全氟乙丙烯为内膜的管道膨胀补偿器。此外，Monsanto公司的逆喷型动力波洗涤器，其喷头也是由聚四氟乙烯制作的。用偏二氟乙烯和六氟丙烯共聚物制成的氟橡胶垫片被用于板式浓硫酸冷却器酸流道的密封。

用聚全氟乙丙烯管束制作的槽内浸没式换热器在20世纪70～80年代曾被不少硫酸厂用于制作干吸系统93%和98% H_2SO_4的冷却器，但在使用中发现，在操作条件下，浓硫酸对薄壁聚全氟乙丙烯管有渗透作用，因此近年来在欧美新建硫酸装置中已不再采用聚全氟乙丙烯冷却器，并用其他类型的冷却器来取代已有的聚全氟乙丙烯冷却器。

10.3.2.3　聚乙烯

聚乙烯是一种重要的通用塑料，具有优良的耐腐蚀性能，室温下，除了浓硝酸、发烟硫酸、湿氯气外，它能耐大多数酸、碱、盐溶液的腐蚀，并能耐大多数有机溶剂的浸蚀，但脂肪烃、芳香烃和卤代烃能使其溶胀。聚乙烯对硫酸有良好的耐蚀性，常温时，在0～98% H_2SO_4中，均可使用聚乙烯。

在硫酸工业中，主要使用密度为0.94～0.96g/cm^{3}的高密度聚乙烯。这种产品具有较高的机械强度，被用于制作小容量的硫酸容器或作为盛放硫酸的钢制容器的衬里。在稀酸净化系统，用高密度聚乙烯制作的循环泵已有多年成功运行的经验。

10.3.2.4　聚丙烯

聚丙烯的密度仅为0.90～0.91g/cm^3，是最轻的通用塑料，工业产品为高度结晶化的等规聚合物，熔点高达167℃，且其软化点与熔点十分接近，所以最高使用温度可达110～120℃。但也正因此特点，在加热成形时必须严格控制温度在165℃左右，以保证成形质量。聚丙烯的机械强度、刚性和透明性均优于聚乙烯，缺点是线膨胀系数大，低温抗冲击性差，但低温抗冲击性差可通过共聚或共混而得以改善。

聚丙烯具有优良的耐腐蚀性。常温下，除强氧化剂如铬酸、发烟硫酸、浓硝酸外，能耐多种酸、碱、盐溶液的腐蚀，耐溶剂性也优于聚乙烯。在硫酸中，室温时，从很稀浓度一直到98% H_2SO_4，聚丙烯都是耐蚀的。在浓硫酸中，通常是浓度越高，其允许使用的温度越低。因为温度升高时浓硫酸的氧化性随之增强，而聚丙烯结构中的叔碳原子较易氧化。美国 Dow 化学公司的使用经验认为：对于输送硫酸的内衬聚丙烯的管道，当硫酸浓度不超过 60% 时，其最高允许温度为 93℃；当硫酸浓度为 93% 时，其最高允许温度为 79℃；而当硫酸浓度为 98% 时，其最高允许温度则为 52℃。

在硫酸工业中，聚丙烯塑料主要用于净化工序。如制作冲挡洗涤器、旋流板塔、复挡除沫器等设备，目前已有内径 4.7m、高 10m 的聚丙烯外包玻璃钢的填料塔投入使用。用聚丙烯制作的鲍尔环、阶梯环和波纹板填料等塔填料也已获得广泛应用。聚丙烯纤维除雾器被用于干吸塔气体的雾沫脱除，与玻璃纤维除雾器相比，它能耐含氟气体的腐蚀。但是，在吸收塔的操作条件下聚丙烯纤维的耐蚀性就显得不够。无论在 80℃ 的 98% 硫酸中还是在 80℃ 的三氧化硫气流中，聚丙烯纤维均将发生焦化变质现象。

10.3.2.5 聚异丁烯

相对分子质量大的聚异丁烯是一种类似于橡胶的弹性体，具有良好的耐腐蚀性和抗渗性，室温时能耐除浓硝酸、发烟硫酸外的大多数腐蚀介质的腐蚀。聚异丁烯对于浓度小于 80% H_2SO_4 在温度低于 60℃ 时具良好的耐蚀性。

聚异丁烯在前苏联的硫酸工业中应用较多，它被广泛用于净化工序洗涤设备中作耐酸砖复合衬里的防渗层，在印度，它也被用于制作干吸塔耐酸砖复合衬里的防渗层，但目前中国则甚少应用。

10.3.2.6 纤维增强塑料

纤维增强塑料（FRP）也被称为玻璃钢，它是以热固性或热塑性树脂为黏结剂，纤维材料为增强剂，以各种成形工艺制得的成品。在防腐蚀工程中，最常用的纤维材料为玻璃纤维，当接触含氟介质时，则可用聚酯纤维；常用的树脂有不饱和聚酯、酚醛树脂、呋喃树脂和环氧树脂。研究与生产应用表明，用于硫酸工业的纤维增强塑料宜选用双酚 A 系列耐蚀型聚酯树脂。20 世纪 80 年代开发的乙烯基酯树脂，属超耐蚀型不饱和聚酯，具有优良的耐蚀性能、工艺性能、力学性能和耐热性能，所以其应用较广。

由于纤维增强塑料具有良好的机械强度和耐蚀性能，因此它在硫酸工业中的应用日益广泛。早期的应用仅限于金属设备内衬纤维增强塑料，但由于纤维增强塑料与基体金属膨胀系数的差异以及介质中的水分子扩散进入纤维增强塑料与基体金属之间产生内应力，造成纤维增强塑料与基体金属剥离、鼓泡而损坏，因此，目前更多的是应用整体纤维增强塑料设备。

纤维增强塑料成品的性能取决于对树脂和纤维的正确选择、合理的铺层、正确的设计方法以及良好的施工。典型的耐蚀整体纤维增强塑料结构应包括防腐层、防渗层、强度层和防老化层，每层由合适的纤维材料和树脂铺层。在设计方法上目前已普遍采用“限定应变设计准则”替代过去应用的“强度等代设计法”。在这方面，中国早在 20 世纪 80 年代就已建立了计算机辅助设计系统。

早在 20 世纪 60 年代，中国就将纤维增强塑料应用于硫酸装置中，主要用于制作设备衬里、制作气体管道和小直径塔器，进入 80 年代，直径 6.5 ~ 7.5m、高达 10m 以上的整体纤维增强塑料空塔、填料塔以及纤维增强塑料稀酸沉降槽、尾气吸收塔、烟囱等均已在硫酸生产中应用。由于化工用纤维增强塑料是一种制造技术要求较高的耐腐蚀材料，应区别于普通玻璃钢。

10.3.2.7　不透性石墨

不透性石墨除具有较高的化学耐蚀性和良好的机械加工性能外，它还是非金属耐蚀材料中唯一具有优良导电、传热性能的材质，所以它在化工防腐蚀应用中有特殊地位。

根据成形方法不同，不透性石墨可分为浸渍石墨、压型石墨和浇铸石墨，浸渍石墨和压形石墨为主要品种。

浸渍石墨是以人造石墨经浸渍剂浸渍而制得，浸渍剂可为热固性或热塑性树脂或其他材料，其中，以酚醛浸渍石墨为主要品种。压型石墨是以热固或热塑性树脂和石墨粉以一定比例配合混匀后经热压成形制得，可制造管、板、阀、泵等制品。压形石墨的强度约为浸渍石墨的 2 倍，但其热导率却远低于浸渍石墨，如酚醛压形石墨的热导率仅为浸渍石墨的 1/3。浇铸石墨是以低黏度合成树脂配以石墨粉、改进剂和固化剂经浇铸而成，其脆性大，导热性低，所以应用不广泛。

应用于制作不透性石墨的树脂种类较多，主要有酚醛、呋喃、四氟乙烯、聚氯乙烯、聚丙烯等。其中，聚氯乙烯和聚丙烯树脂只生产压制型石墨制品，其石墨含量较低，约为 30% ~50%（质量分数），也可认为它是一种石墨改性塑料。

一些文献中报道的不透性石墨在硫酸中使用的浓度和温度范围存在很大差异，这是因为不透性石墨的耐蚀性和耐热性主要由用做浸渍剂或黏合剂的合成树脂所决定，由于树脂种类、配方等的不同，导致性能存在差别。而一些文献在叙述时往往统称不透性石墨而未说明其类别，难免造成困惑。

目前工业上应用较多的当属酚醛树脂浸渍不透性石墨，它在硫酸中的耐蚀浓度和温度范围大致为：当硫酸浓度不超过 50% 时，可在沸点下使用；而在硫酸浓度为 70% 时，其使用最高温度约为 70℃。热处理可提高酚醛浸渍不透性石墨的耐蚀性，如经 180℃热处理后，它在浓度 70% H_2SO_4中的最高使用温度可达 130℃，在 92.5% H_2SO_4中也可达 70℃。

在硫酸生产中，常用不透性石墨砖、板制作净化工序的设备衬里，如斜板沉降器等。在稀酸中含氟离子较高时，更能显示此种材料耐氟离子的优点。不透性石墨换热器则被用于制作净化工序气体间接冷凝器，也有的用于制作净化工序的稀硫酸冷却器。此外，不透性石墨换热器常被用于硫酸稀释和稀酸浓缩工艺。

不透性石墨属非均质脆性材料，机械强度低，尤其是耐冲击和耐振动性能很差，因此在安装和使用时必须注意。此外，在实际使用中发现，制造质量决定了不透性石墨间冷器的使用寿命。有使用 10 个月即发现泄漏、不到 5 年即告报废的，也有使用 10 余年仍在正常运行的。

10.3.2.8　涂料

各种耐腐蚀涂料被广泛应用于硫酸厂设备外表及厂房建筑物的防腐，主要品种有过氯乙烯、环氧、酚醛、醇酸、沥青、生漆以及氯磺化聚乙烯涂料。工业使用情况表明，氯磺化聚乙烯涂料无论在耐腐蚀性、耐候性、附着力等方面均优于其他涂料。

近年来，在众多防腐蚀涂料中，鳞片涂料以其独特的结构设计和配方以及优异的耐蚀性能赢得普遍重视和日益广泛的应用。

鳞片涂料问世于20世纪50年代末，它是将厚度约为1μm的玻璃鳞片与耐蚀树脂（如聚酯、环氧、乙烯基酯等）混合配制成浆液，以喷涂、辊涂、刮涂等方法施工，经室温固化后得到的保护涂层。也可将鳞片材料与树脂制成胶泥，涂抹于被保护基体，制成衬里层。由于扁平状的玻璃鳞片在涂层中平行排列和铺贴，使腐蚀介质必须经无数曲折途径才能渗透通过涂层，这相当于增加了涂层的厚度；再者，鳞片把涂层基体分割成许多小区域，使树脂基体中的细微裂纹、气泡互相隔离，有效地抑制了毛细管作用引起的渗透；同时，分割的小区也有效地削弱了树脂的收缩应力，因而提高了界面强度。因此，鳞片涂料比一般涂料有着更强的耐蚀性能，它是唯一可单独用于设备或管道内部保护的防腐蚀涂料。

由于上述优点，鳞片涂料在化工、冶金、烟气脱硫、海洋工业中获得了应用。在硫酸装置和烟气脱硫装置中，净化系统的烟气管道及洗涤塔顶部均已使用鳞片涂料作为内衬。

为进一步改善鳞片涂料的性能，已研制了一些改进配方，如20世纪90年代中国研制了加入聚氨酯预聚物或含氯橡胶作增韧剂的鳞片涂料。增韧剂的加入能明显改善鳞片涂层的抗冲击性能和耐水性能，同时又保持其优良的耐蚀性。此种涂料已在工业生产中应用，并取得良好效果。

10.4 电化学保护技术在硫酸生产中的应用

10.4.1 电化学保护技术基本原理

从上述金属在硫酸中的腐蚀过程可知，金属的电化学腐蚀过程酷似一个将化学能直接转变为电能的原电池，所不同的只是在电化学腐蚀时，金属本身起着将原电池短路的作用。因此，一个电化学腐蚀体系（金属和腐蚀介质）可视为一个短路的原电池，在被腐蚀的金属表面存在着无数微型的腐蚀原电池，此种电池称为腐蚀微电池。产生这种电池作用的推动力是两极之间存在着的电位差，在金属表面电极电位较负者为阳极，发生溶解，电极电位较正者为阴极，在阴极上发生着溶液中某种物质（离子、原子或分子）的还原。金属的腐蚀速率取决于阴阳极之间的电位差。

当金属发生电化学腐蚀时，构成腐蚀微电池的电极上就有电流流过，此时腐蚀电池的电极电位就偏离了原先的电位：阳极的实际电位变得较正（电位升高），阴极的实际电位变得较负（电位降低），因此阴、阳极之间的电位差变小了。这种由于电流流过电极而引起的电极电位的变化称为极化作用。阳极电位向正方向变化称为阳极极化；阴极电位向负方向变化称为阴极极化。极化作用降低了金属的腐蚀率。

如果使用外加电流法或其他方法使得处在腐蚀介质中的金属发生极化，也即对金属施以外加极化，一般情况下，无论是对金属外加阳极极化还是阴极极化，都会使金属因自身腐蚀微电池引起的自腐蚀电流减少，自腐蚀速率降低。在外加阴极极化的情况下，自腐蚀电流的减小也就意味着金属总的阳极溶解电流的减小，从而使金属的腐蚀率降低，这就是阴极保护的原理。在外加阳极极化的情况下，虽然此时金属腐蚀微电池的自腐蚀电流减小了，但是金属因外加电流而发生阳极溶解却使金属的腐蚀速率增加了。只有对于可钝化金属，在外加阳极极化时，金属发生了阳极钝化，其电位强烈正移而处于钝化电位区，此时腐蚀电流减至很小值，腐蚀速率大幅下降，这便是阳极保护的原理。

在实际应用时，阴极保护可以采用牺牲阳极法或外加电源法，阳极保护则主要采用外加电源法。

10.4.2　阴极保护

虽然阴极保护早在 1824 年就已应用于船舶的防腐蚀，后来并在地下和水下构筑物、地下管道、船舶、石化设备等方面获得了广泛应用，但却因腐蚀介质的性质等因素，一直未在硫酸装置中应用，唯一的一次尝试是在 1982 年使用锌牺牲阳极法对用海水冷却的渗铅铸铁排管冷却器外表面进行阴极保护的工业试验。虽然该法有一定的保护效果，但显然由于工业实用意义不大而未能实现工业应用。

10.4.3　阳极保护

早在 150 年前，法拉第就对铁在硝酸中的钝化现象进行了研究，1945 年，J. H. Bartlett 在研究铁在硫酸中的腐蚀行为时，发现了外加阳极电流可使铁转入钝态。1954 年，C. Edeleanu 首次提出阳极保护技术在工业上应用的可能性。W. A. Muller 则于 1959 年首先发表阳极保护技术在造纸厂纸浆蒸煮锅上工业应用的报道。接着，美国大陆石油公司在磺酸中和器、发烟硫酸储槽和扬酸器等设备上实施了阳极保护。中国在 20 世纪 60 年代初开始阳极保护的研究，并于 1967 年在氮肥装置碳化塔上成功地实施了该技术的工业应用。60 年代末，加拿大 Chemetics 国际公司（Chemetics International Ltd.）将阳极保护技术用于不锈钢管壳式浓硫酸冷却器，接着，美国、德国、日本、中国等国家也相继开发了同类装置。

10.4.3.1　阳极保护的基本原理

阳极保护的基本原理可用典型的具可钝化特征的金属电极的阳极极化曲线来说明，如图 10－13 所示。

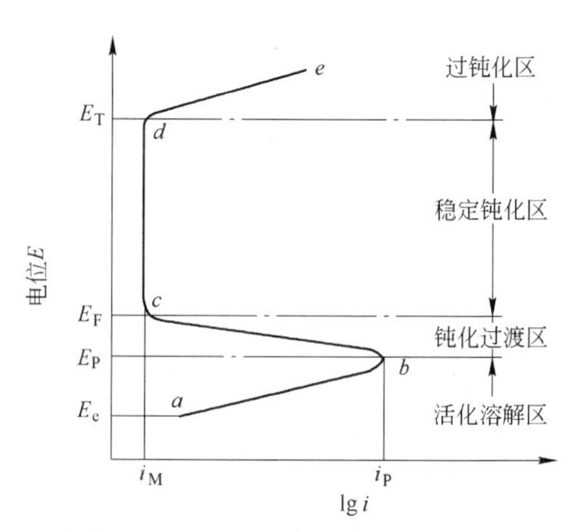

图 10－13　典型的阳极钝化曲线

当可钝化金属处于腐蚀介质中，其平衡电位为 E_e，金属处于活化态，曲线的 ab 段，即电位 E_e 至 E_P 区为活化溶解区，阳极电流密度随电位升高而增加，至 b 点达最大值 i_P，i_P 为致钝电流密度，E_P 称为致钝电位；在 E_P ~ E_F 区间内，金属由活化态转为钝态，阳极电流密度急剧下降，此时金属表面处于不稳定状态，有时电流密度会出现剧烈振荡，bc 称为过渡区，电位 E_F 称 Flade 电位；电位 E_F ~ E_T 区间为稳定钝化区，金属在此区域处于稳定钝态，阳极电流密度在 E_F 时急剧降至 i_M 并在此区域内维持恒定，i_M 称为维钝电流密度；当电位超过 E_T 时，阳极电流又重新增大，如曲线 de 段所示，此区域称为过钝化区。

因此，当对可钝化金属施以外加阳极电流使其电位正移至钝化区时，金属就处于钝态，此时只要施加极小的维钝电流 i_M，金属就能维持钝态而仅发生极轻微的腐蚀，这种防止金属腐蚀的方法就称为阳极保护。

图 10－13 中，i_P、i_M及 $E_F \sim E_T$ 为阳极保护的 3 个重要参数。

i_P为致钝电流密度，它是指致钝电位下对应的外电流密度。此值表示致钝的难易程度。i_P小，表明在此体系中金属容易由活化态转为钝态；i_P大，说明致钝困难，也意味着金属进入钝态所需的电流密度大，所需的致钝电源的容量也大。

i_M为维钝电流密度，它表示金属在稳定钝态区的电位下的外加电流密度，它反映阳极保护正常运行时消耗电流的大小。设体系中无其他去极化剂，也不存在其他副反应，i_M即反映了金属的腐蚀率。

$E_F \sim E_T$区间为稳定钝态区域，此值表示阳极保护控制电位的上下限，也即实际运行时电位的控制范围。此区域宽，实施阳极保护时允许的电位波动范围大，操作条件波动时，被保护设备电位较不易进入活化溶解区或过钝化区，因此运行时较安全，且对控制系统的要求也较宽。

此外，作为构成阳极保护系统电流回路的主要元件阴极，其材料、数量及布置均应做周详考虑。阴极处于热浓硫酸这样一种强氧化性腐蚀介质中，却又是在阴极极化的条件下工作，所以对其耐蚀性要求极高；阴极数量和布置的考虑除应满足必需的阴、阳极面积比外，主要是为了保持被保护设备的各个部分均处于钝化电位区内，并尽量使电位分布均匀，也即保证系统有良好的分散能力。

10.4.3.2 阳极保护管壳式浓硫酸冷却器

在阳极保护管壳式浓硫酸冷却器中，酸走壳程，水走管程，视冷却器大小，设置一根或数根与管束平行且固定于花板上的阴极，阴极上套有带孔的聚四氟乙烯管，以使它既能与壳体绝缘又能构成阳极保护的电气回路。壳体上设置控制参比电极和监测参比电极，控制参比电极用以将被保护设备的电位控制在钝化区内，监测参比电极则用于监测设备的电位分布情况。其电源由低压大容量整流电源供给并采用恒电位仪或其他装置来实施对系统的监测、控制和自调。其示意图如图 10－14 所示。

干燥酸和吸收酸冷却器的管束与外壳材质通常采用 316L 不锈钢，也有的冷却 98% H_2SO_4的酸冷器壳体采用 304L 不锈钢制作以降低成本，当采用海水作冷却介质时，则需采用加 904L 之类的高铬镍不锈钢制作酸冷器的列管和管板，以防止水侧在较高的温度下发生应力腐蚀破裂或孔蚀。阴极材料欧美多采用镍基合金如 Hastelloy C－276 或 HastelloyB－2，其寿命至少 3～5 年，在阴极的工作条件下，后者的性能更佳。中国有的产品采用合金含量较低的 SNW－2 不锈钢制作阴极，其使用寿命最长已超过 5 年。

严格遵守操作规程对于保证阳极保护管壳式浓硫酸冷却器的正常运行具有决定性意义。在设备开车时应按规程要求使设备迅速达到完全钝化，通常应遵循低酸温、高酸浓的原则，此点对于采用 93% H_2SO_4作干燥酸的酸冷器尤为重要。在设备开车时可适当将干燥酸 H_2SO_4 浓度提高至 95.5%～96% 以利致钝。在日常操作时也宜将干燥塔酸冷器的酸浓度维持在较高水平，如 93.5%～94% H_2SO_4，不宜低于 92.5% H_2SO_4，而进干燥酸冷器的酸温应低于 60℃。因为根据一些阳极保护酸冷器供货商提供的资料表明，当硫酸浓度为 92.5% 时，其安全工作温度的上限约为 65℃，而当硫酸浓度为 94% 时，此温度可提高至约 78℃。而山本昇三等的试验则指出，即使硫酸浓度为 94% 时，其安全操作温度上

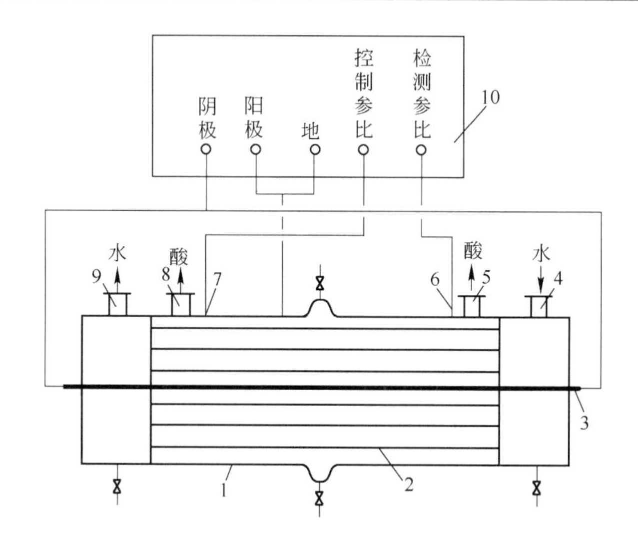

图 10－14　阳极保护管壳式浓硫酸冷却器示意图

1—壳体；2—管束；3—主阴极；4—水进口；5—酸出口；6—监测参比电极；7—控制参比电极；8—酸进口；9—水出口；10—恒电位仪

限也仅 70℃左右，而当硫酸浓度为 92.5% 时，则仅能在 60℃以下使用。此外，马樟源通过对试验室试验、工业试验和大量工厂运行数据的对比后发现，工业装置中干燥酸冷器的腐蚀率要高于试验室试验和工业试验的数据。其原因是工业装置干燥酸中存在的大量二氧化硫，削弱了不锈钢的钝化。

10.4.3.3　阳极保护板式浓硫酸冷却器

板式换热器由于结构紧凑、传热系数高，所以常用于硫酸装置干吸系统浓硫酸的冷却，尤以西欧国家使用居多，但即使采用 Hastelloy C－276 制作的板式换热器，对 98% H_2SO_4的最高允许酸温也仅 95℃。

1980 年，瑞典 Alfa－Laval 公司首次将阳极保护技术用于板式换热器，从而可使用 316L 不锈钢制作的板式换热器冷却温度达 110℃的 98% H_2SO_4。为了解决在高温浓硫酸的条件下酸侧流道的垫片腐蚀问题，酸流道板片采用焊接结构。该种换热器自 1980 年首次在比利时投入工业运行后迄今未见进一步报道。

20 世纪 80 年代中期，中国曾将阳极保护板式浓硫酸冷却器投入工业性试验，板片材质为 316L 和 9－41 不锈钢，阴极用 RS_4不锈钢，酸流道用氟橡胶垫片密封。在工业试验的基础上，1990 年，4 台用 316L 制作的板式换热器在 120kt/a 硫酸装置的中间吸收系统投入工业应用，后于 1993 年停止使用。

迄今为止，阳极保护板式浓硫酸冷却器工业应用的实例尚不多见，其原因可能是，板式换热器的结构使其在实施阳极保护技术时较管壳式换热器更为困难。

习题与思考题

10－1　硫酸生产中的腐蚀主要有哪两类？

10－2　硫酸生产中的腐蚀介质主要有哪些？

10－3　硫酸装置中转化器及气体换热器存在的腐蚀是什么，如何防腐？

10－4　氟塑料在硫酸工业中的应用有哪些？

10－5　玻璃钢（纤维增强塑料）在硫酸工业中的应用有哪些？

10－6　304、304L、316 和 316L 型不锈钢的化学成分各是什么？

10－7　阳极保护的基本原理是什么？

10－8　管壳式浓硫酸冷却器阳极保护的重要参数有哪些？

11 硫酸生产仪表与自动化

11.1 概述

11.1.1 自动化系统的构成

在化工生产过程中，需要测量与控制的参数多种多样，主要有压力、流量、液位、温度和成分。化工自动化仪表按其功能不同，大致分成4大类：检测仪表、显示仪表、控制仪表和执行器。这4大类仪表之间的关系如图11－1所示。

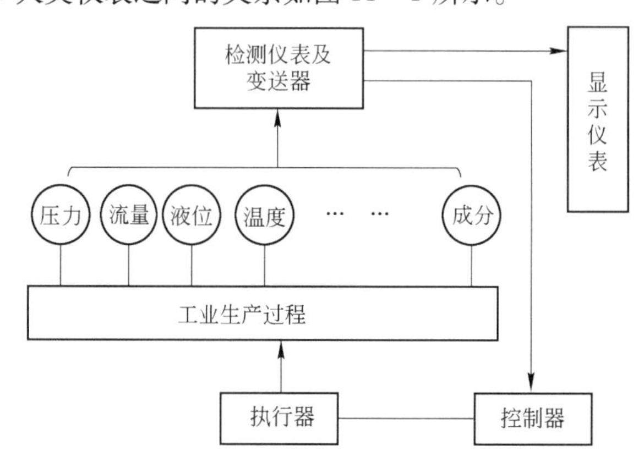

图11－1 各类仪表之间的关系

由上述4大类仪表可构成自动检测、自动操纵、自动保护和自动控制等自动化系统。

11.1.1.1 自动检测系统

利用各种仪表对生产过程中主要工艺参数进行测量、指示或记录的，称为自动检测系统。自动检测系统取代了由操作人员对工艺参数的不断观察与记录，因此起到对过程信息的自动获取与记录作用。

自动检测系统中主要装置为敏感元件、传感器和显示仪表。

（1）敏感元件也称为检测元件，它的作用是对被测的变量做出响应，把它转换为适合测量的物理量。

（2）传感器是将检测元件输出的物理量信号进行转换，转换为标准的统一信号（例0～10mA，4～20mA，0.02～0.1MPa等），此时的传感器一般称为变送器。

（3）显示仪表的作用是将检测结果以指针位移、数字、图像等形式准确地进行指示、记录或储存，使操作人员能正确了解工艺操作情况和状态。

11.1.1.2 自动操纵系统

自动操纵系统是根据设定的步骤自动地对生产设备进行某种周期性操作。

11.1.1.3 自动保护系统

生产过程中，有时由于一些偶然因素的影响，导致工艺参数超出允许的变化范围而出现不正常情况时，就有可能引起事故。因此，常对某些关键性参数设有自动信号联锁保护装置。当工艺参数超过了允许范围，在事故即将发生以前，信号系统就自动地发出声光信号警报，提醒操作人员注意并及时采取措施。如工况达到危险状态，联锁系统则立即自动采取紧急措施，打开安全阀或切断某些通路，必要时紧急停车，防止事故的发生和扩大。这就是生产过程中的一种安全装置。

由于生产过程的强化，事故常常会在几秒钟内发生，由操作人员直接处理根本来不及，自动联锁保护系统则可以圆满地解决这类问题。如当反应器的温度或压力进入危险限时，联锁系统会立即采取应急措施，加大冷却剂量或关闭进料阀门，减缓或停止反应，从而避免引起爆炸等生产事故。

11.1.1.4 自动控制系统

化工生产大多数是连续生产，各设备相互关联着，当其中某一设备的工艺条件发生变化时，都可能引起其他设备中某些参数波动，偏离正常的工艺指标控制范围。自动控制系统就是对生产中某些关键性参数进行自动控制，在它们受到外界干扰而偏离正常状态时，系统能进行自动控制，将这些参数调回到规定的数值范围内。

自动检测系统只能完成“了解”生产过程进行情况的任务；自动信号联锁保护系统只能在工艺条件进入某种极限状态时采取安全措施，以免发生生产事故；自动操纵系统只能按照预先设定好的步骤进行某种周期性操纵；只有自动控制系统才能自动地排除各种干扰因素对工艺参数的影响，保证生产维持在正常或最佳的工艺操作状态。可见，自动控制系统是自动化生产中的核心部分。

11.1.2 自动控制系统的发展

11.1.2.1 直接数字控制系统（DDC）

直接数字控制系统（DDC）是用计算机代替常规控制仪表，实现集中控制。该控制存在缺陷，即单台计算机控制，系统危险性高度集中。

11.1.2.2 集散控制系统（DCS）

集散控制系统（DCS）是将若干台计算机分散应用于过程控制，全部信息通过通信网络由上位管理计算机监控，实现最优化控制，整个系统继承了常规仪表分散控制和计算机集中控制的优点，克服了常规仪表功能单一、人机联系差以及单台计算机控制系统危险性高度集中的缺点，既实现了在管理、操作和显示三方面集中，又实现了在功能、负荷和危险性三方面的分散。DCS 不仅可以实现许多复杂控制系统，而且在 DCS 的基础上还可以实现许多先进控制和优化控制。DCS 是现代工业主流控制系统。DCS 控制系统具有以下优点：

（1）系统人机联系好。DCS 控制系统具有常规二次仪表所有的功能，如显示、记录、报警，及构成 PLC 调节系统或程序控制系统。在 DCS 操作站显示器屏幕能提供各种丰富而且直观的信息，如各动态的工艺流程图、各种记录曲线及图表。键盘操作方便灵活，可做各种参数设定，可进行各种画面调用，并进行各种控制系统的操作。

（2）系统扩展灵活。DCS 控制系统采用功能模块，对于控制规模的变动和扩展十分方便。系统的硬件组合可根据控制对象要求进行配置和组合。用户的一个具体控制方案可通过系统应用软件的编制和修改来实施。

（3）系统安全可靠性高。DCS 控制系统的配置采用了冗余配置，引进了容错技术，使系统平均无故障时间、系统的平均修复时间大为提高，达到了运行几年用于修理时间还不到 1h 的程度。DCS 控制系统还具有自诊断功能，能及时发现故障，并做出正确的判断，通过更换相应的卡件即可修复。由于采用了冗余配置，一般的故障发生时不会中断或影响整个控制系统的运行。

（4）系统综合管理能力强。DCS 控制系统不仅可实现生产过程自动控制，而且可与上位机进行通信，可组成一个计算机综合生产系统，简称 CIM 系统。CIM 系统是利用计算机网络技术将过程控制和信息管理系统紧密地结合起来，达到工厂从订货单到组织生产、质量监督、计划管理、采购、供销、市场预测直到成品交货装运的各个环节控制和管理一体化，可实现生产过程自动化、实验室自动化、办公室自动化，成为一个自动化工厂。

（5）系统安装调试简单。DCS 控制系统的各组件都安装在标准机柜内，各组件之间采用多芯电缆、标准化接插件连接。与过程的连线采用规格化的端子板。各组件到中央控制室操作站之间只需要敷设两根同轴电缆进行数据传递，所以电缆敷设工作量大为减少，仅为常规仪表工作量的一半或更少。

（6）性能与价格比高。由于计算机制造工业迅速的发展，计算机硬件性能与价格比逐步提高，在大型化工企业的生产过程中，DCS 控制系统不仅其优良的性能超过了常规仪表，而且目前在价格上它也已取得了优势。在大型化工企业，对于同样规模的生产过程，DCS 控制系统设备和安装费用要比常规仪表低。

11.1.2.3　现场总线控制系统（FCS）

现场总线控制系统（FCS）是综合运用微处理器技术、网络技术、通信技术和自动控制技术，采用现场总线作为系统的底层控制网络，构造了网络集成式全分布计算机控制系统。FCS 的最显著特征是开放性、分散性和数字通信，与 DCS 相比较，FCS 能更好地体现“信息集中，控制分散”的思想。FCS 是未来工业主流控制系统。

11.1.3　硫酸生产过程特性

11.1.3.1　工艺的差异性

以硫铁矿制酸为例，硫铁矿制酸通常可分为原料、焙烧、净化、转化、干吸、成品等 6 个工序。原料由加料料仓送至焙烧炉中，加料料仓对生产过程前后两环节起缓冲作用，一般中间加料料仓的容积应储存系统 2 ~ 3h 正常生产所需的原料。成品工序主要由酸储罐组成，起储存成品酸的作用。原料和成品两工序都可单独启动或停车，在生产中具有一定的独立性，可单独设控制室。

图 11－2 所示为硫铁矿制酸焙烧、净化、转化和干吸 4 个工序工艺流程图，该图表示了硫酸生产过程物料流向及输入与输出关系，是分析硫酸生产控制特性的基本依据。

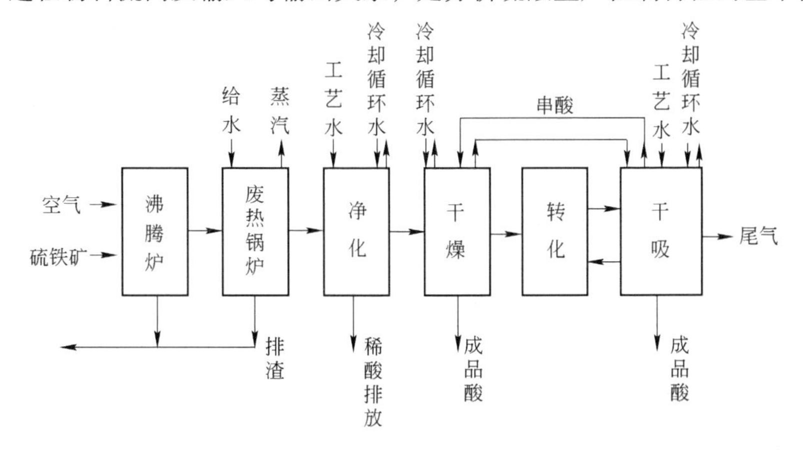

图 11－2　硫铁矿制酸方框流程图

由于硫铁矿制酸工艺流程和生产规模不同，对生产过程的自动控制要求也不同。这也是现有硫酸生产装置的自动化程度存在差别的原因之一。

11.1.3.2　硫酸生产过程的连续性

硫酸生产是连续化大生产过程。硫铁矿经原料工序处理后，通过加料设备均匀连续地加入沸腾炉，经过焙烧后所生成的矿渣、矿尘从沸腾炉、废热锅炉、电除尘器等出口连续排出，炉气在焙烧工序空气鼓风机和转化工序二氧化硫风机的驱动下，气体依次通过沸腾炉、废热锅炉、旋风除尘器、静电除尘器，进入湿法净化系统，再经干燥塔，通过二氧化硫风机加压后，进换热器和转化器、吸收塔，最终进入烟囱排放。硫酸生产过程中的焙烧、净化、转化、干吸 4 个工序都不具备独立运行的可能，而且其中任何一个工序运行不正常都会影响整个硫酸生产的运行。

产品酸从吸收塔循环槽或从干燥塔循环槽通过泵连续排至储罐。硫酸生产过程所产生的稀酸连续排出，供利用或进行处理。

废热锅炉生产过程是连续进行的。经处理后的脱盐水经除氧后连续供给汽包，产成中压过热蒸汽送至动力车间进行发电。

硫酸生产过程，从加矿到产酸、产汽、排渣、排污、排气均为连续运行的过程，制得的炉气流经整个硫酸装置使硫酸生产成为不可分割的整体。硫酸生产的连续性必然导致各工序操作上的相关性和一体性。

11.1.3.3　硫酸生产过程的干扰

硫酸生产过程干扰因素大体可分为以下几类：

（1）生产过程的外部输入，如硫铁矿成分、环境温度、冷却水压力和温度等因素；

（2）生产设备自身状况变化，如酸泵的扬程发生变化、设备的机械故障或堵塞、催化剂活性的衰退与粉化等；

（3）操作人员操作失误。生产设备自身状况变化往往是一个缓慢演变的过程，而操作人员操作失误则可能迅速发生变化。

对于控制过程的干扰分析主要着眼于生产过程中外部输入条件的变化。

硫酸生产过程的物料输入主要是硫铁矿、空气、水3种，其中，空气与水的组成相对较为稳定，而硫铁矿的成分和物性变化较大，这不仅与矿的产地有关，而且即使在同一个产地，还与不同的开采地点有关。硫铁矿成分和物性的变化是影响硫酸生产的主要干扰因素。

11.2　硫酸生产工艺参数的测量

硫酸生产过程涉及的工艺参数有温度、压力、液位、流量和成分。温度、压力、液位、流量这些参数的测量仪表品种规格齐全，在工业上已得到广泛的应用，并趋向系列化、标准化。成分的测定可通过化验分析得出，但对于一些关键性的成分指标，则使用在线自动分析仪表进行测定。

11.2.1　温度测量

温度是与各种化学和物理变化过程密切相关的特征参数，也是在硫酸生产中使用最频繁的被测工艺参数，约占硫酸工艺测量参数的一半以上。

硫酸生产的温度一般可用工业生产常用的各种热电偶和热电阻进行测量。热电偶一般用于温度在400℃以上的测温点，如在焙烧工序和转化工序；热电阻则用于300℃以下的场合，如在净化工序和干吸工序。介于300～400℃之间的温度测量时可选热电偶或热电阻。

热电偶和热电阻是温度测量的一次元件，由电缆把温度测量信号送入控制室或操作室，在相应的二次仪表或DCS操作站显示器屏幕上显示温度。若需要就地温度指示则可选用就地温度指示仪，如双金属温度计、温包式温度计或水银温度计。硫酸生产中温度测量还存在一些特殊情况，需要采取一些相应的措施。

11.2.1.1　沸腾炉床层温度的测量

原料硫精砂在沸腾炉床层段上下翻腾呈沸腾状，床层温度一般在850℃左右。热电偶保护管伸入炉内要经受住沸腾床中固体颗粒的连续冲刷。若用普通的耐高温保护管则在几个月内很快会被磨穿。采用外加ZGCr28高铬铸钢保护套管，能较好地延长其使用寿命。

11.2.1.2　各种浓度的硫酸或其他腐蚀性介质的温度测量

净化、干吸岗位需要有各种浓度的硫酸或其他腐蚀性介质的温度测量，若采用普通耐腐蚀金属保护管，如不锈钢材料等，使用效果不佳，很快会被腐蚀。在金属保护管外加设一个聚四氟乙烯套，效果较好。

11.2.1.3　废热锅炉中压蒸汽温度测量

废热锅炉中压过热蒸汽温度在450℃左右，压力在3.82MPa左右。采用带螺纹连接的耐压热电偶，使用中会出现蒸汽泄漏的现象，发生这种情况时，生产运行中无法进行更换。若加设一个保护管直接焊在蒸汽管道上，出现故障时可进行更换维修。

11.2.1.4 鼓风机出口温度测量

二氧化硫风机出口温度一般在 60 ~ 80℃，常规选用铂电阻进行测量。但是，安装在风机出口管道上的铂电阻会因管道的轻微振动而使电阻丝很快被振断，改用热电偶来测量则能取得良好效果。

11.2.2 压力测量

硫酸生产中压力的测量有负压、正压和差压等，一般选用电动压力变送器，把压力转换为电信号，传送到控制室仪表盘上显示或到 DCS 控制系统操作站显示。若需要就地压力显示，可采用弹簧管压力表、膜盒式压力表等。硫酸压力测量主要存在取压管的腐蚀和堵塞问题。

11.2.2.1 焙烧工序压力测量

在沸腾炉、废热锅炉、电除尘器各测压点，炉气内含有大量的粉尘，容易使取压管堵塞，可采用吹气法测压力来解决。吹气法测压力是用仪表恒流装置向取压管补充微量的仪表空气，使取压管不直接与被测介质接触，从而达到防腐、防堵的效果。

11.2.2.2 净化工序压力测量

净化工序的气体中含有酸雾、水蒸气等物质，具有较强的腐蚀性，需采取有效的防腐措施。采用加隔离膜盒的方式较好，膜片材料选用金属钽。若采用隔离罐方式的话，现场调试和维修较为困难。净化工序负压采用吹气法来测量。

11.2.2.3 转化工序压力测量

转化器内催化剂是分段安装的，测量各转化段压力，取压管会被粉尘堵塞，采用吹气法来测。为了避免形成酸雾，吹入的空气必须经过干燥。

11.2.2.4 干吸工序压力测量

各种稀硫酸和浓硫酸压力测量也需采取防腐措施，即采用隔离膜盒，膜片材料可采用哈氏 C 合金或不锈钢衬聚四氟乙烯。

11.2.3 流量测量

流量测量是与生产过程中物料的投入与产出直接相关的测量参数。有的用于生产计量，作为操作依据，有的用于商品计量。硫酸生产中流量的测量主要是如何正确地选用流量仪表。

11.2.3.1 硫铁矿计量

硫铁矿消耗量是工厂原材料消耗的基本考核指标，对仪表测量精度有较高的要求。硫铁矿进沸腾炉计量则直接反映了硫酸生产负荷，被设定为沸腾炉控制系统的调节参数。硫铁矿计量多数是采用电子皮带秤计量，但在实际使用中，仪表维护量大，难以达到仪表所规定的精度。也有工厂使用冲板流量计，若硫铁矿含水量不太高，则使用效果良好，但若含水量高，则硫铁矿会粘在流量计冲板上而影响仪表测量精度。新型的 Y 射线皮带秤可用于硫铁矿计量，并已取得了良好的使用效果。

11.2.3.2 大口径气体管道气体流量测量

大口径气体管道气体流量测量在硫酸生产中有进沸腾炉的空气流量测量、二氧化硫风机出口气体流量测量，气体管道直径一般在 500～2000mm 之间。若采用孔板流量计，则在孔板上的压力损失一般达到数千帕，这会增加风机的能耗，不宜采用。一般采用插入式流量计，如阿牛巴流量计（Annubar Tabular Flowmeter）或涡街流量计（Vortex Flowmeter），这类仪表运行时压损小，仪表使用维护量小。

11.2.3.3 各种酸的流量计量

各种酸的流量计量可采用电磁流量计。电磁流量计衬里材料可选用聚四氟乙烯，电极材料可选用哈氏 C 合金，也可采用测定计量罐酸的容积来计量。计量罐酸容积方式测得的流量计算式为：

$$q_m = \frac{\pi}{4}\rho D^2 \Delta h \qquad (11-1)$$

式中 q_m——质量流量，kg/s；

ρ——酸的密度，kg/m^3；

D——计量罐直径，m；

Δh——单位时间内液位的变化，m/s。

计量罐的液位常用差压法或吹气法来测量。

11.2.3.4 中压蒸汽流量测量

硫酸生产中所产生的中压过热蒸汽温度一般在 450℃，压力为 3.82MPa，主要采用孔板流量计来测量。若选用 6.4MPa 压力等级的孔板流量计，则会因蒸汽温度高使材料强度降低，出现蒸汽泄漏。所以采用耐压等级为 10MPa 的八槽孔板流量计比较好。

11.2.4 液位测量

硫酸生产中需要测量各种酸罐、酸槽及锅炉汽包的液位。用于各种酸的测量仪表主要要求是耐腐蚀，用于汽包液位的测量仪表则要求可靠性高。

11.2.4.1 锅炉汽包液位

硫酸废热锅炉多数是中压锅炉，汽包压力在 4.3MPa 左右。汽包液位是汽包给水与产汽动态平衡的标志，是生产中重要的控制参数，汽包液位超过一定范围会导致蒸汽夹带水滴，影响蒸汽质量；而液位过低，则会危及锅炉的安全运行。在废热锅炉装置设计中一般都设置汽包液位安全联锁系统，因此，汽包液位测量要符合锅炉安全运行的有关规定，通常中压锅炉汽包液位测量至少有两套独立的测量系统，汽包液位多数采用差压法来测量，加双室平衡容器可提高测量精度。另外，用于汽包液位系统的液位开关应独立安装。

11.2.4.2 酸槽、酸罐液位

除用于计量罐液位测量之外，这类液位测量对精度无很高要求。主要为了均衡生产，允许液位有一定的波动。这类液位可采用耐腐蚀的磁性浮子与干簧组成的液位计，也可采用吹气法来测量液位，或采用带法兰的差压变送器来测量。

11.2.5 在线自动分析测量仪表

在线自动分析用以直接显示化工生产过程中物质的组成成分。在硫酸工业生产中逐渐增加了在线自动分析仪表的使用，如沸腾炉出口炉气氧浓度分析仪、转化器入口气体二氧化硫浓度分析仪及硫酸浓度分析仪等。

在线自动分析仪品种繁多，而且各自的结构和原理都不相同，必须按不同的工艺要求正确选用，使用时要精心维护才能取得良好的效果。

11.2.5.1 沸腾炉出口气体氧浓度分析仪

沸腾炉出口气体氧浓度是反映沸腾炉运行状态的特征参数，也是稳定整个硫酸生产的重要控制参数。以往操作人员只能靠看炉渣的颜色或净化工序水洗排放的污水颜色来估计沸腾炉的焙烧情况。有了在线氧分析仪就能实时、正确地显示炉气中氧的过剩程度，才能构成氧浓度自动调节系统，从而有效地控制自动加矿，稳定沸腾炉运行。

目前，国内沸腾炉炉气采用氧化锆氧分析仪，其工作原理是：被测气体如二氧化硫炉气通过传感器进入氧化锆管的内侧，参比气体如空气通过自然对流进入传感器的外侧，当锆管内外侧的氧浓度不同时，在氧化锆管内外侧产生氧浓差电势（在参比气体确定情况下，氧化锆输出的氧浓差电势与传感器的工作温度和被测气体浓度呈函数对应关系），该氧浓差电动势经显示仪表转化成与被测烟气氧含量呈线性关系的标准信号供显示和输出。

普通的氧化锆氧分析仪不能用于沸腾炉出口气体氧浓度分析，因二氧化硫炉气中含有较浓的二氧化硫气体和较高的粉尘，会使氧化锆敏感元件失灵。进入氧化锆氧分析仪的气体需要进行预处理。硫酸生产所用氧化锆仪表结构由两部分组成，即气体预处理部分与仪表本体。

气体预处理过程是这样的：硫酸装置中的氧分析测量点为负压，由高位槽所产生的恒压水流通过喷射泵形成负压把待测气体抽出。在喷射泵中，待测气体与水接触，样气中大部分二氧化硫溶解于水而被除去，使其中二氧化硫的体积分数小于1%，炉气中的粉尘也同时被洗涤除去。

氧分析仪本体由固体电解质氧化锆探头和加热电炉构成。为使氧化锆探头达到正常工作所需的温度（650～850℃），要用恒温控制系统来维持氧化铬温度恒定。

使用氧化锆分析仪需注意事项为：

（1）硫铁矿中砷、氟的质量分数均应小于0.1%，否则会使氧化锆铂电极中毒；

（2）硫铁矿中银、锌、镉等有色金属含量不能太高，否则会堵塞取样装置过滤器；

（3）控制氧化锆升温速度，自室温升至500℃，时间不能少于40min；

（4）取样口位置，气体温度应在600～700℃之间，所以取样点位置设置在废热锅炉

的一烟道与二烟道之间。

11.2.5.2　二氧化硫气体浓度分析仪

二氧化硫气体浓度分析用于测定转化器一段入口气体和排放尾气。一段入口气体二氧化硫浓度是生产过程中的重要控制参数，可采用热导式二氧化硫分析仪或采用紫外气体分析仪进行测量。尾气二氧化硫浓度是环境保护控制考核指标，可采用紫外气体分析仪进行测量。

A　热导式二氧化硫分析仪

热导式二氧化硫分析仪结构简单，价格便宜，其工作原理是基于不同的气体有不同的热导率，混合气体的热导率则随其组成成分变化而变化。当被测气体通过一个平衡电桥时，由于热导率的变化导致电桥不平衡，输出电压信号，此信号的大小与被测组分的浓度成函数关系。

B　紫外二氧化硫气体分析仪

紫外二氧化硫气体分析仪的工作原理是基于各种气体对紫外线有选择性吸收现象，将一束紫外光直接照射被测气体介质，利用二氧化硫的特征吸收光谱进行测量。仪表结构由气体预处理和仪表本体两部分组成，该仪表比较先进，精度和稳定性都比较好，已在生产厂使用并取得了满意的效果。

11.2.5.3　硫酸浓度分析仪

干燥塔循环酸的酸浓度与干燥效率密切联系，吸收塔循环酸的酸浓度与吸收效率直接相关，在线实时分析可用于指导生产。成品硫酸作为商品酸出售，酸浓度分析是产品质量的直接保证。

吸收塔循环酸浓度测量可采用无电极电导式硫酸浓度计。仪表测量值与人工测量值之间误差可小于0.1%，而且仪表维护量小，已在使用中取得了良好的效果。

干燥塔循环酸浓度采用密度法浓度分析仪。它是根据硫酸浓度与其密度之间的对应关系来测量硫酸浓度。干燥塔循环酸浓度一般控制在93%～95%，酸浓度测量所采用的分析仪品种较多，分析仪表工作原理有沸点法、电导法、密度法等。由于沸点法浓度计维护工作量大，滞后时间较长，输出非线性等原因，现已很少使用。而在常温下93%浓度附近的硫酸，同一个电导率有两种不同的酸浓度与它对应，无法用普通的无电极电导式硫酸浓度计来测量，所以采用密度法浓度分析仪。因浮子体积易受温度和腐蚀的影响，密度法浓度分析仪在使用中也需要较多的维护。

中国石化集团南化研究院研制的微机化超声波硫酸浓度计，是依据超声波在介质中传播和反射原理。计算机发射一脉冲，放大后传输给超声换能器，电脉冲在换能器上转换成超声波传到反射板后被反射回来，通过超声换能器又转换成电信号。由发射脉冲到反射回来的超声脉冲时间差 S 及超声脉冲在介质中的传播距离 L，可得出声速 $J=2L/S$，当被测溶液在固定的容器中流动时，声速与被测溶液的浓度和温度有关，这样，当测得声速和温度后，就可以由计算机算出浓度值。微机化超声波硫酸浓度计的测量范围为91%～95% H_2SO_4，测量精度为±0.2% H_2SO_4，其技术水平和使用性能都优于其他93%硫酸浓度检测仪表。

另外，基于不同浓度的硫酸有不同折射率的原理，国外近年还开发了一种临界角折射仪。据称在90% ~96% H_2SO_4范围内，精度可达到0.2% H_2SO_4，仪表稳定可靠，并且基本上不需要维护。

11.3 硫酸生产过程自动调节

自动调节系统是在人工调节基础上产生和发展起来的，在人工调节中，操作人员的眼、脑、手分别起“观察”、“思考”、“执行”三种作用，而用一套自动化装置来代替或模拟操作人员的这三种功能，可使调节过程自动进行，这就称为自动调节。自动调节系统不仅代替人工在现场操作，如开、闭阀门等，而且是稳定操作指标、提高生产效率和产品质量等的有效工具。自动调节系统是化工生产过程自动控制的基本手段，在硫酸生产中，自动调节系统越来越被广泛应用。

自动调节系统有单参数调节回路、多参数自动调节回路和程序控制系统等多种方式。化工生产过程自动控制系统必须根据被控对象运行特性来设置。下面以硫铁矿制酸生产操作单元进行分析和介绍。

11.3.1 沸腾炉自动控制

硫铁矿在沸腾炉内燃烧生成含有二氧化硫的炉气。沸腾炉运行状态与整个硫酸生产过程密切相关，稳定了沸腾炉运行工况，则整个硫酸生产也相应较容易操作。

11.3.1.1 沸腾炉出口炉气氧浓度自动调节系统

沸腾炉出口炉气氧浓度自动调节系统是以炉气中的氧浓度为被调参数，以硫铁矿加矿量为调节参数。其功能主要是保证炉内维持适当的空气过剩系数，也就是实现硫铁矿弱氧焙烧。硫铁矿加矿量调节一般是通过改变加矿设备电动机的转速，即通过变频调速电机来实现。该调节系统的正常运行主要取决于氧分析仪运行状况。因此，对氧分析仪的选用和维护必须认真对待。

在图11-3所示的沸腾炉自动控制系统示意图中，以电除尘器出口气体成分在线分析，自动调节投矿量和炉底风机鼓风量。在电除尘器之后分析气体成分，与沸腾炉出口处相比气体温度较低，气体中含尘量大大下降，分析仪使用与维护可靠。当然，在余热锅炉进口设有在线分析仪，可作为参照。

11.3.1.2 沸腾炉空气风量自动调节系统

沸腾炉空气风量自动调节系统的功能是稳定进入沸腾炉的风量。风量大小与氧过剩系数、炉内热平衡、流化床中颗粒运动都密切相关。空气风量调节可通过调节阀门开启度来实现，也可采用变频调速电机改变鼓风机转速来控制。前者简便易行，但增大了系统阻力，降消耗能量；后者具有较好的节能效果。

11.3.1.3 沸腾炉排渣自动调节系统

沸腾炉排渣自动调节系统的功能是控制沸腾床中的矿渣量。沸腾床中的矿渣量与进炉矿石粒度分布与排渣速率等有关。维持炉内矿渣量稳定，有利于沸腾炉正常运行。炉底压力与沸腾炉中的矿渣量有一定的对应关系。排渣自动调节系统可采用以炉底压力为被调参数的单参数调节回路。也可采用程序控制系统，定时开启排渣阀门，或手动遥控开、闭阀门。在图 11 - 3 中，是根据渣位来自动调节排渣阀的。

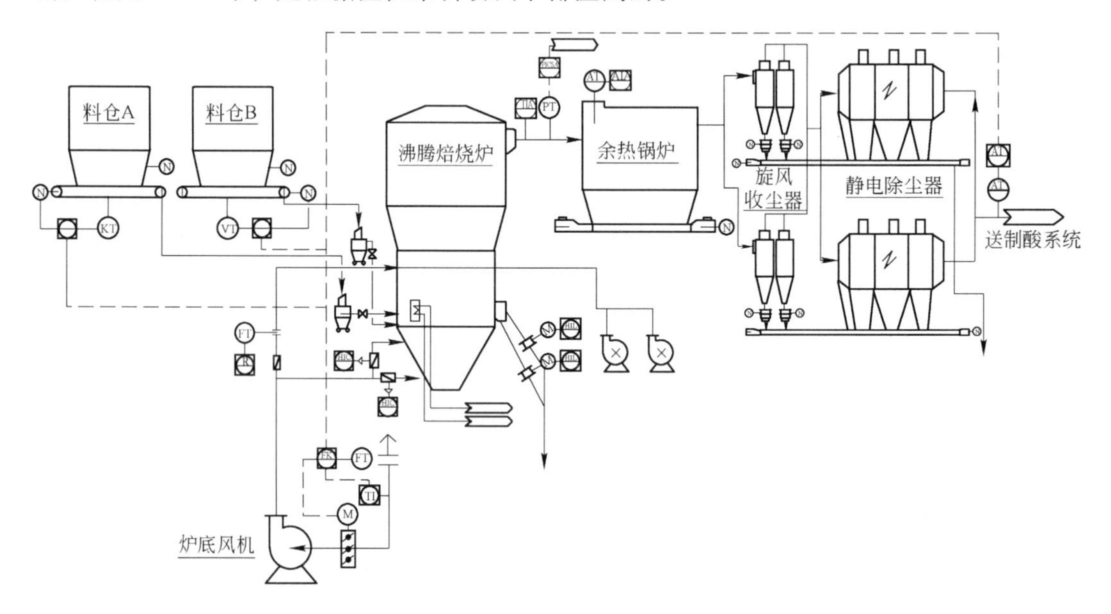

图 11 - 3　某沸腾炉自动控制系统示意图

11.3.2　废热锅炉自动调节系统

在沸腾炉炉内和炉外设置废热锅炉受热管。废热锅炉运行特点是在生产中处于一种随动状态，即锅炉产汽量取决于生产负荷。废热锅炉自动控制系统的设计，除了可借鉴一般的工业锅炉之外，还必须考虑硫酸装置废热锅炉运行特点。

11.3.2.1　汽包压力自动调节系统

汽包压力自动调节系统的功能是稳定汽包压力，汽包压力是锅炉产汽量与输出汽量动态平衡的标志。采用调节蒸汽输出量来稳定汽包运行压力。

11.3.2.2　汽包液位自动调节系统

汽包液位自动调节系统的功能是稳定锅炉汽包液位。汽包液位是锅炉运行的重要控制参数。废热锅炉蒸汽产量随硫酸生产负荷而变化，因此，用调节蒸汽输出量的办法来稳定汽包压力，这就不存在因蒸汽用户的需求变化而对汽包液位造成干扰。

汽包液位调节可采用单参数液位调节或三冲量液位调节系统。这取决于生产装置的规模和自动化程度。

单参数汽包液位调节是采用锅炉给水为调节参数，汽包液位为被调参数，构成一个单回路调节系统。

三冲量汽包液位调节系统是以锅炉给水为调节参数，以汽包液位为被调参数，蒸汽流量、给水流量作为反馈信号引入调节系统，可构成多种方式的复杂调节系统。

11.3.2.3 过热蒸汽温度自动调节系统

过热蒸汽温度自动调节系统的功能是稳定过热蒸汽的温度。锅炉输出的过热蒸汽用于发电，因而对过热蒸汽的温度有控制指标。温度调节多数采用喷水减温器。该方法用锅炉给水直接喷入过热蒸汽中，通过水汽化吸收热量来调节蒸汽温度。系统调节参数是喷水量。此系统调节特性是灵敏度高，可调范围大，用水量变化小，对汽包液位调节干扰小。

11.3.3 转化工序自动调节系统

转化工序功能是将经净化、干燥处理后含有二氧化硫的气体转化为三氧化硫气体。生产控制目标是提高二氧化硫的转化率。通常配有二氧化硫浓度及转化器各段床层入口温度自动调节阀。

11.3.3.1 转化器一段入口气体二氧化硫的浓度自动调节系统

二氧化硫的浓度太高会影响转化效率，二氧化硫浓度太低会影响硫酸产量和转化系统的热量平衡。二氧化硫的浓度是一个重要的生产控制指标。系统的被调参数是气体中二氧化硫的浓度，系统的调节参数是干燥塔入口的补充空气量。

11.3.3.2 转化器各段入口气体温度自动调节系统

转化器各段入口气体温度自动调节系统的功能是控制进入转化器一段入口气体的温度。温度偏离指标会影响转化效率。转化器一段入口气体温度是一个重要的生产控制指标。某转化系统温度调节如图 11－4 所示，当各段进口检测温度偏离正常指标时，各段相应的自动调节阀将自动进行调节。

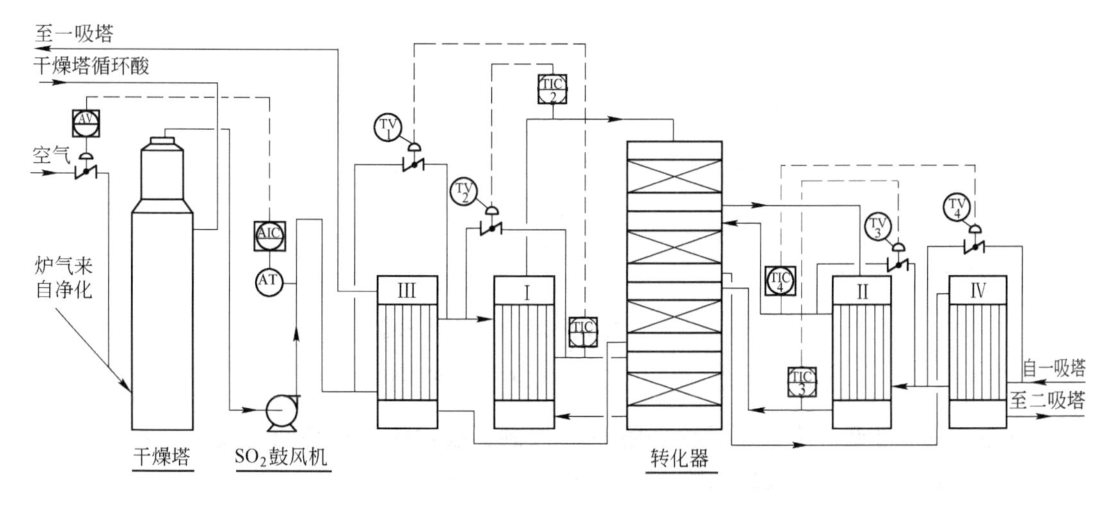

图 11－4 “3＋1”Ⅲ、Ⅰ—Ⅳ、Ⅱ转化流程自动调节系统原理图

AT—在线分析；AIC—成分显示控制；TIC—温度显示控制；TV—温度调节

11.3.4 干吸工序自动调节系统

干吸工序包含对原料气干燥和转化气中三氧化硫的吸收两大功能。干吸工序自动调节

系统主要包括干燥塔、吸收塔循环酸浓度与酸槽液位的自动调节系统。循环酸的浓度直接与干燥或吸收效率相关。若酸作为商品酸出售时，酸的浓度则为重要的质量控制指标。当使用带阳极保护的酸冷却器时，则控制干燥塔的循环酸浓度关系到设备的使用寿命。一般生产厂都要求可生产两种不同浓度成品酸，即98%或93%浓度硫酸。

循环酸浓度调节一般有两个调节参数可供选择：调节加水量或调节串酸量。串酸调节是指调节加入另一种浓度的酸量来控制被调节酸的浓度。加水调节是用水作为调节参数。水是酸循环系统外的独立变量。在调节过程中与两种循环酸系统无直接关联，而且对液位的干扰也小。阀门选用一般材质的即可。

因有两种不同的调节参数可供选择，干吸工序酸浓度、液位调节可构成多种不同的控制方案。图11-5所示为某干吸工序自动调节系统示意。

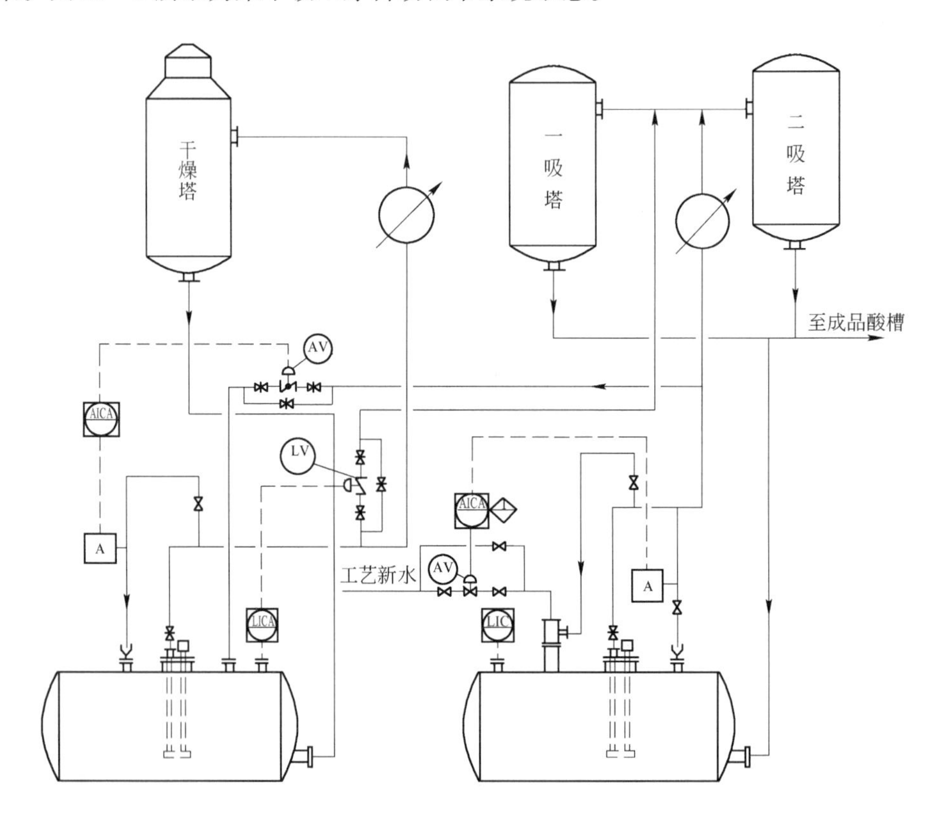

图11-5　干吸工序自动调节系统示意图

AICA—DCS浓度指示控制报警；LICA—DCS液位指示控制报警

从图11-5可见，该干吸系统采用DCS控制，吸收酸循环槽浓度通过加水量调节，干燥酸循环槽浓度通过串酸量调节，并自动调节干燥酸循环槽液位。

11.4　硫酸生产过程自动联锁

自动联锁系统是在化工生产中保证安全生产的一个重要手段。化工生产过程一般存在3种工况：正常运行、开停车和紧急状况。生产中一旦出现紧急情况，要让操作员及时做出正确判断，迅速采取相应的措施而且不得有任何失误，几乎是不可能的。

自动联锁系统就是按照事先设定的要求，由控制设备自动完成从生产紧急状态过渡到安全状态，从而达到保护人身和设备安全的目的。开停车时，自动联锁用于各设备之间协调动作。

硫酸安全生产自动联锁系统的设置情况是：

（1）安全自动联锁系统。设置在生产运行中容易对人身造成危害的地方，如废热锅炉的汽包液位自动联锁。

（2）单体设备自动联锁系统。对一些关键设备如废热锅炉、电除尘器、静电除雾器、二氧化硫风机等设备进行保护性联锁（制造厂对这类设备都配有相当数量的保证设备安全运行的联锁系统）。

（3）生产装置联锁系统。一旦某一关键生产设备发生故障，生产装置联锁系统启动，使生产装置能有序地停车。

11.4.1 安全自动联锁系统

安全自动联锁系统运行可分为系统触发、系统逻辑判断、系统动作三大部分。系统触发信号可来自自联锁的故障检出元件或紧急停车按钮。故障检出元件直接安装在被监视的设备上。如锅炉汽包的液位开关，一旦汽包液位超出液位设定值，液位开关动作，给出联锁系统的触发信号；紧急停车按钮则安装在相应的操作台或盘上，可由操作人员用按钮给出联锁触发信号。系统逻辑判断可以是电子元件构成的逻辑电路，或微处理机，或程序控制器（PLC）等各种控制设备。系统动作是指自动联锁被触发后，经逻辑运算，给出一个信号或一组信号，使控制设备做出相应的动作，如阀门关闭或电机停转等。

自动联锁的设置，如信号报警、联锁点的设置、动作整定值及可调范围、各设备之间动作的相互关系必须符合工艺条件与要求。合理的联锁系统可提高生产自动化水平，能保证生产安全运行。但过多的联锁点会导致联锁动作频繁，易发生过多的不必要停车。

自动联锁可选用程序控制器，也可在集散控制系统中实现。少量简单的自动联锁系统则可用继电器或电子元件组成。

11.4.1.1 故障检出元件分类

故障检出元件大体可分为3类：与工艺设备直接连接的专用故障检出元件；用模拟信号的报警开关；附属在仪表中的辅助报警开关。

A 直接连接用的专用检出开关

这类开关直接安装在工艺设备或管道上，例如温度、压力、流量、液位开关，这类开关通过其变量感受元件带动微动开关。它有一个刻度标志和指针，供开关动作设定用，可靠性高，可用在重要的联锁系统上。

B 用模拟信号的报警开关

这类开关用模拟信号作为其输入信号，在其输入信号范围内可以任意选定开关动作设定值。其信号源来自对应的变送器，若变送器发生故障，则报警开关也失去了作用，可靠性较差。

C 附属的辅助报警开关

这类开关是附属于指示仪、记录仪和变送器内的报警开关。其报警设定值是可以调整的。系统简单，投资少，但可靠性差。

11.4.1.2　故障检出元件的接点闭合形式

故障检出元件的接点闭合形式可分“常闭”或“常开”两种。即在工艺运行正常时，检出元件的接点闭合，称为“常闭”；反之，则称为“常开”。若联锁系统的检出元件采用常闭方式，那么联锁系统设备的自身故障也会触发联锁系统的动作，系统可靠性要比采用常开方式要高，但也增加了因自动联锁设备的自身故障引起联锁动作，导致生产停顿的可能性。选择联锁接点“常闭”或“常开”的方式取决于工艺生产特点、对联锁系统可靠性的要求和自控设备的性能。

11.4.2　单体设备自动联锁系统

化工生产设备中有许多设备随机配有相应的控制系统。在这类控制系统中，自动联锁又占有了很大的比例，如废热锅炉、电除尘器、电除雾器、二氧化硫风机、酸冷却器等。这类设备控制系统是由制造厂根据设备运行特点及用户的要求设置相应的联锁系统。如二氧化硫风机自动联锁系统包括轴承温度高、润滑油温度高、轴位移、轴振动等多项控制系统。

单体设备自动联锁系统也可接受外来的控制信号，或给出一个状态运行信号，或报警和联锁信号。因此，对单体设备自动联锁系统也必须考虑硫酸生产运行特点并提出相应的要求。

11.4.3　生产装置联锁系统

硫酸生产装置联锁系统是指一旦该联锁系统触发，系统会有相应的动作，实现整个生产有序地停车，保障生产运行安全。这种联锁系统是根据硫酸生产特点，即“焙烧、净化、干吸、转化4个工序是一个不可分割的整体，若其中一个工序出了故障，不能继续运行，那么其他几个工序也必须停止运行”来设定的。

11.4.3.1　联锁系统的触发信号

联锁系统触发信号是根据工艺生产要求慎重选择的。首先，选择危及人身安全的生产运行状态信号，如锅炉液位等；其次，选择危及生产设备的运行状态信号。这些信号主要有以下几种情况：

（1）操作员启动生产装置紧急停车按钮，这个按钮设在控制室操作台（盘）上，供操作员在生产出现危急情况时使用。

（2）关键单体设备发生故障，该设备自身的联锁动作时，同时也给出一个系统触发信号。常被选为关键设备的有废热锅炉循环泵、电除尘器、电除雾器、二氧化硫风机、稀酸循环泵、浓酸循环泵、酸冷却器等。

（3）某故障测点动作，触发联锁系统动作。如废热锅炉汽包液位超出设定范围，液位开关动作，给出一个信号使联锁系统动作。常被选为联锁系统的故障测点有：

1）汽包液位低；

2）除氧器液位低；

3）锅炉循环水流量小；
4）洗涤塔温度高；
5）洗涤塔循环酸压力低；
6）电除雾器出口负压高；
7）干燥塔或吸收塔循环酸流量低；
8）二氧化硫风机入口负压高或出口压力高。

11.4.3.2 联锁系统动作

联锁系统动作是将生产从紧急状态通过有序地停车切换到安全状态。硫铁矿制酸联锁系统涉及焙烧、净化、转化、干吸4个主要工序。由于停车起因不同，停车方式与过程也有所不同。联锁动作主要包括以下对象：

（1）停焙烧炉加料系统，停空气鼓风机，停排渣系统；
（2）停电除尘器、废热锅炉；
（3）停稀酸循环泵、电除雾器；
（4）停浓酸循环泵、酸冷却器、二氧化硫风机。

习题与思考题

11-1 化工自动化仪表通常分为哪几类，其相互之间的关系如何？
11-2 自动化系统由哪些系统构成，各系统的功能是什么？
11-3 硫酸生产过程中的干扰因素有哪些？
11-4 硫酸生产中常用的在线分析仪有哪些，各分析仪的用途是什么？
11-5 举例说明硫酸生产中的控制系统。
11-6 为什么要设置自动联锁系统，哪些情况下需要设置自动联锁系统？

12 化工工艺流程图的绘制与阅读

如何将原料通过化工过程和设备，经化学或物理变化逐步变成需要的产品，这便是化工工艺流程设计需要考虑的内容。在复杂的化工生产过程中，原料不是直接变成产品的，生产过程中还会产生副产品、“三废”等，就是副产品有的也还要经过一些加工才成为合格副产品，产生的“三废”也必须经过合格处理后方可废弃和排放。因此，化工生产工艺流程的设计是一项非常复杂而细致的工作，需要经过反复推敲，精心安排，不断修改和完善才能完成。

关于工程设计阶段，国内划分为初步设计阶段和施工图设计阶段。国际上通行的做法是工艺包设计阶段、基础设计阶段和详细设计阶段。

化工流程设计各个阶段的设计成果都是用各种工艺流程图和表格表达出来的，按照设计阶段的不同，先后有方块流程图（Block Flow Diagram）、工艺流程草图（Simplified Flow Sheet）、工艺物料流程图（Process Flow Diagram）和管道及仪表流程图（Piping & Instrumentation Diagram）。

（1）方框流程图。方框流程图是在工艺路线选定后，工艺流程进行概念性设计时完成的一种流程图。它是最简单也最粗略的一种流程图，用以表达最为基本的生产过程，不编入设计文件。

（2）工艺流程草图。工艺流程草图是一个半图解式的工艺流程图，它是方框流程图的一种变体或深入，是进行化工工艺计算的图解标。从草图上可以看出必须对哪些生产工序、步骤或关键设备进行计算，不至于混乱、遗漏和重复。工艺流程草图也不列入设计文件。

（3）工艺物料流程图。工艺物料流程图，简称为物流图，国外称为工艺流程图（PFD），它是在方案流程图的基础上，当化工工艺计算即物料衡算与热量衡算完成后绘制的工艺物料流程图。物料流程图主要反映化工计算的成果，使设计流程定量化，其表达的主要内容是设备图形、物料表和标题栏。有时由于物料衡算成果庞杂，常按工段（工序）分别绘制物流图。物料流程图作为初步设计阶段文件之一，用于提交给设计主管部门和投资决策者审查。

（4）管道及仪表流程图。管道及仪表流程图（PID）是根据工艺流程图（PFD）的要求，详细地表示设计系统的全部设备、仪表、管道、阀门和其他有关公用工程系统。它是工艺设计流程、设备设计、管道布置设计、自控仪表设计的综合成果。PID 流程图在工艺包阶段就已形成初版，随着设计阶段的深入，不断补充完善，直到施工图设计阶段完成，它是施工图设计阶段的主要设计成品之一。

12.1 化工工艺流程图的绘制

12.1.1 方框流程图绘制

方框流程图的画法是：按工艺生产顺序，依次将各设备或装置名称列出并用方框框起，方框之间用带箭头的直线连接，箭头的方向表示物料的流动方向。原辅材料、产品，以及工艺用水、冷却用水，蒸汽、燃料等，所有物质标示在方框外，并用箭头标示出这些物料的流向。

图12－1～图12－3所示分别为用方框图表达硫铁矿制酸、冶炼烟气制酸和硫黄制酸主要生产过程。

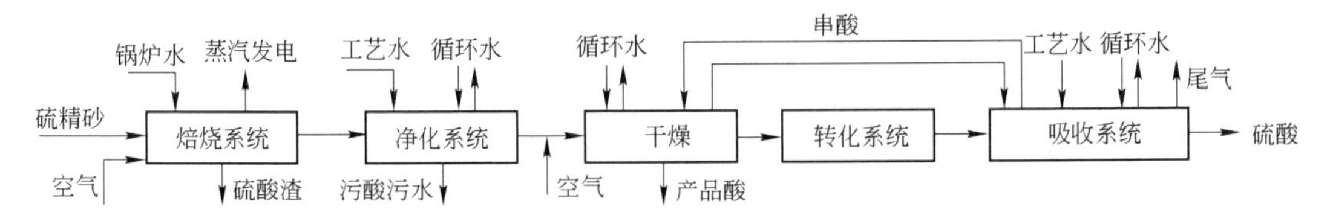

图12－1　硫铁矿制酸方框流程图

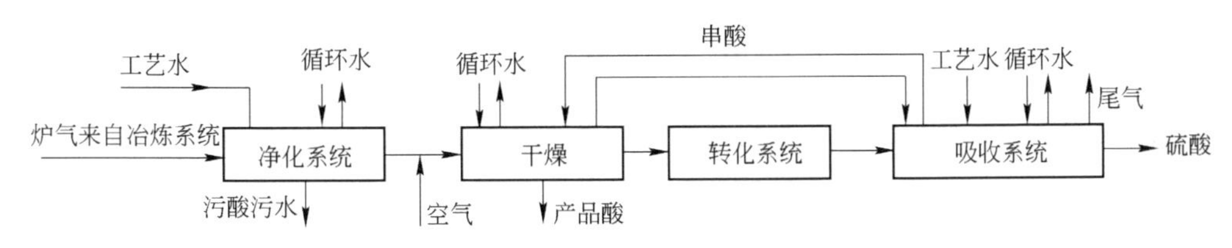

图12－2　冶炼烟气制酸方框流程图

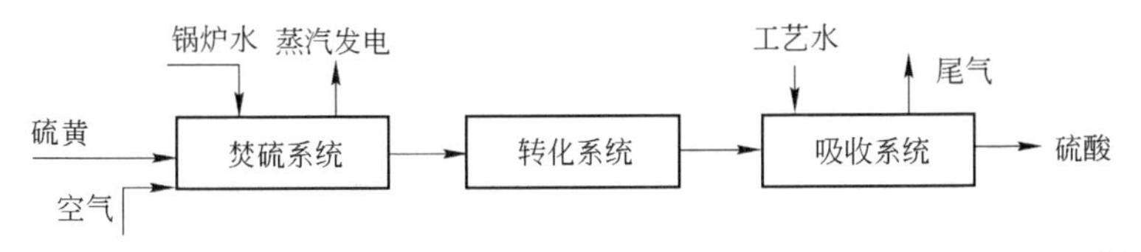

图12－3　硫黄制酸方框流程图

从图12－1～图12－3的方框流程图中可以看出，与硫铁矿制酸相比，冶炼烟气制酸炉气来源于冶炼装置，制酸装置从净化系统开始；硫黄制酸炉气纯净，没有净化系统，硫黄焚烧出来的炉气经过回收热量后直接进入转化系统，不再出现硫铁矿制酸及烟气制酸生产中不可避免出现的“热病”，即炉气经历“热—冷—热”过程；另外，硫黄制酸不需设置污酸污水处理系统，整体流程简单化。

火法冶炼铜工艺方框流程图如图12－4所示。

12.1.2　工艺流程草图绘制

生产方法确定后，依据可行性研究报告中提出的工艺路线，可进行工艺流程草图（或称为方案流程图）的绘制。工艺流程草图绘制不需在绘图技术上花费时间，而要把主要精力用在工艺技术问题上，它只是定性地标出由原料转变为产品的变化、流向顺序以及采用的各种化工过程及设备，其绘制方法如下。

12.1.2.1　绘制设备

绘制设备的注意事项是：

（1）用细实线绘制设备，常见设备画法见表12－1。若没有图例的，则按设备大致的几何形状画出（或用方框图表示）；

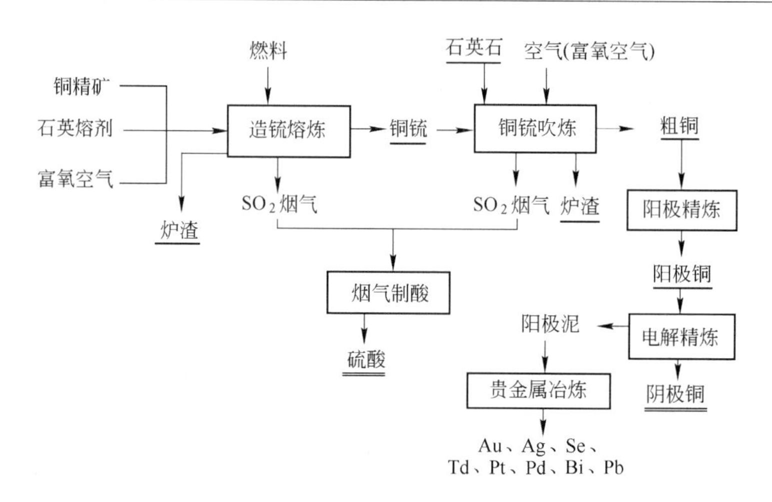

图 12 – 4　火法冶炼铜工艺方框流程图

表 12 – 1　管道及仪表流程图中设备、机器图例（摘自 HG/T 20519—2009）

设备类型及代号	图　例	设备类型及代号	图　例
塔（T）	填料塔　板式塔　喷洒塔	压缩机（C）	鼓风机　（卧式）（立式）旋转式压缩机　往复式压缩机　离心式压缩机　两段往复式压缩机（L形）　四段往复式压缩机
容器（V）	卧式容器　蝶形封头容器　球罐　浮顶罐　圆顶锥底容器　锥顶罐　平顶容器　（地下/半地下）池、槽、坑　干式气柜　湿式气柜　旋风分离器　填料除沫分离器　丝网除沫分离器　干式电除尘器　湿式电除尘器　固定床过滤器　带滤筒过滤器	泵（P）	离心泵　液下泵　齿轮泵　水环真空泵　旋涡泵　螺杆泵　往复泵　隔膜泵　喷射泵

续表 12－1

设备类型及代号	图例
换热器（E） 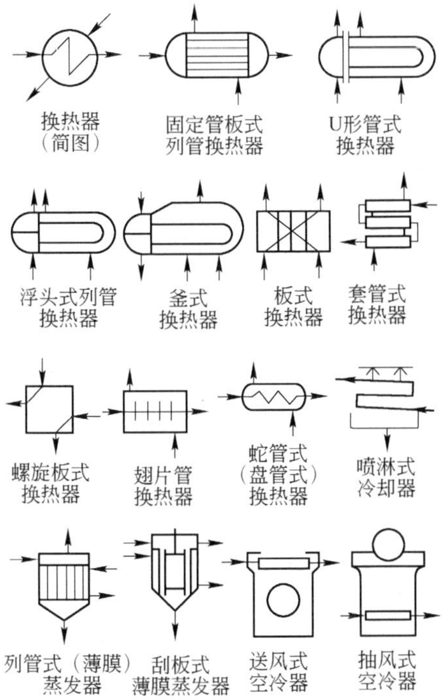 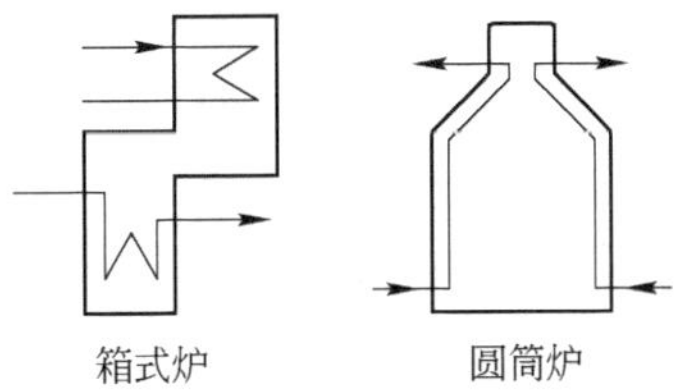	换热器（简图）；固定管板式列管换热器；U形管式换热器；浮头式列管换热器；釜式换热器；板式换热器；套管式换热器；螺旋板式换热器；翅片管换热器；蛇管式（盘管式）换热器；喷淋式冷却器；列管式（薄膜）蒸发器；刮板式薄膜蒸发器；送风式空冷器；抽风式空冷器
反应器（R）	固定床式反应器；列管式反应器；硫化床反应器；反应釜（闭式、带搅拌、夹套）；反应釜（开式、带搅拌、夹套）；反应釜（开式、带搅拌、夹套、内盘管）
工业炉（F）	箱式炉；圆筒炉
其他机械（M）	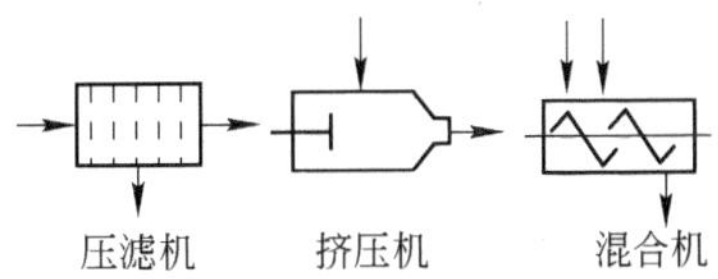 压滤机；挤压机；混合机
动力机（M、E、S、D）	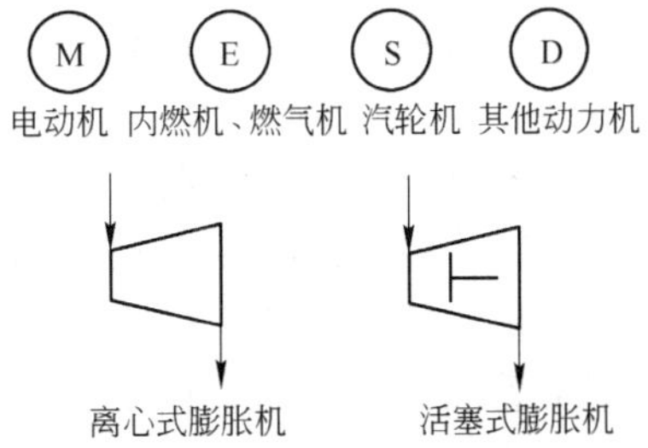 M 电动机；E 内燃机、燃气机；S 汽轮机；D 其他动力机；离心式膨胀机；活塞式膨胀机
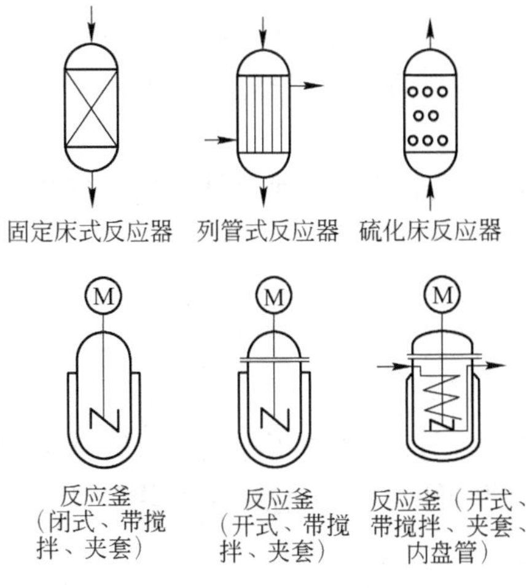 火炬烟囱（S）	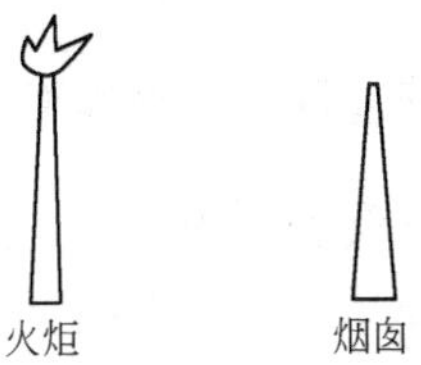 火炬；烟囱

（2）不必按比例绘制，但要注意设备之间的相对大小和位置的相对高低；
（3）重要管口位置大致符合实际位置；
（4）相同的多台设备可只画一套，备用设备不必画出。

12.1.2.2　绘制流程线

在流程图中，主物料线（或称为主管线）是指工艺物料管线，辅助物料流程线（或称为次要管线）一般指添加剂、循环水、加热蒸汽、放空管、导淋（即排净）管线、调节副线等。绘制流程线时：

（1）主要物料流程线用粗实线（线宽为 0.7mm）画出，辅助物料流程线用中粗线（线宽为 0.35mm）画出。流程线一般画成水平线[1]和垂直线，转弯一律画成直角。

（2）流程线发生交错时，同一物料按“先不断后断”的原则断开其中一根；不同物料的流程线交错时，主物料线不断，辅物料线断，即“主不断辅断”。

（3）在两设备之间的流程线上，至少应有一个流向箭头。箭头是用来表示物料从某设备流向另一设备，表达物料流向。

12.1.2.3　方案流程图标注

A　设备的标注

设备应标注名称和位号，在图的上方或下方，并尽可能正对设备。如图 12－5 所示。

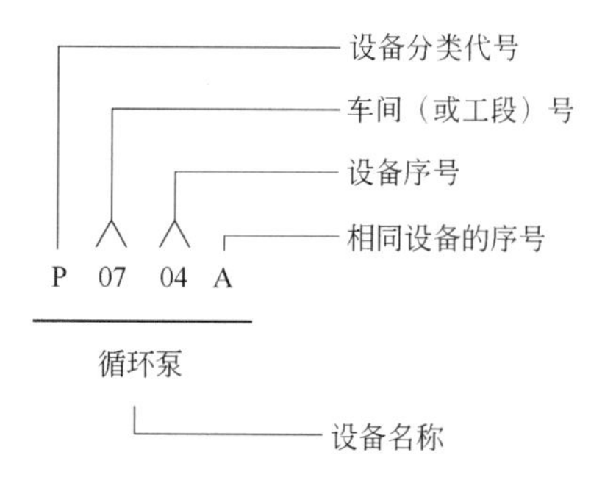

图 12－5　设备位号和名称

设备位号包括分类代号、车间或工段号、设备序号等，相同设备以尾号后字母区别。

设备的分类代号参见表 12－1。

B　流程线的标注

在流程线的起点和终点，用文字说明介质名称、来源和去向。

【例 12－1】　绘制转化工序方案流程图。

第一步：绘制设备。

按照管道及仪表流程图中设备、机器图例（HG/T 20519—2009）规定的设备图例，从左至右依次绘出流程中的设备：二氧化硫鼓风机、Ⅰ～Ⅳ换热器、转化器。如图 12－6 所示。

第二步：绘制流程线即管线，并加注箭头。

本流程图中，炉气管线为主物料线，转化器前二氧化硫管线、转化后三氧化硫管线都是主物料线，用粗实线绘制。如图 12－7 所示。

第三步：设备与管线标注。如图 12－8 所示。

12.1.3　管道及仪表流程图绘制

管道及仪表流程图是按照工艺生产流程的顺序，将生产中所有设备、管路和测点等从左至右展开画在同一平面上，并附以必要的标注和说明。一般包括生产装置设备图例、物料及动力管线、阀件和管件、设备标注、管线标注、计量控制测点等。

---

[1] 特殊管线需要倾斜安装的则绘制斜线，如含尘量较大的气固管线，或含渣量较大的液固管线。

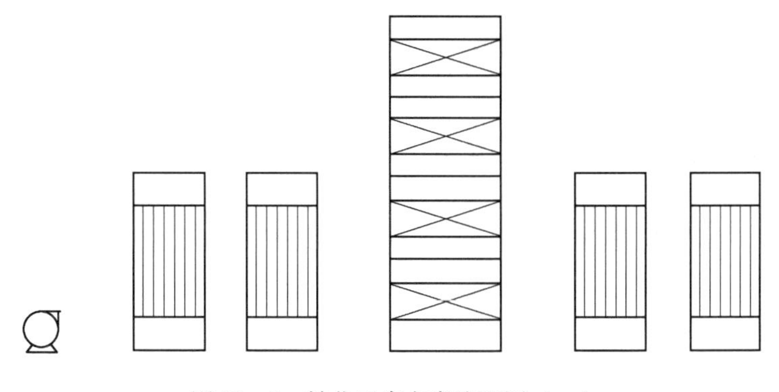

图 12-6 转化工序方案流程图（一）

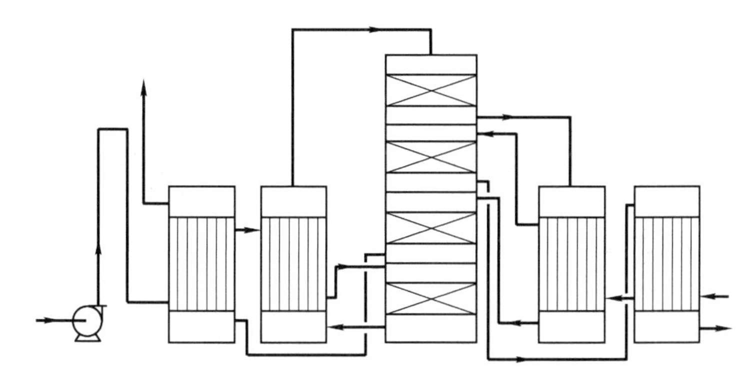

图 12-7 转化工序方案流程图（二）

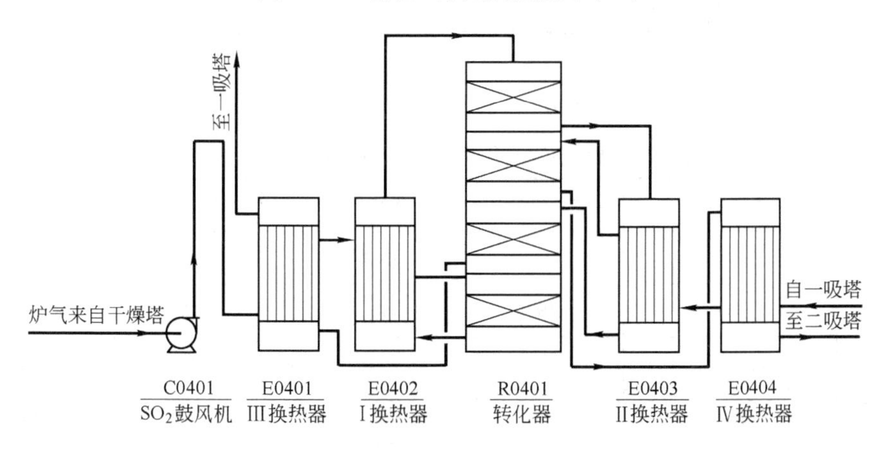

图 12-8 转化工序方案流程图（三）

12.1.3.1 管道及仪表流程图内容

管道及仪表流程图的内容包括：

（1）图形，包括全部设备示意图、物料流程线、阀门、管件及仪表控制线；

（2）标注，包括设备位号、管道编号、控制点、必要的说明；

（3）图例，包括阀门、管件、控制点等符号的意义；

（4）标题栏，包括图名、图号等。

12.1.3.2 带控制点工艺流程图画法

带控制点工艺流程图的画法为：

（1）细实线画出全部设备的外形轮廓。

（2）编写设备位号。一般应在两个地方标注设备位号：第一个是在图的上方或下方，要求排列整齐，并尽可能正对设备；第二个是在设备内或其近旁，此处仅注位号，不写名称。

（3）管路的表示方法。

1）一般情况下，用单线条表示管路，主要物料管用粗实线表示，其他物料管用中实线表示；

2）管线一律画成水平或垂直，转角是90°直角；

3）两流程线交叉时，主物料线不断，辅助物料线断；

4）每条管线上画出箭头；

5）编写管道代号，管道编号如图12-9（a）所示，当管道规格比较单一时，管道编号如图12-9（b）所示。也有的表达是，管道规格不在图中显示，只是在材料表中体现。物料名称及代号见表12-2。

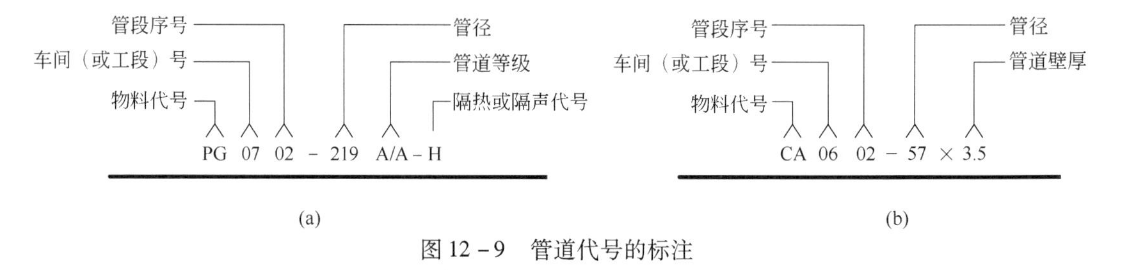

图12-9 管道代号的标注

表12-2 物料名称及代号（摘自HG/T 20519—2009）

物料代号	物料名称	物料代号	物料名称	物料代号	物料名称
PA	工艺空气	FG	燃料气	CWR	循环冷却水回水
PG	工艺气体	DR	排液、导淋	CWS	循环冷却水上水
PGL	气液两相流工艺物料	H	氢	SW	软水
PGS	气固两相流工艺物料	DW	生活用水	CSW	化学污水
PL	工艺液体	RW	原水、新鲜水	AL	液氨
PLS	液固两相流工艺物料	CA	压缩空气	N	氮
PW	工艺水	IA	仪表空气	O	氧
AR	空气	HS	高压蒸汽	VE	真空排放气
WW	生产废水	SC	蒸汽冷凝水	VT	放空

（4）阀门及管件的表示方法。绘制管线上的阀门、管件、保温层等，具体表示见表12-3。

表 12－3 管道及仪表流程图中管子、管件、阀门及管道附件图例（摘自 HG/T 20519—2009）

名 称	图 例	名 称	图 例
主要物料管道		闸阀	
辅助物料及公用系统管道		截止阀	
原有管道		球阀	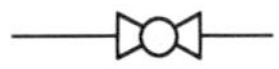
可拆短管		翅片管	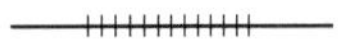
蒸气伴热管道		文氏管	
电伴热管道		管道隔热层	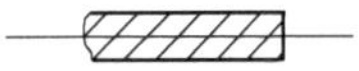
柔性管		夹套管	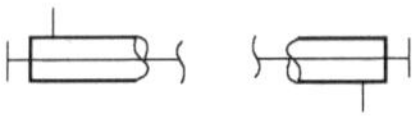
喷淋管		蝶阀	
放空管		隔膜阀	
敞口漏斗	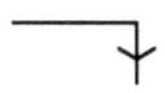	减压阀	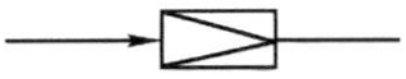
异径管	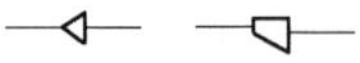	节流阀	

（5）仪表控制点的表示方法。管路或设备内不同位置、不同时间流经的物料压力、温度、流量、液位需进行测量、显示，或进行取样分析。在管道及仪表流程图中，仪表测点用直径 10mm 的圆圈表示出，圆圈内标出仪表位号，仪表位号的组成如图 12－10（a）所示。根据仪表的显示方式又分为就地显示仪表、就地集中显示控制仪表、集中仪表盘面安装控制仪表、DCS 控制系统仪表，其表达方式如图 12－10（b）所示。被测变量字母代号及仪表功能字母代号见表 12－4。

（6）图纸与图例。对于较为复杂的工程设计，通常以车间或工段为单元开展设计，各工序管道及仪表流程图一般用 A1 图纸，图例单独绘制在一张图纸上（该图又称为首页

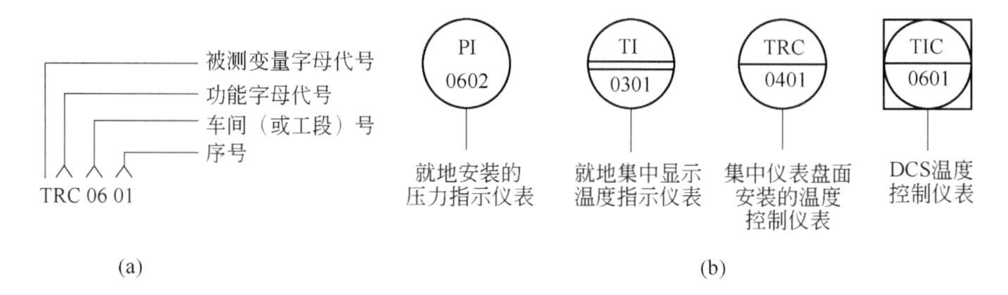

图 12－10　仪表位号及其标注
（a）仪表位号的组成；（b）仪表位号的标注

图）。对于较为简单的工艺，可选用 A2 图纸，图例绘制在同张图纸上，一般位于流程图的右侧或左下侧。

表 12－4　被测变量及仪表功能的字母组合

被测变量 仪表功能	温度	温差	压力或真空	压差	流量	流量比率	分析	密度	黏度
指示	TI	TdI	PI	PdI	FI	FfI	AI	DI	DI
指示、控制	TIC	TdIC	PIC	PdIC	FIC	FfIC	AIC	DIC	DIC
指示、报警	TIA	TdIA	PIA	PdIA	FIA	FfIA	AIA	DIA	DIA
指示、开关	TIS	TdIS	PIS	PdIS	FIS	FfIS	AIS	DIS	DIS
记录	TR	TdR	PR	PdR	FR	FfR	AR	DR	VR
记录、控制	TRC	TdRC	PRC	PdRC	FRC	FfRC	ARC	DRC	VRC
记录、报警	TRA	TdRA	PRA	PdRA	FRA	FfRA	ARA	DRA	VRA
记录、开关	TRS	TdRS	PRS	PdRS	FRS	FfRS	ARS	DRS	VRS
控制	TC	TdC	PC	PdC	FC	FfC	AC	DC	VC
控制、变速	TCT	TdCT	PCT	PdCT	FCT		ACT	DCT	VCT

【例 12－2】　绘制转化工序管道及仪表流程图（不含开车系统）。

管道及仪表流程图是在方案流程图的基础上，表达出所有设备、阀门、仪表与控制、保温符号等。最后，将图中的阀门、管件、控制点符号等以图例形式绘出。绘制结果如图 12－11 所示。

需要说明的是，管道及仪表流程图从最初设计开始（即 A 版）至最终版，施工用的最终版管道及仪表流程图中，需要将所有异径管、设备主要管口、设备排净、管道导淋、最高点排气等表达出来；每个仪表测点唯一编号，并表达出开停车、检修、安全保护等管线。

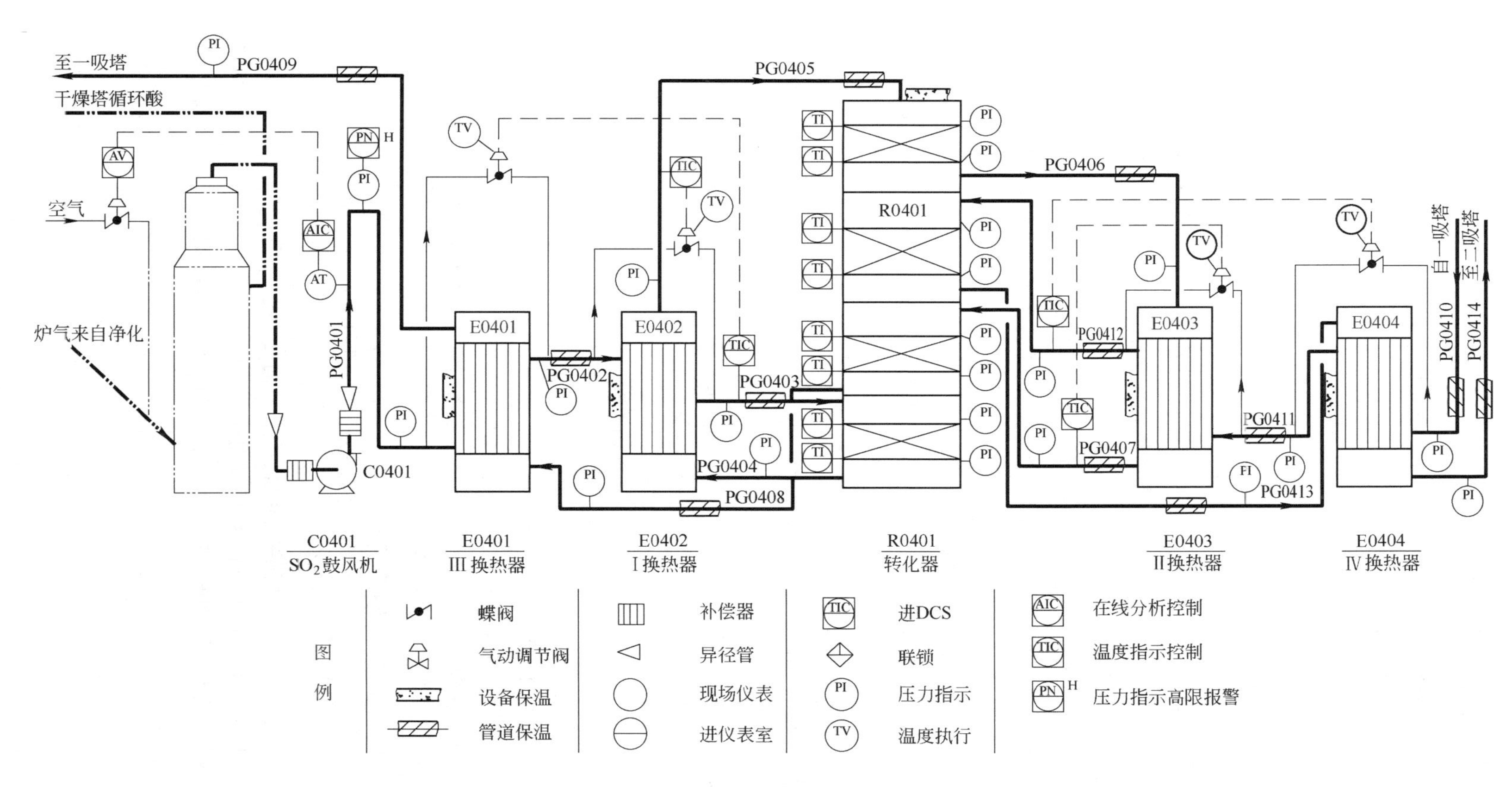

图 12-11 转化工序 PID 流程示意图

12.2　工艺管道及仪表流程图的阅读

新建装置或改扩建装置的安装、操作与管理，都需要阅读工艺管道及仪表流程图。通过读图，可以了解和掌握物料的流程，弄清所用设备的种类、数量和位号，阀门及仪表控制点的功能、类型和控制部位，开停车的顺序等。

以转化工序管道及仪表流程图（见图12－11）为例，介绍读图的一般方法与步骤：

（1）了解设备名称、位号及数量 。图12－11所示转化工序共有6台设备，它们分别是：二氧化硫鼓风机（C0401）、第Ⅰ换热器（E0401）、第Ⅱ换热器（E0402）、第Ⅲ换热器（E0403）、第Ⅳ换热器（E0404）和转化器（R0401），数量均为1台。

（2）分析物料流程。图中粗线部分表达的是二氧化硫和三氧化硫炉气流向，中粗线部分表达的是操作调节用副线。

（3）了解动力或其他介质流程。如循环冷却水管线、加热与伴热管线、惰性气体保护管线、管路吹扫管线、搅拌用空气管线等。转化工序有开车管线（图12－11中未表示）。

（4）了解生产过程中的控制情况：

1）根据二氧化硫鼓风机风机出口二氧化硫在线分析浓度（AIC）控制进干燥塔空气补入量。

2）根据转化器各段进口温度（TIC）控制各换热器进气量。

3）转化器各段进、出口压力指示（PI），是为了观测炉气通过各段阻力降的变化情况，了解催化剂运行状态。

4）各换热器进、出口设置压力指示（PI），是为了了解各换热器运行状态。

习题与思考题

12－1　化工工艺流程图有哪几种，各有何用途？

12－2　管道及仪表流程图中流程线断开的原则是什么？

12－3　在管道及仪表流程图中，主管线、次要管线、设备图例各用什么线来表达？

12－4　从管道及仪表流程图能了解到哪些信息？

12－5　指出 LI 103、TIC 101、PIC 203 分别表示的含义是什么？

12－6　化工4大类设备（容器、反应器、换热器、塔器）的设备代号各是什么？

12－7　设备位号“P0705AB”中各字符表达的含义是什么？

12－8　指出管道编号“PLS7208－108A/A－H”中字符表达的含义是什么？

附　　录

附录1　初级制酸工考核试题选

一、填空题

1. 化工工艺流程图是一种表示化工生产过程的示意性图样。

2. 设备分类代号中字母为 E 表示换热器，表示反应器的字母为 R。

3. 疏水阀用于蒸汽管道上自动排除冷凝水。

4. 生产中带手柄手动控制阀常以手柄来标识阀门的开闭状态，手柄与管道平行标识阀门为开启，手柄与管道垂直标识阀门为关闭。

5. 导致机泵电机温度超高的是电机风叶损坏、电机轴承磨损较重、负载过大。

6. 过滤机助滤剂一般采用硅藻土，在没有搅拌的情况下，助滤剂加入液体硫黄中，会漂浮在液硫表面，预涂时过滤机内压力上下频繁波动，易造成预涂层厚度不均匀，预涂效果应最终由样品分析结果确定。

7. 对于硫黄焚烧反应过程而言，使用液体硫黄而不使用固体硫黄的直接目的是方便硫黄雾化。

8. 硫铁矿的主要形态是黄铁矿，其分子表达式是FeS_2。

9. 硫铁矿的沸腾焙烧是应用固体流态化技术来完成焙烧反应，一定的固体颗粒粒径下，颗粒的流态化与气体速度有关，气速过低，颗粒将无法悬浮，气速过高，颗粒将被吹走。

10. 离心风机的工作原理是利用高速旋转的叶轮将气体加速，然后减速、改变流向，使动能转换成势能（压力）。

11. 硫酸装置余热锅炉的工作原理是利用沸腾焙烧炉（或焚硫炉、熔炼炉）出来的高温气体在锅炉中与水进行热量交换，水吸收热量形成蒸汽，作为工业生产所需的能源。

12. 硫酸装置余热锅炉既可用来回收余热产生蒸汽，同时也起降温除尘的工艺作用。

13. 锅炉管蒸发面上附着的杂物不除去，则易导致鼓（爆）管。

14. 锅炉系统清洗的目的主要是防止杂物堵塞管道或卡在阀门内造成阀门关不严。

15. 锅炉在运行中会产生水渣的机理是炉水蒸发导致水中钙镁离子组分不断浓缩，浓缩至一定浓度时与加入的药剂反应产生水渣。

16. 旋风分离器的除尘原理是利用离心力作用使气固分离，其分离效果与进气速度有关，进气速度越大，分离效果越好，但气体通过阻力越大。

17. 电除尘器的除尘原理是在器内正负电极上通以高压直流电，形成不均匀的高压电场产生带电体，含尘气体通过时，尘被撞击带负电荷向正电极（或称沉降极，收尘电极）方向移动，到达电极表面进行电性中和后被捕集下来。

18. 硫铁矿制酸或冶炼烟气制酸装置中，净化工序主要去除炉气中的矿尘、三氧化二砷、氟化物、二氧化硒、三氧化硫、水蒸气等。

19. 硫铁矿制酸或冶炼烟气制酸装置中，进入净化工序炉气中砷、硒高温下呈气态，通过降温冷凝成固态，可被洗涤液吸收去除。

20. 硫酸装置炉气净化指标（标态）是酸雾≤5mg/m^3、尘≤2mg/m^3、水≤100mg/m^3、氟（以F计）≤0.5mg/m^3、砷≤1 mg/m^3。

21. 硫铁矿制酸或冶炼烟气制酸装置中，炉气净化的关键是去除酸雾，因为这样还可同时清除被其吸附的砷、硒氧化物，以及微尘。

22. 炉气的干燥就是在干燥塔内将气体与93% ~95%浓硫酸接触来实现的。

23. 二氧化硫氧化成三氧化硫的反应特点是放热、体积缩小、需要催化剂的可逆反应。

24. 二氧化硫氧化成三氧化硫的反应存在最佳温度。

25. 硫酸生产中，在一定的温度和压力下，进转化器气体中氧的体积分数越高、二氧化硫的体积分数越低，平衡转化率越高。

26. 硫酸转化一层进口温度约为420℃，二层入口约为440℃，三层触媒约为440℃，四层入口约为430℃（使用进口催化剂）。

27. 按照催化剂使用温度不同，目前硫酸生产用催化剂可分为低温和中温催化剂两种。

28. 二氧化硫氧化成三氧化硫的反应催化剂为钒触媒，具有催化活性的主体成分是五氧化二钒。

29. 接触法硫酸生产发展中，转化工序经历有“一转一吸”流程和“两转两吸”流程。

30. 转化工艺操作条件主要有三点：转化反应的操作温度、转化反应的进气浓度、转化器的通气量。这三个条件通称为转化操作的“三要素”。

31. 硫酸装置上使用的二氧化硫风机大多是离心式鼓风机，启动二氧化硫风机前，应检查确认风机进口阀门是关闭，出口阀、排空阀或回流阀是开启，才可合闸按电钮启动风机。

32. 硫酸生产中，当转化器进气中二氧化硫的体积分数超高时，可加大干燥塔进口的空气阀门开度。

33. 在硫酸装置吸收塔，由于吸收了转化气中的SO_3，出吸收塔的酸浓度增加，需要串入93%的干燥酸和补充水来维持吸收循环酸浓度。

34. 在北方寒冷地区生产硫酸时，常将吸收塔生成的酸全部串入干燥塔，并在干燥塔内加水稀释至93%硫酸，引出作为产品酸。

35. 当采用阳极保护酸冷器时，干燥酸浓度应在93.5% ~95%的范围内。

36. 干吸循环酸系统由循环酸槽、冷却器、泵、塔等4类主要设备组成。

37. 由转化工序来的三氧化硫气体的体积分数是影响98%硫酸、105%发烟硫酸浓度的主要因素。

38. 对串酸管和产酸管装于泵后的流程，增大产酸量和串酸量会引起上塔酸量的相应减少。

39. 干燥塔出口气体的捕沫采用丝网除沫器。

40. 纤维除雾器专门用于捕集吸收塔出口气体的酸雾，以减少吸收塔出口烟气的雾沫夹带量。

41. 干吸工序浓硫酸的冷却是采用带阳极保护的酸冷器，为固定管壳式结构，壳侧走浓硫酸，管侧走循环冷却水。

42. 在阳极保护系统正式投用前，应对被保护的金属设备和管道进行钝化处理，形成有效的保护膜。

43. 硫酸装置干吸工序的浓硫酸泵需要耐高温浓硫酸，一般采用液下泵形式。

44. 酸烧伤时，在大量水冲洗后应用5%（质量分数）碳酸氢钠溶液冲洗，碱烧伤时，在大量水冲洗后应用5%（质量分数）硼酸冲洗。

45. 金属分为黑色金属和有色金属两大类，黑色金属是指铁、铬、锰，其他金属则称为有色金属。

46. 在硫酸生产中，各种介质对设备和材料的腐蚀按其作用机理不同可分为两类：一类称为化学腐蚀；另一类称为电化学腐蚀。

47. 我国安全生产的方针是“安全第一，预防为主，综合治理”。

48. 三级安全教育即厂级教育、车间级教育和班组级教育。

49. 化工生产过程一般存在三种工况：正常运行、开停车和紧急状况。

50. 化工自动化仪表按其功能不同分成四大类：检测仪表、显示仪表、控制仪表和执行器。

二、单选题

1. 要准确量取一定量的液体，最适当的器具是（A）。

A. 量筒　B. 烧杯　C. 试剂瓶　D. 滴定管

2. 下列气体中不能用浓硫酸做干燥剂的是（A）。

A. NH_3　B. Cl_2　C. N_2　D. O_2

3. 设备分类代号中表示容器的字母为（A）。

A. V　B. T　C. P　D. R

4. 在化工工艺管道及仪表流程图中，被测变量字符F表达（A）参数。

A. 流量　B. 液位　C. 温度　D. 压力

5. 在化工工艺管道及仪表流程图中，某管道编号“PG0305－57×3.5”中03表示（A）。

A. 车间编号　B. 设备位号　C. 顺序号　D. 工号

6. 柱塞式加药泵启动前不打开出口阀的危害是（A）。

A. 泵“憋压”、电机过电流　B. 电机过电流、药液在出口凝结

C. 泵“憋压”、药液在出口凝结　D. 泵“憋压”、发生“汽蚀”

7. 离心式酸泵在降低工作负荷时不能采取减小泵进口阀开度的方法，其主要目的是（A）。

A. 防止出现“汽蚀”　B. 防止出现“气缚”

C. 避免漏液　D. 防止泵振动

8. 卧式离心泵启动进行灌泵的目的主要是（A）。

A. 防止发生“气缚”　B. 防止发生“汽蚀”
C. 防止泵及管线振动　D. 防止启动电流过大

9. 离心泵启动前应关闭出口阀，其目的主要是（A）。

A. 防止启动电流过大　B. 防止启动时发生“汽蚀”
C. 防止启动时流量过大　D. 防止泵及管线振动

10. 离心泵切换时，在被切换泵停电前，其出口阀需关死的目的是（A）。

A. 防止备用泵打出的流体倒灌入被切换泵，损坏被切换泵
B. 防止备用泵进气
C. 防止被切换泵停电后出口阀关不死
D. 防止被切换泵进液槽液位失控

11. 鼓风机停用时间较长时需打开蜗壳清理的主要目的是（A）。

A. 防止蜗壳内酸泥的硫酸浓度变稀后腐蚀设备，并产生氢气
B. 防止蜗壳进杂物
C. 防止涡轮被酸泥凝结死
D. 防止蜗壳内酸泥凝结难清理

12. 当液体物料含有少量固体杂质时，闸阀最合理的安装方式是（A）。

A. 竖立　B. 水平侧向　C. 水平朝上　D. 水平朝下

13. 对于蒸汽管网，疏水阀的作用主要是（A）。

A. 排除冷凝水、管网泄压排余汽　B. 排除冷凝水、观察管网汽压
C. 排除冷凝水、调节管网压力　D. 排除冷凝水、调节疏水阀后段管网汽量

14. 风机铭牌上标注的气量是指（A）条件下气体的流量。

A. 20℃、101.325kPa（1atm）　B. 0℃、101.325kPa（1atm）
C. 20℃、出口设计压力　D. 出口设计温度、压力

15. 属于浮力式液位计的是（A）。

A. 磁翻板液位计　B. 差压液位计　C. 音叉液位计　D. 雷达液位计

16. 在相同操作条件下，下列流量计中，压头损失最大的流量计种类是（A）。

A. 孔板流量计　B. 转子流量计　C. 涡街流量计　D. 电磁流量计

17. 从事（A）作业时，作业人员必须穿好专用的工作服。

A. 酸碱　B. 电焊　C. 高空　D. 气焊

18. 工作地点有有毒的气体、粉尘、雾滴时，作业人员应按规定佩戴好（A）。

A. 过滤式防毒面具　B. 防护服　C. 口罩　D. 防护面罩

19. 各种皮带运输机、链条机的转动部位，除安装防护罩外，还应有（A）。

A. 安全防护绳　B. 防护线　C. 报警装置　D. 防护网

20. 厂内行人要注意风向及风力，以防在突发事故中被有毒气体侵害时要绕行、停行、（A）。

A. 逆风而行　B. 顺风而行　C. 穿行　D. 快行

21. 清洁生产的内容包括清洁的能源、（A）、清洁的产品、清洁的服务。

A. 清洁的生产过程　B. 清洁的资源　C. 清洁的工艺　D. 清洁的原材料

22. 气体测爆仪测定的是可燃气体的（A）。

A. 浓度　B. 爆炸上限　C. 爆炸下限　D. 爆炸极限范围

23. 能够认定劳动合同无效的机构是（A）。

A. 劳动争议仲裁委员会　B. 各级人民政府

C. 各级劳动行政部门　D. 工商行政管理部门

24. 与矿产硫黄相比，从石油、天然气中回收的硫黄具有（A）的特点。

A. 纯度高、对硫酸生产有害的杂质低　B. 纯度低、对硫酸生产有害的杂质高

C. 纯度低、对硫酸生产有害的杂质低　D. 纯度高、对硫酸生产有害的杂质高

25. 在焚硫炉这样的反应环境中，纯品硫燃烧生成的气体中不会有（A）。

A. H_2O　B. SO_3　C. SO_2　D. N_2

26. 关于硫酸蒸气压，下列叙述错误的是（A）。

A. 硫酸的蒸气压随温度的升高而降低

B. 发烟酸总蒸气压随三氧化硫含量增加而增加

C. 硫酸的蒸气压随温度的升高而增加

D. 一定温度下，浓度在98.3%以下时硫酸溶液上的总蒸气压随浓度增大而减小

27. 在硫酸浓度为93%～100%的范围内，二氧化硫气体在硫酸中的溶解量随硫酸浓度的升高而（ A ）。

A. 增加　B. 减小　C. 不变　D. 变化无规律

28. 影响焚硫炉（或沸腾焙烧炉）烘炉质量的操作因素较多，但归根结底的是（A）。

A. 烘炉温度控制平稳性　B. 烘炉燃料量调节平稳性

C. 烘炉风量调节平稳性　D. 与锅炉煮炉操作配合平稳性

29. 维持同样的焚硫温度，在硫黄水分上升时，焚硫炉出口炉气中二氧化硫的体积分数（A）。

A. 提高　B. 下降　C. 不变　D. 无法确定

30. 下列金属冶炼过程中产生的烟气不能用来制取硫酸的是（A）。

A. 钢　B. 铜　C. 铅　D. 镍

31. 硫黄喷枪（磺枪）上设置蒸汽夹套的目的，下列说法全面、正确的是（A）。

A. 短期停车时降低磺枪承受的炉内高温热并正常保温

B. 短期停车时降低磺枪承受的炉内高温热

C. 短期停车时防止磺枪内残留的液硫凝固

D. 生产过程中为通过的液硫保温

32. 在其他操作条件不变时，加大锅炉产汽量或蒸汽排放量，则锅炉压力（A）。

A. 下降　B. 上升　C. 不变　D. 不一定变化

33. 锅炉煮炉时炉水中磷酸根含量及其碱度控制值比正常运行时高的根本原因是（A）。

A. 保证有效除去锅炉设备中有关杂物　B. 锅炉煮炉安全有特殊要求

C. 煮炉操作工况限制　D. 锅炉煮炉时排污量较正常运行时大

34. 硫铁矿制酸沸腾焙烧炉操作是利用（A）技术。

A. 固体流态化　B. 沸腾　C. 燃烧　D. 分解

35. 进行锅炉排污、排汽、排水操作时，操作人员不应站在排出口的（A）。
A. 正对面 B. 侧面 C. 上方 D. 后面
36. 硫酸装置锅炉连续排污膨胀器的作用是（A）。
A. 排污、实现汽水分离、回收低压蒸汽 B. 实现汽水分离、回收低压蒸汽
C. 排污、实现汽水分离 D. 排污、回收低压蒸汽
37. 硫酸装置废热锅炉“热备用”停车后，其炉水水质指标应（A）。
A. 维持不变 B. 下调 C. 上调 D. 不需要调节
38. 关于降低汽包压力可以迅速降低锅炉汽包液位的操作原理是（A）。
A. 可以降低锅炉水蒸发温度和提高锅炉传热温差，从而增加锅炉水蒸发量，降低汽包液位
B. 可以降低锅炉水温度，从而提高水的密度，缩小其体积，降低汽包液位
C. 可以提高蒸汽流速，从而被蒸汽夹带走的锅炉水量增加，降低汽包液位
D. 前三者都是
39. 锅炉断水时维持汽包在较高压力的主要目的是（A）。
A. 减少炉水蒸发量 B. 维持产汽温度
C. 为再开车时锅炉和转化系统迅速正常创造较好的条件 D. 维持产汽压力
40. 硫酸装置二氧化硫风机出口炉气含有较高的（A），会堵塞管道设备，也会覆盖催化剂表面，使其活性表面减少，若进入成品酸则使酸中杂质含量增高，颜色变红或变黑，影响成品酸质量。
A. 矿尘 B. 二氧化硫 C. 氟 D. 水
41. 硫酸装置转化器进口炉气中含有较高的（A），会使催化剂粉化、减重，严重时会使催化剂变黑，并呈多孔结构，催化剂活性下降，熔点降低。
A. 氟 B. 砷 C. 矿尘 D. 水
42. 二氧化硫风机出口炉气含有较高的（A），会对设备和管道造成腐蚀。
A. 水 B. 砷 C. 氟 D. 矿尘
43. 硫酸装置净化工序电除雾器前设置气体冷却器的目的是（A）。
A. 使酸雾粒径增大，提高除雾效果 B. 减小气体对设备腐蚀
C. 保护电除雾器 D. 保护二氧化硫风机
44. 下列（A）洗涤设备，适合于气量波动大、杂质含量高的冶炼烟气的净化操作。
A. 动力波 B. 空塔 C. 文氏管 D. 填料塔
45. 目前，硫酸装置净化工序的稀酸一般采用（A）进行冷却。
A. 板式换热器 B. 管壳式换热器 C. U 形管式换热器 D. 热管
46. 在钒催化剂作用下，二氧化硫起始转化温度一般在（A）℃左右。
A. 420 B. 320 C. 620 D. 500
47. 硫酸装置催化剂床层进出口温差越大，则该层二氧化硫转化率（A）。
A. 越大 B. 越小 C. 不变 D. 无法判断
48. 硫酸装置采用“两转两吸”工艺的依据是利用化学反应平衡原理来提高（A）。
A. 转化率 B. 吸收率 C. 转化率和吸收率 D. 装置生产规模
49. 在二氧化硫氧化成三氧化硫过程中，及时移走三氧化硫可（A）。

A. 促使反应进一步向生成物方向进行　　B. 防止催化剂超温
C. 提高反应速度　　D. 及时回收反应热量

50. 在硫酸装置中，为确保总转化率，低温催化剂装填在（A）段。
A. 一、四　　B. 一、二　　C. 三、四　　D. 二、三

51. 除催化剂本身特性外，影响二氧化硫炉气通过催化剂床层停留时间的因素还有（A）。
A. 床层高度和催化剂床层装填空隙　　B. 床层直径
C. 转化器的直径　　D. 催化剂装填量

52. 与中温催化剂相比，使用低温催化剂的活性反应温度（A）。
A. 较低　　B. 较高　　C. 一样　　D. 难以比较高低

53. 二氧化硫炉气组分中（A）含量对钒催化剂的起燃温度影响最大。
A. 氧气　　B. 二氧化硫　　C. 氮气　　D. 三氧化硫

54. 转化进气浓度过高的现象一定有（A）等。
A. 转化一段进气温度基本不变，但出气温度过高　　B. 锅炉压力过高
C. 二段进气温度过低　　D. 转化进气浓度表指示值过高

55. 硫酸装置转化器短期停车前适当上调各段进口温度的主要目的是（A）。
A. 尽可能缩小停车后转化温度与正常反应温度的差距、防止停车期间产生冷凝酸
B. 进一步提高转化率、防止停车期间产生冷凝酸
C. 尽可能缩小停车后转化温度与正常反应温度的差距、进一步提高转化率
D. 进一步提高转化率

56. 硫酸装置长期停车前转化器应进行“冷吹”，其主要目的是（A）。
A. 将系统内残余炉气吹扫干净并降温，为设备检修创造安全、适宜的条件
B. 将系统内炉气吹扫干净，为设备检修创造安全、适宜的条件
C. 给转化系统降温，为设备检修创造安全、适宜的条件
D. 促使系统内残留的二氧化硫基本全部转化，防止二氧化硫放空污染

57. 硫酸装置停止投料后，如转化风机不停，则当一段进口温度（A）反应控制温度时，应将一段电加热器投用。
A. 略低于或等于　　B. 高于　　C. 远低于　　D. 远高于

58. 硫酸装置停止投料后，如转化风机不停，则四段电加热器投用的时机视（A）段进口温度而定。
A. 四　　B. 三　　C. 二　　D. 一

59. 干吸系统酸洗前，至少应在（A）部位安装过滤网。
A. 干吸塔出酸口、循环酸泵吸入口　　B. 循环酸泵吸入口、酸冷却器进酸口
C. 酸冷却器进酸口、干吸塔出酸口　　D. 干吸塔进酸口、循环酸泵吸

60. 在干吸初始开车时，如用水或稀硫酸作干吸系统循环液，则主要危害有（A）。
A. 急剧腐蚀设备　　B. 酸浓度提得慢
C. 出成品时间拉长　　D. 吸收率低

61. 操作人员分析98%循环酸浓时，一般需先加水稀释98%硫酸。稀释应采用（A）来进行。

A. 双倍稀释法　B. 四倍稀释法　C. 三倍稀释法　D. 半分稀释法

62. 系统大修后开车，开车前干吸工序灌酸的浓度通常是（A）。

A. 98%　B. 93%　C. 100%　D. 96%

63. 不会影响硫酸装置钒催化剂使用寿命的操作因素有（A）。

A. 系统负荷频繁调整　B. 系统频繁地长时间停车后再升温开车

C. 催化剂长期在其耐热温度以上工作　D. 第一吸收塔出气除雾效果差

64. 在硫酸装置干吸塔内，使用填料的最终目的是（A）。

A. 提高气液接触面积　B. 均匀分布喷淋酸

C. 增加气体阻力，限制其流速　D. 提高气液接触面积、均匀分布喷淋酸

65. 对硫酸装置干吸塔干燥和吸收效率最有意义的填料几何特性是（A）。

A. 比表面积　B. 堆积密度　C. 孔隙率　D. 填料尺寸

66. 系统开车前干吸系统进行酸洗的前提条件是（ A ）。

A. 干燥、吸收循环槽液位正常　B. 主鼓风机运行良好

C. 焚硫炉烘炉结束　D. 锅炉系统运转正常

67. 对于98.3%以下浓度的硫酸，浓度越高，硫酸液面上的水蒸气分压（A）。

A. 越小　B. 越大　C. 不变　D. 无法确定

68. 硫酸生产中三氧化硫的吸收是采用（A）作为吸收剂。

A. 98.3%硫酸　B. 93%硫酸　C. 水　D. 50%硫酸

69. 硫酸装置用纤维除雾器除去酸雾的原理，下列叙述全面、正确的是（A）。

A. 气流中酸雾与纤维丝碰撞而被捕获　B. 气流中酸雾与纤维丝碰撞而被捕获

C. 气流中酸雾被纤维丝吸引而附着其上　D. 气流中酸雾通过分子扩散运动被捕获

70. 对干燥塔丝网除沫器除沫效率影响最大的因素是（A）。

A. 操作气速　B. 循环酸流量　C. 循环酸温度　D. 循环酸浓度

71. 硫酸装置干吸塔采用分酸器的目的是（A）。

A. 保证干燥或吸收酸均匀分布在填料表面　B. 保证塔的喷淋密度

C. 限制干燥或吸收酸的流量　D. 调节干燥或吸收酸的流量

72. 硫酸装置发烟酸循环槽浓度主要由（A）来调节。

A. 串入的98%酸量　B. 加水量

C. 吸收的转化气量　D. 串入的干燥酸量

73. 对不产93%硫酸的装置而言，干燥酸循环槽内串入98%酸的目的是（A）。

A. 维持干燥酸循环槽酸浓度稳定　B. 维持98%循环槽酸浓度稳定

C. 维持98%循环槽液位稳定　D. 维持干燥酸循环槽液位稳定

74. 硫酸装置长期停工前，干吸系统各循环酸浓度调整原则是（A）。

A. 干燥和吸收酸浓度均维持不变　B. 干燥酸浓度适当上调、吸收酸浓度适当下调

C. 干燥和吸收酸浓度均适当上调　D. 干燥酸浓度不变、吸收酸浓度适当上调

75. 硫酸装置停工前，干吸系统各循环酸槽液位调整原则是（A）。

A. 干燥和吸收酸槽液位均适当下调

B. 干燥酸槽液位适当下调、吸收酸槽液位不变

C. 干燥和吸收酸槽液位均维持不变

D. 干燥酸槽液位不变、吸收酸槽液位适当下调

76. 硫酸装置酸冷却器如停用冷却水但不停循环酸，则其换热管内外压差（A）。

A. 增大　B. 减小　C. 不变　D. 变化难以判定

77. 尾气烟囱出口直接冒白烟原因是（A）。

A. 吸收酸浓度偏低　B. 吸收酸浓度偏高

C. 大气压力低　D. 干燥塔酸浓度偏高

78. 关于吸收循环泵跳停时快速启动备用泵的操作要点是（A）。

A. 省去电机绝缘检查、泵状况检查等环节，立即启动并调节备用泵，争取时间

B. 启动并调节备用泵前只省去电机绝缘检查环节，争取时间

C. 启动并调节备用泵前只省去泵运转状况检查环节，争取时间

D. 不能省去电机绝缘检查、泵运转状况检查等环节，按常规程序启动并调动备用泵

79. 对于硫酸装置，循环酸浓度计失灵时，可以采用最快速的（A）人工分析循环酸浓度，以维持装置运行。

A. 比重法　B. 中和滴定法　C. 重量法　D. 色谱法

80. 正常操作条件下，关于管壳式浓硫酸冷却器列管内漏造成的危害有（A）。

A. 酸冷却器列管和管板腐蚀　B. 酸冷却器壳体腐蚀

C. 酸冷却器壳体和列管腐蚀　D. 酸冷却器壳体、列管和管板腐蚀

81. 硫酸干吸工序新管壳式酸冷却器在投用初期需要进行“钝化”处理，其目的是（A）。

A. 在与酸接触的金属表面形成有效的钝化保护膜

B. 防止阳极表面钝化

C. 防止阴极表面钝化

D. 在与酸、水接触的金属表面形成有效的钝化保护膜

82. 硫酸干吸塔、槽在短期停用时应尽可能保持密闭状态，主要原因是（A）。

A. 干吸塔槽内有余酸，如暴露在空气中，易吸水变成稀酸，腐蚀设备

B. 灰尘进入影响产品质量，较大块固体进入易堵塞或损坏设备

C. 干吸塔槽内有余酸，如暴露在空气中，易吸水变成稀酸，影响产品质量

D. 防止雨水、冲地水等进入致使塔槽内余酸变成稀酸，腐蚀设备

83. 管壳式浓硫酸冷却器酸侧硫酸流速越低，对防止设备冲刷腐蚀（A）。

A. 越有利　B. 越不利　C. 不起作用　D. 作用难以确定

84. 硫酸生产过程中产生的废水和污水需进行无害化处理，处理的过程一般是（A）。

A. 脱铅、硫化、石膏、中和　B. 硫化、脱铅、石膏、中和

C. 石膏、脱铅、硫化、中和　D. 中和、硫化、脱铅、石膏

85. 关于机泵停工检修前摘除保险、彻底断电的目的是（A）。

A. 防止触电、有人误启动或机泵自启动伤人　B. 防止机泵自启动伤人

C. 防止有人误启动伤人　D. 防止触电或有人误启动伤人

86. 在冬季，蒸汽排凝管冻坏的原因是（A）。

A. 没有及时排凝或排凝量太小　B. 环境温度太低

C. 排凝管保温不好、环境温度太低　D. 排凝管保温不好

87. 下列因素中，不会造成磁翻板液位计的浮球和浮杆失效的是（A）。
A. 磁翻板失去磁性　B. 浮球被腐蚀损坏
C. 液位计下插管内有硫黄等固体堵塞　D. 浮杆严重变形
88. 在硫酸装置转化区域发生二氧化硫中毒时，抢救人员应佩戴（A）。
A. 空气呼吸器　B. 滤毒罐及面罩　C. 防毒口罩　D. 长管呼吸器
89. 硫酸溅上人体后，下列清洗液中，最适用的是（A）。
A. 5%（质量分数）的小苏打溶液　B. 5%（质量分数）的柠檬溶液
C. 30%（质量分数）的氢氧化钠溶液　D. 肥皂水
90. 国家对硫酸装置的尾气排放有环保要求，其环保指标项主要是（A）。
A. 二氧化硫和硫酸雾含量　B. 三氧化硫和硫酸雾含量
C. 二氧化硫和三氧化硫含量　D. 二氧化硫含量
91. 人所暴露的环境中空气中氧的体积分数不允许小于（A），否则对人体有严重缺氧危害。
A. 18%　B. 19%　C. 19.5%　D. 20%
92. 下列（A）对金属的腐蚀最为严重。
A. 中等浓度硫酸　B. 浓硫酸　C. 发烟硫酸　D. 稀硫酸
93. 下列（A）材质不能用于98%硫酸介质。
A. 铅　B. 碳钢　C. 聚四氟乙烯　D. 玻璃
94. 工业生产中，中和酸性废水一般采用的中和剂是（A）。
A. 石灰　B. NaOH　C. Na_2CO_3　D. 氨水
95. 鼓风机使用的透平油类润滑油长期在高温下使用发生“乳化”后，其颜色随之（A）。
A. 发白　B. 发黑　C. 变浅　D. 变深
96. 黄油类润滑油在高温下使用严重变质后，其黏稠度（A）。
A. 明显变稀　B. 明显变稠
C. 不变　D. 变化难以由肉眼判定
97. 设备润滑“五定”中“定时”是指（A）。
A. 定更新或补充润滑油的执行时间和周期　B. 定更新或补充润滑油的采购周期
C. 定更新或补充润滑油的采购时间　D. 定润滑油分析时间
98. 设备润滑“五定”中“定油”是指（A）。
A. 定各点润滑油型号　B. 定润滑油供货商
C. 定各点润滑油的质量状况　D. 定各点润滑油的数量
99. 某硫酸管线 ϕ108mm×4mm 中硫酸流量为 80m^3/h，若硫酸密度为 1800kg/m^3，则该管道半小时内所输送的硫酸质量为（A）t。
A. 72　B. 80　C. 144　D. 180
100. 某硫酸装置成品酸储槽内径为 4.8m，储存 98% 硫酸，该硫酸密度为 1830kg/m^3，储槽进酸管线为 ϕ159mm×5mm，酸流量为 150m^3/h，若储槽初始液位为 0.5m，现向其内输送硫酸，半小时后液位达到（A）m。
A. 4.65　B. 4.15　C. 4.30　D. 4.80

三、判断题

1. 记录填写的要求是及时、准确、客观真实、内容完整、字迹清晰。(√)
2. 管道及仪表工艺流程图中，次要物料的流程线用虚线表示。(×)
3. 在管道及仪表工艺流程图中，必须标出仪表点并进行编号。(√)
4. 化工设备图中接管的表达只要通过多次旋转法就可以表达清楚。(×)
5. 转子流量计可以安装在管道中任意位置。(×)
6. 离心泵最常用的流量调节方法是改变吸入阀的开度。(×)
7. 扬程为30m的离心泵，能把水输送到30m的高度。(×)
8. 高压离心风机运行中喘振现象的出现是因为流量过小。(√)
9. 沉降操作只能用于分离气固混合物。(×)
10. 板框压滤机的滤板和滤框可进行任意排列。(×)
11. 换热器正常操作之前必须打开放空阀进行排气。(√)
12. 安全检查的任务是发现和查明各种危险和隐患，督促整改，监督各项安全管理规章制度的实施，制止违章指挥、违章作业。(√)
13. 穿用防护鞋时不得将裤脚插入鞋筒内。(√)
14. 人体皮肤是化工生产中有毒有害物质侵入人体的主要途径。(√)
15. 各种皮带运输机、链条机的转动部位，除装防护罩外，还应有安全防护绳。(√)
16. 职业中毒是指在生产过程中使用的有毒物质或有毒产品，以及生产中产生的有毒废气、废液、废渣引起的中毒。(√)
17. 清洁生产通过应用专门技术，改进工艺、设备和改变管理态度来实现。(√)
18. 干粉灭火器能迅速扑灭液体火焰，同时泡沫能起到及时冷却作用。(√)
19. 标准化是指在经济、技术、科学及管理等社会实践中对重复性事物和概念通过制定、发布和实施标准达到统一，以获最佳秩序和社会效益。(√)
20. 从业人员在发现直接危及人身安全的紧急情况时，不得停止作业或者在采取可能的应急措施后撤离作业场所。(×)
21. 焚硫炉（或沸腾焙烧炉）烘炉目的就是去除炉内砌筑材料中的游离水、结晶水。(×)
22. 磷酸三钠受热可分解产生有毒的氧化磷烟气。(√)
23. 固体硫黄进行熔融精制的目的是将固体硫黄熔融为液体硫黄，并除去硫黄中的水分、灰分、部分有机物和降低硫黄酸度。(√)
24. 液硫槽内蒸汽加热盘管是一种简单的换热器，可用来加热液硫，特殊情况下也可用来对液硫降温。(√)
25. 硫酸装置热管式省煤器的每根热管相互连通，单根热管损坏会影响其他热管使用。(×)
26. 沸腾焙烧炉上部设扩大段的作用是：在扩大段处气速下降，细小的颗粒重新落回沸腾层，避免过多矿尘进入炉气。(√)
27. 沸腾焙烧炉进料只要控制稳定的进料量和一定的粒度，对进料水含量无要求。(×)

28. 硫铁矿制酸中余热锅炉的作用只是综合利用热量。(×)

29. 沸腾焙烧炉炉渣没有多少可利用价值，只能用做建筑充填物。(×)

30. 硫酸装置电收尘器除尘过程中，矿尘是在负电极上吸附而被除下来的。(×)

31. 冶炼烟气的成分复杂，对炉气净化工序要求较高。(√)

32. 二氧化硫烟气一般产生于金属的火法冶炼过程。(√)

33. 硫黄制酸装置比冶炼烟气制酸、硫铁矿制酸装置工艺流程都要简单，无净化工序，因而热能利用更为合理。(√)

34. 硫酸生产中净化工序采用降温洗涤的主要目的是去除砷和硒。(√)

35. 没有钒催化剂的作用，二氧化硫不会被氧化成三氧化硫。(×)

36. 调节转化器某一段进口温度时，对其他各段进口温度均有影响。(√)

37. 对二氧化硫氧化反应而言，系统压力对二氧化硫转化率影响较大。(×)

38. 采用“一转一吸”工艺的硫酸装置的转化率在理论上比“两转两吸”硫酸装置的低。(√)

39. 硫酸生产中，前后分两次进行转化和吸收的工艺称为“两转两吸”工艺。(√)

40. 硫酸装置一段使用部分低温催化剂而不全部使用中温催化剂，有利于提高装置的生产能力。(√)

41. 硫酸装置转化器中催化剂床层装填量越多，则该层二氧化硫转化率越高。(×)

42. 硫酸装置转化器短期停车前适当上调各段进口温度的主要目的是尽可能缩小停车后转化温度与正常反应温度的差距、防止停车期间产生冷凝酸。(√)

43. 水汽进入转化系统，与三氧化硫形成硫酸蒸气，该硫酸蒸气在吸收塔可被吸收。(×)

44. 填料塔液泛只与进塔气速有关，因此，调节硫酸装置干吸塔循环酸量时不用担心会出现液泛现象。(×)

45. 调节干燥或吸收酸循环槽浓度时，应综合考虑通入本塔的气量和串入的高浓度或低浓度硫酸对调节的影响。(√)

46. 当硫酸装置吸收塔出酸管上的 U 形液封性能不好时，吸收循环槽内呈正压，条件具备时易从与之连通的取样罐、立式泵底座法兰等易泄压处冒出，且夹带酸液。(√)

47. 硫酸装置停止投料后，如系统不进行“热吹”，则系统内留有较高浓度的三氧化硫和较低浓度的二氧化硫。(×)

48. 硫酸装置干吸塔内衬瓷砖的主要作用是防止硫酸腐蚀塔筒体。(√)

49. 硫酸污酸处理过程中，将污酸通入石灰石乳液以除去部分酸和氟化氢等有害物质。(√)

50. 润滑点通常是设备上存在相互运动的部位或部件。(√)

四、简答题

1. 工业上用于生产硫酸的原料主要有哪些，其主要生产过程分别是什么？

答：工业上用于生产硫酸的原料主要有硫黄、硫铁矿、含硫冶炼烟气。硫黄制酸生产过程主要是熔硫、焚硫、转化、吸收过程；硫铁矿制酸生产过程主要是原料预处理、焙烧、净化、转化、吸收、综合处理；含硫冶炼烟气制取硫酸的生产过程是净化、转化、吸收、综合处理。

2. 硫黄制酸装置一般由哪些工艺组成?

答：纯净的硫黄制酸装置工艺部分由6个工段组成，即原料工段、熔硫工段、焚硫转化工段、干吸工段、尾吸工段、成品工段。

3. 硫铁矿制酸中提高焙烧反应速率的措施有哪些?

答：影响焙烧速率的因素有温度、矿料粒度和氧的浓度，控制温度在900℃左右；减小矿料粒度，增大气固两相间接触表面；增大氧的浓度，可使气固两相间的扩散推动力增大，从而加速反应。

4. 硫铁矿制酸中去除炉气中矿尘的设备主要有哪些?

答：硫铁矿制酸中去除炉气中矿尘的设备有余热锅炉、旋风分离器、电除尘器、洗涤器。

5. 炉气净化的目的是什么?

答：硫铁矿制取的炉气或者从冶炼炉出来的炉气，含有矿尘、三氧化二砷（As_2O_3）、氟化物、二氧化硒（SeO_2）、三氧化硫（SO_3）、水蒸气（H_2O）等，这些杂质会堵塞、腐蚀设备管道，毒害转化催化剂，尾气排放超标，产品质量不合格。因此，必须对炉气进行净化，使气体达到规定的净化指标。

6. 导致气体冷却塔出口温度升高的原因有哪些?

答：（1）入口气温过高；（2）入塔喷淋酸量低；（3）分酸装置存在问题，分酸效果不好；（4）填料被堵塞，气液接触不良；（5）换热器冷却水压低、水温高；（6）板式换器堵塞或换热器结垢，换热效率低，致使入塔酸温偏高。

7. 进入转化工序的冶炼烟气主要组成是什么，冶炼烟气制酸的特点是什么?

答：进入转化工序的冶炼烟气中主要有氧气（O_2）、二氧化硫（SO_2）、二氧化碳（CO_2）、一氧化碳（CO）、氮气（N_2）等。冶炼烟气制酸的特点是气量和气浓波动较大，冶炼烟气的成分较复杂。

8. 进入转化工序的烟气为什么定期测定水分?

答：进入转化工序的烟气水分含量要求小于$0.1g/m^3$（标准状态），以避免烟气腐蚀管道、风机，避免在转化器形成硫酸蒸气形成冷凝酸，影响触媒活性，腐蚀换热器，使酸雾不易被吸收，造成尾气冒“白烟”，污染环境。

9. 提高电除雾效率的措施有哪些?

答：采取逐级冷却炉气、逐级降低洗涤酸浓度的方法可以增大酸雾粒径，从而提高电除雾效率。

10. 电除雾器的工作机理是什么，其主要构成有哪些?

答：利用高压直流电使电晕极不断发射出电子，把电极间部分气体电离成正负离子，由于离子运动引起与雾颗粒的碰撞，离子扩散而附着在雾粒子上；荷电后的雾颗粒向电极性相反的电极移动，到达电极放电，沉积在电极上而被收集除去，炉气得到净化。

电除雾器由壳体、电晕极、沉淀极（又称为阳极）、上下气室、高压直流供电系统等几个主要部分构成。

11. 普通钒触媒催化剂主要成分是什么?

答：主要由氧化钒、助催化剂和优质硅藻土组成，即V_2O_5（质量分数为5%～9%）、

K_2SO_4（质量分数为20% ~30%）、SiO_2（质量分数为50% ~70%）。

12. 使钒催化剂失去活性的有害物质有哪些？

答：(1) 氧化铁等粉尘，覆盖在催化剂表面，严重时集结成块；(2) 水分，H_2O 与 SO_3形成硫酸蒸气，低温凝结蒸发改变触媒活性结构，腐蚀换热器管束；(3) 砷，与 V_2O_5 形成 $As_2O_5 \cdot V_2O_5$高温易挥发物质，使触媒失钒，挥发后遇低温在触媒表面凝成黑壳；(4) 氟，可致触媒低温失钒，二氧化硅载体粉化。

13. 什么是转化操作的“三要素”？

答：(1) 转化反应的操作温度；(2) 转化反应的进气浓度；(3) 转化器的通气量。

14. 什么是起燃温度，什么是热点温度？

答：二氧化硫原料气体在进入催化剂床层后迅速把床层温度上升到使转化器正常操作状态的最低温度称为起燃温度。

催化剂层内温度最高的某一部位的温度，称为热点温度。

15. 硫酸生产中为什么将干燥和吸收归属于干吸工序？

答：由于原料气的干燥和三氧化硫的吸收这两个步骤都是使用浓硫酸作吸收剂，采用的设备和操作方法基本相同，而且由于系统水平衡的需要，干燥酸和吸收酸之间要进行必要的互相串酸。因此，生产中将干燥和吸收归属于一个工序，称为干吸工序。

16. 三氧化硫的吸收为什么要用98.3%的浓硫酸进行？

答：浓度高于98.3%时，以98.3%的硫酸液面上的三氧化硫平衡分压最低，其吸收的推动力最大；浓度低于98.3%时，以98.3%的硫酸液面上水蒸气分压最低。当浓度低于98.3%时，吸收过程中易形成酸雾，酸雾不易被吸收，从而降低了吸收率，所以选择98.3%的硫酸作为吸收剂，兼顾了两个方面的特性。

17. 影响三氧化硫吸收效率的因素主要有哪些？

答：影响三氧化硫吸收效率的因素主要有吸收酸浓度、吸收的温度、循环酸量、设备结构和气速等，而吸收的温度的影响因素是吸收酸温度和进吸收塔气体温度。

18. 硫酸装置中纤维除雾器和金属丝网除沫器有什么不同之处？

答：纤维除雾器和金属丝网除沫器都属于除雾、除沫设备，纤维除雾器可以捕集小于3μm的雾粒，而丝网除沫器只能捕集不低于3μm的雾沫。生产中，丝网除沫器用于干燥塔出口气体的捕沫效果较好，但用于吸收塔出口气体的除雾效果不太好。纤维除雾器专门用于捕集吸收塔出口气体的酸雾，以减少吸收塔出口烟气的雾沫夹带量。

19. 什么是自动调节？

答：采用自动化装置来代替或模拟操作人员的“观察”、“思考”、“执行”这三种功能，从而使调节过程能自动进行，就称为自动调节。自动调节系统不仅代替人工在现场操作，如开、闭阀门等，而且是稳定操作指标、提高生产效率和产品质量等的有效工具。

20. 为什么硫酸储罐动火前需进行排气置换？

答：由于稀硫酸与钢铁等金属反应会产生氢气，即使是浓硫酸容器也会因酸被稀释而使器内积聚氢气。氢是一种易燃易爆气体，其爆炸下限为4.0%（体积分数），上限为74.2%（体积分数）。因此，设备需动火前必须先进行充分排气置换并经气体分析合格后方能进行。此外，检修时切勿以金属工具等敲击设备，以免产生火花引起爆炸。

附录2　中级制酸工考核试题选

一、填空题

1. 化工设备图中，立式设备一般采用主视图和俯视图表达，卧式设备一般采用主视图和左视图表达。

2. 化工管道及仪表流程图要求详细地表示设计系统的全部设备、仪表、管道、阀门和其他有关公用工程系统。

3. 习惯上把浓度≥75%的硫酸称为浓硫酸，浓度为100%的硫酸称为无水硫酸，浓度超过100%的硫酸称为发烟硫酸。

4. 当温度一定时，硫酸的密度随浓度升高而增大，98.3%硫酸的密度最大，高于此浓度后，密度会随浓度升高而减小。

5. 在自动化程度比较高的化工生产中，当某些关键性参数受到外界干扰而偏离正常状态时，通过自动控制系统，可将这些参数调回到规定的数值范围内。

6. 除特定仪表外，硫酸装置一次仪表校验周期通常为1年校验一次，二次仪表校验周期通常为2年校验一次。

7. 硫铁矿制酸装置中，影响焙烧的主要因素是焙烧温度。

8. 沸腾焙烧炉开车前需要进行冷沸腾操作，通过测定风帽及冷沸腾试验阻力，决定固定层高度。

9. 硫黄精制方法一般有沉降法、过滤法、活性黏土吸附法、硫酸法、高温氧化法。

10. 采用过滤法精制硫黄时，当过滤机预涂结束后，其预涂层厚度应控制在1.5～3mm。

11. 液硫过滤器、液硫泵和液硫输送管道、管件、阀门等都采用蒸汽夹套保温，用0.4～0.5MPa（绝对压力）的饱和蒸气作为保温介质。保温蒸汽压过高，可能使液体硫黄的黏度升高而造成输送困难。

12. 硫酸装置锅炉系统温度上升后，受热元件膨胀度不一，连接部分松动，需要进行热紧。

13. 硫酸装置锅炉系统在正常生产时加入氢氧化钠的目的之一是防止生成黏性较大的磷酸钙（镁）盐。

14. 在向用户正式供应蒸汽前需要对蒸汽管道暖管，其理由是蒸汽刚通入冷态管道时热损失较大，会产生冷凝水，从而可能引发一系列危害。

15. 在烘炉初期，用开车低压蒸汽通入余热锅炉的目的是加热炉水、烘烤余热锅炉炉墙。

16. 冶炼烟气制酸的意义是保护生态环境、充分利用硫资源。

17. 有色金属硫化矿冶炼过程中，二氧化硫炉气主要是从熔炼设备（如闪速炉、奥斯麦特炉、诺兰达炉）和吹炼设备中产生。

18. 钢铁冶炼中烧结球团过程主要产生二氧化硫烟气，转炉炼钢产生的烟气可用于回收煤气。

19. 硫铁矿制酸（或冶炼烟气制酸）中，炉气净化的基本原则是逐段分离、先大后小、先易后难。

20. 硫酸净化工艺一般采取酸洗流程，通过绝热增湿对炉气进行降温。

21. 冶炼烟气制酸装置，由于炉气气量波动非常大，适用动力波洗涤器净化流程。

22. 循环水的 pH 值控制范围是7 ~ 8.5，当 pH 值超过上限值时，会引起循环水系统设备结垢，要降低循环水 pH 值，应加大补水量。

23. 保证转化率的关键点是保证一层的转化率，即保证一层的烟气温差；确保二层出口温度不太高，以保证三、四层的入口温度不高。

24. 在同一反应温度下，进转化烟气中 SO_2 浓度越高，平衡转化率越低。

25. 触媒筛分后回填只允许把曾在低温段下用过的触媒替换到高温段下继续使用。

26. 二氧化硫转化催化剂的主要成分是V_2O_5、K_2SO_4、SiO_2。

27. 二氧化硫转化催化剂中二氧化硅作用主要是作为载体，形成触媒颗粒的内部结构，增加触媒孔数、扩大内表面，使反应气体与触媒中活性组分充分接触。

28. 转化工序正常生产时，反应初期（前几段）应控制较高反应温度，使其有较快的反应速度，反应后期，应控制较低反应温度，以达到较高的转化率。

29. 在转化温度、进气浓度和触媒层阻力没有明显变化的情况下，转化率降低较大，这种现象往往是换热器漏气所致。

30. 与普通列管换热器相比，热管式省煤器大大提高了换热管外壁温度，有效防止炉气中硫酸蒸气在管外表面冷凝并腐蚀。

31. 触媒颗粒细小呈灰白色是砷中毒造成的。

32. 硫酸转化工序转化率可通过分析方法测得，即用排水吸气法分析出进出转化器气体中二氧化硫含量，再通过计算得到。

33. 影响三氧化硫吸收率的主要因素有用做吸收剂的硫酸浓度、吸收温度、循环酸量、设备结构和气速等。

34. 干燥塔进口气体温度越低，则气体带入干燥塔的水分越少。

35. 进干燥塔的气体温度是通过净化工序的冷却设备来控制实现的。

36. 干吸效率与淋洒酸浓度、温度、淋洒量及分酸装置等因素有关。

37. 在烟气二氧化硫浓度一定的情况下，接触法制酸装置能生产何种浓度的硫酸，归根结底取决于进干燥塔的烟气温度。

38. 干吸装置，当吸收循环酸温度超过50℃时，阳极保护系统应投入使用。

39. 在硫酸装置干吸工序，阳极保护初次钝化操作完成后，其电流密度称为维钝电流密度。

40. 硫酸干吸工序阳极保护装置初次投入使用时进行钝化操作的目的是通过控制阳极保护装置的电位和电流，在金属表面迅速形成一层极薄且耐腐蚀性能优良的钝化膜。

41. 为配合转化器空气升温，在启动二氧化硫鼓风机前 1h 左右，需运行干燥塔循环酸系统。在转化系统升温过程中，干燥酸浓度不能低于91%，可通过串入或全部换成98%硫酸来保持干燥酸浓在要求范围以内。

42. 硫酸生产中，若二氧化硫鼓风机出口水分含量超高，则会导致吸收率降低。

43. 污水综合排放标准（一级）要求：pH 值为6 ~ 9 以下，ρ（F）≤10mg/L、

ρ（As）≤0.5mg/L、ρ（Cu）≤10mg/L。

44. 硫酸污水处理技术大体上分为两类，即化学沉淀法和物理处理。

45. 尾气处理的意义是减轻对环境的污染、回收资源。

46. 硫酸的浓度和温度是硫酸生产中选择材料的重要依据。

47. 为有效防止高温炉气腐蚀，硫酸装置转化器的顶盖及壳体内壁通常喷0.2～0.3mm厚的铝层。

48. 设备润滑工作“五定”是指定点、定质、定量、定期、定人。

49. 润滑油“三级过滤”是指入库过滤、发放过滤、加油过滤。

50. 化工企业动火作业分为A级、B级、C级三类，其中A级是指在易燃易爆场所进行的动火作业。

二、单选题

1. 要同时除去二氧化硫气体中的三氧化硫（气）和水蒸气，应将气体通入（A）。

A. 浓 H_2SO_4　B. 饱和 $NaHSO_3$ 溶液　C. NaOH 溶液　D. CaO 粉末

2. 影响化学反应平衡常数数值的因素是（A）。

A. 温度　B. 催化剂　C. 反应物浓度　D. 产物浓度

3. 化工设备图中，立式设备一般采用（A）视图表达。

A. 主视图与俯视图　B. 主视图与左视图

C. 左视图与俯视图　D. 右视图与俯视图

4. 需要在化工工艺管道及仪表流程图（PID）上标明的有（A）。

A. 管路规格　B. 阀门标高　C. 仪表型号　D. 设备尺寸

5. 工艺流程图分为工艺方案流程图、物料流程图和（A）。

A. 管道及仪表工艺流程图　B. 方框示意图

C. 设备布置图　D. 管道布置图

6. 管壳式换热器简图上不需要标明的是（A）。

A. 传热系数　B. 换热管规格　C. 设备尺寸　D. 传热面积

7. 自动控制系统中完成比较、判断和运算功能的仪器是（A）。

A. 控制器　B. 执行装置　C. 检测元件　D. 变送器

8. 热电偶温度计是基于（A）的原理来测温的。

A. 热电效应　B. 热磁效应　C. 热阻效应　D. 热压效应

9. 停止差压变送器时应（A）。

A. 先开平衡阀，后关正负室压阀　B. 先开平衡阀，后开正负室压阀

C. 先关平衡阀，后开正负室压阀　D. 先关平衡阀，后关正负室压阀

10. 在控制系统中，调节器的主要功能是（A）。

A. 完成偏差的计算　B. 完成被控量的计算

C. 直接完成控制　D. 完成检测

11. 电接触式直读液位计缺点是（A）等。

A. 没有液位直观指示　B. 结构复杂

C. 不可作为液位的位式控制或报警　D. 不能实现数据远传

12. 在使用浮选硫铁矿制取硫酸生产中，原料进沸腾焙烧炉的计量一般是采用（A）。

A. Y 射线皮带秤 B. 冲板流量计 C. 圆盘给料机 D. 螺旋输送机

13. 二氧化硫风机出口气体流量测量一般采用（A）。

A. 阿牛巴流量计 B. 孔板流量计 C. 转子流量计 D. 涡轮流量计

14. 离心泵操作中，能导致泵出口压力过高的原因是（A）。

A. 排出管路堵塞 B. 密封损坏 C. 润滑油不足 D. 冷却水不足

15. 离心泵最常用的调节方法是（A）。

A. 改变出口管路中阀门开度 B. 改变吸入管路中阀门开度

C. 安装回流支路，改变循环量的大小 D. 车削离心泵的叶轮

16. 某卧式离心泵连续运行一段时间后出现“气缚”现象，则应对措施是（A）。

A. 检查泵进口管路是否有泄漏现象 B. 降低泵的安装高度

C. 停泵，向泵内灌液 D. 检查出口管路阻力是否过大

17. 在除尘设备①旋风分离器②降尘室③袋滤器④电除尘器中，能除去气体中的颗粒的直径符合由大到小的顺序的是（A）。

A. ②①③④ B. ④③①② C. ①②③④ D. ②③①④

18. 当其他条件不变时，提高回转真空过滤机的转速，则过滤机的生产能力（A）。

A. 提高 B. 降低 C. 不变 D. 不一定

19. 用水蒸气在列管换热器中加热某盐溶液，水蒸气走壳程。为强化传热，下列措施中最为经济有效的是（A）。

A. 在壳程设置折流挡板 B. 增大换热器尺寸以增大传热面积

C. 改单管程为双管程 D. 减少传热壁面厚度

20. 列管换热器的传热效率下降可能是由于（A）。

A. 壳体内不凝气或冷凝液增多 B. 壳体介质流动过快

C. 管束与折流板的结构不合理 D. 壳体和管束温差过大

21. 在吸收操作中，保持吸收液流量不变，随着气体速度的增加，塔压的变化趋势（A）。

A. 变大 B. 变小 C. 不变 D. 不确定

22. 填料塔逆流吸收低浓度难溶气体时，若其他条件不变，入口气量增加，则出口气体组成将（A）。

A. 增加 B. 减少 C. 不变 D. 不定

23. 吸收塔尾气超标，可能引起的原因是（A）。

A. 吸收剂纯度下降 B. 吸收剂降温

C. 吸收剂用量增大 D. 塔压增大

24. 吸收操作中，气流若达到（A），将有大量液体被气流带出，操作极不稳定。

A. 液泛气速 B. 空塔气速 C. 载点气速 D. 临界气速

25. 在计算机应用软件 Word 中，不能进行字体格式设置的是（A）。

A. 文字的旋转 B. 文字的下划线 C. 文字的缩放 D. 文字的颜色

26. 在计算机应用软件 Excel 中，可用于计算表格中某一数值列平均值的函数是（A）。

A. Average（　）　B. Count（　）　C. Abs（　）　D. Fotal（　）

27. 下列各种合同中，必须采取书面形式的是（A）合同。

A. 技术转让　B. 买卖　C. 租赁　D. 保管

28. 下列介质中，适合用电磁式流量计来测量流量的是（A）。

A. 硫酸溶液　B. 蒸汽　C. 空气　D. 二氧化硫炉气

29. DCS 系统防止雷电干扰的主要方法是（A）。

A. 安装各种屏蔽保护和接地装置　B. 选用抗雷电元件

C. 控制干扰源　D. 只在 DCS 控制室上方安装避雷器

30. 在无负荷情况下，机泵的连续试运转时间一般在（A）左右。

A. 15min　B. 1h　C. 2h　D. 4h

31. 调频机泵试验时，调频器与泵转速之间关系最好为（A）。

A. 线性比例关系　B. 调频器调到最大时，泵转速最大

C. 一一对应关系　D. 反比关系

32. 93% 硫酸中 SO_3 与 H_2O 的物质的量的比约为（A）。

A. 0.7　B. 0.8　C. 0.9　D. 1

33. 常压下，可将全部二氧化硫转化为液体的温度最高是（A）℃。

A. -10　B. -20　C. -5　D. -30

34. 硫铁矿进入沸腾焙烧炉前需经过（A）工序。

A. 破碎、筛分、配矿　B. 配矿、破碎、筛分

C. 破碎、配矿、干燥　D. 配矿、破碎、干燥

35. 浮选尾砂进入沸腾焙烧炉前需经过（A）工序。

A. 打散、配矿、干燥　B. 破碎、筛分、配矿

C. 配矿、破碎、干燥　D. 破碎、配矿、筛分

36. 硫铁矿制酸装置中采用磁性焙烧，所得矿渣的主要成分是（A）。

A. Fe_3O_4　B. Fe_2O_3　C. $FeSO_4$　D. FeS_2

37. 要使沸腾焙烧炉操作控制稳定、准确，必须保证入炉原料含硫、含水、（A）稳定。

A. 粒度　B. 流量　C. 杂质含量　D. 重金属含量

38. 硫黄制酸装置液硫中烃类化合物含量高的危害有（A）等。

A. 引起催化剂床层阻力上升　B. 影响硫黄燃烧效率

C. 影响过热蒸汽品质　D. 影响焚硫炉正常运行

39. 焚硫炉热保温停车后开车温度最低不能小于（A）℃。

A. 450　B. 250　C. 950　D. 850

40. 硫黄制酸装置液硫槽内起火时，正确的灭火方法是（A）。

A. 往槽内通蒸汽　B. 降低槽内液硫温度

C. 往槽内加泡沫灭火剂　D. 往槽内加水

41. 硫黄制酸装置喷枪夹套蒸汽的作用，下列说法正确的是（A）。

A. 在焚硫炉短期停车时降低喷枪温度

B. 提高硫黄燃烧效率

C. 自始至终只有一个作用，即防止液硫在喷枪中凝固

D. 扩大液硫雾化角

42. 在硫黄制酸装置生产过程中，如焚硫炉内喷枪泄漏蒸汽，焚硫炉出现的明显异常现象是（A）。

A. 焚硫炉火焰变黄、变红 B. 焚硫炉炉壁明显潮湿

C. 焚硫炉风量减少 D. 焚硫炉温度上升

43. 低浓度含硫烟气最常用的处理方法是（A）。

A. 氨酸法回收 B. 烟气制酸 C. 活性炭吸附 D. 离子液吸收

44. 硫酸正常生产时如锅炉安全阀起跳，则下列处理方法正确的是（A）。

A. 打开过热蒸汽紧急放空阀并尽量维持外供汽量稳定，降低并稳定锅炉压力

B. 开大过热蒸汽主供汽阀门，降低并稳定锅炉压力

C. 打开锅炉紧急放水阀

D. 关小过热蒸汽主供汽阀门

45. 硫酸装置锅炉长期停止运行期间，对于锅炉水侧采用湿法保护时，炉水 pH 值最低应控制在（A）以上，但也不能过高。

A. 10 B. 9 C. 8 D. 7

46. 硫酸生产中余热锅炉饱和蒸汽的蒸发量主要由（A）决定。

A. 进入余热锅炉炉气所具有的热量 B. 二氧化硫转化反应热

C. 三氧化硫吸收反应热 D. 给水流量

47. 硫酸装置设置98%酸吸收泵跳停与主鼓风机联锁跳闸的主要原因是（A）。

A. 98%酸吸收泵跳停后三氧化硫无法吸收，烟囱冒大烟，污染环境

B. 98%酸吸收泵跳停后吸收循环槽液位无法维持

C. 98%酸吸收泵跳停后如不停车，则进系统的炉气水分增大，气相中酸雾大大增加，导致烟囱冒大烟，污染环境

D. 98%酸吸收泵跳停后无法串酸，生产无法进行

48. 与沉降法相比，过滤法所能除去的硫黄中固体粒子的粒度（A）。

A. 小些 B. 大些 C. 一样 D. 无法比较

49. 采用过滤法精制硫黄时，助滤剂粒度越细，对过滤效果（A）。

A. 越有利 B. 越不利

C. 无影响 D. 利害关系无法确定

50. 焚硫炉（或沸腾焙烧炉）烘炉过程中，点火和停火操作的原则是（A）。

A. 点火时先开风机，后点火，再通燃料；停火时必须先停燃料，后停风

B. 点火时先开风机，后通燃料，再点火；停火时先停风，后停燃料

C. 点火时先通燃料点火，后开风机；停火时必须先停燃料，后停风

D. 点火时先开风机，后通燃料，再点火；停火时必须先停燃料，后停风

51. 硫酸转化器入口气体中，含尘量不得超过（A）mg/m^3。

A. 1 B. 2 C. 5 D. 10

52. 硫铁矿或冶炼烟气制酸中，炉气中的矿尘主要通过（A）去除。

A. 液相洗涤 B. 电除尘 C. 袋滤器 D. 旋风除尘器

53. 硫铁矿或冶炼烟气制酸中，炉气中的砷主要通过（A）去除。

A. 降温洗涤　B. 过滤　C. 吸附　D. 吸收

54. 硫铁矿或冶炼烟气制酸中，炉气中氟的危害主要是破坏钒催化剂中的（A）。

A. SiO_2　B. K_2O　C. Na_2O　D. Al_2O_3

55. 硫铁矿或冶炼烟气制酸中，气体冷却器的作用主要是（A）。

A. 使酸雾颗粒增大，易于被去除　B. 使气体温度下降

C. 使气体易于被干燥　D. 吸收

56. 在硫酸装置开车过程中，转化升温时，干燥酸浓度最低需控制在（A）以上。

A. 93%　B. 98%　C. 100%　D. 105%

57. 在新建硫酸装置初次开车过程中，系统通入炉气后，转化进气中二氧化硫的体积分数的控制原则是（A）。

A. 触媒“饱和”操作时二氧化硫的体积分数应尽可能低，“饱和”操作结束后二氧化硫的体积分数略微提高，转化各段反应完全正常后二氧化硫的体积分数可逐步提高

B. 一开始控制高二氧化硫的体积分数并逐渐稳定，以提高转化率

C. 根据成品酸产量控制二氧化硫的体积分数

D. 一直控制高二氧化硫的体积分数以尽快提高系统温度

58. 关于催化剂的作用机理，下列表述正确的是（A）。

A. 能改变化学反应速度　B. 在反应过程中质量改变

C. 在反应过程中组成改变　D. 在反应过程中化学性质改变

59. 对于二氧化硫转化反应，当转化温度高于400℃时，如继续提高转化温度，则其平衡转化率（A）。

A. 降低　B. 不变　C. 升高　D. 无法确定

60. 硫酸装置采用“两转两吸”工艺的理论依据是（A）。

A. 化学平衡反应的浓度效应　B. 化学平衡反应的温度效应

C. 化学平衡反应的压力效应　D. 化学平衡反应的速度效应

61. 硫酸装置转化器装填中温触媒，二段触媒装填量一般占总装填量的（A）。

A. 20%　B. 30%　C. 50%　D. 70%

62. 在硫酸装置转化器中，使用过的旧触媒如重新利用，一般不得装填在（A）。

A. 第Ⅳ层　B. 第Ⅲ层　C. 第Ⅱ层　D. 第Ⅰ层

63. 转化器装填钒触媒时如使用旧触媒，二段筛分出来的旧触媒应回装在转化器的（A）段。

A. 1　B. 3　C. 4　D. 5

64. 硫酸装置短期停车前提高转化器各段进口温度的主要目的是（A）。

A. 保护触媒，防止停车后转化温度下降过低，使触媒中产生冷凝酸

B. 再开车时可减少尾气二氧化硫排放量

C. 防止停车后转化温度下降过低，转化器产生较大热应力而泄漏

D. 提高停车时的转化率

65. 硫酸装置短期停车前将转化器各层用干燥的400℃以上空气进行“热吹”，则对

（A）有利。

A. 防止触媒中产生冷凝酸　　B. 维持转化器温度

C. 再开车时尾气中二氧化硫的体积分数达标　　D. 提高吸收率

66. 硫酸装置转化器进行“热吹”时需要干吸系统继续循环的主要目的是（A）。

A. 继续吸收系统中残留的三氧化硫　　B. 吸收系统中残留的二氧化硫

C. 维持干吸系统酸浓度稳定　　D. 干吸系统继续生产成品酸

67. 硫酸装置转化系统“冷吹”时，需要检测并控制转化器最终出气中二氧化硫的体积分数，其目的是（A）。

A. 防止转化系统打开检修时污染环境和危害人员健康

B. 降低转化器及触媒的温度，便于尽快检修

C. 吹净触媒中残余二氧化硫，保护触媒

D. 提高硫的利用率

68. 硫酸装置生产过程中，转化工序的气气换热器换热管泄漏会引起（A）。

A. 总转化率下降　　B. 转化器阻力上升

C. 催化剂活性下降　　D. 吸收效率下降

69. 硫酸装置生产过程中，出现炉气泄漏后的首要处理原则是（A）。

A. 迅速切断泄漏源，防止环境污染和人员中毒

B. 泄漏小时维持生产，泄漏大时装置紧急停车处理

C. 维持生产，并迅速组织修理人员带压堵漏

D. 向上级汇报，等到明确指示后采取相应措施

70. 硫酸装置转化一段催化剂床层表面结壳时一定会伴随的现象是（A）。

A. 一段床层阻力上升　　B. 一段床层阻力下降

C. 一段分段转化率下降　　D. 一段分段转化率上升

71. 若在某硫酸装置距离烟囱出口约8m处观察到有白雾现象，则判明吸收酸浓度是（A）98.3%。

A. 高于　　B. 无法判断　　C. 等于　　D. 低于

72. 在硫酸装置其他生产条件不变时，如干燥塔出气酸雾含量增加，则转化气产生冷凝酸的露点温度（A）。

A. 提高　　B. 不变　　C. 下降　　D. 无法判断

73. 系统开车前干吸系统酸洗一般采用（A）进行清洗。

A. 98%硫酸　　B. 75%硫酸　　C. 105%硫酸　　D. 清水

74. 干吸系统酸洗后，为了清理循环酸系统设备，必须停止运行的设备是（A）。

A. 酸循环泵　　B. 吸收系统的所有仪表

C. 锅炉系统　　D. 废酸输送泵

75. 关于干吸塔填料装填质量的保证措施，下列操作错误的是（A）。

A. 填料装填好后要用水把塔及填料冲洗干净，确保清洁

B. 一种型号填料装填完毕后，要保证其表面水平

C. 填料装填完毕后要保证其表面水平

D. 要保证分酸管周围充实，不得有孔隙

76. 硫酸装置干燥、吸收塔循环槽液位过高可能产生的危害是（A）。

A. 吸收泵跳停时造成漫酸　　B. 吸收率降低

C. 酸温升高　　D. 酸量不稳

77. 硫黄制酸装置干燥吸收工序进行酸洗操作时，对吸收循环槽液位的控制要求是（A）。

A. 维持在正常生产时控制的液位　　B. 控制最高的吸收循环槽液位

C. 控制最低的吸收循环槽液位　　D. 不需要控制

78. 在硫酸装置干吸工序阳极保护初次钝化操作过程中，在阳极电流的作用下被保护金属表面经历了（A）等极化区间。

A. 过渡区、钝化区　　B. 过渡区、钝化区、过钝化区

C. 活化区、过渡区　　D. 活化区、过渡区、钝化区

79. 在保持循环酸泵出口总量不变时，通过酸冷却器旁路使进干吸塔的硫酸量增加，则进干吸塔的循环酸温度（A）。

A. 升高　　B. 降低　　C. 不变　　D. 无法确定

80. 硫酸装置生产过程中，当发生干吸设备或管线严重腐蚀时通常会影响到装置产出硫酸的质量，这种情况下超标的硫酸质量指标有（A）等。

A. 铁含量　　B. 砷含量　　C. 铬含量　　D. 硒含量

81. 硫酸装置生产处于正常状态时，如果将吸收酸浓度自调仪表设定在自调状态，助调设定值高于吸收酸浓度实际测量值，此时相关控制阀门的动作情况是（A）。

A. 加水阀自动关小　　B. 加水阀自动开大

C. 成品酸串入阀自动关小　　D. 成品酸串入阀自动开大

82. 硫酸装置干吸工序，切换吸收酸循环泵前应测备用泵绝缘电阻，其目的是（A）。

A. 防止备用泵电机因绝缘差而烧坏

B. 防止备用泵电机绝缘差而导致漏电

C. 防止备用泵启动后电流上不来

D. 防止备用泵漏电导致人员触电

83. 硫酸装置干吸循环槽内硫酸就地排放前应将其液位降低到低限，其目的是（A）。

A. 减少损失，降低处理难度　　B. 方便维修

C. 操作方便　　D. 满足环保要求

84. 对带有余酸的干燥、吸收循环槽清洗时，下列清洗液中最好的是（A）。

A. 碱性溶液　　B. 酸性溶液　　C. 循环水　　D. 工艺水

85. 硫酸装置干燥和吸收塔采用的填料不同于净化酸冷却器填料的原因是必须能够（A）。

A. 耐高温　　B. 耐冲击　　C. 耐腐蚀　　D. 耐挤压

86. 硫酸装置阳极保护管壳式浓硫酸冷却器的壳体材质通常是（A）。

A. 不锈钢　　B. 碳钢　　C. 合金　　D. 铸铁

87. 与阳极保护酸冷却器相比，板式酸冷却器的主要缺点是（A）。

A. 阻力大、易堵塞　　B. 维修不方便　　C. 占地面积大　　D. 操作复杂

88. 某安全阀型号为A48Y－64，则数字“64”指的是（A）。

A. 安全阀公称压力为6.4MPa　　B. 安全阀公称压力为64kgf/cm^2

C. 安全阀公称压力为 64MPa　　D. 安全阀工作压力为 6.4MPa

89. 硫酸装置锅炉取样冷却器通常采用蛇形管式，其取样汽或水的流通途径是（A）。

A. 管内　　B. 管间　　C. 管夹套　　D. 部分走管内，部分走管间

90. 浓硫酸对低铬铸铁的腐蚀速度随温度的上升而（A），随浓度的上升而减慢。

A. 加快　　B. 减慢　　C. 不变　　D. 无规律地变化

91. 合金材料中的硅含量增加，其耐腐蚀性也随之增加，但硅含量过高则材料太脆，此合金材料中硅含量最高不应超过（A）。

A. 18%　　B. 15%　　C. 10%　　D. 5%

92. 硫酸装置所使用的浓硫酸离心泵，其密封填料的材料通常是（A）。

A. 涂石墨的石棉绳　　B. 玻璃丝绳　　C. 陶瓷片　　D. 塑料绳

93. 硫酸装置干燥塔丝网捕沫器的清理方法，下列说法正确的是（A）。

A. 丝网拆下后在塔外用水枪冲洗　　B. 在塔内用水枪冲洗

C. 在塔内用压缩空气吹扫　　D. 丝网拆下后在塔外用压缩空气吹扫

94. 硫酸装置生产过程中，下列因素中一定能导致尾气烟囱冒大烟的是（A）。

A. 吸收酸进塔浓度超过指标　　B. 干燥塔进气温度超标

C. 系统生产负荷超过设计能力　　D. 吸收酸进塔温度超标

95. 硫酸生产中，导致酸冷却器出口循环水 pH 值下降的因素有（A）等。

A. 酸冷器换热管内漏　　B. 循环水站加药处理不正常

C. 酸冷器泄漏　　D. 酸冷器阳极保护投用不正常

96. 硫酸生产中，如吸收塔循环泵出口管线漏酸，则切断泄漏源的正确做法是（A）。

A. 系统先紧急停车，再停该循环泵

B. 立即停止干吸系统所有循环泵，然后做后续处理

C. 先停止该循环泵，然后做后续处理

D. 先关闭该循环泵出口阀，然后做后续处理

97. 输送硫酸的卧式离心泵工作时轴封出现泄漏，正确的处理方法是（A）。

A. 先拧紧填料压盖，如轴封继续泄漏则准备更换轴封填料

B. 停送酸泵，放尽管线中余酸，关闭泵进出口阀门后更换轴封填料

C. 停送酸泵，放尽管线中余酸后更换轴封填料

D. 停送酸泵，更换轴封填料

98.（A）是润滑油重要质量指标。

A. 黏度　　B. 密度　　C. 气液　　D. 气固

99. 为了做好防冻防凝工作，停用的设备、管线与生产系统连接处要加设（A），并把积水排放干净。

A. 8 字盲板　　B. 阀门　　C. 法兰　　D. 保温层

100. 硫酸生产中用于制作丝网除沫器的材料是（A）。

A. 316　　B. 304　　C. Q235－A　　D. FRP

三、判断题

1. 常温下能用铝制容器盛浓硝酸是因为常温下，浓硝酸根本不与铝反应。(×)

2. 在温度为273.15K和压力为100kPa时，2mol任何气体的体积约为44.8L。(√)

3. 零件图是直接指导制造零件和检验零件的图样。(√)

4. 为防止往复泵、齿轮泵超压发生事故，一般在排出管线切断阀前应设置安全阀。(√)

5. 工艺流程图上，设备图形必须按比例绘制。(×)

6. 管口表是化工设备图表达内容之一，通用设备图中则没有。(√)

7. 某容器实际尺寸是ϕ1000mm×3000mm，若采用1∶10比例绘图，则图中尺寸标注为ϕ200mm×300mm。(×)

8. 根据燃烧三要素，采取除掉可燃物、隔绝氧气（助燃物）、将可燃物冷却至燃点以下等措施均可灭火。(√)

9. 在防冻防凝工作中，严禁用高压蒸汽取暖，严防高压蒸汽串入低压系统。(√)

10. 硫酸水溶液中硫酸含量越大，其溶液密度也越大。(×)

11. 二氧化硫在硫酸水溶液中的溶解度总是随着硫酸浓度的增加而下降。(×)

12. 硫酸水溶液中随着三氧化硫浓度的增加，硫酸溶液的电导率呈直线增加。(×)

13. 硫铁矿沸腾焙烧是利用固体流态化技术。(√)

14. 影响硫铁矿焙烧速率的因素除了温度之外，就是进气中氧的体积分数。(×)

15. 硫铁矿制酸装置中，采用磁性焙烧的目的是使烧渣中的铁氧化物主要呈磁性的Fe_3O_4，可通过磁选取得高品位铁精砂。(√)

16. 硫铁矿制酸装置中，采用磁性焙烧的缺点是三氧化硫的体积分数偏高。(×)

17. 破碎机都有规定允许的进料块（粒）度，所以一般在料斗上方设置型钢条形格。(×)

18. 沸腾焙烧炉操作中，一次风、二次风的量必须根据沸腾层粒度大小、灰渣颜色来调节，一次风最小为总风量的80%以上。(√)

19. 用于制酸的含硫冶炼烟气特点之一是烟气中二氧化硫的体积分数低。(×)

20. 采用过滤法精制硫黄时，当过滤机出口的液硫经取样分析合格时预涂操作结束，正式过滤可以开始。(√)

21. 过滤机滤网上形成的助滤剂预涂层越厚，过滤效果越好。(×)

22. 硫黄制酸装置焚硫炉烘炉温度控制宜缓不宜快，当温度失控未达到既定升温要求时，可以通过强化燃烧能力来迅速达到既定升温要求的温度。(×)

23. 硫酸装置锅炉系统煮炉一期期间，锅炉排污应根据煮炉曲线进行，每次排污不得超过半分钟，直到锅炉系统煮炉一期结束。(√)

24. 假设制酸装置锅炉系统运行时炉水总固体含量为1300mg/L，同时锅炉液位很低，则此时首先要稳定汽包液位，然后再加大锅炉排污。(√)

25. 酸雾颗粒是一种比硫酸分子大得多的悬浮粒子，运动速度比硫酸分子快，易于被气流带走。(×)

26. 炉气的杂质在高温下一般以气态和固态两种形态存在，当温度降到一定程度后则以固态、液态和气态三种形态同时存在。(√)

27. 三氧化二砷在硫酸中的溶解度随硫酸浓度的升高而减小，随酸温的升高而增大。(√)

28. 炉气中一旦出现升华硫时，电除雾器的电压、电流立即升高。(×)

29. 芒刺形电晕线的起晕电压比星形电晕线的起晕电压低。(√)

30. 硫酸生产中，干燥塔进塔气体温度越低，则出塔气体湿含量越低。(√)

31. 二氧化硫转化催化剂是由活性成分及助催化剂构成。(×)

32. 钒催化剂的组分构成对其催化性能有重要影响。(√)

33. 钒催化剂能提高二氧化硫转化为三氧化硫的平衡转化率。(×)

34. 新旧钒触媒装在同一层时应分开装，新触媒装在旧触媒的下面。(×)

35. 在制酸装置“两转两吸”工艺中，通过第一次吸收移走了三氧化硫，提高了反应速度，从而提高了总转化率。(×)

36. 炉气在转化器触媒层中的露点温度与在换热器或管道中的露点温度一样。(×)

37. 硫酸装置主鼓风机停车后，可以立即停下润滑油强制循环系统。(×)

38. 硫酸装置长期停车后，转化器的所有人孔需打开并保持空气流通。(×)

39. 为了保证制酸装置干燥系统的干燥效率和控制酸雾的生成量，出塔酸浓度比进塔酸浓度降低幅度一般控制在0.3% ~0.5% 。(√)

40. 从三氧化硫气体吸收的过程看，进入吸收塔的吸收酸温度越低越好。(×)

41. 当发烟硫酸游离三氧化硫含量小于50%时，二氧化硫气体在发烟硫酸中的溶解量随浓度的升高而下降。(×)

42. 立式吸收泵在线切换过程中，要求备用泵出口阀开大和在用泵出口阀关小的操作同时进行，其目的是：始终保持吸收循环酸流量稳定，避免影响吸收率等。(√)

43. 对管壳式浓硫酸冷却器壳程清洗时，清洗原则是迅速而直接地从“强酸性”过渡到“弱碱性”。(√)

44. 硫酸装置干燥和吸收塔常用的瓷阶梯环填料具有通过的物料容量大、效率高、阻力小、操作性能高、抗污性能好等特点，是一种综合性能较好的填料。(√)

45. 硫酸装置管式分酸器的分酸支管是否埋入填料层内，对气体带沫量几乎无影响。(×)

46. 硫酸装置放空烟囱冒较大白烟时，尾气中的二氧化硫和硫酸含量一定超标。(×)

47. 只要酸冷器阳极保护系统正常投入使用，酸冷却器已形成的钝化膜就不可能被浓硫酸破坏掉。(×)

48. 隔离式防毒器具适用于缺氧、有毒气体成分不明或浓度较高的环境。(√)

49. 硫酸装置干燥塔丝网捕沫器清理干净后可以立即回装进干燥塔。(×)

50. 硫酸催化剂颜色发绿后，触媒因活性降低而不可再用。(×)

四、简答题

1. 沸腾炉正常操作要领有哪些?

答：(1) 正常操作应掌握好风量与矿量的动态平衡关系，做到入炉原料三稳定，即含硫、含水、粒度稳定，操作控制便可稳定准确；(2) 1号加料计量皮带变频调节器转数固定（即加料稳定），2号加料计量皮带变频调节器依照氧表数值自动调节转数（即加料自调）；(3) 参照灰渣的颜色，炉况的水分、粒度，通过氧表定值来控制二氧化硫的体积分数稳定正常；（4）参照灰渣的粒度、数量和颜色的变化来了解炉内氧硫的比例关系

（风、矿比差异）；（5）一次风、二次风的量必须根据沸腾层粒度大小、灰渣颜色来调节，一次风最小为总风量的80%以上；（6）为了保证炉内进气量稳定，焙烧操作工应经常检查有无漏气和堵塞，做到有漏必堵，有堵必通。

2. 影响液硫燃烧效果的因素主要有哪些？

答：（1）主要操作影响因素有液硫压力、空气流量和压力等；（2）主要物性影响因素有液硫温度及成分、空气温度及成分等；（3）主要设备影响因素有喷枪喷嘴结构、空气旋流板结构、焚硫炉内折流墙结构等。

3. 锅炉满水时如何处理？

答：（1）冲洗高位水位计，对照低读水位计，检查水位计的正确性，同时关小给水阀；（2）经上述处理后水位上升，则关闭给水阀，并观察水位变化情况，当水位有所下降时，逐步开启给水阀；（3）水位计液位达到80%时，应及时停止进水，开启过热器疏水阀和定期排污阀，同时冲洗水位计，注意观察水位的变化，至恢复正常。

4. 如何判断余热锅炉过热管爆管？

答：（1）过热器管附近有声并有蒸汽喷出；（2）蒸汽流量不正常地小于给水量；（3）过热蒸汽温度变化较大，汽包与过热压力有变化；（4）灰斗下灰时，刮灰机处有水蒸气冒出，产生正压；（5）炉气出口温度降低。

5. 如何进行循环泵的倒泵操作？

答：（1）确认备用泵出口阀门关闭的情况下，打开其进口阀门，启动备用泵；（2）逐渐关小停用泵的出口阀，减小电流，与此同时，逐渐开大备用泵的出口阀；（3）当停用泵的出口阀关小时，停止停用泵运转；（4）调节备用泵出口阀，使压力或电流达到正常指标。

6. 低浓度二氧化硫烟气回收制取硫酸的方法主要有哪些？

答：（1）可通过返烟操作、富氧冶炼、焚硫配气、吸收或吸附二氧化硫等措施来提高烟气中二氧化硫的体积分数，采用常规法制酸；（2）采用非稳态法和托普索WSA工艺（湿法制酸技术）直接制酸。

7. 硫铁矿制酸或冶炼烟气制酸中，进入转化工序的炉气为什么要定期测定水分？

答：硫铁矿制酸或冶炼烟气制酸中，进入转化工序的炉气中水分的质量浓度要求小于$0.1g/m^3$（标态），以避免炉气腐蚀管道、风机，避免在转化器中硫酸蒸气形成冷凝酸，影响触媒活性，腐蚀换热器；酸雾不易被吸收，造成尾气冒“白烟”，污染环境。

8. 电除尘器电压正常，二次电流达不到指标如何处理？

答：（1）增加振打力，清理极线、极板；（2）检查旋风除尘效率；（3）调整生产负荷；（4）检修；（5）重新按要求检修，找正；（6）从工艺上进行调整。

9. 电除雾器出口冒白烟如何处理？

答：（1）调整电除雾器电流、电压至设定值；（2）调整电除雾器入口烟气分布板，使各阳极管的进气量均等；（3）关小电除雾器入口阀，减少风量。

10. 风机冷却系统中，冷却油压与冷却水压控制原则是什么？

答：风机冷却系统中，冷却油压应比水压高，以防止油中进水，破坏油润滑效果，另一方面，能够及时发现漏油。

11. 风机日常管理需要注意哪些事项？

答：(1) 注意保持风机、增速器、电机、油站、控制台（柜）等清洁，干净；(2) 观察油站液位，油质是否正常；(3) 坚持定时点检，及时发现问题及时处理；(4) 认真记录分析风机运行监视参数，及时发现隐患。

12. 如何判断转化系统换热器漏气？

答：在转化温度、进气浓度和触媒层阻力没有明显变化的情况下，转化率降低较大，这种现象往往是换热器漏气所致。由于换热器列管的内外压力不相等（管外高于管内），如管外未转化的气体漏入管内，则导致转化率下降。确认方法是同时在该换热器的转化气进出口管道上取样分析，经多次分析，如转化气中二氧化硫含量有差别，即可证实该换热器漏气。

13. 硫酸转化系统转化率突然降低的原因有哪些？

答：(1) 转化温度没有随催化剂老化做出适当的调整，温度控制不当；(2) 二氧化硫气浓波动和偏高；(3) 二氧化硫气浓分析不准确，温度测量有误差；(4) 催化剂中毒或使用过久（超过 8 年），催化剂活性下降；(5) 催化剂层被吹成空洞，气体短路；(6) 转化器隔板漏气或箅子板倒塌，换热器漏气等；(7) 转化副线设置不合理，或副线阀门关不死、开不到位，或调错了副线阀门等；(8) 各段催化剂填装量不合理。

14. 二氧化硫鼓风机进口负压降低，出口压力上升判断处理方法是什么？

答：判断方法是鼓风机前面的设备、管道漏气，风机风量增大，二氧化硫鼓风机后面的设备、管道堵塞。处理方法是与焙烧、净化干吸岗位联系，迅速堵漏；与转化岗位联系，排除堵塞故障。

15. 进入转化系统的二氧化硫烟气中，如果含水分过多，会有哪些危害？

答：(1) 腐蚀钢制设备；(2) 当转化器内的温度降低时，由于 H_2O 和 SO_3 生成硫酸而损坏催化剂；(3) 在转化器前的各设备内生成硫酸亚铁，附着在催化剂表面，使转化率降低；(4) 转化气体进入吸收塔时，其中的水分成为难以吸收的硫酸雾，排气中产生白烟。

16. 干吸工序发生漏酸如何处理？

答：(1) 根据现场情况，断绝酸的来源并排尽漏酸设备内的存酸；(2) 将漏酸现场危及的其他物品转移到安全的地方；(3) 用绳子或其他物品将漏酸现场拦起来并设立“硫酸危险”标志；(4) 直接参加处理漏酸的人员，要按规定穿戴好防酸衣裤、胶靴、防护眼镜、安全帽和胶皮手套等用品；(5) 对漏酸现场地面要用大量水冲洗，被稀释的硫酸需进行中和处理后再排放。

17. 如何装填干吸塔填料？

答：(1) 清洗干吸塔内取出的瓷环，剔除碎瓷环，准备补充的新瓷环也要清洗干净，一并晒干堆放待用；(2) 用干燥清洁的棉纱擦净塔内瓷环、塔底等处（绝不可用水冲洗）；(3) 从塔下部开始安装填料等物，整排的瓷环，要从中间排起，上下错开 1/2，到塔边的孔隙要用破瓷环塞实；(4) 乱堆的填料（瓷环）分层次装填，每层均选 3 ~ 5 个点，每点堆放瓷环高度 500mm 左右，待各点都堆放好后，用铲子轻轻地将其摊平，这一层即装填完毕；(5) 错开倒堆点，按此法再一层一层地向上装填，直至达到要求的高度。

18. 氨 - 酸法回收低浓度二氧化硫过程主要有哪些？

答：亚硫酸铵对二氧化硫的吸收，补充氨水或气氨使部分亚硫酸氢铵转变成亚硫酸铵，蒸汽加热情况下采用浓硫酸分解亚硫酸铵－亚硫酸氢铵溶液得到硫酸铵，用氨中和过量硫酸得到硫酸铵溶液，或对硫酸铵溶液进行蒸发、结晶加工成固体硫铵。

19. 硫酸企业的污水处理原则是什么？

答：减少污水排放量，可使处理设备容积缩小，投资费用减少，中和剂用量也可减少，降低污水处理费用；优先考虑以“废”治“废”，如硫酸厂是个联合企业，有废碱液、电石渣可以利用，代替石灰中和处理酸性污水。当污水中砷、氟含量较高时可采用电石渣、铁屑中和沉淀法除砷脱氟，可降低处理污水的成本，且废渣排出量也将减少。

20. 设备润滑剂的主要作用有哪些？

答：（1）润滑作用，减少摩擦、降低磨损；（2）冷却作用，润滑剂在循环中将摩擦热带走，降低温度，防止烧伤；（3）洗涤作用，从摩擦面上洗净污秽、金属粉粒等异物；（4）密封作用，防止水分和其他杂物进入；（5）防锈防蚀，使金属表面与空气隔离开，防止氧化；（6）减震卸荷，对往复运动机件有减震、缓冲、降低噪声的作用，压力润滑系统有使设备启动时卸荷和减少启动力矩的作用；（7）传递动力，在液压系统中，油是传递动力的介质。

五、计算题

1. 安徽某地硫酸装置干燥塔进口真空度表指示为0.5kPa，大气压为101.3kPa，则进入该塔气体的绝对压力是多少？同样的装置建在新疆某地，当地大气压为81kPa，则干燥塔进气压力又是多少？

解：已知　$p_{真}=0.5\text{kPa}$，$p_{01}=101.3\text{kPa}$，$p_{02}=81\text{kPa}$

气体的绝对压力为　$p_1=p_{01}-p_{真}=101.3-0.5=100.8\text{kPa}$

$$p_2=p_{02}-p_{真}=81-0.5=80.5\text{kPa}$$

答：干燥塔进口气体的绝对压力在安徽某地为100.8kPa，在新疆某地为80.5kPa。

2. 某硫酸溶液密度为1800kg/m³，采用ϕ159mm×4.5mm钢管输送，输送量为150m³/h，则其质量流量为多少？若改用ϕ219mm×6mm钢管输送，管内流速为多少？

解：已知　$\rho=1800\text{kg/m}^3$，$q_V=150\text{m}^3/\text{h}=150/3600=0.0417\text{m}^3/\text{s}$，$d_1=0.15\text{m}$，$d_2=0.207\text{m}$

质量流量为 $q_m=\rho q_V=1800\times150=270000\text{kg/h}=270\text{t/h}$

$q_V=u_2\cdot\frac{\pi}{4}d_2^2$，得到：

$$u_2=\frac{4q_V}{\pi d_2^2}=\frac{4\times0.0417}{3.14\times0.207^2}=1.24\text{m/s}$$

答：质量流量为270t/h，在ϕ219mm×6mm管内流速为1.24m/s。

3. 某硫酸装置98%硫酸储槽规格为ϕ5000mm×10mm，直边高度为6m，已知槽内液位为4.3m，温度是32℃，查得98%硫酸密度在30℃时为1826kg/m³，40℃时为1846kg/m³，则该储槽内98%硫酸有多少吨？

解：已知　$d=5\text{m}$，$H=4.3\text{m}$

根据内插法求32℃时的硫酸密度为

$$\rho = \frac{1846 - 1826}{40 - 30} \times (32 - 30) + 1826 = 1830\text{kg/m}^3$$

$$G = \rho V = \rho \frac{\pi d^2}{4} H = 1830 \times 3.14 \times 5^2/4 \times 4.3 = 154429\text{kg} = 154.43\text{t}$$

答：储槽内 98% 硫酸有 154.43t。

4. 某 600kt/a 硫黄制酸装置，日消耗硫黄 590t，设该装置年工作日为 300 天，则硫黄单耗是多少？

解：该装置日产硫酸量为 600000/300 = 2000t

1t 硫酸消耗硫黄量为 590/2000 = 0.295t

答：硫黄单耗是 0.295t。

5. 某硫铁矿制酸装置原料需要进行配矿操作，需要配入两种矿料，矿料一配料量为 45t/h，硫铁矿（FeS_2）质量分数为 60%，矿料二配料量为 30t/h，硫的质量分数为 42%，折合为标准硫铁矿量是多少？已知标准硫铁矿硫含量为 35%。

解：矿料一的硫含量为 45 × 60% × 64/120 = 14.4t/h

矿料二的硫含量为 30 × 42% = 12.6t/h

标准硫铁矿硫含量为 35%

标准硫铁矿量为（14.4 + 12.6）/35% = 77.14t/h

答：标准硫铁矿量为 77.14 t/h。

6. 12t 的 98% 硫酸与 25t 的 93% 硫酸混合，则硫酸混合溶液的浓度为多少？

解：12t 的 98% 硫酸含量为 12 × 98% = 11.76t

25t 的 95% 硫酸含量为 25 × 93% = 23.25t

混合溶液的总量为 12 + 25 = 37t

硫酸混合溶液的浓度为（11.76 + 23.25）/37 × 100% = 94.62%

答：硫酸混合溶液的浓度为 94.62%。

7. 某硫酸装置地大气压约为 101.3kPa，第一吸收塔进气温度为 180℃，压力（表压）为 10kPa，进气中三氧化硫实际流量为 7200m³/h，出气中三氧化硫流量为 2m³/h（标态），则该塔的吸收率是多少？

解：已知　$p_0 = 101.3\text{kPa}$，$p_{压} = 10\text{kPa}$

气体绝对压力为 $p = p_0 + p_{压} = 101.3 + 10 = 111.3\text{kPa}$

$q_{V进} = 7200\text{m}^3/\text{h}$，$T = 180 + 273 = 453\text{K}$，$T_0 = 273\text{K}$，$q_{V出} = 2\text{m}^3/\text{h}$

进气中 SO_3 标准流量 $q_V^0 = \frac{PT_0}{p_0 T} q_V = (111.3/101.3) \times (273/453) \times 7200$

$= 4767\text{m}^3/\text{h}$

吸收率为 $\eta_{吸} = (4767 - 2)/4767 \times 100\% = 99.96\%$

答：第一吸收塔的吸收率为 99.96%。

8. 某一硫黄制酸装置，硫黄燃烧率约为 99.99%，总转化率约为 99.8%，吸收率约为 99.96%，不计其他损失，则该装置硫损失率约为多少？

解：已知　$\eta_{烧} = 99.99\%$，$\eta_{转} = 99.8\%$，$\eta_{吸} = 99.96\%$

总硫利用率为 $\eta_{总} = \eta_{烧} \eta_{转} \eta_{吸} = 99.99\% \times 99.8\% \times 99.96\% = 99.75\%$

硫损失率为　$S_{损} = 1 - \eta_{总} = 1 - 99.75\% = 0.25\%$

答：该装置硫损失率为0.25%。

9. 硫酸转化工序转化率是通过分析方法，即用排水吸气法分析二氧化硫含量。若在二氧化硫风机后管道某处，采用0.1mol/L的碘标准溶液10mL，取得20℃下余气体积为124mL。求二氧化硫含量。

解：二氧化硫计算式为

$$二氧化硫(\%) = \frac{CV \times 10.945}{V_0 + (CV \times 10.945)} \times 100$$

式中　V——碘溶液的用量，10mL；

C——碘溶液的物质的量浓度，mol/L；

V_0——余气体积（标准状态）的毫升数；

10.945——每毫摩尔二氧化硫所占的气体体积，mL。

计算标准状态下余气体积 $V_{0进} = 124 \times 273/(273 + 20) = 115.5\text{mL}$

进转化系统二氧化硫的体积分数为 $\varphi_{进} = \frac{0.1 \times 10 \times 10.945}{115.5 + (0.1 \times 10 \times 10.945)} \times 100\%$

$= 8.66\%$

答：进转化系统二氧化硫的体积分数为8.66%。

10. 某硫酸装置干燥塔吸收空气中水分为1.5t/h，干燥酸浓度为93%，为了维持干燥酸浓度稳定，需要串入98.5%硫酸量是多少?

解：设串入98.5%硫酸量为 G（t/h），则有

$98.5\% G = (G + 1.5) \times 93\%$

解得　$G = 25.36$ t/h

答：需要串入98.5%硫酸量是25.36t/h。

附录3　高级制酸工考核试题选

一、单选题

1. 下列哪种浓度的硫酸对金属的腐蚀最为严重（A）。

A. 中浓度硫酸　B. 稀硫酸　C. 浓硫酸　D. 发烟硫酸

2. 722分光光度计的分析原理是（A）。

A. 朗伯－比尔定律　B. 牛顿定律　C. 布朗定律　D. 能斯特定律

3. 俯视图中 a b c — c b a 位于最上面的管道的编号是（A）。

A. a　B. b　C. c　D. 无法判断

4. （A）在工艺设计中起主导作用，是施工安装的依据，同时又作为操作运行及检修的指南。

A. 工艺管道及仪表流程图　B. 设备布置图　C. 管道布置图　D. 化工设备图

5. 在蒸汽输送管道安装中，管路采用U形管的目的是（A）。

A. 防止热胀冷缩造成破坏　B. 操作方便　C. 安装需要　D. 调整方向

6. 波形补偿器应严格按照管道中心线安装，不得偏斜，补偿器两端应设（A）。

A. 至少各有一个导向支架　B. 至少一个导向支架

C. 至少一个固定支架　D. 至少各有一个固定支架

7. 下面（A）的阀杆处无需填料密封。

A. 隔膜阀　B. 截止阀　C. 球阀　D. 闸阀

8. 换热管泄漏可采用堵塞的方法进行修理，堵管数不得超过总管数的（A）。

A. 10%　B. 8%　C. 5%　D. 3%

9. 阀门发生关闭件泄漏，检查出产生故障的原因为密封面不严，则排除的方法是（A）。

A. 安装前试压、试漏，修理密封面　B. 正确选用阀门

C. 校正或更新阀杆　D. 提高加工或修理质量

10. 远传控制阀门调试的第一个任务是贯通回路，其目的是（A）。

A. 检查其配管接线是否正确

B. 检查调节阀的动作是否符合要求

C. 查阀门的基本误差，双向切换、调节精度等

D. 都不是

11. 将某种液体从低处输送到高处，可采用真空泵抽吸的办法，也可用压缩空气压送的办法，对于同样的输送任务，下面说法恰当的是（A）。

A. 这两种方式摩擦损失一样　B. 压送的摩擦损失大

C. 抽吸输送时摩擦损失大　D. 要具体计算才能比较

12. 为了保证蒸汽管道的吹扫效果，进行蒸汽吹扫时对蒸汽管道保温的要求是（A）。

A. 未保温　B. 已保温

C. 保温同时进行　　D. 理论上对管道保温没有特殊要求

13. 对于使用强腐蚀性介质的化工设备，应选用耐腐蚀的不锈钢，且尽量使用（A）不锈钢种。

A. 含铬镍　　B. 含硅　　C. 含铅　　D. 含钛

14. 检测、控制系统中字母 LIC 是指（A）。

A. 物位显示控制系统　　B. 物位记录控制系统

C. 流量显示控制系统　　D. 流量记录控制系统

15. 根据“化工自控设计技术规定”，在测量稳定压力时，最大工作压力不应超过测量上限值的（A）；测量脉动压力时，最大工作压力不应超过测量上限值的（A）。

A. 2/3、1/2　　B. 1/3、1/2　　C. 1/3、2/3　　D. 2/3、1/3

16. 用热电偶测温时采用补偿导线的作用是（A）。

A. 冷端的延伸　　B. 冷端温度补偿

C. 热端温度补偿　　D. 热电偶与显示仪表的连接

17. 如果工艺上要求测量 150℃的温度，测量结果要求远传指示，可选择的测量元件和显示仪表是（A）。

A. 热电阻配动圈表 XCZ－102　　B. 热电偶配动圈表 XCZ－101

C. 热电阻配电子平衡电桥　　D. 热电偶配电子电位差计

18. 下列不属于硫酸生产自动分析仪表的是（A）。

A. 质谱仪　　B. 热导式二氧化硫分析仪

C. 密度法浓度分析仪　　D. 氧化锆分析仪

19. 为了保证化工厂的用火安全，动火现场的厂房内和容器内可燃物应保证在（A）。

A. 0.2%～0.1%　　B. 0.2%～0.01%

C. 0.1%～0.2%　　D. 0.1%～0.02%

20. 为了达到分离效果，旋风除尘器的进气速度一般是（A）m/s 左右。

A. 20　　B. 10　　C. 5　　D. 1

21. 根据 GB/T 534—2002 规定，优等品硫酸中的砷含量为（A）%。

A. <0.0001　　B. <0.001　　C. <0.005　　D. <0.05

22. 如果硫酸中含有较多的硫酸亚铁，此硫酸呈现的颜色是（A）。

A. 绿色　　B. 灰色　　C. 棕色　　D. 红色

23. 硫酸生产中，若转化系统钒触媒粉带进吸收循环酸中，此时循环酸呈（A）。

A. 绿色　　B. 灰色　　C. 棕色　　D. 磺色

24. 离心泵扬程 H 与叶轮转速 n 之间的关系，下列（A）是正确的。

A. $H_1/H_2=(n_1/n_2)^2$　　B. $H_1/H_2=n_1/n_2$

C. $H_1/H_2=(n_1/n_2)^3$　　D. $H_1/H_2=n_2/n_1$

25. 属于班组经济核算主要项目的是（A）。

A. 能耗　　B. 安全生产

C. 设备完好率　　D. 环保中的“三废”处理

26. 为了提高硫酸工业的综合经济效益，下列做法正确的是（A）：（1）降低消耗；（2）充分利用生产中的余热；（3）对生产中产生的废气、废渣和废液实行综合利用。

A. （1）（2）（3）全正确　　B. 只有（1）
C. 只有（2）　　D. 只有（3）

27. 与使用主鼓风机烘炉相比，使用引风机进行烘炉的优点有（A）等。
A. 焚硫炉或焙烧炉处于负压状态，较为安全　　B. 升温热量大
C. 投量少　　D. 热利用率高

28. 下列不属于烟气脱硫技术的是（A）。
A. 变压吸附　　B. 催化氧化　　C. 有机胺吸收　　D. 活性炭吸附

29. 对硫黄制酸固体熔硫装置，开车前要准备一定量氢氧化钠或氧化钙，其目的是（A）。
A. 中和硫黄中的酸度，使液体硫黄酸度达到要求
B. 改善固体硫黄的传质传热，加快熔硫速度
C. 作为固体熔硫设备预膜的药剂
D. 在熔硫过程中会产生有毒有害气体，用氢氧化钠或氧化钙吸收、解毒

30. 在焚硫炉（或沸腾焙烧炉）烘炉初期，往余热锅炉汽包通入低压蒸汽的目的是（A）。
A. 加热炉水烘烤锅炉炉墙，排除其中的部分游离水
B. 加热炉水烘烤锅炉炉墙，排除其中的部分结晶水
C. 加热炉水烘烤锅炉炉墙，排除其中的部分残余结合水
D. 加热炉水烘烤焚硫炉（或沸腾焙烧炉）与锅炉连接管道的炉墙，以排除部分游离水

31. 沸腾焙烧炉炉底压力一般控制在（A）kPa。
A. 13～15　　B. 20～25　　C. 1～5　　D. 5～10

32. 沸腾焙烧炉入炉矿含水量下降，会导致沸腾层的各点温度（A）。
A. 突然上升　　B. 突然下降　　C. 小幅波动　　D. 不变

33. 沸腾焙烧炉投矿量减小或炉底风量减小，会导致沸腾层炉温（A）。
A. 突然下降　　B. 突然上升　　C. 大幅波动　　D. 不变

34. 大修后锅炉初次进水，夏季时中压锅炉上水时间应不低于（A）h。
A. 2　　B. 4　　C. 6　　D. 8

35. 长期停车后系统开车，规定锅炉压力从0至0.5MPa的升压时间为6h，而从0.5MPa至3.5MPa的升压时间也需6h，其主要原因是（A）。
A. 在同样升压速度下，低压时锅炉温度上升快，产生的热应力大
B. 提供锅炉热紧所需要的时间
C. 从0.5MPa升至3.5MPa期间，锅炉需要加强排污
D. 为了控制转化器触媒预饱和时的温度上升速度

36. 硫酸装置生产正常时，如果锅炉蒸汽流量计失灵，且锅炉系统没有运行自动调节功能，则其引起的不正常现象有（D）等。
A. 蒸汽流量与给水流量相差大　　B. 锅炉给水压力下降
C. 锅炉汽包液位无法控制　　D. 锅炉给水流量增加

37. 对于硫黄制酸装置固体熔硫工序，如果固体硫黄的含水量提高1%，熔化每吨固

体硫黄时低压蒸汽消耗量约需要增加（A）kg。

A. 10　B. 100　C. 0.1　D. 1

38. 硫黄制酸固体溶硫工序采用过滤法精制液体硫黄，预涂时所使用的助滤剂或硅藻土粒度过大，对熔硫装置的不良影响是（A）。

A. 过滤效果差　B. 过滤速度下降

C. 过滤压力增大　D. 清理周期缩短

39. 硫黄制酸固体熔硫装置长期停车后，人员进入液硫槽清理时，适用的灭火器材是（A）。

A. 泡沫灭火器　B. 一氧化碳灭火器

C. 1211 灭火器　D. 四氯化碳灭火器

40. 大修后装置开车，在焚硫炉刚开始喷硫时，最好通过调节（A）来控制锅炉压力。

A. 汽包蒸汽放空阀门

B. 过热蒸汽放空阀门

C. 锅炉紧急放水阀门

D. 并入中压蒸汽管网的过热蒸汽压力自调阀门

41. 大修后装置开车，在焚硫炉刚开始喷硫时，要保持过热蒸汽放空阀门有一定的开度，其主要目的是（A）。

A. 防止过热器高温烧坏　B. 均衡锅炉各运行参数

C. 尽快提高锅炉压力　D. 防止过热器内蒸汽冷凝

42. 在停用液硫输送管线前通常要尽量排净管线中的液体硫黄，其主要目的是（A）。

A. 防止液体硫黄凝固，堵塞管道

B. 防止液体硫黄腐蚀管道

C. 防止管道内生成硫化亚铁

D. 防止长期留存在管道中的液体硫黄逐渐生成很多硫化氢气体

43. 液体硫黄的管道安装应该有一定的坡度，不低于0.4%，其主要目的是（A）。

A. 为了保证在停止输送时，管中熔硫能排净

B. 出于安全的考虑，方便管道中生成的硫化氢气体顺利排出

C. 出于工艺配管方便的考虑

D. 方便夹套保温蒸汽冷凝水的排出

44. 硫黄制酸装置中，若发现液体硫黄储罐大量泄漏要立即关闭保温蒸汽，这样做最主要的目的是（A）。

A. 降低硫黄温度，有助于液硫固化　B. 防止液体硫黄着火

C. 防止蒸汽喷出伤人　D. 减少不必要的蒸汽消耗

45. 在正常生产时，增加主鼓风机风量，并且维持焚硫炉（或沸腾焙烧炉）出口气体温度不变，炉出气中氧气的体积分数将（A）。

A. 几乎不变　B. 减小

C. 升高　D. 视具体情况而变化

46. 在正常生产时，如主鼓风机气量减少，而余热锅炉进气温度维持不变，一段时间

后，锅炉蒸发汽量将（A）。

A. 下降 B. 上升

C. 几乎没有变化 D. 视具体情况而定

47. 硫酸正常生产时，若锅炉系统过热蒸汽温度超标，下列正确的调节方法是（A）。

A. 开大过热器喷水减温水流量 B. 降低过热蒸汽压力

C. 关小过热器喷水减温水流量 D. 提高过热蒸汽压力

48. 硫酸装置净化系统设置动力波洗涤器的目的是（A）。

A. 净化效率高 B. 无废酸排放 C. 无酸雾形成 D. 无废水

49. 如果干燥塔配置在主鼓风机进口前，要保证干燥塔出口到主鼓风机进口不能出现泄漏，其原因是（A）。

A. 如泄漏，鼓风机出口水分会升高 B. 如泄漏，就会污染环境

C. 如泄漏，就会影响主鼓风机正常运行 D. 如泄漏，鼓风机风量则无法控制

50. 正常生产时，某硫酸装置干燥塔进口酸温为70℃，出口酸温为80℃，干燥酸浓度在指标范围内，但干燥塔出口水分不合格，则下列调节方法正确的是（A）。

A. 降低干燥循环酸温度 B. 降低循环酸流量

C. 提高干燥循环酸温度 D. 提高循环酸流量

51. 正常生产时，硫酸装置干燥塔进口酸温为30℃，干燥塔出口酸温为60℃，循环酸浓度、温度指标在指标范围内，干燥塔出口水分不合格，则下列调节正确的是（A）。

A. 提高干燥循环酸流量 B. 降低干燥循环酸温度

C. 提高干燥循环酸温度 D. 降低干燥循环酸流量

52. 硫酸装置净化系统洗涤塔分酸装置存在问题，分酸效果不好会导致该塔气体出口温度（A）。

A. 上升 B. 下降

C. 几乎没有变化 D. 视具体情况而定

53. 硫酸装置净化系统由冷却塔向第一洗涤器串酸，若串酸量过大会导致第一洗涤器内稀酸浓度（A）。

A. 偏低 B. 偏高 C. 不变 D. 无法判断

54. 硫酸装置净化系统电除雾器的高压整流机组插线板上的电阻烧坏，此时电压在20kV，电流在（A）mA左右。

A. 100 B. 20 C. 10 D. 0

55. 硫酸装置净化系统电除雾器出口冒白烟，原因可能是电除雾器的电压、电流（A）。

A. 偏低 B. 偏高 C. 不变 D. 无法判断

56. 干燥塔塔底瓷砖应砌成（A）的倾角。

A. 4°~9° B. 10°~15° C. 1°~4° D. 20°~30°

57. 硫酸系统进行联动试车时，如干吸工序没有换酸，则干燥循环酸浓度会（A）。

A. 下降 B. 维持不变

C. 上升 D. 视具体情况而变化

58. 硫酸生产中，炉气经过除尘、降温除雾后，尘、氟、砷等杂质一般均达到了规定

的指标，此时炉气中的水分（A）。

A. 变大　B. 不变　C. 变小　D. 无法判断

59. 转化器装填新触媒时，破碎触媒装入转化器的主要危害是（A）。

A. 触媒层阻力升高，影响气流分布及转化率

B. 影响转化系统热平衡

C. 影响二氧化硫转化反应的反应速度

D. 触媒层阻力升高，但不会影响转化率

60. 大修后转化系统进行热空气升温时，干吸工序需要正常循环，其主要目的是（A）。

A. 干燥空气，避免水分带进转化器，损坏触媒

B. 利用升温机会，对干吸工序试运行，及时发现问题

C. 稳定系统阻力，使系统转入炉气升温时没有大的波动

D. 防止放空尾气污染大气

61. 系统大修后开车，如转化器使用的是新触媒，通常要求进行“预饱和”操作，其目的是（A）。

A. 防止触媒超温损坏　B. 防止触媒缺氧

C. 防止触媒中毒　D. 防止触媒压力过高而损坏

62. 钒触媒活性温度的上限称为（A）。

A. 耐热温度　B. 起燃温度　C. 活性温度　D. 以上全不对

63. 采用“两转两吸”流程的转化工序在开车正常后，通常在“一转一吸”流程切换阀门处安装盲板，其目的是（A）。

A. 防止阀门内漏，影响总转化率　B. 正常开车时提高热利用效率

C. 基于系统生产的安全性考虑　D. 防止阀门被硫酸盐类杂物堵死

64. 系统大修后开车，对于“两转两吸”流程的转化工序，通常在炉气升温时，切换到“一转一吸”流程进行升温，即一次转化后的炉气不经过（A）直接进行二次转化。

A. 一吸塔　B. 二吸塔　C. 干燥塔　D. 冷热换热器

65. 转化工序采用“3 + 1”“两转两吸”流程，系统大修后开车，切换到“一转一吸”流程进行炉气升温，经过一段时间升温，四段进口温度达到了410℃且是转化各段进口温度中的最低点，此时，切换到“两转两吸”流程的条件（A）。

A. 已具备　B. 还要考虑吸收酸浓度、温度等因素

C. 不具备　D. 还要查看焚硫炉燃烧效率

66. 硫酸装置转化器内如果在高温缺氧的条件下，部分触媒出现被“烧死”变白、活性降低现象，为了使其恢复部分活性，正确的处理办法是（A）。

A. 用高于400℃的空气热吹

B. 降低转化器进口温度操作一段时间

C. 降低主鼓风机风量操作一段时间

D. 提高进气中二氧化硫浓度的体积分数一段时间

67. 硫酸正常生产情况下，如果转化一段转化率下降较多，转化一段进出口温度差将（A）。

A. 下降　B. 上升　C. 几乎没有变化　D. 视具体情况而定

68. 在硫酸生产正常情况下，如果转化一段转化率下降较多，二段进口温度仍处于受控状态，转化器二段进出口温度差将（A）。

A. 上升　B. 几乎没有变化　C. 下降　D. 视具体情况而定

69. 硫酸装置转化器最后一段使用低温钒触媒的主要目的是（A）。

A. 降低最后一段进气温度，提高总转化率

B. 降低转化器总阻力

C. 加快最后一段转化器内二氧化硫的反应速度

D. 降低最后一段换热器的换热面积

70. 在硫酸系统生产正常情况下，如果确定转化器一段触媒活性下降，为了保持转化系统的转化率，下列操作方法正确的是（A）。

A. 适当提高转化器一段进口温度　B. 适当降低转化器一段进口温度

C. 适当提高二氧化硫的体积分数　D. 适当加强焚硫炉的燃烧

71. 硫酸生产正常时，如果转化工序转化器一段触媒活性下降，其他各段触媒状况良好，此时对转化器二段的影响，下列表述正确的是（A）。

A. 进出口温差上升　B. 进出口温差下降

C. 压力降上升　D. 压力降降低

72. 硫酸系统长期停车后开车，对转化器进行炉气升温前，转化器各处最低温度越低，炉气升温时形成冷凝酸的可能性（A）。

A. 越大　B. 越小　C. 不变　D. 不存在

73. 硫酸系统长期停车后开车，为了提高转化系统的转化率，通常使用“温差优选法”的原则来选择转化器的进口温度，也就是在一段出口温度不超温的前提下，逐段找出达到（A）的各段入口的温度。

A. 最大温差　B. 最小温差　C. 最高温度　D. 最低温度

74. 系统进行长期停车时，转出器需要用高于420℃的干燥热空气吹净，当转化器最终出气中二氧化硫和三氧化硫总的体积分数小于（A）时，“热吹”合格。

A. 0.03%　B. 0.08%　C. 0.15%　D. 0.18%

75. 系统进行长期停车时，转化器需要用高于420℃的干燥热空气吹净，“热吹”基本合格的直观判断依据是（A）。

A. 末段出口的压力表管口无白烟冒出　B. 转化器末段温度低于180℃

C. 转化器末段温度低于250℃　D. 转化器各段进出口无温升

76. 如果转化器触媒发生床层表面结壳问题，对系统转化率的影响是（A）。

A. 不能肯定　B. 没有影响　C. 下降　D. 上升

77. 如果中间吸收塔使用丝网捕沫器除去炉气中的酸雾，则在系统正常生产负荷时，新的金属丝网除沫器的阻力降约为（A）Pa。

A. 250 ~ 500　B. 500 ~ 750　C. 750 ~ 1000　D. 1000 ~ 1500

78. 硫酸干吸装置中，装填干燥、吸收塔填料时填料中带有大量水分的危害是（A）。

A. 进酸后，塔及酸管道易腐蚀　B. 开车后塔阻力会升高

C. 填料的抗腐蚀性能降低　D. 填料的强度降低

79. 硫酸干吸装置中，装填干燥、吸收塔填料时，分酸管周围不装填料的主要危害是（A）。

A. 影响分酸效果，易造成酸沫夹带　B. 开车后塔阻力升高
C. 开车后塔的生产能力降低　D. 塔的气流分布状况变差

80. 硫酸干吸装置中，干吸塔内填料的材质是（A）。

A. 耐酸陶瓷　B. 聚丙烯　C. 玻璃钢　D. 石墨

81. 硫酸干吸装置中干燥塔采用的除沫器是（A）。

A. 丝网除沫器　B. 挡板除沫器　C. 纤维除沫器　D. 复挡除沫器

82. 硫酸正常生产时，若因干吸工序第一吸收塔进口炉气温度超温，为此对省煤器给水旁路进行了调整，下列表述正确的是（A）。

A. 锅炉汽包给水温度上升　B. 锅炉汽包给水温度下降
C. 锅炉系统几乎没有变化　D. 吸收酸温度上升

83. 硫酸生产高温吸收的含义是（A）。

A. 进口酸温、气温高　B. 出口酸温、气温高
C. 进口酸温高　D. 出口气温高

84. 在系统正常生产时，干燥用硫酸浓度和温度越高，相对来说，在干燥塔内产生的（A）。

A. 酸雾越多，酸雾粒径越小　B. 酸雾越少，酸雾粒径越小
C. 酸雾越多，酸雾粒径越大　D. 酸雾越少，酸雾粒径越大

85. 在正常生产时，当干燥用硫酸浓度超过93%以后，其温度越低，溶解的二氧化硫（A）。

A. 越多　B. 越少
C. 不变　D. 视具体情况而定

86. 在硫酸生产中，与低温吸收工艺相比，吸收工序采用高温吸收工艺时吸收率（A）。

A. 较高　B. 较低
C. 基本相当　D. 视具体情况而定

87. 在其他生产条件不变的情况下，吸收塔循环酸量提高，吸收塔进出塔酸温差将（A）。

A. 减小　B. 增大
C. 不变　D. 视具体情况而定

88. 在正常生产时，调整中间吸收塔循环酸量时应保证进出塔酸温升最大不超过（A）℃。

A. 40　B. 30　C. 20　D. 10

89. 系统生产正常过程中，如吸收塔进出塔循环酸温度均超过指标，则调节正确的是（A）。

A. 加大吸收酸流量　B. 减小吸收酸流量
C. 加大酸冷却器冷却水流量　D. 减小酸冷却器冷却水流量

90. 硫酸正常生产时，如果第二吸收塔吸收酸浓过高，则其引起的不正常现象是

（A）等。

A. 系统冒大烟　B. 吸收塔循环酸流量下降

C. 干燥塔效率下降　D. 吸收塔阻力下降

91. 填装纤维除雾器的纤维时要注意纤维的排列方向，要与气流方向（A），这对提高捕集效率和液体的排出都有利。

A. 垂直　B. 平行　C. 成45°角　D. 成60°角

92. 在鼓风机设备本体良好的条件下，鼓风机轴瓦润滑油温度过高的危害是（A）。

A. 轴瓦油膜厚度降低，影响油膜稳定性

B. 润滑油冷却水量过小

C. 润滑油冷却器结垢

D. 轴瓦油膜厚度过大，影响轴瓦热量移出

93. 操作人员对所用设备要做到“四懂”的内容是懂（A）、懂原理、懂性能、懂用途。

A. 结构　B. 造价　C. 保养　D. 操作

94. 硫酸储罐动火前必须先进行充分排气置换（A），并经气体分析合格后方能进行。此外，检修时切勿以金属工具等敲击设备，以免产生火花引起爆炸。

A. 氢气　B. 氧气　C. 空气　D. 一氧化碳

95. 在硫酸转化器及气体换热器中，温度高达400～600℃的含二氧化硫气体对碳钢有着强烈的腐蚀作用，所以目前通用的做法是对转化器及气体换热器进行（A）处理。

A. 渗铝　B. 喷铝　C. 搪铅　D. 衬铅

96. 硫酸工业污水有害物质是硫酸、砷和氟，其中以（A）的危害性最大，是污水处理的主要对象。

A. 砷　B. 氟　C. 硫酸　D. BOD

97. pH值是决定废水处理效果的重要条件，在中等砷、氟含量的情况下，一、二级处理控制最佳的pH值范围是（A）。

A. 9.5～9.0　B. 3.5～4.5　C. 10～11　D. 6～7

98. 《中华人民共和国清洁生产促进法》（修改版）中规定，产品和包装物的设计，应当考虑其在生命周期中对人类健康和环境的影响，优先选择（A）、无害、易于降解或者便于回收利用的方案。

A. 无毒　B. 牢固　C. 美观　D. 简洁

99. 全面质量管理强调以（A）质量为重点的观点。

A. 工作　B. 产品　C. 服务　D. 工程

100. 低浓度二氧化硫烟气回收的方法经济合理且有长期操作经验的是（A）。

A. 氨酸法　B. 活性炭吸附法　C. 有机胺吸收法　D. 石灰中和法

二、多选题

1. 下列属于化工工艺管道及仪表流程图（PID）表达内容的有（A、B、C）。

A. 管道规格　B. 设备代号　C. 仪表代号　D. 技术说明

2. 化工设备图的表达方式有（A、B、C、D）。

A. 局部放大　B. 多次旋转　C. 夸大画法　D. 管口方位表达法

3. 在管道及仪表工艺流程图（PID）上标识工艺管道时应标明（A、B、C、D）。

A. 管道有无保温　B. 管道有无伴热或伴热形式

C. 管道尺寸　D. 管道等级

4. 化工工艺管道及仪表流程图（PID）中控制点的标注包括（C、D）。

A. 设备位号　B. 管段编号　C. 控制点代号　D. 控制参数类别

5. 化工设备装配图中管口表的填写，下列说法正确的是（C、D）。

A. 接管表可以与图中接管符号不一致

B. 填写按照 a，b，c…顺序从下向上逐一填写

C. 接管表应与图中接管符号保持一致

D. 填写按照 a，b，c…顺序从上向下逐一填写

6. 化工管路布置图中（A、B、C、D）需要标出定位尺寸。

A. 阀门位置　B. 管件　C. 管架　D. 控制点

7. 转化器内催化剂是分段安装的，测量各转化段压力，需采取（A、B）等措施。

A. 吹气法　B. 吹入气体为干燥空气

C. 吹入氧气　D. 吸入法

8. 离心式鼓风机调节风量的方式有（A、B、D）。

A. 节流调节　B. 转速调节

C. 出口导向叶片调节　D. 入口导向叶片调节

9. 温度测量仪表按温度测量方式可分为（C、D）等类别。

A. 压力式温度计　B. 辐射高温计　C. 接触式仪表　D. 非接触式仪表

10. 根据输送介质特征和设计条件，压力管道的类别划分有（A、B、C）等类别。

A. GA　B. GB　C. GC　D. GD

11. 硫铁矿制酸装置中影响硫铁矿焙烧的主要因素有（A、B、C）等。

A. 温度　B. 矿料粒度　C. 氧的体积分数　D. 矿料湿度

12. 硫黄制酸系统进行联动试车时，联动试车前应具备的条件有（A、B）等。

A. 干燥吸收酸循环正常　B. 鼓风机润滑油系统、冷却水正常

C. 液体硫黄到位　D. 锅炉煮炉完成

13. 对硫黄制酸固体熔硫装置开车，熔硫槽初次投料时要使固体硫黄在熔硫槽内的堆积高度略高于其加热盘管，其目的是（C、D）。

A. 保护蒸汽加热盘管

B. 防止固体硫黄融化后溢流到后续设备

C. 控制固体硫黄在许可情况下的较低数量，加快液硫生成速度

D. 保证固体硫黄充分接触加热面，加快固硫熔化速度

14. 硫黄制酸固体熔硫装置，在向过滤机内输进液体硫黄时，因没有打开过滤机蒸汽伴热而造成的危害有（A、B）。

A. 过滤机内局部液体硫黄凝固　B. 过滤机内液体硫黄局部温度降低

C. 伴热管蒸汽夹套中液体硫黄堵塞　D. 过滤效率下降

15. 硫黄制酸系统正常生产时，影响焚硫温度的因素有（A、B）。

A. 主鼓风机风量　　B. 焚硫炉喷硫量
C. 锅炉系统压力　　D. 转化一段进口气体温度

16. 在停用液硫管线前要尽量排净管线中的液体硫黄，必要时可用吹洗的方式进行处理，吹洗的介质可用（B、D）等。

A. 水　　B. 低压蒸汽　　C. 中压蒸汽　　D. 压缩空气

17. 使用过滤法精制液体硫黄的固体熔硫装置长期停车时，应对整个过滤机组进行清洗，其目的是防止（A、B）。

A. 过滤网腐蚀　　B. 集液管腐蚀
C. 液压站油缸腐蚀　　D. 液压站油泵腐蚀

18. 硫黄制酸固体熔硫装置长期停车时，对液硫槽进行清理前要对所清理的设备进行有毒气体分析，液硫槽的有毒气体可能有（B、C、D）。

A. 一氧化碳　　B. 二氧化硫气体　　C. 三氧化硫气体　　D. 硫化氢气体

19. 对于焚硫炉使用的喷枪，如果增加喷孔直径，则对液体硫黄雾化的影响下列表述正确的是（C、D）。

A. 雾化角变小　　B. 阻力变大
C. 喷硫量增加　　D. 液体硫黄颗粒变大，雾化质量下降

20. 锅炉汽包通常支撑或悬吊在锅炉钢架的横梁上，当汽包采用悬吊结构时，通常在吊环上设有上、下两个活结，其主要目的是（B、C）。

A. 出于对汽包安装及检修的方便考虑　　B. 满足汽包径向位移的需求
C. 满足汽包轴向膨胀的需求　　D. 确保汽包支撑牢固

21. 与自然循环锅炉相比，强制循环锅炉的缺点主要有（B、D）。

A. 不可以采用直径较小的锅筒、上升管和下降管
B. 锅炉耗能增加
C. 锅炉的起停时间比自然循环锅炉长
D. 增加了性能要求较高的锅炉循环泵

22. 硫酸正常生产时，余热锅炉炉水磷酸根含量不合格，可能的原因有（A、C、D）等。

A. 加药量不合适　　B. 锅炉进口炉气温度过高
C. 负荷变化频繁　　D. 加药管内结晶堵塞

23. 在正常生产时，影响锅炉系统过热蒸汽产量的因素有（A、B、C、D）等。

A. 进气量　　B. 饱和蒸汽压力　　C. 排污量　　D. 过热蒸汽温度

24. 硫酸装置中，当余热锅炉煮炉结束降至常温时，应认真检查排污阀、水位计等，其主要目的是（A、D）。

A. 防止锅炉煮炉产生的污垢堵塞管道
B. 防止因锅炉煮炉使材料特性发生变化
C. 防止其泄漏
D. 防止锅炉煮炉产生的沉淀物堵塞阀门

25. 硫酸装置大修后余热锅炉初次进水进行水压试验时，进水温度过高的危害有（A、B、C）。

A. 高温水可能会在锅炉中汽化

B. 使承压部件产生过大的温差应力

C. 易使轻微泄漏出水蒸发，泄漏部位不容易及时被发现

D. 当高于锅炉材料的脆性临界温度，升压时易造成锅炉损坏

26. 硫酸装置大修后系统开车，余热锅炉升压速度过快的危害主要有（C、D）。

A. 造成转化器触媒饱和控制困难

B. 造成转化升温控制困难

C. 造成锅炉本体温度上升速度过快

D. 使锅炉汽包产生的热应力过大，易使锅炉损伤

27. 铜冶炼过程中产生的二氧化硫烟气主要出自（A、C）设备。

A. 闪速炉　　B. 阳极炉　　C. 转炉　　D. 电解槽

28. 冶炼烟气制酸生产中，冶炼烟气通常是产生于（A、C、D）有色金属硫化矿冶炼过程。

A. 铜　　B. 铝　　C. 锌　　D. 铅

29. 冶炼烟气制取硫酸的特点主要有（A、B、C、D）。

A. 气量波动较大　　B. 气浓波动较大

C. 二氧化硫的体积分数较低　　D. 烟气成分较复杂

30. 硫酸生产中净化工序除砷所采取的措施有（A、B、C）。

A. 绝热增湿　　B. 冷却　　C. 除酸雾　　D. 吸收

31. 导致硫酸生产中钒催化剂失去活性的有害物质有（B、C、D）等。

A. 氧　　B. 砷　　C. 酸雾　　D. 氟

32. 目前硫酸转化“两转两吸”工艺中，二次转化分为（A、B、C）。

A. 2+2段　　B. 3+1段　　C. 3+2段　　D. 3+3段

33. 在安装干燥塔丝网除沫器时，如丝网捕沫器上的杂物没有清理干净，则其危害是（B、D）。

A. 在气流的作用下，丝网容易被吹翻，造成气体短路

B. 影响气流在丝网捕沫器上的流动方向，局部气速升高，影响除雾效率

C. 影响系统生产负荷的稳定

D. 开车后干燥塔阻力高

34. 硫酸系统正常生产时，导致干燥塔出口气体酸雾偏高的可能原因有（A、B、D）。

A. 干燥酸浓度高　　B. 干燥酸温度高

C. 干燥循环槽液位高　　D. 干燥塔进气量过大

35. 转化器装填触媒时，装填注意事项有（B、C、D）等。

A. 触媒层进口气体温度测点应埋入触媒中　　B. 任何杂物不能混入转化器

C. 防止装填时触媒破碎　　D. 每种触媒装好后必须找平

36. 某硫黄制酸装置“两转两吸”“3+2”流程，如从余热锅炉出口与四段进口之间安装连通管线及阀门供转化升温时使用，则在开车正常后，如果此连通阀门内漏并且没有安装盲板，其可能的危害有（A、B）。

A. 总转化率降低　　B. 放空二氧化硫浓度升高

C. 转化系统热平衡无法维持　　D. 影响锅炉的饱和蒸汽产量

37. 硫酸系统生产正常情况下，如果一段转化率下降较严重所造成的危害是（A、C、D）。

A. 转化反应温度后移或转化器降温

B. 转化反应温度前移或转化器降温

C. 总转化率易下降

D. 烟囱放空二氧化硫的体积分数易超标

38. 硫酸装置转化器中一段触媒装填量过大的危害是（B、C）。

A. 一段转化率降低　　B. 一段阻力上升

C. 一段出口炉气温度会超温　　D. 总转化率降低

39. 硫酸正常生产时，为防止转化设备内产生冷凝酸，下列方法正确的是（A、B）。

A. 控制干燥塔出口气体水分低于指标

B. 控制好精硫槽中的液体硫黄质量达到指标

C. 控制好进入转化系统的进气浓度

D. 控制好焚硫温度

40. 硫酸系统生产正常时，如果一次转化率降低幅度较大，对系统的危害有（B、D）。

A. 吸收酸温上升　　B. 总转化率下降

C. 吸收率下降　　D. 尾气中二氧化硫的体积分数升高

41. 硫酸正常生产时，如果中间吸收塔循环酸量过小，对系统的危害有（A、B）等。

A. 吸收率下降　　B. 吸收塔出气中酸雾（沫）夹带量增加

C. 吸收塔进塔酸温偏高　　D. 吸收塔进塔酸温偏低

42. 硫酸干吸工序正常生产时，影响吸收塔吸收效率的因素有（A、B、C、D）。

A. 循环酸浓度　　B. 循环酸温度　　C. 分酸效果　　D. 进气温度

43. 硫酸装置主鼓风机设置在干燥塔之后，正常生产时若干燥塔循环酸浓度、温度、流量指标正常，但干燥塔出气水分不合格，则可能的原因有（A、B）。

A. 干燥塔出气管道漏气　　B. 干燥塔分酸装置出现问题

C. 干燥塔进口空气水分含量过高　　D. 干燥塔除沫器出现问题

44. 硫酸系统生产正常过程中，影响干吸工序酸冷器传热的主要因素有（A、C、D）。

A. 冷却水用量　　B. 热辐射系数　　C. 循环酸流量　　D. 冷却水水质

45. 硫酸系统干吸工序生产正常时，提高酸冷却器冷却水流速后的结果是（A、B）。

A. 减少水垢的形成　　B. 管壁温度降低　　C. 传热系数降低　　D. 冷却效率降低

46. 硫酸系统生产正常时，能引起烟酸吸收塔进出塔酸温差上升的因素有（A、B）等。

A. 烟酸塔循环酸量减小　　B. 进入烟酸塔炉气气量升高

C. 进烟酸塔酸温降低　　D. 烟酸塔出口酸温升高

47. 硫酸干吸工序吸收塔在装填需要整齐排列的填料时，装填要求有（A、B、D）等。

A. 应从中间开始逐步展开至塔壁　　B. 塔壁边空隙不得使用破填料

C. 每行每层排列，均应平整　　　　　D. 上下层必须错开

48. 硫酸干吸工序，阳极保护浓硫酸冷却器几乎不用碳钢制造，其原因主要有（B、C）。

A. 碳钢在热浓硫酸中致钝电流密度值较小

B. 碳钢在热浓硫酸中致钝操作比较困难

C. 碳钢钝化膜稳定性较差

D. 碳钢在热浓硫酸中不能形成钝化膜

49. 在安装吸收塔纤维除雾器时，若除雾器垫子没有压紧导致的危害有（A、D）。

A. 会使气体走短路　　　　　B. 会加剧硫酸对纤维除雾器的腐蚀

C. 纤维除雾器阻力升高　　　　　D. 除雾效率会严重下降

50. 操作人员对所用设备要做到“三会”是（A、C、D）。

A. 会操作　　B. 会修理　　C. 会维护保养　　D. 会排除故障

三、判断题

1. 管路交叉时，一般将上面（或前面）的管路断开，也可将下方（或后方）的管路画上断裂符号断开。（×）

2. 化工管路中通常在管路的较低点安装有排液阀，较高点设放空阀。（×）

3. 离心泵的流量、扬程和效率不会随流体密度改变而改变。（√）

4. 离心泵开车时，都是在出口阀关闭的状态下启动电动机。（√）

5. 截止阀安装时应使管路流体由下向上流过阀座口。（√）

6. 使用泄露检测仪检测时，探针和探头不应直接接触带电物体。（√）

7. 翻板液位计结构坚固，指示醒目，可以进行就地指示、不能远传液位。（×）

8. DCS是一种控制功能和负荷分散，操作、显示和信息管理集中，采用分级分层结构的计算机综合控制系统。（√）

9. 在调试远传控制阀门时，如果控制器的基本误差超过允许范围，“手—自动”双向切换开关不灵，就要对控制器重新校验。（√）

10. 有害物质的发生源应布置在工作地点机械通风或自然通风的后面。（×）

11. 可燃气体与空气混合遇着火源，即会发生爆炸。（×）

12. 硫酸装置余热锅炉由于采用了浇注料施工，水分含量较大，烘炉温度需谨慎控制，忌忽高忽低及急剧升温。（√）

13. 新建锅炉投用前对锅炉的给水、减温水管道进行冲洗时，当出水澄清、出口水质与入口水质相接近时，即可认为冲洗合格。（√）

14. 对于新安装的锅炉，超水压试验应在安装完成后直接进行。（×）

15. 为了提高干燥效率，分酸点越多越好。（×）

16. 在一定幅度范围内适当增加金属丝网除沫器的阻力，可以增大气体实际流速，提高酸雾动能，有利于清除酸雾。（√）

17. 对硫黄制酸固体熔硫装置开车，向熔硫槽初次投料时，要控制好加热蒸汽温度，如蒸汽温度过高，则硫黄易燃烧，且融化的液硫黏度易升高，致使传热传质变差。（√）

18. 为了充分利用能量，在保证锅炉安全的基础上，可以酌情提高锅炉升压期间中、

后期的升压速度，以便锅炉过热蒸汽尽快并入中压蒸汽管网。(√)

19. 使用旧触媒时，可以把曾经在高温段下使用的触媒用到低温段。(×)

20. 高温下钒触媒活性下降是可逆的，也就是说活性一旦下降后，在一定条件下还可以恢复触媒活性。(×)

21. 硫酸生产炉气中 HF 对含 SiO_2 材料的腐蚀速率与 HF 浓度成正比，降低 HF 的浓度有利于减轻腐蚀作用。(√)

22. 硫酸装置电除尘器中，芒刺形电晕线与星形电晕线相比较，由于有特制的芒刺，易于放电，电晕电流大，起晕电压低，可以形成较大速度的电风，因此可以用于含尘量高的环境中。(√)

23. 硫酸生产中生成酸雾的条件就是该温度下硫酸蒸气的过饱和度达到并超过了临界值。(√)

24. 酸雾含量的高低仅代表了酸雾本身被净化的程度。(×)

25. 进入硫酸装置净化工序的炉气中，砷和硒是以氧化物形态存在，氟则以氟化氢形态存在。(×)

26. 炉气中一旦出现升华硫，则出现电滤器的电流、电压升高，使电极肥大，除尘、除雾效率下降。(×)

27. 硫酸装置绝热蒸发稀酸洗净化流程中第一洗涤塔循环酸温度进出口酸温变化不大。(√)

28. 除尘、降温除热、除雾及除杂质是湿法净化流程的主要任务。(√)

29. 工业上把粒径在 5μm 以上的粒子称为尘，在 5μm 以下的粒子称为雾。(√)

30. 芒刺形电晕线的起晕电压比星形电晕线的起晕电压低。(√)

31. 干燥塔进口气温越低，则烟气中水蒸气含量越低。(√)

32. 在正常生产时，增加主鼓风机风量，在焚硫炉喷硫量不变、转化各段进口温度不变的情况下，通过一段时间运行，理论上对转化率没有影响。(×)

33. 焚硫炉喷枪喷出的硫黄形成的微粒越小，越有利于硫黄燃烧。(√)

34. 在正常生产时，废热锅炉系统给水量大小决定了发汽量的大小。(×)

35. 硫酸系统生产正常情况下，转化器一段进出口温度差下降一定意味着一段转化率下降。(×)

36. 与中温触媒相比，低温触媒活性较低。(√)

37. 实际生产中，通常转化器一段进气温度控制值与触媒起燃温度相同。(×)

38. 转化器一段触媒装填量的确定，主要与转化器进气浓度和触媒耐热温度有关。(√)

39. 转化器炉气露点温度越低越容易产生冷凝酸。(×)

40. 如果转化器触媒发生床层表面结壳问题，通常首先发生在第一段。(√)

41. 在正常生产时，当干燥酸浓度大于 98.3% 时，其温度越高，可能生成的酸雾量变大，炉气露点温度升高。(√)

42. 干吸工序高温吸收工艺吸收塔进塔气体温度以 180℃ 左右为宜，气温高时相应硫酸液膜温度也被提高。(√)

43. 正常生产时，干燥塔循环酸浓度越高，硫酸液面上水蒸气分压越小，所以对于干

燥系统来说，干燥酸浓度越高越好。(×)

44. 系统生产正常时，如果一次转化率降低幅度较大，对系统影响很大，但不影响吸收循环酸中的二氧化硫含量。(×)

45. 系统进行长期停车时，转化器要进行“热吹”及“冷吹”，“冷吹”合格条件是转化器最低温度小于80℃。(×)

46. 吸收工序吸收塔在装填乱堆填料时，填料不应有破碎或损坏塔防腐层的现象，塔径小时应采用充水填装法。(√)

47. 填装纤维除雾器的纤维时要将填充密度和纤维层厚度控制在规定的范围内，并要十分注意纤维填装的均匀性，不可一处稀一处密，更不可有孔洞。(√)

48. 滤毒罐不用时，滤毒罐的罐盖和底塞要打开，面罩使用后要用水清洗，置于阴凉处。(×)

49. 生产正常时，如果吸收酸浓过低，系统会有很多不正常现象，但不会造成烟囱冒大烟。(×)

50. 如果吸收酸冷器结垢，为了防止结垢进一步恶化，需要适当减小酸冷器冷却水流量。(×)

四、问答题

1. 硫黄制酸系统开车初始和以后尾气冒烟都较大的原因有哪些？

答：(1) 固体硫黄中的含水量超过0.5%，且存放固体硫黄的库房通风条件不好；(2) 固体硫黄中酸含量较高，熔化精制过程中没有及时加石灰或碱中和液硫中的酸度；(3) 固体硫黄中有机物含量较高，精制过程中没有滤出，随液硫进入系统燃烧；(4) 硫黄熔化精制过程时间短，液硫中的水分没有得到充分的蒸发，水分随液硫一起进入焚硫炉；(5) 喷枪或液硫管中夹套保温蒸汽漏入熔硫中。

2. 焚硫炉产生升华硫如何处理？

答：(1) 正常操作时尽量固定风量的控制范围，以减少系统负荷波动，增加风量时，动作不宜过大过猛，防止破坏正常操作条件；(2) 更换喷枪，提高液硫雾化燃烧效果，根据炉温和二氧化硫的体积分数的要求调节进焚硫炉风量、二次风量；(3) 在风量相对稳定条件下，根据二氧化硫的体积分数、炉温状况来调节喷硫量，或在喷硫量相对固定条件下，根据炉温状况和二氧化硫的体积分数来调节一次、二次风量，严禁同时调风量和喷硫量这一危险做法；(4) 待系统停车时清理和改造。

3. 为什么锅炉系统安全阀一旦动作后容易发生泄漏？

答：(1) 安全阀的密封方式与截止阀相似，但安全阀的密封压力却仅为其工作压力的4%～8%，比截止阀小得多；(2) 安全阀一旦动作后再关闭时，蒸汽中常混有少量铁锈等杂质可能积存在阀座上，导致阀芯与阀座之间有间隙而引起泄漏；(3) 安全阀工作后关闭时，其阀芯与阀座的撞击可能使密封面破坏或阀芯与阀座不能准确对中，这也是安全阀一旦动作后引起泄漏常见的原因。

4. 导致沸腾焙烧炉沸腾层各点温度突然上升较大的原因主要有哪些，如何处理？

答：导致沸腾层的各点温度突然上升较大的原因主要有：(1) 入炉矿硫含量、碳含量增加或水含量下降等；(2) 投矿量增大；(3) 炉子渣色较黑的情况下炉底风量增加，或减少矿量甚至断矿；（4）冷却水箱（管束）断水。

处理：（1）控制原料质量，保证原料含硫、含水、原料粒度稳定；（2）调整投矿量和炉底风量来控制炉温；（3）适当减矿、减风，或改投湿矿；（4）检查炉子冷却水或锅炉水，不能中断供水。

5. 硫酸净化工序绝热增湿酸洗流程与普通酸洗流程相比有哪些优点？

答：（1）采用绝热蒸发降温，循环酸温较高，对杂质的溶解度较大，能避免如 As_2O_3 因结晶引起的堵塞问题，因而该流程对于净化含砷和含尘量较高的烟气有较好的适应性；（2）由于第一洗涤塔酸温提高，使酸雾的过饱和度降低，随着后面设备等气冷过程的增强，酸雾粒子变大，为电除雾创造了良好的条件。

6. 为什么一般情况下不得使用紧急停车按钮，哪些情况下需进行电除雾器的紧急停车操作？

答：电除雾器的正常停车必须按正常的停车程序进行，不得使用紧急停车按钮（SIS），因为紧急停车是在高压的情况下突然断电，对设备和电网的冲击较大，应尽可能不用。

启动紧急停车按钮的条件是：（1）发生人身或可能发生人身触电等事故；（2）发生设备或可能发生重大设备事故；（3）发生工艺或可能发生工艺事故；（4）不紧急停车可能产生严重不良后果。

7. 造成硫酸净化工序洗涤塔出口含尘量增高的原因有哪些？

答：（1）由于塔前面除尘设备效率下降，塔进口含尘量增高；（2）由于泵流量减小或无量，塔的除尘效率降低；（3）分酸设备损坏或部分被堵，造成分酸不均，恶化传质效果；（4）塔内气速过高，带液较多，分析采样时酸液进入采样管使结果偏高。

8. 钒触媒“饱和”操作要点是什么？

答：（1）控制好转化一段进气浓度和温度，浓度要尽量低，温度要略高于正常控制温度；（2）二段以后的进口温度要尽量控制高些，略高于触媒起燃温度；（3）饱和时一段反应温度不超过 620℃，待一段反应温度较为平稳后方可渐渐提高一段进气浓度，给后面各段新触媒饱和；（4）待转化各段正常反应后，新触媒“饱和”操作结束，这时可将一段进气浓度渐渐提高至正常生产负荷；（5）新触媒“饱和”操作时要协调各岗位操作，控制好前后各工序的工艺。

9. 转化器使用起燃温度低的钒触媒有利因素有哪些？

答：（1）起燃温度低，气体进入触媒层前预热的温度较低，缩短了开车升温的时间；（2）起燃温度低，说明触媒在低温下仍有较好的活性，这样可以使反应的末尾阶段能在较低温度下进行，有利于提高后段反应的平衡转化率，从而可以提高总转化率（又称最终转化率）；（3）起燃温度低，说明触媒活性好，可以提高触媒利用率（即触媒用量少，而酸产量高）。

10. 如何控制转化工序的热平衡？

答：（1）进转化工序烟气中二氧化硫、一氧化碳等气体的体积分数控制在规定范围内；（2）掌握二氧化硫冷激阀和转化各床层副线阀的调节规律，保证各床层进口气体温度在规定范围内；（3）根据烟气冶炼周期变化的特点，熟练运用全局分析预见性操作。

11. 如何理解硫酸干吸系统水平衡过程？

答：含有水分的高温烟气经净化洗涤降温后，几乎达到水汽饱和状态进入干燥工序，水分被干燥酸吸收，稀释了干燥酸，需要补充吸收酸来提高浓度；吸收酸吸收三氧化硫后浓度提高，需用干燥酸来稀释，从而维持吸收酸、干燥酸浓度，即干吸工序的串酸调节本质上是进行水平衡调节，此决定了成品酸浓度。

12. 干燥吸收塔使用的槽式分酸器在设备加工、安装、操作三个方面引起气体带沫的原因有哪些？

答：（1）由于分酸槽挠度过大，或加工不符合要求，或安装水平度不符合要求，使部分溢流堰不在同一水平面上，导致有些堰口酸流量过大，造成溅沫；（2）分酸管（爪）挂不正，部分酸液没有沿管（爪）内流下，分酸管出口受堵，酸液溢出；堰口没有铸出下唇或没有加工好，使部分酸液沿堰口向下滴或沿槽壁漫流；（3）进酸管部分法兰垫片漏酸，或有砂眼漏酸，分酸槽有砂眼漏酸、分酸管（爪）漏酸等；（4）分酸管（爪）埋入填料中深度不够；（5）分酸槽之间干填料层的填料尺寸过小或过大；（6）各种原因引起的分酸槽液面不稳定；（7）由于设计或操作原因分酸槽满溢。

13. 转化系统二氧化硫风机突然跳闸时如何处理？

答：（1）沸腾炉要紧急停车，先停止给料，后停炉底风机；（2）锅炉岗位随沸腾炉停车后，关闭主蒸汽阀门，停止向外供气，开启过热器疏水阀门，维持水位和保压；（3）沸腾炉停车后应做相关检查，确认给料设备、调速电机等有关设备是否受损，联系相关人员检修；（4）确认排除故障后等待开车；（5）排灰岗位关闭各排灰口，若半小时内不能开车需按顺序停下各个排灰冷却运输设备；（6）对设备进行力所能及的维护、小修和清理。

14. 空心环支撑缩放管换热器的特点有哪些？

答：（1）管程和壳程可同时强化传热；（2）壳程流阻小，与光滑管相比，缩放管在提高整体传热能力30%～50%时，壳侧压降仅为光滑管的50%～80%；（3）避免了横向折流的死区，减少积垢，提高了使用寿命；（4）管程介质纵向流动减少了管子振动，有效地减少了因管束振动引起的换热管早期破坏；（5）缩放管的特定形状，在波节的过渡处形成的局部湍流区对此处的换热表面有一定的冲刷作用，因而具有良好的抗垢功能；（6）与其他强化管对介质有很严的洁净要求相比，缩放管允许流体当中含有一定量的杂质，因而适用介质的范围更宽。

15. 吸收塔使用瓷球拱填料支撑结构有何优点？

答：（1）它的开孔率可以达到60%，流体阻力小；（2）由于球拱具有自支撑的特点，结构可靠，没有坍塌的危险；（3）塔底衬砌层不受压力，可以防止塔底漏酸，延长塔的使用寿命；（4）气体分布均匀，可以提高填料效率；（5）塔底空间大，便于塔内部清理。

16. 如何判断与处理阳极保护酸冷却器漏酸事故？

答：判断：（1）阳极保护浓酸冷却器漏酸报警器报警；（2）用pH值试纸检查阳极保护浓酸冷却器水出口水，pH值试纸呈红色；（3）凉水池内水面有大量泡沫。

处理：（1）立即停用，系统停车；（2）首先立即关闭恒电位仪；（3）关闭进水控制阀门，打开水侧排污阀把阳极保护浓酸冷却器中的水排放干净；（4）拆开两端水室封头，平移出主阴极接线端，找出漏点；（5）关闭进出酸阀门，放尽阳极保护冷却器内的硫酸；（6）若是换热管开裂或有砂眼等处于不好焊接的地方，则将管子两头用316L合金塞子堵牢焊死；（7）若是花板裂缝或渗漏，刮去表面锈垢，清刷干净，用316L焊条焊死；（8）将冷却水池内的水排放干净，更换新水，用 pH 值试纸检验，不含酸性时才可使用，排放的酸性水用石灰中和后放掉；（9）检修好的阳极保护浓酸冷却器经试压合格后即可投入运行，并迅速达到钝化指标；（10）开车后要仔细检查水的 pH 值，辨别是否真正修好。

17. 管壳式阳极保护浓酸冷却器的操作注意事项有哪些？

答：要用冷酸先进行循环，防止突然加热设备而使设备在初始阶段就有一个较大的腐蚀电位；其次要注意酸浓度的分析，任何时候酸浓度都不得低于 91%。日常运行中主要控制酸浓、酸温和酸量，其中酸浓和酸温更为重要。酸浓降低、酸温升高、酸量增大，会使钝化膜衰减，阳极电流上升，电位有回复到自腐电位的可能。

对循环水的 pH 值最好保持在线监测、报警，同时，要经常对循环水中氯离子含量进行测定，防止硫酸泄漏和氯离子对设备和管道的腐蚀。制酸系统短期停车时，阳极保护系统一般不需进行任何操作。即使酸泵停止循环，也只要酸冷器内充满酸即可，阳极保护系统仍可开着。但当酸温过低时，应停开阳极保护系统。长期停车，在停下循环泵后、决定抽尽酸冷器内的酸之前 5～10min 停开阳极保护系统。

18. 为什么冶炼烟气制酸的污水需要采用二级（或三级）石灰中和—硫酸亚铁的絮凝沉淀工艺？

答：冶炼烟气制酸的污水中砷、氟及重金属含量较高，只采用一次石灰中和、一次絮凝沉淀，依靠污水中存在的铁盐除砷，难以做到污水达标排放，而采取二级（或三级，视砷含量定，砷含量高采取三级）石灰中和—硫酸亚铁絮凝沉降法处理，在一级石灰除酸的基础上，将污水 pH 值调至 8 以上，溶液中的两价铁盐被氧化成三价铁盐，三价氢氧化铁胶体为表面活性物质，可将砷、亚砷酸钙、砷酸铁盐及其他重金属污染物吸附在其表面上，从而起到酸碱中和、除砷、脱氟以及除去重金属污染物的三重效果。

19. 如何进行硫酸渣的综合利用？

答：硫铁矿烧渣的综合利用有：（1）硫酸直接浸出法回收铜金属；（2）氯化还原（离析法）回收铜、金、银等有价金属；（3）高温氯化挥发—铁球团法回收铜、金、银等有价金属；（4）磁化焙烧—磁选可采用分级—重选—重尾再磨—反浮选工艺流程得到高品位铁精矿。

砷滤饼的综合利用有：（1）采用氧化铜粉末和硫酸铜置换硫化砷得到白砷（As_2O_3）；（2）硫酸高铁处理硫化砷渣得到白砷；（3）加压氧化浸出将硫化砷转化为三氧化二砷。砷滤饼经处理后，铜等有价元素以硫化物进入渣或者以离子形式进入溶液，含铜渣可返回大冶炼工艺得到利用，进入溶液的可以通过浓缩结晶产出硫酸铜或者经废铁置换海绵铜。还可在砷滤饼中进行铼的回收，工艺为：含铼液→精细过滤→N235 萃取→纯水洗涤→氨反萃→浓缩冷却结晶→铼酸铵。

20. 润滑脂对用于减磨、防护、密封时各有什么要求？

答：（1）作润滑减磨用，主要考虑脂的适温范围、耐负荷指数及流动性；（2）作防护用脂，主要考虑其自身特点，对受保护表面的防护性（如脂的氧化安定性、防锈性、抗水性等）能否达标；（3）作密封用脂，则应根据密封件材质和受密封的介质特性来选用适宜品种牌号。对于静密封，应选择黏稠密封脂；对于动密封，则应选择黏度低一些的密封脂。介质为水或醇类，应选用大黏度的石蜡基酰胺脂或脲基脂；而介质为油类的则应选用耐油密封脂。

五、计算题

1. 某浓硫酸管路输送量为30m³/h，试计算选择合适的管子。

解：一般液体的经济流速为1～3m/s，设管内流速 $u=2\text{m/s}$，已知输送量 $q_V=30/3600=0.0083\text{m}^3/\text{s}$，输送量与流速、管径的关系式为：

$$q_V=u\frac{\pi d^2}{4}$$

管径为：

$$d=\sqrt{\frac{4q_V}{\pi u}}=\sqrt{\frac{4\times0.0083}{3.14\times2}}=0.073\text{m}$$

管径可按常用无缝钢管的规格进行圆整，此处选用 ϕ89mm×4.5mm。

答：可选择无缝钢管 ϕ89mm×4.5mm。

2. 某厂库存有一台清水泵（流量36m³/h，扬程32m，电机功率为4kW），现有一台稀硫酸泵（流量32m³/h，扬程30m，泵效率为80%）电机突然发生故障，在没有备用泵而电机结构允许互换的情况下，能否用该清水泵的电机替换？已知稀硫酸的密度为1300m³/kg。

解：已知稀硫酸泵流量 $q_V=32\text{m}^3/\text{h}$，扬程 $H=30\text{m}$，泵效率 $\eta=80\%$，密度 $\rho=1300\text{m}^3/\text{kg}$，则轴功率为：

$$N_{轴}=\rho q_V gH=1300\times\frac{32}{3600}\times9.81\times30=3400\text{W}$$

所需电机功率为：

$$N_{电}=\frac{N_{轴}}{\eta}=\frac{3400}{80\%}=4250\text{W}=4.25\text{kW}$$

计算表明，稀酸泵实际所需电机功率为4.25kW，而清水泵电机功率为4kW，不能替换。

答：不能用清水泵的电机替换。

3. 某硫酸装置废热锅炉发汽量为70t/h，锅炉给水流量为82t/h，锅炉炉水磷酸根含量为20g/m³，汽包压力为341.3N/cm²（34.13kgf/cm²）（查得压力为34.13 kgf/cm²时炉水温度为240℃，此时炉水密度为813.2kg/m³），求每天锅炉的磷酸三钠的加入量应为多少？磷酸三钠的相对分子质量为164，磷酸根相对分子质量为95。

解：锅炉的排污量为：82－70＝12t/h

锅炉每天的排污量为：24×12×1000/813.2＝354.16m³

每天流失的磷酸根量为：20×354.16/95＝74.56mol

每天锅炉的磷酸三钠加入量为：74.56×164＝12228g＝12.228kg

答：每天锅炉的磷酸三钠加入量约为12.228kg。

4. 某电收尘进口二氧化硫的体积分数为4.5%，出口的体积分数为3.5%，且电收尘在负压下操作，求该电收尘的漏风率。

解：电收尘进气量为 $q_{V进}$，漏入的空气量为 $q_{V漏}$，则出气量为 $q_{V出}=q_{V进}+q_{V漏}$

进气的体积分数 $\varphi_{进}=4.5\%$，出气的体积分数 $\varphi_{出}=3.5\%$

进、出电收尘器二氧化硫的量不变，则有：$q_{V进}\varphi_{进} = q_{V出}\varphi_{出} = (q_{V进} + q_{漏})\varphi_{出}$

可得到电收尘的漏风率：

$$\frac{q_{V漏}}{q_{V进}} \times 100\% = \frac{\varphi_{进} - \varphi_{出}}{\varphi_{出}} \times 100\% = \frac{4.5\% - 3.5\%}{3.5\%} \times 100\% = 28.57\%$$

答：电收尘的漏风率为28.57%。

5. 某电除雾进气量为60000m^3/h（标态），进气中雾含量为100mg/m^3（标态），出气中雾含量为5mg/m^3（标态），则其除雾效率为多少？

解：由于雾的含量与气体量相比很小，可认为电除雾进口与出口的气体总量不变，电除雾效率为：

$$\frac{100-5}{100} \times 100\% = 95\%$$

答：电除雾效率为95%。

6. 某装置用0.3MPa（表压）的饱和蒸汽将流量为36t/h某物料从20℃加热至80℃，已知该物料在50℃时的比热容为1.58kJ/(kg·℃)，蒸汽的汽化潜热为2138.5kJ/kg，求每小时需要的蒸汽量。

解：已知物料的质量流量为 $q_m = 36 \times 1000/3600 = 10$kg/s，热容 $c = 1.58$kJ/(kg·℃)，$t_1 = 20$℃，$t_2 = 80$℃，$r = 2138.5$kJ/kg，则物料吸热量为：

$$Q_{吸} = q_m c(t_2 - t_1) = 10 \times 1.58 \times (80-20) = 948\text{kJ/s}$$

蒸汽冷凝放出的热量 $Q_{放} = q_{汽} r$，$Q_{吸} = Q_{放}$，则蒸汽需要量为：

$$q_{汽} = Q_{吸}/r = 948/2138.5 = 0.443\text{kg/s} = 1596\text{kg/h}$$

答：每小时需要的蒸汽量约为1596kg。

7. 某厂房内有一根水平放置的蒸汽管道ϕ273mm×6mm，其保温层厚度为100mm，实测保温外表温度为48℃，室内空气温度为10℃，此时空气与外表面间的对流给热系数为3.42W/(m^2·℃)。试计算每米管长上散失的热量。

解：已知给热系数为 $\alpha = 3.42$W/(m^2·℃)，保温层外径为 $d = 273 + 2 \times 100 = 473$mm $= 0.473$m，空气对流给热方程式 $Q = aF\Delta t$，则1m长的保温管外表面积为：

$$F = \pi dL = 3.14 \times 0.473 \times 1 = 1.485\text{m}^2$$

散失热量：

$$Q = 3.42 \times 1.485 \times (48-10) = 193\text{W}$$

答：每米管长上的对流散热量约为193W。

8. 现有20t 98.8%硫酸，要使浓度降到98.3%，需串入93.0%硫酸多少吨？

解：设需串入93.0%硫酸 G（t），则有

$$93.0\% G + 20 \times 98.8\% = (20 + G) \times 98.3\%$$

解得93.0%硫酸串入量为：$G = 1.89$t

答：需串入93.0%硫酸约1.89t。

9. 某硫酸装置生产98%硫酸，装置能力为400kt/a（折算为100%硫酸），如果其干燥塔吸收空气中的水量为4.5t/h，在吸收系统中加水量是多少？

解：该装置年运行时间按7200h计，则小时生产量为：

$$400 \times 1000/7200 = 55.56\text{t/h}$$

吸收反应式为：　$SO_3 + H_2O \longrightarrow H_2SO_4$

100%硫酸中 SO_3 与 H_2O 等摩尔数比，生产100%硫酸所需的水量为：

$$55.56/98 \times 18 = 10.21\text{t/h}$$

成品酸（98%硫酸）量为：

$$55.56 \times 100\%/98\% = 56.69\text{t/h}$$

100%稀释为成品98%酸中所加入水量为：

$$56.69 - 55.56 = 1.13\text{t/h}$$

吸收系统每小时应加入的水量为：

$$10.21 + 1.13 - 4.5 = 6.84\text{t/h}$$

答：在吸收系统中加水量约为每小时6.84t。

10. 某硫酸装置，当地大气压为101.3kPa，转化器一段进气温度为420℃，压力（表压）为20kPa，进气量为80000m³/h，二氧化硫的体积分数为9%，若该装置的总转化率为99.65%，吸收率为99.98%，则尾气中二氧化硫排放量为多少？

解：进气中二氧化硫气量为 $80000 \times 9\% = 7200\text{m}^3/\text{h}$，折算成标准状态下的体积流量是：

$$V_0 = V \times \frac{T_0}{T} \times \frac{p}{p_0} = 7200 \times \frac{273}{420 + 273} \times \frac{101.3 + 20}{101.3} = 3396\text{m}^3/\text{h}$$

标准状态下1kmol物质的量的体积为22.4m³，进气中二氧化硫物质的量是：

$$n = 3396/22.4 = 151.6\text{kmol/h}$$

二氧化硫摩尔质量是64g/mol，或64kg/kmol，则尾气中二氧化硫物质的量是：

$$151.6 \times (1 - 99.65\% \times 99.98\%) \times 64 = 35.89\text{kg/h}$$

答：尾气中二氧化硫排放量为35.89kg/h。

附录 4 硫酸溶液的密度

附表 1 硫酸溶液的密度

H_2SO_4 的质量分数/%	密度/$g \cdot cm^{-3}$													
	0℃	5℃	10℃	15℃	20℃	25℃	30℃	40℃	50℃	60℃	70℃	80℃	90℃	100℃
0	0. 9999	1. 0000	0. 9997	0. 9991	0. 9982	0. 9971	0. 9957	0. 9922	0. 9881	0. 9832	—	—	—	—
1	1. 0075	1. 0073	1. 0069	1. 0061	1. 0051	1. 0038	1. 0022	0. 9986	0. 9944	0. 9895	0. 9837	0. 9779	0. 9712	0. 9645
2	1. 0147	1. 0144	1. 0138	1. 0129	1. 0118	1. 0104	1. 0087	1. 0050	1. 0006	0. 9956	0. 9897	0. 9839	0. 9772	0. 9705
3	1. 0219	1. 0214	1. 0206	1. 0197	1. 0184	1. 0169	1. 0152	1. 0113	1. 0067	1. 0017	0. 9959	0. 9900	0. 9833	0. 9766
4	1. 0291	1. 0284	1. 0275	1. 0264	1. 0250	1. 0234	1. 0216	1. 0176	1. 0129	1. 0078	1. 0020	0. 9961	0. 9894	0. 9827
5	1. 0364	1. 0355	1. 0344	1. 0332	1. 0317	1. 0300	1. 0281	1. 0240	1. 0192	1. 0140	1. 0081	1. 0022	0. 9955	0. 9888
6	1. 0437	1. 0426	1. 0414	1. 0400	1. 0384	1. 0367	1. 0347	1. 0305	1. 0256	1. 0203	1. 0144	1. 0084	1. 0017	0. 9950
7	1. 0511	1. 0498	1. 0485	1. 0469	1. 0453	1. 0434	1. 0414	1. 0371	1. 0321	1. 0266	1. 0206	1. 0146	1. 0079	1. 0013
8	1. 0585	1. 0571	1. 0556	1. 0539	1. 0522	1. 0502	1. 0482	1. 0437	1. 0386	1. 0330	1. 0270	1. 0209	1. 0142	1. 0076
9	1. 0660	1. 0644	1. 0628	1. 0610	1. 0591	1. 0571	1. 0549	1. 0503	1. 0451	1. 0395	1. 0334	1. 0273	1. 0206	1. 0140
10	1. 0735	1. 0718	1. 0700	1. 0681	1. 0661	1. 0640	1. 0617	1. 0570	1. 0517	1. 0460	1. 0399	1. 0338	1. 0271	1. 0204
11	1. 0810	1. 0792	1. 0773	1. 0753	1. 0731	1. 0709	1. 0686	1. 0637	1. 0584	1. 0526	1. 0465	1. 0403	1. 0336	1. 0269
12	1. 0886	1. 0866	1. 0846	1. 0825	1. 0803	1. 0780	1. 0756	1. 0705	1. 0651	1. 0593	1. 0531	1. 0469	1. 0402	1. 0335
13	1. 0962	1. 0942	1. 0920	1. 0898	1. 0874	1. 0851	1. 0826	1. 0774	1. 0719	1. 0661	1. 0599	1. 0536	1. 0469	1. 0402
14	1. 1039	1. 1017	1. 0994	1. 0971	1. 0947	1. 0922	1. 0897	1. 0844	1. 0788	1. 0729	1. 0666	1. 0603	1. 0536	1. 0469
15	1. 1116	1. 1093	1. 1069	1. 1045	1. 1020	1. 0994	1. 0968	1. 0914	0. 0857	1. 0798	1. 0735	1. 0671	1. 0604	1. 0537
16	1. 1194	1. 1170	1. 1145	1. 1120	1. 1094	1. 1067	1. 1040	1. 0985	1. 0927	1. 0868	1. 0804	1. 0740	1. 0673	1. 0605
17	1. 1272	1. 1247	1. 1221	1. 1195	1. 1168	1. 1141	1. 1113	1. 1057	1. 0998	1. 0938	1. 0874	1. 0809	1. 0742	1. 0674
18	1. 1351	1. 1325	1. 1298	1. 1270	1. 1243	1. 1215	1. 1187	1. 1129	1. 1070	1. 1009	1. 0944	1. 0879	1. 0812	1. 0744
19	1. 1430	1. 1403	1. 1375	1. 1347	1. 1318	1. 1290	1. 1261	1. 1202	1. 1142	1. 1081	1. 1016	1. 0950	1. 0882	1. 0814
20	1. 1510	1. 1481	1. 1453	1. 1424	1. 1394	1. 1365	1. 1335	1. 1275	1. 1215	1. 1153	1. 1087	1. 1021	1. 0953	1. 0885
21	1. 1590	1. 1560	1. 1531	1. 1501	1. 1471	1. 1441	1. 1411	1. 1350	1. 1288	1. 1226	1. 1160	1. 1093	1. 1025	1. 0957
22	1. 1670	1. 1640	1. 1609	1. 1579	1. 1548	1. 1517	1. 1486	1. 1424	1. 1362	1. 1299	1. 1233	1. 1166	1. 1098	1. 1029
23	1. 1751	1. 1720	1. 1688	1. 1657	1. 1626	1. 1594	1. 1563	1. 1500	1. 1437	1. 1373	1. 1306	1. 1239	1. 1171	1. 1102
24	1. 1832	1. 1800	1. 1768	1. 1736	1. 1704	1. 1672	1. 1640	1. 1576	1. 1512	1. 1448	1. 1382	1. 1313	1. 1245	1. 1176
25	1. 1914	1. 1881	1. 1848	1. 1816	1. 1783	1. 1751	1. 1718	1. 1653	1. 1588	1. 1523	1. 1456	1. 1388	1. 1319	1. 1250
26	1. 1996	1. 1962	1. 1929	1. 1896	1. 1863	1. 1829	1. 1796	1. 1730	1. 1665	1. 1599	1. 1531	1. 1463	1. 1394	1. 1325
27	1. 2078	1. 2044	1. 2010	1. 1976	1. 1942	1. 1909	1. 1875	1. 1808	1. 1742	1. 1676	1. 1608	1. 1539	1. 1470	1. 1400
28	1. 2161	1. 2126	1. 2091	1. 2057	1. 2023	1. 1989	1. 1955	1. 1887	1. 1820	1. 1753	1. 1685	1. 1616	1. 1546	1. 1476
29	1. 2243	1. 2208	1. 2173	1. 2138	1. 2104	1. 2069	1. 2035	1. 1966	1. 1898	1. 1831	1. 1762	1. 1693	1. 1623	1. 1553
30	1. 2326	1. 2291	1. 2255	1. 2220	1. 2185	1. 2150	1. 2115	1. 2046	1. 1978	1. 1909	1. 1840	1. 1771	1. 1701	1. 1630
31	1. 2410	1. 2374	1. 2338	1. 2302	1. 2267	1. 2232	1. 2196	1. 2127	1. 2057	1. 1988	1. 1919	1. 1849	1. 1779	1. 1708
32	1. 2493	1. 2457	1. 2421	1. 2385	1. 2349	1. 2314	1. 2278	1. 2207	1. 2137	1. 2068	1. 1998	1. 1928	1. 1858	1. 1787

续附表1

H_2SO_4 的质量分数/%	密度/g·cm^{-3}													
	0℃	5℃	10℃	15℃	20℃	25℃	30℃	40℃	50℃	60℃	70℃	80℃	90℃	100℃
33	1.2577	1.2541	1.2504	1.2468	1.2432	1.2396	1.2360	1.2289	1.2219	1.2148	1.2078	1.2008	1.1937	1.1866
34	1.2661	1.2625	1.2588	1.2552	1.2515	1.2479	1.2443	1.2371	1.2300	1.2229	1.2159	1.2088	1.2017	1.1946
35	1.2746	1.2709	1.2672	1.2636	1.2599	1.2563	1.2527	1.2454	1.2383	1.2311	1.2240	1.2169	1.2098	1.2027
36	1.2831	1.2794	1.2757	1.2720	1.2684	1.2647	1.2610	1.2538	1.2466	1.2394	1.2323	1.2251	1.2180	1.2109
37	1.2917	1.2880	1.2843	1.2806	1.2769	1.2732	1.2695	1.2622	1.2549	1.2477	1.2406	1.2334	1.2263	1.2192
38	1.3004	1.2966	1.2929	1.2891	1.2854	1.2817	1.2780	1.2707	1.2634	1.2561	1.2490	1.2418	1.2347	1.2276
39	1.3091	1.3053	1.3016	1.2978	1.2941	1.2904	1.2866	1.2798	1.2719	1.2646	1.2575	1.2503	1.2432	1.2361
40	1.3179	1.3141	1.3103	1.3065	1.3028	1.2991	1.2953	1.2879	1.2806	1.2732	1.2661	1.2589	1.2518	1.2446
41	1.3267	1.3229	1.3191	1.3153	1.3116	1.3078	1.3041	1.2967	1.2893	1.2819	1.2747	1.2675	1.2604	1.2532
42	1.3357	1.3318	1.3280	1.3242	1.3204	1.3167	1.3129	1.3055	1.2981	1.2907	1.2835	1.2762	1.2691	1.2619
43	1.3447	1.3408	1.3370	1.3332	1.3294	1.3256	1.3218	1.3144	1.3070	1.2996	1.2923	1.2850	1.2779	1.2707
44	1.3538	1.3500	1.3461	1.3423	1.3384	1.3346	1.3309	1.3234	1.3160	1.3086	1.3013	1.2939	1.2868	1.2796
45	1.3631	1.3592	1.3553	1.3514	1.3476	1.3438	1.3400	1.3325	1.3250	1.3177	1.3103	1.3029	1.2958	1.2886
46	1.3724	1.3685	1.3646	1.3607	1.3569	1.3530	1.3492	1.3417	1.3342	1.3269	1.3195	1.3120	1.3048	1.2976
47	1.3819	1.3779	1.3740	1.3701	1.3663	1.3624	1.3586	1.3510	1.3435	1.3362	1.3287	1.3212	1.3140	1.3067
48	1.3915	1.3875	1.3836	1.3796	1.3757	1.3719	1.3680	1.3604	1.3528	1.3455	1.3380	1.3305	1.3232	1.3159
49	1.4012	1.3972	1.3932	1.3893	1.3853	1.3814	1.3776	1.3699	1.3623	1.3549	1.3474	1.3399	1.3326	1.3253
50	1.4110	1.4070	1.4030	1.3990	1.3951	1.3911	1.3872	1.3795	1.3719	1.3644	1.3569	1.3494	1.3421	1.3348
51	1.4209	1.4169	1.4128	1.4088	1.4049	1.4009	1.3970	1.3893	1.3816	1.3740	1.3665	1.3590	1.3517	1.3444
52	1.4310	1.4269	1.4228	1.4188	1.4148	1.4109	1.4069	1.3991	1.3914	1.3837	1.3762	1.3687	1.3614	1.3540
53	1.4411	1.4370	1.4330	1.4289	1.4249	1.4209	1.4169	1.4091	1.4013	1.3936	1.3861	1.3785	1.3711	1.3637
54	1.4514	1.4473	1.4432	1.4391	1.4350	1.4310	1.4270	1.4191	1.4113	1.4036	1.3960	1.3884	1.3810	1.3735
55	1.4618	1.4577	1.4535	1.4494	1.4453	1.4412	1.4372	1.4293	1.4214	1.4137	1.4061	1.3984	1.3909	1.3834
56	1.4724	1.4681	1.4640	1.4598	1.4457	1.4516	1.4475	1.4395	1.4317	1.4239	1.4162	1.4085	1.4010	1.3934
57	1.4830	1.4787	1.4745	1.4703	1.4662	1.4620	1.4580	1.4499	1.4420	1.4342	1.4265	1.4187	1.4111	1.4035
58	1.4937	1.4894	1.4851	1.4809	1.4767	1.4726	1.4685	1.4604	1.4524	1.4446	1.4368	1.4290	1.4214	1.4137
59	1.5045	1.5002	1.4959	1.4916	1.4874	1.4832	1.4791	1.4709	1.4629	1.4551	1.4472	1.4393	1.4317	1.4240
60	1.5154	1.5111	1.5067	1.5024	1.4982	1.4940	1.4898	1.4816	1.4735	1.4656	1.4577	1.4497	1.4421	1.4344
61	1.5264	1.5220	1.5177	1.5133	1.5091	1.5048	1.5006	1.4923	1.4842	1.4762	1.4682	1.4602	1.4526	1.4449
62	1.5376	1.5331	1.5287	1.5243	1.5200	1.5157	1.5115	1.5031	1.4949	1.4869	1.4789	1.4708	1.4631	1.4554
63	1.5487	1.5442	1.5398	1.5354	1.5310	1.5267	1.5224	1.5140	1.5058	1.4977	1.4896	1.4815	1.4738	1.4660
64	1.5600	1.5555	1.5510	1.5465	1.5421	1.5378	1.5335	1.5250	1.5167	1.5086	1.5005	1.4923	1.4845	1.4766
65	1.5713	1.5668	1.5622	1.5578	1.5533	1.5490	1.5446	1.5361	1.5277	1.5195	1.5113	1.5031	1.4952	1.4873
66	1.5828	1.5782	1.5736	1.5691	1.5646	1.5602	1.5558	1.5472	1.5388	1.5305	1.5223	1.5140	1.5061	1.4981
67	1.5943	1.5896	1.5850	1.5805	1.5760	1.5715	1.5671	1.5584	1.5499	1.5416	1.5333	1.5249	1.5169	1.5089

续附表 1

H_2SO_4 的质量分数/%	密度/$g \cdot cm^{-3}$													
	0℃	5℃	10℃	15℃	20℃	25℃	30℃	40℃	50℃	60℃	70℃	80℃	90℃	100℃
68	1.6058	1.6012	1.5965	1.5919	1.5874	1.5829	1.5784	1.5697	1.5611	1.5528	1.5444	1.5359	1.5279	1.5198
69	1.6175	1.6128	1.6081	1.6035	1.5989	1.5944	1.5899	1.5811	1.5725	1.5640	1.5550	1.5470	1.5389	1.5307
70	1.6293	1.6245	1.6198	1.6151	1.6105	1.6059	1.6014	1.5925	1.5838	1.5753	1.5668	1.5582	1.5500	1.5417
71	1.6411	1.6363	1.6315	1.6268	1.6221	1.6175	1.6130	1.6040	1.5952	1.5867	1.5781	1.5694	1.5611	1.5527
72	1.6529	1.6481	1.6433	1.6385	1.6339	1.6292	1.6246	1.6156	1.6067	1.5981	1.5894	1.5806	1.5722	1.4637
73	1.6649	1.6600	1.6551	1.6503	1.6456	1.6409	1.6363	1.6271	1.6182	1.6095	1.6007	1.5919	1.5833	1.5747
74	1.6768	1.6719	1.6670	1.6622	1.6574	1.6526	1.6480	1.6387	1.6297	1.6209	1.6120	1.6031	1.5944	1.5857
75	1.6888	1.6838	1.6789	1.6740	1.6692	1.6644	1.6597	1.6503	1.6412	1.6322	1.6232	1.6142	1.6054	1.5966
76	1.7008	1.6958	1.6908	1.6858	1.6810	1.6761	1.6713	1.6619	1.6526	1.6435	1.6343	1.6252	1.6168	1.6074
77	1.7127	1.7077	1.7026	1.6976	1.6927	1.6878	1.6829	1.6734	1.6640	1.6547	1.6454	1.6361	1.6271	1.6181
78	1.7247	1.7195	1.7144	1.7093	1.7043	1.6994	1.6944	1.6847	1.6751	1.6657	1.6563	1.6469	1.6378	1.6286
79	1.7365	1.7313	1.7261	1.7209	1.7158	1.7108	1.7058	1.6959	1.6862	1.6766	1.6671	1.6575	1.6483	1.6390
80	1.7482	1.7429	1.7376	1.7324	1.7272	1.7221	1.7170	1.7069	1.6971	1.6873	1.6782	1.6680	1.6587	1.6493
81	1.7597	1.7542	1.7489	1.7435	1.7383	1.7331	1.7279	1.7177	1.7077	1.6978	1.6880	1.6782	1.6688	1.6594
82	1.7709	1.7653	1.7599	1.7544	1.7491	1.7437	1.7385	1.7281	1.7180	1.7080	1.6981	1.6882	1.6787	1.6692
83	1.7816	1.7759	1.7704	1.7649	1.7594	1.7540	1.7487	1.7382	1.7279	1.7179	1.7079	1.6979	1.6883	1.6787
84	1.7916	1.7860	1.7804	1.7748	1.7693	1.7639	1.7585	1.7479	1.7375	1.7274	1.7173	1.7072	1.6975	1.6878
85	1.8009	1.7953	1.7897	1.7841	1.7786	1.7732	1.7678	1.7571	1.7466	1.7364	1.7263	1.7161	1.7064	1.6966
86	1.8095	1.8039	1.7983	1.7927	1.7872	1.7818	1.7763	1.7657	1.7552	1.7449	1.7347	1.7245	1.7148	1.7050
87	1.8173	1.8117	1.8061	1.8006	1.7951	1.7897	1.7843	1.7736	1.7632	1.7529	1.7427	1.7324	1.7227	1.7129
88	1.8243	1.8187	1.8132	1.8077	1.8022	1.7968	1.7915	1.7809	1.7705	1.7602	1.7500	1.7397	1.7300	1.7202
89	1.8306	1.8250	1.8195	1.8141	1.8087	1.8033	1.7979	1.7874	1.7770	1.7669	1.7567	1.7464	1.7367	1.7269
90	1.8361	1.8306	1.8252	1.8198	1.8144	1.8091	1.8038	1.7933	1.7829	1.7729	1.7627	1.7525	1.7428	1.7331
91	1.8410	1.8356	1.8302	1.8248	1.8195	1.8142	1.8090	1.7986	1.7883	1.7783	1.7682	1.7581	1.7485	1.7388
92	1.8453	1.8399	1.8346	1.8293	1.8240	1.8188	1.8136	1.8033	1.7932	1.7832	1.7743	1.7633	1.7546	1.7439
93	1.8490	1.8437	1.8384	1.8331	1.8279	1.8227	1.8176	1.8074	1.7974	1.7876	1.7779	1.7681	1.7583	1.7485
94	1.8520	1.8467	1.8415	1.8363	1.8312	1.8260	1.8210	1.8110	1.8011	1.7914	1.7817	1.7720	1.7624	1.7527
95	1.8544	1.8491	1.8439	1.8388	1.8337	1.8286	1.8236	1.8137	1.8040	1.7944	1.7848	1.7751	1.7656	1.7561
96	1.8560	1.8508	1.8457	1.8406	1.8355	1.8305	1.8255	1.8157	1.8060	1.7965	1.7869	1.7773	1.7680	1.7586
97	1.8569	1.8517	1.8466	1.8414	1.8364	1.8314	1.8264	1.8166	1.8071	1.7976	1.7881	1.7785	1.7695	1.7606
98	1.8567	1.8515	1.8563	1.8411	1.8361	1.8310	1.8261	1.8163	1.8068	1.7978	1.7882	1.7786	1.7698	1.7609
99	1.8551	1.8498	1.8445	1.8393	1.8342	1.8292	1.8242	1.8145	1.8050	1.7958	1.7868	1.7778	1.7693	1.7609
100	(1.8517)	(1.8463)	(1.8409)	(1.8367)	1.8305	1.8225	1.8205	1.8107	1.8013	1.7925	1.7845	1.7765	1.7686	1.7607

附录5　硫酸和发烟硫酸的凝固点

附表2　硫酸和发烟硫酸的凝固点

凝固点/℃	质量分数/%		固相组成
	H_2SO_4	SO_3 总量	
-0.3	1	0.816	
-0.6	2	1.633	
-1.1	3	2.45	
-1.5	4	3.265	
-2.0	5	4.08	
-2.6	6	4.90	
-3.1	7	5.71	
-3.6	8	6.53	
-4.2	9	7.35	
-4.7	10	8.16	
-5.3	11	8.98	
-6.0	12	9.80	
-6.7	13	10.61	
-7.6	14	11.43	H_2O（冰）
-8.5	15	12.24	
-9.4	16	13.06	
-10.3	17	13.88	
-11.4	18	14.69	
-12.5	19	15.51	
-13.8	20	16.33	
-15.2	21	17.14	
-16.8	22	17.96	
-18.4	23	18.78	
-20.2	24	19.59	
-22.0	25	20.41	
-24.2	26	21.22	
-26.5	27	22.04	
-29.0	28	22.86	
-31.9	29	23.67	
-35.0	30	24.48	
-38.0	31	25.31	
-41.9	32	26.12	H_2O（冰）
-46.8	33	26.94	
-52.1	34	27.75	
-57.7	35	28.57	
-61.98	35.77	29.20	低共熔物 $H_2SO_4 \cdot 6H_2O + H_2O$
-63.5	36	29.39	
-66.6	36.5	29.80	H_2O（介稳定状态）
-70.4	37	30.20	
-73.10	37.55	30.65	低共熔物 $H_2O + H_2SO_4 + 4H_2O$（介稳定状态）
-72.2	38	31.02	
-70.4	38.5	31.43	
-67.8	39	31.84	
-65.5	39.5	32.24	
-63.6	40	32.65	$H_2SO_4 \cdot 4H_2O$（介稳定状态）
-61.4	40.5	33.06	
-59.2	41	33.47	
-57.4	41.5	33.88	
-55.6	42	34.29	
-53.73	42.41	34.62	$H_2SO_4 \cdot 6H_2O \longrightarrow H_2SO_4 \cdot 4H_2O$

凝固点/℃	质量分数/%		固相组成
	H_2SO_4	SO_3 总量	
-61.6	36	29.39	
-59.8	37	30.20	
-58.2	38	31.02	
-56.9	39	31.84	$H_2SO_4 \cdot 6H_2O$
-55.8	40	32.65	
-54.9	41	33.47	
-54.1	42	34.29	
-53.73	42.41	34.62	$H_2SO_4 \cdot 6H_2O \longrightarrow H_2SO_4 \cdot 4H_2O$
-52.2	43	35.10	
-49.6	44	35.92	
-46.7	45	36.73	
-44.1	46	37.55	
-41.6	47	38.37	
-39.3	48	39.18	$H_2SO_4 \cdot 4H_2O$
-37.3	49	40.00	
-35.5	50	40.82	
-33.9	51	41.63	
-32.3	52	42.45	
-31.0	53	43.26	
-30.0	54	44.08	
-29.3	55	44.90	$H_2SO_4 \cdot 4H_2O$
-28.8	56	45.71	
-28.3	57	46.53	
-28.36	57.64	47.05	$H_2SO_4 \cdot 4H_2O$（熔化点）
-28.4	58	47.35	
-28.7	59	48.16	
-29.3	60	48.98	
-30.1	61	49.79	$H_2SO_4 \cdot 4H_2O$
-31.4	62	50.61	
-33.0	63	51.43	
-35.3	64	52.24	
-36.56	64.69	52.81	$H_2SO_4 \cdot 4H_2O \longrightarrow H_2SO_4 \cdot 3H_2O$
-38.1	65	53.06	
-39.4	65.5	53.47	
-40.9	66	53.88	
-42.5	66.5	54.29	$H_2SO_4 \cdot 4H_2O$（介稳定状态）
-44.2	67	54.69	
-46.3	67.5	55.10	
-47.46	67.80	55.35	低共熔物 $H_2SO_4 \cdot 4H_2O$（介稳定状态）$+ H_2SO_4 \cdot 2H_2O$
-48.4	68	55.51	$H_2SO_4 \cdot 4H_2O$（介稳定状态）
-51.3	68.5	55.92	
-36.7	65	53.06	
-37.1	66	53.88	
-37.9	67	54.69	$H_2SO_4 \cdot 3H_2O$
-39.1	68	55.51	
-41.0	69	56.33	
-42.70	69.70	56.90	低共熔物 $H_2SO_4 \cdot 3H_2O + H_2SO_4 \cdot 2H_2O$

续附表 2

凝固点/℃	质量分数/%		固相组成
	H_2SO_4	SO_3 总量	
-43.5	70	57.14	
-45.0	70.5	57.55	$H_2SO\cdot 3H_2O$（介稳定状态）
-46.7	71	57.96	
-48.6	71.5	58.37	
-50.8	72	58.77	
-52.85	72.40	59.10	低共熔物 $H_2SO_4\cdot 3H_3+H_2SO_4\cdot H_2O$
-46.3	68	55.51	
-44.6	68.5	55.92	$H_2SO_4\cdot 2H_2O$（介稳定状态）
-43.6	69	56.33	
-42.9	69.5	56.73	
-42.7	69.70	56.90	低共熔物 $H_2SO_4\cdot 3H_2O+H_2SO_4\cdot 2H_2O$
-42	70	57.14	$H_2SO_4\cdot 2H_2O$
-40.6	71	57.96	
-39.9	72	58.77	$H_2SO_4\cdot 2H_2O$
-39.5	73	59.59	
-39.51	73.13	59.70	$H_2SO_4\cdot 2H_2O$（熔化点）
-39.70	73.5	60.00	$H_2SO_4\cdot 2H_2O$
-51.5	72.5	59.18	$H_2SO_4\cdot H_2O$（介稳定状态）
-47.2	73	59.59	$H_2SO_4\cdot H_2O$（介稳定状态）
-42.5	73.5	60.00	
-39.87	73.68	60.15	低共熔物 $H_2SO_4\cdot 2H_2O+H_2SO_4\cdot H_2O$
-36.2	74	60.41	
-33.5	74.5	60.82	
-29.5	75	61.22	
-25.8	75.5	61.63	
-22.2	76	62.04	
-18.9	76.5	62.45	
-15.5	77	62.86	
-12.2	77.5	63.26	
-9.5	78	63.67	
-7.2	78.5	64.08	
-5.0	79	64.49	$H_2SO_4\cdot H_2O$
-2.5	79.5	64.90	
-0.1	80	65.31	
1.7	80.5	65.71	
3.3	81	66.12	
4.8	81.5	66.53	
5.9	82	66.94	
6.8	82.5	67.35	
7.5	83	67.75	
8.1	83.5	68.16	
8.45	84	68.57	
8.56	84.48	68.96	$H_2SO_4\cdot H_2O$（熔化点）

凝固点/℃	质量分数/%		固相组成
	H_2SO_4	SO_3 总量	
8.0	85	69.39	
7.3	85.5	69.80	
6.5	86	70.20	
5.6	86.5	70.61	
4.6	87	71.02	
3.4	87.5	71.43	$H_2SO_4\cdot H_2O$
2.1	88	71.84	
0.5	88.5	72.24	
-1.4	89	72.65	
-3.2	89.5	73.06	
-5.5	90	73.47	
-8.3	90.5	73.88	
-11.5	91	74.28	
-14.1	91.5	74.69	
-17.5	92	75.10	$H_2SO_4\cdot H_2O$
-22.0	92.5	75.51	
-27.0	93	75.92	
-31.2	93.5	76.33	
-34.86	93.77	76.55	低共熔物 $H_2SO_4\cdot H_2O+H_2SO_4$
-31.9	94	76.73	
-26.5	94.5	77.14	
-22.6	95	77.55	
-16.5	95.5	77.96	
-12.6	96	78.37	
-9.8	96.5	78.77	H_2SO_4
-7.0	97	79.18	
-3.7	97.5	79.59	
-0.7	98	80.00	
1.8	98.5	80.41	
4.5	99	80.82	
7.5	99.5	81.22	
10.371	100	81.63	H_2SO_4（熔化点）

凝固点/℃	质量分数/%		固相组成
	游离 SO_3	SO_3 总量	
9.6	1	81.82	
8.7	2	82.00	
7.7	3	82.18	
6.6	4	82.37	
5.4	5	82.55	
4.1	6	82.73	
2.8	7	82.92	
1.5	8	83.10	H_2SO_4
0	9	82.28	
-1.5	10	83.47	
-2.9	11	83.65	
-4.5	12	83.84	
-6.0	13	84.02	
-7.5	14	84.20	
-9.3	15	84.39	

续附表2

凝固点/℃	质量分数/%		固相组成	凝固点/℃	质量分数/%		固相组成
	H_2SO_4	SO_3 总量			H_2SO_4	SO_3 总量	
-10.15	15.61	84.50	低共熔物 $H_2SO_4+H_2S_2O_7$	10.8	59	92.47	
-9.0	16	84.57		7.6	60	92.65	$H_2S_2O_7$
-5.8	17	84.75		3.9	61	92.84	
-2.8	18	84.94		1.00	61.8	92.98	低共熔物 $H_2S_2O_7+H_2SO_4\cdot 2SO_3$
-0.1	19	85.12		1.2	62.0	93.02	$H_2SO_4\cdot 2SO_3$（熔化点）
2.5	20	85.31		0.35	63	93.20	$H_2SO_4\cdot 2SO_3$
5.0	21	85.49		-0.7	64	93.39	
7.4	22	85.67		-1.1	64.35	93.45	低共熔物 $H_2SO_4\cdot 2SO_3$+组态熔度 SO_3
9.8	23	85.86		-0.35	65	93.57	
11.9	24	86.04		1.45	66	93.75	
13.7	25	86.22		2.3	67	93.94	
15.5	26	86.41		3.7	68	94.12	
17.1	27	86.59		4.9	69	94.31	
18.7	28	86.77	$H_2S_2O_7$	6.1	70	94.49	
20.3	29	86.96		7.0	71	94.67	
21.8	30	87.14		8.2	72	94.86	
23.3	31	87.33		9.5	73	95.04	
24.7	32	87.51		10.8	74	95.22	
26.1	33	87.69		12.0	75	95.41	
27.5	34	87.88		13.2	76	95.59	
28.7	35	88.06		14.3	77	95.78	
30.0	36	88.24		15.3	78	95.96	固态溶液 SO_3
31.1	37	88.43		16.15	79	96.14	
32.1	38	88.61		16.9	80	96.33	
33.1	39	88.80		17.5	81	96.51	
33.7	40	88.98		18.1	82	96.69	
34.3	41	89.16		18.5	83	96.88	
34.6	42	89.35		18.8	84	97.06	
34.9	43	89.53		19.05	85	97.24	
35.0	44	89.71		19.25	86	97.43	
35.15	44.79	89.86	$H_2S_2O_7$（熔化点）	19.35	87	97.61	
35.0	45	89.90		19.4	88	97.80	
34.9	46	90.08		19.35	89	97.98	
34.5	47	90.26		19.25	90	98.16	
33.8	48	90.45		19.15	91	98.35	
32.8	49	90.63		19.0	92	98.53	
31.7	50	90.82		18.8	93	98.71	
30.3	51	91.00		18.6	94	98.90	
28.8	52	91.18		18.35	95	99.08	
26.9	53	91.37	$H_2S_2O_7$				
24.8	54	91.55		18.1	96	99.27	
22.6	55	91.73		17.8	97	99.45	
19.9	56	91.92		17.5	98	99.63	
17.2	57	92.10		17.15	99	99.82	
14.1	58	92.29		16.8	100	100	SO_3（熔化点）

附录6 二氧化硫在硫酸和发烟硫酸中的溶解度

附表3 二氧化硫在硫酸中的溶解度（质量分数） （%）

H_2SO_4 的质量分数/%	温度/℃						
	10	20	30	40	50	80	100
10	12.30	8.72	6.40	4.57	3.72	1.67	1.28
20	11.28	7.79	5.66	4.11	3.32	1.47	1.15
30	10.25	6.85	5.04	3.66	2.92	1.28	1.02
40	9.25	5.81	4.17	3.20	2.44	1.09	0.89
50	8.25	4.90	3.76	2.73	2.13	0.96	0.76
55	7.75	4.31	3.26	2.47	1.90	0.89	0.69
60	7.25	3.94	3.05	2.27	1.77	0.81	0.62
65	6.72	3.68	2.74	2.01	1.53	0.74	0.55
70	6.11	3.24	2.46	1.72	1.38	0.67	0.49
75	5.49	2.86	2.23	1.64	1.25	0.61	0.425
80	4.84	2.63	1.98	1.43	1.16	0.58	0.365
85	4.50	2.34	1.80	1.36	1.13	0.57	0.335
90	4.72	2.52	1.96	1.49	1.16	0.62	0.37
95	5.80	3.02	2.23	1.66	1.38	0.745	0.42
100	6.99	3.82	2.72	2.02	1.72	0.09	0.54

附表4 二氧化硫在发烟硫酸中的溶解度（质量分数） （%）

游离 SO_3 的质量分数/%	温度/℃						
	10	20	30	40	50	80	100
5	7.91	4.29	3.10	2.31	2.05	1.18	0.64
10	8.86	4.80	3.49	2.60	2.35	1.75	1.02
15	9.85	5.35	3.89	2.92	2.45	1.85	1.11
20	10.87	5.94	4.31	3.26	2.71	2.07	1.24
25	11.93	6.57	4.75	3.62	3.00	—	—
30	13.02	7.24	5.17	3.98	3.29	—	—
40	15.31	8.70	6.07	4.78	3.92	—	—
50	17.74	10.32	7.02	5.64	4.61	—	—

参考文献

[1] 中华人民共和国劳动和社会保障部. 国家职业标准——硫酸生产工 [M]. 北京：化学工业出版社，2005.
[2] 中华人民共和国劳动和社会保障部. 国家职业标准——烟气制酸工 [M]. 北京：中国劳动社会保障出版社，2004.
[3] 汤桂华，赵增泰，郑冲. 化肥工学丛书—硫酸 [M]. 北京：化学工业出版社，1999.
[4] 刘少武，齐焉，赵树起，等. 硫酸生产技术 [M]. 南京：东南大学出版社，1993.
[5] 刘少武，齐焉，刘东，等. 硫酸工作手册 [M]. 南京：东南大学出版社，2001.
[6] 刘少武，高庆华，邱红侠. 硫酸生产异常情况原因与处理 [M]. 北京：化学工业出版社，2008.
[7] 陈五平. 无机化工工艺学（第3版）（中册）[M]. 北京：化学工业出版社，2001.
[8] 陈津，王克勤. 冶金环境工程 [M]. 长沙：中南大学出版社，2009.
[9] 涂瑞，李强，葛帅华. 太钢烧结烟气脱硫富集 SO_2 制取硫酸装置的设计与运行 [J]. 硫酸工业，2012（2）：26～30.
[10] 唐高达. 硫酸烧渣生产球团的技术探讨 [J]. 中国资源综合利用，2006（7）.
[11] 沙业汪. 大型硫黄制酸装置的工艺技术和设备选择 [J]. 硫磷设计与粉体工程，2007（4）.
[12] 工业和信息化部. 钢铁行业烧结烟气脱硫实施方案（工信部节 [2009] 340号）.
[13] 梁晓平. 硫铁矿烧渣回收铁的研究 [J]. 中国矿业，2006（3）.
[14] 贺振发. 硫铁矿烧渣选铁工艺简介 [J]. 硫酸工业，2008（1）.
[15] 高志钢. 硫铁矿烧渣回收再利用 [J]. 无机盐工业，1999（3）.
[16] 纪罗军. 硫铁矿烧渣资源的综合利用 [J]. 硫酸工业，2009（1）.
[17] 徐光泽. 硫铁矿烧渣回收铜金属的工艺研究 [J]. 硫酸工业，2009（5）.
[18] 厉玉鸣. 化工仪表及自动化（第4版）[M]. 北京：化学工业出版社，2006.
[19] 中国标准出版社. GB/T 534—2002 工业硫酸 [S]. 北京：中国标准出版社，2003.
[20] GB26132—2010 硫酸工业污染物排放标准 [S]. 北京：中国环境科学出版社，2011.
[21] 全国化工工艺配管设计技术中心站. HG/T 20519—2009 化工工艺设计施工图内容和深度统一规定 [S]. 北京：人民出版社，2010.
[22] 中国石油化工集团公司职业技能鉴定指导中心. 硫酸生产工 [M]. 北京：中国石化出版社，2008.
[23] 许宁，徐建良. 化工技术类专业技能考核试题集 [M]. 北京：化学工业出版社，2007.

冶金工业出版社部分图书推荐

书　　名	作　者	定价(元)
冶金工业节能与余热利用技术指南	王绍文	58.00
钢铁冶金原理（第4版）（本科教材）	黄希祜	82.00
钢铁冶金原理习题解答（本科教材）	黄希祜	30.00
物理化学（第4版）（本科教材）	王淑兰	45.00
物理化学习题解答（本科教材）	王淑兰	18.00
钢铁冶金学（炼铁部分）（第3版）（本科教材）	王筱留	60.00
钢铁冶金学（炼钢部分）（本科教材）	陈家祥	35.00
煤化学产品工艺学（第2版）（本科教材）	肖瑞华	46.00
热工测量仪表（本科教材）	张　华	38.00
冶金物理化学（本科教材）	张家芸	39.00
冶金工程实验技术（本科教材）	陈伟庆	39.00
冶金传输原理（本科教材）	沈巧珍	46.00
冶金热工基础（本科教材）	朱光俊	36.00
硅酸盐工业热工过程及设备（第2版）（高等学校教材）	姜金宁	40.00
水分析化学（第2版）（高等学校教材）	聂麦茜	17.00
无机化学实验（高职高专教材）	邓基芹	18.00
无机化学（高职高专教材）	邓基芹	36.00
物理化学实验（高职高专教材）	邓基芹	19.00
煤化学（高职高专教材）	邓基芹	25.00
烧结矿与球团矿生产（高职高专教材）	王悦祥	29.00
稀土冶金技术（高职高专教材）	石　富	36.00
炼焦化学产品回收技术（职业培训教材）	何建平	59.00
冶金化学分析（职业培训教材）	宋卫良	49.00
有色金属分析化学（职业培训教材）	梅恒星	46.00
铁矿粉烧结生产（职业培训教材）	贾　艳	23.00
冶炼基础知识（职业培训教材）	马　青	36.00
工业分析化学	张锦柱	36.00
燃煤汞污染及其控制	王立刚	19.00
钢铁冶金的环保与节能	李光强	39.00
粉煤灰在自诊断压敏水泥基材料中的应用	姚　嵘	20.00
稀土提取技术	黄礼煌	45.00